21 世纪普通高等教育系列教材

电器控制与 PLC 控制技术

主编　许　翏　王淑英

参编　王海萍　赵建光

主审　栗书贤　李全利

机 械 工 业 出 版 社

本书以电器控制与PLC控制为主线，分析了工厂电气控制设备的电气控制。电器控制技术与PLC控制技术两部分内容前后承接、相互呼应又相互独立。电器控制突出其控制原理和逻辑控制思路，加强工程实际电路的分析。PLC控制以西门子S7-200系列的最新品种CPU 22X系列和日本三菱的FX系列为典型产品，突出了PLC的程序设计和应用系统设计。

本书主要内容有：常用低压电器、电气控制基本原理、典型设备电气控制电路分析、电气控制系统的设计、PLC及其工作原理、S7-200系列可编程序控制器、FX系列可编程序控制器、可编程序控制器的程序设计、可编程序控制器应用系统设计和可编程序控制器的通信与通信网络等。

本书可作为高等工科院校电气工程及其自动化、机械工程及其自动化、电气技术、机电一体化及其相关专业的教材，也可作为高职高专、成人教育的教材，亦可供电气工程技术人员参考。

本书配有免费电子课件，欢迎选用本书作教材的老师登录www.cmpedu.com注册后下载。

图书在版编目（CIP）数据

电器控制与PLC控制技术/许翏，王淑英主编．—北京：机械工业出版社，2005.1（2025.7重印）
21世纪普通高等教育系列教材
ISBN 978-7-111-15642-0

Ⅰ.电…　Ⅱ.①许…②王…　Ⅲ.①电器控制—高等学校—教材②可编程序控制器—程序设计—高等学校—教材　Ⅳ.TM571

中国版本图书馆CIP数据核字（2004）第119836号

机械工业出版社（北京市百万庄大街22号　邮政编码100037）
策划编辑、责任编辑：贡克勤　路乙达　版式设计：冉晓华
责任校对：申春香　封面设计：鞠　杨　责任印制：常天培
河北虎彩印刷有限公司印刷
2025年7月第1版第21次印刷
184mm×260mm・18.25印张・448千字
标准书号：ISBN 978-7-111-15642-0
定价：49.00元

电话服务　　　　　　　　　　网络服务
客服电话：010-88361066　机　工　官　网：www.cmpbook.com
　　　　　010-88379833　机　工　官　博：weibo.com/cmp1952
　　　　　010-68326294　金　书　网：www.golden-book.com

机工教育服务网：www.cmpedu.com

前　　言

本书是根据高等工科院校电气工程及其自动化、机械工程及其自动化、机电一体化、电气技术等专业的“电器控制与可编程序控制器应用技术”教改课程的教学大纲，结合 PLC 的实际应用和发展情况而编写的。全书理论结合实际，突出学生工程应用能力的训练和培养，便于组织教学和实践。在内容安排上电器控制与 PLC 控制两部分既相互联系，又相互独立，以利分别开设“电器控制技术”和“可编程序控制器应用技术”两门课程的院校的使用。

全书分为两部分，第一部分为电器控制技术，共四章。为培养学生熟练使用低压电器，掌握电气控制电路的基本环节，学会分析典型设备电气控制系统，培养设计电气控制系统的能力而讲授了常用低压电器、电气控制基本原理、典型设备电气控制电路分析、电气控制系统设计等内容。第二部分为可编程序控制器应用技术，共六章。选择了具有代表性和先进性的西门子 S7-200 系列、三菱 FX 系列 PLC 产品，讲授了可编程序控制器及其工作原理、S7-200 系列可编程序控制器、FX 系列可编程序控制器、可编程序控制器程序设计、可编程序控制器应用系统设计和可编程序控制器的通信和通信网络等内容，以培养学生应用 PLC 进行电气控制设计和编制控制程序的能力。

本书在教学使用过程中，可根据专业特点、课时多少进行删减，有的内容和应用实例可在学生实验、课程设计、毕业设计时作为参考。

本书由许翏、王淑英主编。参加编写的有：王海萍编写第一、二章，许翏编写第三、四、五章，赵建光编写第六、七章，王淑英编写第八、九、十章。

本书由栗书贤教授、李全利教授任主审，审阅中提出了许多宝贵意见和建议，深表谢意。在编写过程中参阅了多种同类教材和著作，特向其编、著者致谢！

由于编著水平有限，本书缺点和错误难免，恳请读者提出批评和指教。

编　者

目　　录

绪　论

一、电气控制技术的发展概况

电气控制技术是随着科学技术的发展、生产工艺不断提出新的要求而不断发展的。从手动控制到自动控制，从简单的控制设备到复杂的自动控制系统，从有触点的硬接线控制系统到以计算机为中心的存储控制系统。现代电气控制技术已综合应用了计算机、自动控制、电子技术、自动检测等先进的科学技术成果。作为生产机械动力的电动机拖动，其拖动方式已由初期的一台电动机拖动多台设备，或由一台机床的多个动作由一台电动机拖动（即集中拖动），发展成为一台设备由一台电动机拖动，即单独拖动。后又发展成为一台设备的各运动部件采用多台电动机的多电动机拖动。

随着电力拖动方式的演变与发展，电力拖动的控制方式也由手动控制向自动控制方向发展。最初出现的是继电接触器控制系统，它是由接触器、继电器、按钮、行程开关等组成的控制系统。这种控制具有使用的单一性，即一台控制装置是针对某一固定程序的设备而设计，当程序变更时，就需重新配线。而且这种控制的输入、输出信号只有通和断两种状态，这种控制是断续的，不能连续反映信号的变化，故称为断续控制。但这种系统具有结构简单、价格低廉、维护容易、抗干扰能力强的优点，至今仍是机床和其他许多机械设备广泛使用的基本电气控制方式，也是学习各种先进电气控制的基础。同时，这种断续控制由于采用固定的接线方式，存在灵活性差，触头易损坏，可靠性差，难以适应频繁操作的缺点。

为使控制系统获得更好的静态和动态特性，采用了反馈控制系统，它由连续控制元件组成，系统不仅能反映信号的通或断，而且能反映信号的大小和变化，称为连续控制系统，这种控制系统往往采用晶闸管作为控制元件故称为晶闸管控制系统。

20 世纪 60 年代出现了一种能够根据生产需要，方便地改变控制程序的顺序控制器。它是通过组合逻辑元件的插接式编程来实现继电接触器控制线路的控制装置，能满足程序经常改变的控制要求，这便使控制系统具有较大的灵活性和通用性。但由于仍采用硬件手段且装置体积大，功能也受到一定限制，故未得到广泛的应用。对于复杂的自动控制系统，固然可采用更为先进的计算机控制，但其掌握起来难度较大。随着大规模集成电路和微处理器的发展和应用，在 20 世纪 70 年代出现了用软件手段来实现各种控制功能、以微处理器为核心的新型工业控制器——可编程序控制器。它把计算机的功能完备，灵活性、通用性好等优点和继电接触器控制系统的操作方便、价格低、简单易懂等优点结合起来，成为一种适应工业环境的通用控制装置，并独具一格地采用以继电器梯形图为基础的形象编程语言和模块化的软件结构，使编程方法和程序输入更加简便，使不熟悉计算机的人员也能很快掌握其使用技术。现在可编程序控制器已成为一种标准化通用设备普遍应用于工业控制，由最初的逻辑控制为主发展到能进行模拟量控制，具有数字运算、数据处理和通信联网等功能。现在可编程序控制器已成为电气自动化控制系统中应用最为广泛的控制装置。

数控技术是电气自动控制的重要分支，它综合了计算机、自动控制、伺服驱动系统、精密检测和新型机械结构等多方面的最新技术成就。最近 20 多年来，机电一体化，机、电、光、仪一体化等交叉学科的发展，使数控技术得到了飞速的发展。在机械制造、电气控制及自动控制领域相继出现了直接数字（DDC）系统、柔性制造系统（FMS）、计算机集成制造系统（SIMS）、综合运用计算机辅助设计（CAD）、计算机辅助制造（CAM）、集散控制系统（DCS）、智能机器人和智能制造等高新技术。这些高新技术把整个自动控制和自动制造技术推动到了更高的水平。

由上可知，电气控制技术的发展是伴随着社会生产规模的扩大，生产水平的提高而前进的。电气控制技术的进步又促进了社会生产力的提高。随着微电子技术、电力电子技术、检测传感技术、机械制造技术的发展，21 世纪电气控制技术必将给人类带来更加美好的明天。

二、本课程的性质和任务

本课程是一门实用性很强的专业课。主要内容是以电动机或其他执行电器为控制对象，介绍继电接触器控制系统和可编程序控制器控制系统的工作原理、典型设备的电气控制系统和电气控制系统的设计方法。现在可编程序控制器应用越来越广泛，已成为实现工业自动化的重要手段。所以，本课程的重点是可编程序控制器控制系统，但这并不意味着继电接触器控制系统就不重要了。首先，继电接触器控制在小型电气控制系统中还普遍使用，而且它是组成电气控制系统的基础；其次，尽管可编程序控制器取代了继电器，但它取代的主要是逻辑控制部分，而电气控制系统中的信号采集和驱动输出部分仍要由电器元器件及控制电路来完成。所以对继电接触器控制系统的学习仍是非常必要的，是基础的知识。本课程的目的是让学生掌握非常实用的工业控制技术以及培养和提高学生的实际应用和动手能力。

本课程的基本任务是：

1）熟悉常用低压电器的结构原理、用途及型号，达到正确使用和选用的目的。

2）熟练掌握电气控制电路的基本环节，具备阅读和分析电气控制电路的能力，使之能设计简单的电气控制电路，较好地掌握电气控制电路的简单设计法。

3）了解电气控制电路分析的方法和步骤，熟悉典型生产设备的电气控制电路的工作原理。

4）熟悉可编程序控制器的基本工作原理及应用发展概况。

5）熟练掌握可编程序控制器的基本指令系统和典型电路的编程，掌握可编程序控制器的程序设计方法。掌握和熟悉可编程序控制器功能指令的使用。

6）了解可编程序控制器的网络和通信原理。

7）了解可编程序控制器的实际应用程序的设计方法和步骤。

第一章　常用低压电器

低压电器是指工作在直流 1200V、交流 1500V 及以下的电路中，以实现对电路或非电对象的控制、检测、保护、变换、调节等作用的电器。采用电磁原理构成的低压电器，称为电磁式低压电器；利用集成电路或电子元器件构成的低压电器，称为电子式低压电器；利用现代控制原理构成的低压电器，称为自动化电器、智能化电器或可通信电器等。

第一节　低压电器基本知识

一、低压电器的分类

低压电器种类繁多，功能多样，用途广泛，结构各异，工作原理也各不相同，按用途可分为以下几类。

(一) 低压配电电器

用于供、配电系统中进行电能输送和分配的电器。如刀开关、低压断路器、熔断器等。对这类电器要求分断能力强，限流效果好，动稳定及热稳定性能好。

(二) 低压控制电器

用于各种控制电路和控制系统的电器。如转换开关、按钮、接触器、继电器、电磁阀、热继电器、熔断器、各种控制器等。对这类电器要求有一定的通断能力，操作频率高，电气和机械寿命长。

(三) 低压主令电器

用于发送控制指令的电器。如按钮、主令开关、行程开关、主令控制器、转换开关等。对这类电器要求操作频率高，电器机械寿命长，抗冲击等。

(四) 低压保护电器

用于对电路及用电设备进行保护的电器。如熔断器、热继电器、电压继电器、电流继电器等。对这类电器要求可靠性高，反应灵敏，具有一定的通断能力。

(五) 低压执行电器

用于完成某种动作或传送功能的电器。如电磁铁、电磁离合器等。

上述电器还可按使用场合分为一般工业用电器、特殊工矿用电器、航空用电器、船舶用电器、建筑用电器、农用电器等；按操作方式分为手动电器和自动电器；按工作原理分为电磁式电器、非电量控制电器等，其中电磁式低压电器是传统低压电器中应用最广泛，结构最典型的一种。

低压电器产品型号类组代号见附录 A 低压电器产品的型号编制方法。

二、电磁式低压电器基本结构

从结构上看，电器一般都具有两个基本组成部分，即感受部分与执行部分。感受部分接受外界输入的信号，并通过转换、放大与判断作出有规律的反应，使执行部分动作，输出相应的指令，实现控制的目的。对于有触头的电磁式电器，感受部分是电磁机构，执行部分是触头系统。

（一）电磁机构

1. 电磁机构的结构型式

电磁机构由吸引线圈、铁心和衔铁组成。吸引线圈通以一定的电压和电流产生磁场及吸力，并通过气隙转换成机械能，从而带动衔铁运动使触头动作，完成触头的断开和闭合，实现电路的分断和接通。图 1-1 是几种常用电磁机构的结构型式，根据衔铁相对铁心的运动方式，电磁机构有直动式和拍合式，拍合式又有衔铁沿棱角转动和衔铁沿轴转动两种。

吸引线圈用以将电能转换为磁能，按通入电流种类不同可分为直流电磁线圈和交流电磁线圈，直流电磁线圈一般做成无骨架、高而薄的瘦高型，线圈与铁心直接接触，易于散热；交流电磁线圈由于铁心存在磁滞和涡流损耗，造成铁心发热，为此铁心与衔铁用硅钢片叠制而成，且为改善线圈和铁心的散热，线圈设有骨架，使铁心和线圈隔开，并将线圈做成短而厚的矮胖型。另外，根据线圈在电路中的连接方式，又有串联线圈和并联线圈。串联线圈采用粗导线、匝数少，其又称为电流线圈；并联线圈匝数多，线径较细，又称为电压线圈。

2. 电磁机构工作原理

电磁机构的工作特性常用吸力特性和反力特性来表述。

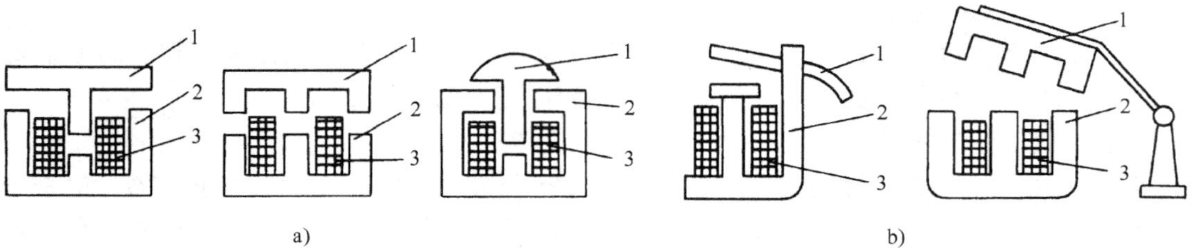

图 1-1　常用电磁机构的结构型式

a）直动式电磁机构　b）拍合式电磁机构

1—衔铁　2—铁心　3—线圈

当电磁机构吸引线圈通电后，铁心吸引衔铁吸合的力与气隙的关系曲线称为吸力特性。电磁机构使衔铁释放（复位）的力与气隙的关系曲线称为反力特性。电磁机构反力特性与吸力特性如图 1-2a 所示，具体分析如下：

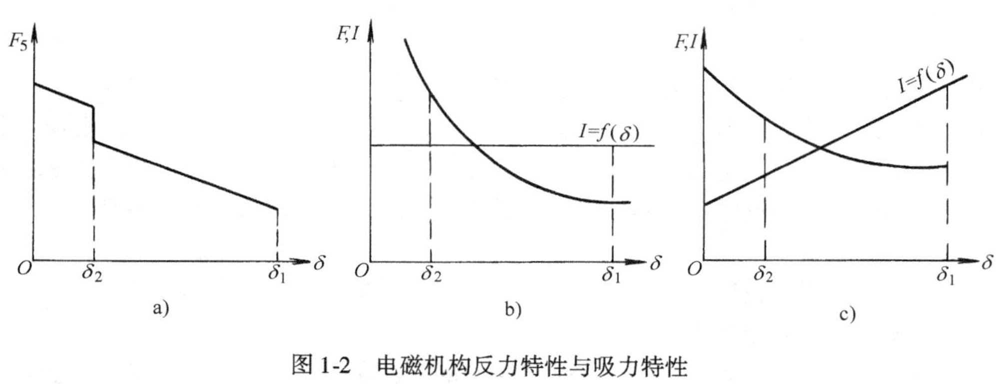

图 1-2　电磁机构反力特性与吸力特性

a）反力特性　b）直流电磁机构吸力特性　c）交流电磁机构吸力特性

（1）反力特性　电磁机构使衔铁释放的力大多是利用弹簧的反力，由于弹簧的反力与其

机械变形的位移量 x 成正比，其反力特性可写成

$$F_f = K_1 x \tag{1-1}$$

考虑到常开触头闭合时超行程机构的弹力作用，电磁机构反力特性如图 1-2a 所示。其中 δ_1 为电磁机构气隙的初始值；δ_2 为动、静触头开始接触时的气隙长度。由于超行程机构的弹力作用，反力特性在 δ_2 处有一突变。

（2）直流电磁机构的吸力特性　电磁机构的吸力与很多因素有关，当铁心与衔铁端面互相平行，且气隙较小时，吸力可按下式求得：

$$F = 4B^2 S \times 10^5 \tag{1-2}$$

式中　F——电磁吸力（N）；

B——气隙磁感应强度（T）；

S——吸力处端面积（m^2）。

当端面积 S 为常数时，吸力 F 与 B^2 成正比，也可以认为 F 与磁通 Φ^2 成正比，与端面积 S 成反比，即

$$F \propto \frac{\Phi^2}{S} \tag{1-3}$$

电磁机构的吸力特性是其电磁吸力与气隙的关系，而励磁电流种类不同，其吸力特性也不一样，对于直流电磁机构的吸力特性分析如下：

直流电磁机构当直流励磁电流稳态时，直流磁路对直流电路无影响，所以励磁电流不受磁路气隙的影响，即其磁动势 IN 不受磁路气隙的影响，根据磁路欧姆定律：

$$\Phi = \frac{IN}{R_m} = \frac{IN}{\dfrac{\delta}{\mu_0 S}} = \frac{IN\mu_0 S}{\delta} \tag{1-4}$$

而电磁吸力 $F \propto \dfrac{\Phi^2}{S}$，则

$$F \propto \Phi^2 \propto \left(\frac{1}{\delta}\right)^2 \tag{1-5}$$

即直流电磁机构的吸力 F 与气隙 δ 的平方成反比，其吸力特性如图 1-2b 所示。由此看出，衔铁闭合前后吸力变化很大，气隙越小，吸力越大。但衔铁吸合前后吸引线圈励磁电流不变，故直流电磁机构适用于动作频繁的场合，且衔铁吸合后电磁吸力大，工作可靠。但当直流电磁机构吸引线圈断电时，由于电磁感应，将会在吸引线圈中产生很大反电动势，其值可达线圈额定电压的十多倍，将使线圈因过电压而损坏，为此，常在吸引线圈两端并联一个放电回路，该回路由放电电阻与一个硅二极管组成，正常励磁时，因二极管处于截止状态，放电回路不起作用，而当吸引线圈断电时，放电回路导通，将原先储存在线圈中的磁场能量释放出来消耗在电阻上，不致产生过电压。一般，放电电阻阻值取线圈直流电阻的 6 ~ 8 倍。

（3）交流电磁机构的吸力特性　交流电磁机构吸引线圈的电阻远比其感抗值要小，则

$$U \approx E = 4.44 f \Phi_m N \tag{1-6}$$

$$\Phi_m = \frac{U}{4.44 fN} \tag{1-7}$$

式中　U——线圈电压（V）；

E——线圈感应电动势（V）；

f——线圈电压的频率（Hz）；

N——线圈匝数；

Φ_m——气隙磁通最大值（Wb）。

当外加电源电压 U、频率 f 和线圈匝数 N 为常数时，则气隙磁通 Φ_m 亦为常数，而电磁吸力 F 平均值为常数。这是由于，交流励磁时，电压、磁通都随时间作正弦规律变化，电磁吸力也作周期性变化，现分析如下：

令气隙中磁感应强度按正弦规律变化

$$B(t) = B_m \sin\omega t t \tag{1-8}$$

交流电磁机构电磁吸力 $F(t)$ 的瞬时值

$$\begin{aligned} F(t) &= 4B^2(t)S\times10^5 = 4B_m^2S\times10^5\sin^2\omega t \\ &= 2\times10^5B_m^2S(1-\cos2\omega t) = 4B^2S(1-\cos2\omega t)\times10^5 \end{aligned} \tag{1-9}$$

式中的 $B=B_m/\sqrt{2}$ 为正弦量 $B(t)$ 的有效值。当 $t=0$，则 $\cos2\omega t=1$，于是 $F(t)=0$ 为最小值；当 $t=T/4$ 时，则 $\cos2\omega t=-1$，于是 $F(t)=8B^2S\times10^5=F_m$ 为最大值，在一周期内的平均值为

$$F_{av} = \frac{1}{T}\int_0^T F(t)\,dt = 4\times10^5B^2S\left[\frac{1}{T}\int_0^T(1-\cos2\omega t)\,dt\right] = 4B^2S\times10^5 \tag{1-10}$$

因此，当 U 一定时，Φ_m 也一定，不管有无气隙，Φ_m 都基本不变，所以交流电磁机构电磁吸力平均值 F_{av} 基本不变，即平均吸力亦与气隙 δ 的大小无关。实际上，考虑到漏磁通的影响，吸力平均值 F_{av} 随气隙 δ 的减小而略有增大，其吸力特性如图 1-2c 所示。虽然交流电磁机构的气隙磁通 Φ_m 近似不变，但气隙磁阻随气隙长度 δ 加大而增大，所以交流励磁电流 I 与气隙长度成正比。一般 U 形交流电磁机构的励磁电流在线圈已通电但衔铁尚未动作时，其电流可达衔铁吸合后额定电流的 5～6 倍；E 形电磁机构高达 10～15 倍额定电流，若发生衔铁卡住不能吸合，或衔铁频繁动作，交流励磁线圈很可能因过电流而烧毁，为此，在可靠性要求高或操作频繁的场合，一般不采用交流电磁机构。

（4）剩磁的吸力特性　由于铁磁物质有剩磁，它使电磁机构的励磁线圈断电后仍有一定的剩磁吸力存在，剩磁吸力随气隙 δ 增大而减小。剩磁的吸力特性如图 1-3 曲线 4 所示。

（5）吸力特性与反力特性的配合　电磁机构欲使衔铁吸合，应在整个吸合过程中，吸力都必须始终大于反力，但也不宜过大，否则会影响电器的机械寿命。这就要求吸力特性在反力特性的上方且尽可能靠近。在释放衔铁时，其反力特性必须大于剩磁吸力特性，这样才能保证衔铁的可靠释放。这就要求电磁机构的反力特性必须介于电磁吸力特性和剩磁吸力特性之间，如图 1-3 所示。

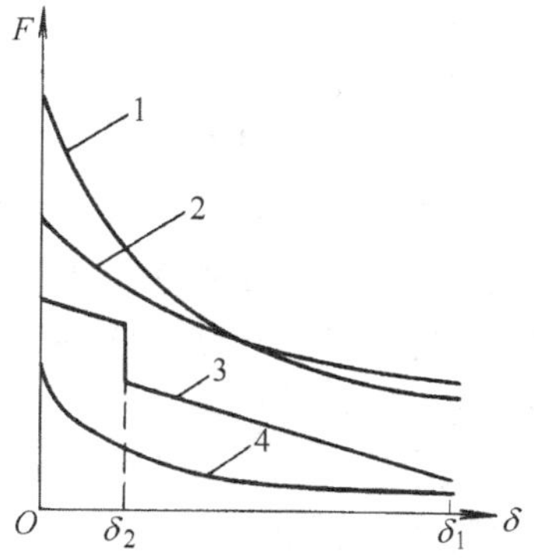

图 1-3　电磁机构吸力特性与反力特性的配合

1—直流吸力特性　2—交流吸力特性

3—反力特性　4—剩磁吸力特性

（6）交流电磁机构短路环的作用　交流电磁机构电磁吸力由式（1-9）可知，它是一个周期函数，该周期函数由直流分量和 2ω 频率的正弦分量组成。虽然交流电磁机构中的磁感

应强度是正、负交变的，但电磁吸力总是正的，它是在最大值为 $2F_{av}$ 和最小值为零的范围内脉动变化。因此在每一个周期内，必然有某一段时刻吸力小于反力，这时衔铁释放，而当吸力大于反力时，衔铁又被吸合。这样，在 $f=50\text{Hz}$ 时，电磁机构就出现了频率为 $2f$ 的持续抖动和撞击，发出噪声，并容易损坏铁心。

为了避免衔铁振动，通常在铁心端面开一小槽，在槽内嵌入铜质短路环，如图 1-4 所示。短路环把端面 S 分成两部分，即环内部分 S_1 与环外部分 S_2，短路环仅包围了磁路磁通 Φ 的一部分。这样，铁心端面处就有两个不同相位的磁通 Φ_1 和 Φ_2，它们分别产生电磁吸力 F_1 和 F_2，电磁机构的总吸力 F 将是 F_1 与 F_2 之和，只要总吸力始终大于反力，就能消除衔铁的振动。

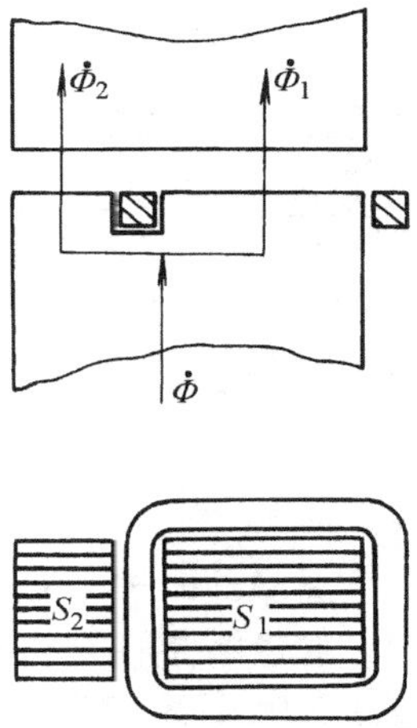

图 1-4　交流电磁机构短路环示意图

3. 电磁机构的输入—输出特性

电磁机构的吸引线圈加上电压（或通入电流），产生电磁吸力，从而使衔铁吸合。因此，也可将线圈电压（或电流）作为输入量 x，而将衔铁的位置作为输出量 y，则电磁机构衔铁位置（吸合与释放）与吸引线圈的电压（或电流）的关系称为电磁机构的输入—输出特性，通常称为“继电特性”。

若将衔铁处于吸合位置记作 $y=1$，释放位置记作 $y=0$。由上分析可知，当吸力特性处于反力特性上方时，衔铁被吸合；当吸力特性处于反力特性下方时，衔铁被释放。若使吸力特性处于反力特性上方的最小输入量用 x_0 表示，称为电磁机构的动作值；使吸力特性处于反力特性下方的最大输入量月 x_r 表示，称为电磁机构的复归值。

电磁机构的输入—输出特性如图 1-5 所示，当输入量 $x<x_0$ 时衔铁不动作，其输出量 $y=0$；当 $x=x_0$ 时，衔铁吸合，输出量 y 从“0”跃变为“1”；再进一步增大输入量使 $x>x_0$，输出量仍为 $y=1$。当输入量 x 从 x_0 减小的时候，在 $x>x_r$ 的过程中，虽然吸力特性向下降低，但因衔铁吸合状态下的吸力仍比反力大，衔铁不会释放，其输出量 $y=1$。当 $x=x_r$ 时，因吸力小于反力，衔铁才释放，输出量由“1”变为“0”；再减小输入量，输出量仍为“0”。所以，电磁机构的输入—输出特性或“继电特性”为一矩形曲线。动作值与复归值均为继电器的动作参数，电磁机构的继电特性是继电器的重要特性。

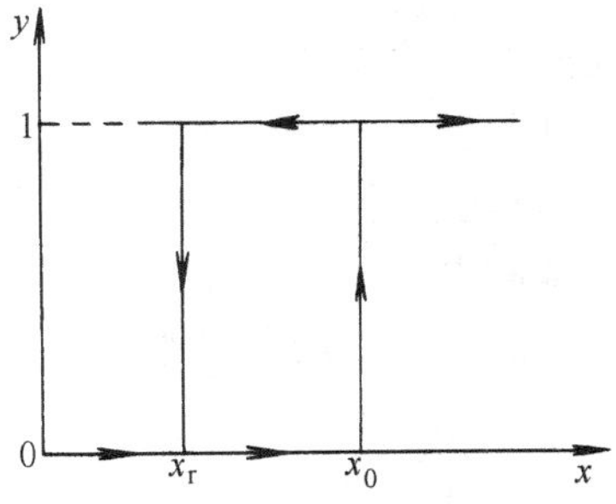

图 1-5　电磁机构的输入—输出特性

（二）触头系统

触头是电磁式电器的执行部分，起接通和分断电路的作用。因此，要求触头导电导热性能好，通常用铜、银、镍及其合金材料制成，有时也在铜触头表面电镀上锡、银或镍。对于一些特殊用途的电器如微型继电器和小容量的电器，触头采用银质材料制成。

触头闭合且有工作电流通过时的状态称为电接触状态，电接触状态时触头之间的电阻称为接触电阻，其大小直接影响电路工作情况。接触电阻较大，电流流过触头时造成较大的电压降，这对弱电控制系统影响较严重。同时电流流过触头时电阻损耗大，将使触头发热而使温度升高，严重时可使触头熔焊，这样既影响工作的可靠性，又降低了触头的寿命。触头接触电阻大小主要与触头的接触形式、接触压力、触头材料及触头表面状况等有关。

（1）触头的接触形式　触头的接触形式有点接触、线接触和面接触三种，如图 1-6 所示。

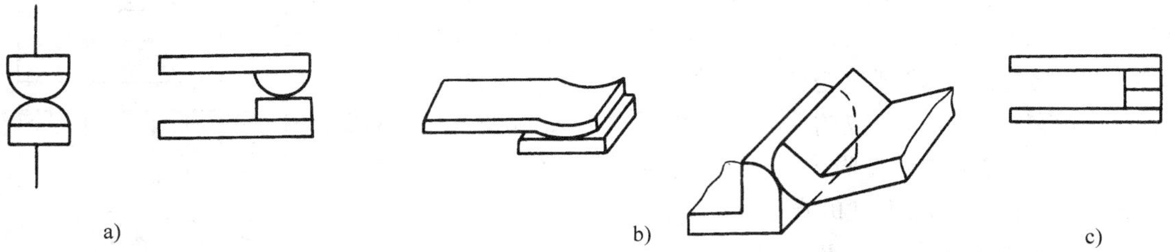

图 1-6　触头的接触形式

a）点接触　b）线接触　c）面接触

点接触由两个半球形触头或一个半球形与一个平面形触头构成，常用于小电流的电器中，如接触器的辅助触头和继电器触头。线接触常做成指形触头结构，它们的接触区是一条直线，触头通、断过程是滚动接触并产生滚动摩擦，适用于通电次数多、电流大的场合，多用于中等容量电器。面接触触头一般在接触表面镶有合金，允许通过较大电流，中小容量的接触器的主触头多采用这种结构。

（2）触头的结构形式　触头在接触时，要求其接触电阻尽可能小，为使触头接触更加紧密、减小接触电阻，同时消除开始接触时产生的振动，在触头上装有接触弹簧，使触头刚刚接触时产生初压力，随着触头闭合逐渐增大触头之间压力。

触头按其原始状态可分为常开触头和常闭触头。原始状态时（吸引线圈未通电时），触头断开，线圈通电后闭合的触头叫常开触头（动合触头）。原始状态触头闭合，线圈通电后断开的触头叫常闭触头（动断触头）。线圈断电后所有触头回复到原始状态。

按触头控制的电路可分为主触头和辅助触头。主触头用于接通或断开主电路，允许通过较大的电流，辅助触头用于接通或断开控制电路，只允许通过较小的电流。

触头的结构形式如图 1-7 所示，其主要有桥式触头和指形触头两种。

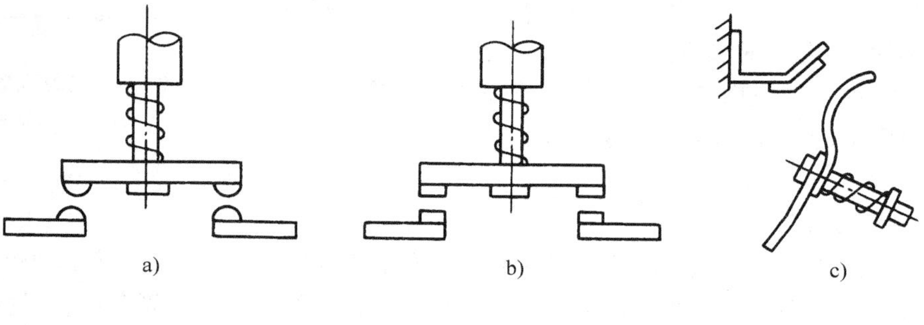

图 1-7　触头的结构形式

a）点接触桥式触头　b）面接触桥式触头　c）线接触指形触头

桥式触头在接通与断开电路时由两个触头共同完成，对灭弧有利，这类结构触头的接触形式一般是点接触和面接触。指形触头在接通或断开时产生滚动摩擦，能去掉触头表面的氧化膜，从而减小触头的接触电阻。指形触头的接触形式一般采用线接触。

（3）减小接触电阻的方法　首先，触头材料选用电阻率小的材料，使触头本身的电阻尽量减小；第二，增加触头的接触压力，一般在动触头上安装触头弹簧；第三，改善触头表面状况，尽量避免或减小触头表面氧化膜的形成，在使用过程中应尽量保持触头清洁。

（三）电弧的产生与灭弧方法

1. 电弧的产生

在自然环境下通断电路时，如果被通断电路的电流（电压）超过某一数值时（根据触头材料的不同，其值约在0.25～1A，12～20V之间），在触头间隙中就会产生电弧。电弧实际上是触头间气体在强电场作用下产生的放电现象。这时触头间隙中的气体被游离产生大量的电子和离子，在强电场作用下，大量的带电粒子作定向运动，使绝缘的气体变成了导体。电流通过这个游离区时所消耗的电能转换为热能和光能，由于光和热的效应，产生高温并发出强光，使触头烧蚀，并使电路切断时间延长，甚至不能断开，造成严重事故。为此，必须采取措施熄灭或减小电弧。

2. 电弧产生的原因

电弧的产生主要经历四个物理过程：

（1）强电场放射　触头在通电状态下开始分离时，其间隙很小，电路电压几乎全部降落在触头间很小的间隙上，使该处电场强度很高，此强电场将触头阴极表面的自由电子拉出到气隙中，使触头间隙的气体内存在较多的电子，这种现象称为强电场放射。

（2）撞击电离　触头间的自由电子在电场作用下，向正极加速运动，经一定路程后获得足够大的动能，在其前进途中撞击气体原子，将气体原子分裂成电子和正离子。电子在向正极运动过程中将撞击其他原子，使触头间隙中气体电荷越来越多，这种现象称为撞击电离。

（3）热电子发射　撞击电离产生的正离子向阴极运动，撞击在阴极上使阴极温度逐渐升高，并使阴极金属中电子动能增加，当阴极温度达到一定程度时，一部分电子有足够动能将从阴极表面逸出，再参与撞击电离。这种由于高温使电极发射电子的现象称为热电子发射。

（4）高温游离　当电弧间隙中的气体温度升高时，气体分子热运动加快，当电弧温度达到或超过3000℃时，气体分子发生强烈的不规则热运动并造成相互碰撞，使中性分子游离成为电子和正离子。这种因高温使分子撞击所产生的游离称为高温游离。

由上分析可知，在触头刚开始分断时，首先是强电场放射。当触头完全打开时，由于触头间距离增加，电场强度减弱，维持电弧存在主要靠热电子发射、撞击电离和高温游离，而其中又以高温游离作用最大。但是在气体分子电离的同时，也存在消电离作用。消电离是指正负带电粒子相互结合成为中性粒子。对于复合消电离只有在带电粒子运动速度较低时才有可能。因此冷却电弧，或将电弧挤入绝缘的窄缝里，迅速导出电弧内部热量，降低温度，减小离子的运动速度，以便加强复合过程。对于扩散消电离可降低弧柱周围的温度，或减小电弧直径，使电弧内部电子、离子的含量增加也可增加扩散消电离作用。

3. 灭弧的基本方法

为了灭弧，其基本方法有

1）拉长电弧，从而降低电场强度。

2）用电磁力使电弧在冷却介质中运动，降低弧柱周围的温度。

3）将电弧挤入绝缘壁组成的窄缝中以冷却电弧。

4）将电弧分割成数段串联的短弧，每一短弧两边可看做一对电极，而每对电极间都有150～250V的绝缘强度，这就大大加强了触头间的绝缘强度，使触头间电压不足以达到电弧的燃烧电压。

4. 常用的灭弧装置

（1）电动力吹弧　图1-8是双断口电动力吹弧，它是一种桥式结构双断口触头，当触头断开电路时，在断口处产生电弧，电弧电流在两电弧之间产生图示所示的磁场。根据左手定则，电弧电流将受到指向外侧的电动力 *F* 的作用，使电弧向外运动并拉长，使它迅速冷却并熄灭。此外，也具有将一个电弧分为两个来削弱电弧的作用。这种灭弧方法常用于小容量的交流接触器中。

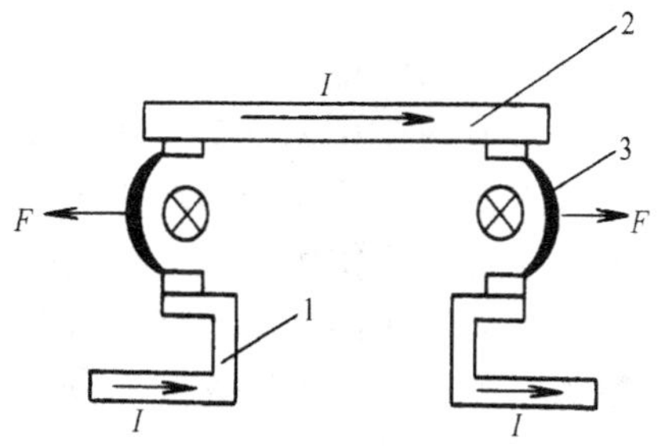

图1-8　双断口电动力吹弧
1—静触头　2—动触头　3—电弧

（2）磁吹灭弧　为加强弧区的磁场强度，以获得较大的电弧运动速度，在触头电路中串入磁吹线圈，磁吹灭弧原理如图1-9所示。该线圈产生的磁场由导磁夹板引向触头周围。磁吹线圈产生的磁场6与电弧电流产生的磁场7相互叠加，这两个磁场在电弧下方方向相同，在电弧上方方向相反，所以电弧下方的磁场强于上方的磁场。在下方磁场作用下，电弧受力方向为 *F* 所指的方向，在 *F* 的作用下，电弧被吹离触头，经引弧角引进灭弧罩，使电弧熄灭。这种灭弧方法常用于直流灭弧装置中。

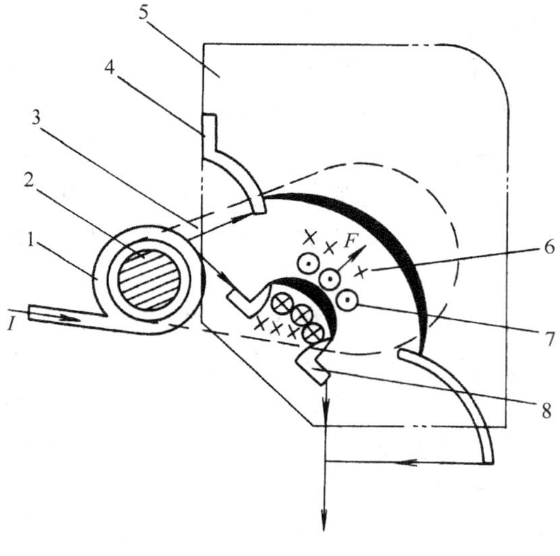

图1-9　磁吹灭弧原理
1—磁吹线圈　2—铁心　3—导磁夹板
4—引弧角　5—灭弧罩　6—磁吹线圈磁场
7—电弧电流磁场　8—动触头

（3）栅片灭弧　灭弧栅是由多片镀铜薄钢片（称为栅片）和石棉绝缘板组成，它们安放在电器触头上方的灭弧室内，彼此之间互相绝缘，片间距离约2～5mm。当触头分断电路时，在触头之间产生电弧，电弧电流产生磁场，钢片磁阻比空气磁阻小得多，使灭弧栅上方的磁通非常稀疏，而灭弧栅处的磁通非常密集，这种上疏下密的磁场将电弧拉入灭弧罩中，当电弧进入灭弧栅后，被分割成一段段串联的短弧，栅片灭弧示意图如图1-10所示。这样每两片灭弧栅片可看做一对电极，而每对电极间都有150～250V的绝缘强度，使整个灭弧栅的绝缘强度大大加强，以致外加电压无法维持电弧，使电弧迅速熄灭。同时，栅片还能吸收电弧热量，使电弧迅速冷却也利于电弧熄灭。由于灭弧栅对交流电弧的灭弧作用更有效，故灭弧栅装置常用作交流灭弧。

（4）窄缝灭弧　图 1-11 为窄缝灭弧，这种灭弧方法是利用灭弧罩的窄缝来实现的。灭弧罩内有一个或数个纵缝，缝的下部宽上部窄。当触头断开时，电弧在电动力的作用下进入缝内，窄缝可将弧柱分成若干直径较小的电弧，同时将电弧直径压缩，使电弧同缝壁紧密接触，加强冷却和消游离作用，使电弧迅速熄灭。灭弧罩通常用陶土、石棉水泥或耐弧塑料制成。

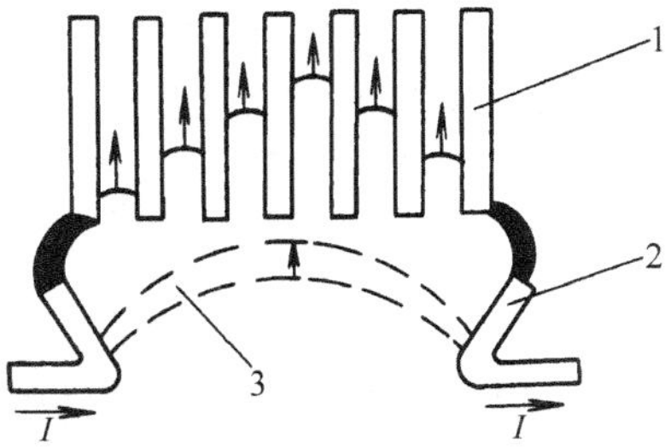

图 1-10　栅片灭弧示意图

1—灭弧栅片　2—触头　3—电弧

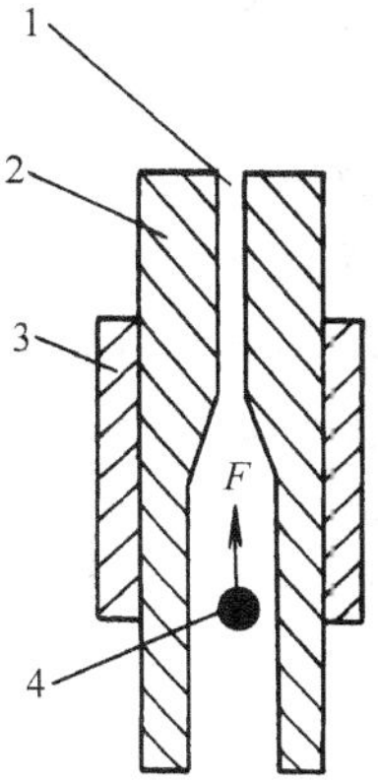

图 1-11　窄缝灭弧

1—纵缝　2—介质　3—磁性夹板　4—电弧

第二节　电磁式接触器

接触器是用于中远距离频繁地接通与断开交直流主电路及大容量控制电路的一种自动开关电器。主要用于自动控制交、直流电动机，电热设备及电容器组等设备。接触器具有大的执行机构，大容量的主触头及迅速熄灭电弧的能力。当电路发生故障时，能迅速、可靠地切断电源，并有低压释放功能，与保护电器配合可用于电动机的控制及保护，故应用十分广泛。

接触器按操作方式分有电磁接触器、气动接触器和电磁气动接触器；按灭弧介质分，有空气电磁式接触器、油浸式接触器和真空接触器等；按主触头控制的电路种类分，有交流接触器、直流接触器、切换电容接触器等。其中应用最广泛的是空气电磁式交流接触器和空气电磁式直流接触器，简称为交流接触器和直流接触器。

一、接触器的结构及工作原理

接触器由电磁机构、触头系统、灭弧装置、释放弹簧、触头弹簧、触头压力弹簧、支架及底座等组成，图 1-12 为交流接触器结构示意图。

电磁机构由线圈、铁心和衔铁组成，用作产生电磁吸力，带动触头动作。

触头系统有主触头和辅助触头两种，中小容量的交、直流接触器的主、辅触头一般都采用直动式双断口桥式触头，大容量的主触头采用转动式单断点指形触头。辅助触头在结构上通常是常开和常闭成对的。当线圈通电后，衔铁在电磁吸力作用下吸向铁心，同时带动动触头动作，使其与常闭触头的定触头分开，与常开触头的定触头接触，实现常闭触头断开，常开触头闭合。当线圈断电或线圈电压降低时，电磁吸力消失或减弱，衔铁在释放弹簧作用下释放，触头复位，实现低电压释放保护功能。

由于接触器主触头用来接通或断开主电路或大电流电路，为了灭弧，小容量接触器常采用电动力吹弧、灭弧罩灭弧；对于大容量接触器常采用纵缝灭弧装置或栅片灭弧装置灭弧。直流接触器常采用磁吹式灭弧装置来灭弧。

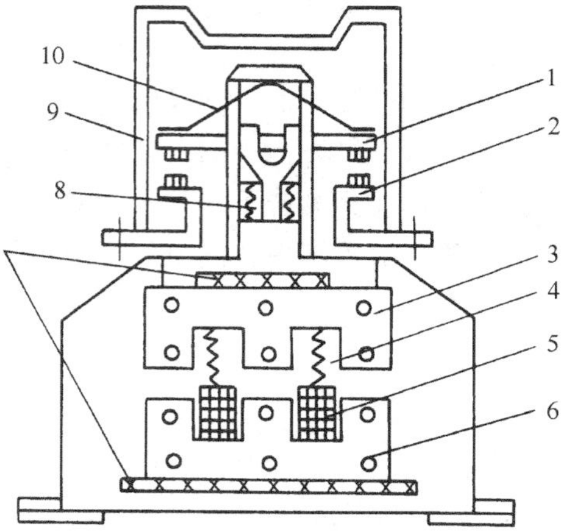

图 1-12　交流接触器结构示意图

1—动触头　2—静触头　3—衔铁　4—释放弹簧　5—线圈　6—铁心　7—垫毡　8—触头弹簧　9—灭弧罩　10—触头压力弹簧

二、常用典型交流接触器简介

（一）空气电磁式交流接触器

在接触器中，空气电磁式交流接触器应用最广泛，产品系列、品种最多，其结构和工作原理基本相同，典型产品有 CJ20、CJ21、CJ26、CJ29、CJ35、CJ40、NC、B、LC1-D、3TB 和 3TF 系列交流接触器等。其中 CJ20 是 20 世纪 80 年代国内统一设计的产品，CJ40 是在 CJ20 基础上在 20 世纪 90 年代更新设计的产品。CJ21 是引进德国芬纳尔公司技术生产、3TB 和 3TF（国内型号为 CJX3）是引进德国西门子公司技术生产（3TF 是在 3TB 基础上改进设计的产品）、B 系列是引进德国 ABB 公司技术生产、LC1-D（国内型号为 CJX4）是引进法国 TE 公司技术生产。此外还有 CJ12、CJ15、CJ24 等系列大功率重任务交流接触器。

（二）切换电容器接触器

切换电容器接触器是专用于低电压无功补偿设备中投入或切除并联电容器组，以调整用电系统的功率因数。常用产品有 CJ16、CJ19、CJ41、CJX4、CJX2A、LC1-D、6C 系列等。

（三）真空交流接触器

真空接触器是以真空为灭弧介质，其主触头密封在真空开关管内。特别适用于条件恶劣的危险环境中。常用的真空接触器有 CKJ 和 EVS 系列等。

（四）直流接触器

直流接触器应用于直流电力线路中，供远距离接通与分断电路及直流电动机的频繁起动、停止、反转或反接制动控制，以及 CD 系列电磁操作机构合闸线圈或频繁接通和断开起重电磁铁、电磁阀、离合器和电磁线圈等。常用的直流接触器有 CZ18、CZ21、CZ22 和 CZ0 系列等。

（五）智能化接触器

智能化接触器装有智能化电磁系统，对接触器的电磁系统进行动态控制，并具有与数据总线及与其他设备之间相互通信的功能。它是由基本系列的电磁接触器及附件组成。附件包括智能控制模块、辅助触头组、机械联锁机构、报警模块、测量显示模块、通信接口模块等，所有智能化功能都集成在一块以微处理器或单片机为核心的控制板上。从外形结构看，与传统产品不同的是智能化接触器在出线端增加了一块带中央处理器及测量线圈的机电一体化的电路板。

智能化接触器是对接触器的整个动态工作进行实时控制，根据动作过程中检测到的电磁系统的参数，进行实时数据处理，并依此选取事先存储在控制芯片中的相应控制方案以实现确定的动作，实现接触器吸合、保持和分断三个过程的最佳实时控制。同时，经检测元件再通过计算，可获得与控制对象相匹配的保护特性，并可实现过载、断相或三相不平衡、短路、接地故障等保护电路。

智能化接触器通过通信接口直接与自动控制系统的通信网络相连，通过数据总线可输出工作状态参数，负载数据和报警信息等，另一方面还可接受上位控制计算机及可编程序控制器的控制指令，其通信接口可与大多数低压电器数据通信规约兼容。

目前智能化接触器产品不多，国外有日本富士电机公司的 Newsc 系列交流接触器，美国西屋公司的“A”系列智能化接触器，ABB 公司的 AF 系列智能化接触器，金钟—默勒公司的 DIL-M 系列智能化接触器等。国内已有将单片机引入交流接触器的控制技术。

三、接触器的主要技术参数

接触器的主要技术参数有极数和电流种类，额定工作电压、额定工作电流（或额定控制功率），额定通断能力，线圈额定电压，允许操作频率，机械寿命和电寿命，使用类别等。

（1）接触器的极数和电流种类　按接触器主触头个数与接通与断开主电路电流种类，有直流接触器和交流接触器，极数又有两极、三极与四极接触器。

（2）额定工作电压　接触器额定工作电压是指主触头之间的正常工作电压值，也就是指主触头所在电路的电源电压。直流接触器额定电压有：110V、220V、440V、660V，交流接触器额定电压有：127V、220V、380V、500V、660V。

（3）额定工作电流　接触器额定工作电流是指主触头正常工作电流值。直流接触器额定电流有 40A、80A、100A、150A、250A、400A 及 600A；交流接触器额定电流有 10A、20A、40A、60A、100A、150A、250A、400A 及 600A。

（4）额定通断能力　指接触器主触头在规定条件下能可靠地接通和分断电流值。在此电流值下接通电路时主触头不应发生熔焊；在此电流下分断电路时，主触头不应发生长时间燃弧。电路中超出此电流值的分断任务，则由熔断器、断路器等保护电器承担。

（5）线圈额定工作电压　指接触器电磁吸引线圈正常工作电压值。常用接触器线圈额定电压等级为：交流线圈有 127V、220V、380V；直流线圈有 110V、220V、440V。

（6）允许操作频率　指接触器在每小时内可实现的最高操作次数。交、直流接触器额定操作频率有 600 次/h、1200 次/h。

（7）机械寿命和电气寿命　机械寿命是指接触器在需要修理或更换机构零件前所能承受的无载操作次数。电气寿命是在规定的正常工作条件下，接触器不需修理或更换的有载操作次数。

（8）使用类别　接触器用于不同负载时，其对主触头的接通和分断能力要求不同，按不同使用条件来选用相应使用类别的接触器便能满足其要求。在电力拖动控制系统中，接触器常见的使用类别及典型用途如表 1-1 所示。它们的主触头达到的接通和分断能力为：AC1 和 DC1 类允许接通和分断额定电流；AC2、DC3 和 DC5 类允许接通和分断 4 倍的额定电流；AC3 类允许接通 6 倍的额定电流和分断额定电流；AC4 类允许接通和分断 6 倍的额定电流。

表 1-1　接触器常见使用类别和典型用途

电流种类	使用类别	典　型　用　途
AC（交流）	AC1	无感或微感负载、电阻炉
	AC2	绕线转子异步电动机的起动、制动
	AC3	笼型异步电动机的起动、运转中分断
	AC4	笼型异步电动机的起动、反接制动、反向和点动
DC（直流）	DC1	无感或微感负载、电阻炉
	DC2	并励电动机的起动、反接制动和点动
	DC3	串励电动机的起动、反接制动和点动

部分 CJ20 系列交流接触器主要技术数据见表 1-2。

表 1-2　部分 CJ20 系列交流接触器主要技术数据

型号	极数	额定工作电压 U_N/V	额定工作电流 I_N/A	额定操作频率（AC3）次/h	寿命（万次）		380V、AC3 类工作制下控制电动机功率 P/kW	辅助触头组合
					机械	电气		
CJ20-10	3	220	10	1200	1000	100	2.2	1 开 3 闭
		380	10	1200			4	2 开 2 闭
		660	5.8	600			7	3 开 1 闭
CJ20-16		220	16	1200			4.5	2 开 2 闭
		380	16	1200			7.5	
		660	13	600			11	
CJ20-25		220	25	1200			5.5	
		380	25	1200			11	
		660	16	600			13	
CJ20-40		220	40	1200			11	
		380	40	1200			22	
		660	25	600			22	

四、接触器的选用

1）接触器极数和电流种类的确定。接触器由主电路电流种类来决定选择直流接触器还是交流接触器。三相交流系统中一般选用三极接触器，当需要同时控制中性线时，则选用四极交流接触器。单相交流和直流系统中则常用两极或三极并联。一般场合选用电磁式接触器；易爆易燃场合应选用防爆型及真空接触器。

2）根据接触器所控制负载的工作任务来选择相应使用类别的接触器。如负载是一般任务则选用 AC3 类别；负载为重任务则应选用 AC4 类别；如果负载为一般任务与重任务混合时，则可根据实际情况选用 AC3 或 AC4 类接触器，如选用 AC3 类别时，应降级使用。

3）根据负载功率和操作情况来确定接触器主触头的电流等级。当接触器使用类别与所控制负载的工作任务相对应时，一般按控制负载电流值来决定接触器主触头的额定电流值；若不对应时，应降低接触器主触头电流等级使用。

4）根据接触器主触头接通与分断主电路电压等级来决定接触器的额定电压。

5）接触器吸引线圈的额定电压应由所接控制电路电压确定。

6）接触器触头数和种类应满足主电路和控制电路的要求。

第三节　电磁式继电器

继电器是一种利用各种物理量的变化，将电量或非电量信号转化为电磁力或使输出状态发生阶跃变化，从而通过其触头或突变量促使在同一电路或另一电路中的其他器件或装置动作的一种控制元件。它用于各种控制电路中进行信号传递、放大、转换、联锁等，控制主电路和辅助电路中的器件或设备按预定的动作程序进行工作，实现自动控制和保护的目的。

被转化或施加于继电器的电量或非电量称为继电器的激励量（输入量），继电器的激励量可以是电量如交流或直流的电流、电压，也可以是非电量如位置、时间、温度、速度、压力等。当输入量高于它的吸合值或低于它的释放值时，继电器动作，对于有触头继电器是其触头闭合或断开，对于无触头继电器是其输出发生阶跃变化，以此提供一定的逻辑变量，来实现相应的控制。

常用的继电器按动作原理分有电磁式、磁电式、感应式、电动式、光电式、压电式、热继电器与时间继电器等。按激励量不同分为交流、直流、电压、电流、中间、时间、速度、温度、压力、脉冲继电器等。其中以电磁式继电器种类最多，应用最广泛。

任何一种继电器都具有两个基本机构，一是能反应外界输入信号的感应机构；二是对被控电路实现“通”、“断”控制的执行机构。前者又由变换机构和比较机构组成，变换机构是将输入的电量或非电量变换成适合执行机构动作的某种特定物理量，如电磁式继电器中的铁心和线圈，能将输入的电压或电流信号变换为电磁力，比较机构用于对输入量的大小进行判断，当输入量达到规定值时才发出命令使执行机构执行，电磁式继电器中的返回弹簧，由于事先的压缩产生了一定的预压力，使得只有当电磁力大于此力时触头系统才动作。至于继电器的执行机构，对有触头继电器就是触头的接通与断开，对无触头半导体继电器则因晶体管具有截止、饱和两种状态来实现对电路的通断控制。

一、电磁式继电器的基本结构及分类

（一）电磁式继电器的结构

电磁式继电器结构和工作原理与电磁式接触器相似，电磁式继电器的典型结构如图 1-13 所示。由电磁机构和触头系统两部分组成，因继电器的触头均接在控制电路中，电流小，无需再设灭弧装置，但继电器为满足控制要求，需调节动作参数，故有调节装置。

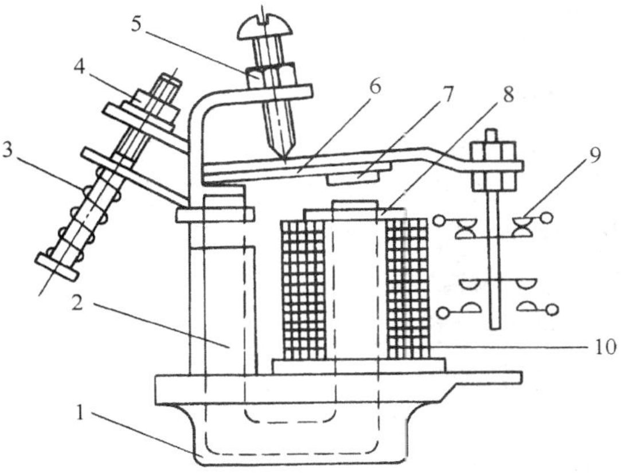

图 1-13　电磁式继电器的典型结构
1—底座　2—铁心　3—释放弹簧　4、5—调节螺母
6—衔铁　7—非磁性垫片　8—极靴
9—触头系统　10—线圈

（1）电磁机构　直流继电器的电磁机构均为 U 形拍合式，铁心和衔铁均由电工软铁制成，为了改变衔铁闭合后的气隙，在衔铁的内侧面上装有非磁性垫片，铁心铸在铝基座上。

交流继电器的电磁机构有 U 形拍合式、E

形直动式、螺管式等结构形式。铁心与衔铁均由硅钢片叠制而成，且在铁心柱端面上嵌有短路环。

（2）触头系统　继电器的触头一般都为桥式触头，有常开和常闭两种形式，没有灭弧装置。

（3）调节装置　为改变继电器的动作参数，应设有改变继电器释放弹簧松紧程度的调节装置和改变衔铁释放时初始状态磁路气隙大小的调节装置，如调节螺母和非磁性垫片。

（二）电磁式继电器的分类

电磁式继电器按输入信号不同有电压继电器、电流继电器、时间继电器、速度继电器和中间继电器；按线圈电流种类不同有交流继电器和直流继电器；按用途不同有控制继电器、保护继电器、信号继电器和安全继电器等。

二、电磁式继电器的特性及主要参数

（一）电磁式继电器的特性

继电器的特性是指继电器的输出量随输入量变化的关系，即输入—输出特性。电磁式继电器的特性就是电磁机构的继电特性，见图 1-5 所示。图中 x_0 为继电器的动作值（吸合值），x_r 为继电器的复归值（释放值），这二值为继电器的动作参数。

（二）继电器的主要参数

（1）额定参数　继电器的线圈和触头在正常工作时允许的电压值或电流值称为继电器额定电压或额定电流。

（2）动作参数　动作参数即继电器的吸合值与释放值。对于电压继电器有吸合电压 U_0 与释放电压 U_r；对于电流继电器有吸合电流 I_0 与释放电流 I_r。

（3）整定值　根据控制要求，对继电器的动作参数进行人为调整的数值。

（4）返回参数　它是指继电器的释放值与吸合值的比值，用 K 表示。K 值可通过调节释放弹簧或调节铁心与衔铁之间非磁性垫片的厚度来达到所要求的值。不同场合要求不同的 K 值，如对一般继电器要求具有低的返回系数，K 值应在 0.1 ~ 0.4 之间，这样当继电器吸合后，输入量波动较大时不致于引起误动作；欠电压继电器则要求高的返回系数，K 值应在 0.6 以上。如有一电压继电器 $K = 0.66$，吸合电压为额定电压的 90%，则释放电压为额定电压的 60% 时，继电器就释放，从而起到欠电压保护作用。

（5）动作时间　它有吸合时间和释放时间两种。

吸合时间是指从线圈接受电信号起，到衔铁完全吸合止所需的时间；释放时间是从线圈断电到衔铁完全释放所需的时间。一般电磁式继电器动作时间为 0.05 ~ 0.2s，动作时间小于 0.05s 为快速动作继电器，动作时间大于 0.2s 为延时动作继电器。

三、电磁式电压继电器与电流继电器

电磁式继电器反映的是电信号，当线圈反映电压信号时，为电压继电器。当线圈反映电流信号时，为电流继电器。其在结构上的区别主要在线圈上，电压继电器的线圈匝数多、导线细，而电流继电器的线圈匝数少、导线粗。

电磁式继电器有交、直流之分，它是按线圈通过交流电还是直流电来决定的。

（一）电磁式电压继电器

电磁式电压继电器线圈并接在电路电压上，其触头的动作与线圈电压大小直接有关，在电力拖动控制系统中起电压保护和控制作用。按吸合电压相对额定电压大小可分为过电压继电器和欠电压继电器。

（1）过电压继电器　在电路中用于过电压保护。当线圈为额定电压时，衔铁不吸合，当线圈电压高于其额定电压时，衔铁才吸合动作。当线圈所接电路电压降低到继电器释放电压时，衔铁才返回释放状态，相应触头也返回成原来状态。所以，过电压继电器释放值小于动作值，其电压返回系数 $K_V<1$，规定当 $K_V>0.65$ 时，称为高返回系数继电器。

由于直流电路一般不会出现过电压，所以产品中没有直流过电压继电器。交流过电压继电器吸合电压调节范围为 $U_0=(1.05\sim1.2)U_N$。

（2）欠电压继电器　在电路中用作欠电压保护用。当线圈电压低于其额定电压值时衔铁就吸合，而当线圈电压很低时衔铁才释放。一般直流欠电压继电器吸合电压 $U_0=(0.3\sim0.5)U_N$，释放电压 $U_r=(0.07\sim0.2)U_N$。交流欠电压继电器的吸合电压与释放电压的调节范围分别为 $U_0=(0.6\sim0.85)U_N$，$U_r=(0.1\sim0.35)U_N$。由此可见，欠电压继电器的返回系数 K_V 很小。

（二）电磁式电流继电器

电磁式电流继电器线圈串接在电路中，用来反映电路电流的大小，触头的动作与否与线圈电流大小直接有关。按线圈电流种类有交流电流继电器与直流电流继电器。按吸合电流大小可分为过电流继电器和欠电流继电器。

（1）过电流继电器　正常工作时，线圈流过负载电流，即便是流过额定电流，衔铁仍处于释放状态，而不被吸合；当流过线圈的电流超过额定负载电流一定值时，衔铁才被吸合而动作，从而带动触头复原，其常闭触头断开，分断负载电路，起过电流保护作用。通常，交流过电流继电器的吸合电流 $I_0=(1.1\sim3.5)I_N$，直流过电流继电器的吸合电流 $I_0=(0.75\sim3)I_N$。由于过电流继电器在出现过电流时衔铁吸合动作，并切断电路，故过电流继电器无释放电流值。

（2）欠电流继电器　正常工作时，继电器线圈流过负载额定电流，衔铁吸合动作；当负载电流降低至继电器释放电流时，衔铁释放，带动触头复原。欠电流继电器在电路中起欠电流保护作用，所以常用欠电流继电器的常开触头起保护作用。当继电器欠电流释放时，用常开触头来断开电路。

在直流电路中，由于某种原因而引起负载电流的降低或消失，往往会导致严重的后果，如直流电动机的励磁回路电流过小会使电动机发生超速，带来危险。因此在电器产品中有直流欠电流继电器，而对于交流电路则无欠电流保护，也就没有交流欠电流继电器了。

直流欠电流继电器的吸合电流与释放电流调节范围 $I_0=(0.3\sim0.65)I_N$ 和 $I_r=(0.1\sim0.2)I_N$。

（三）电磁式中间继电器

电磁式中间继电器实质上是一种电磁式电压继电器，其特点是触头数量较多，在电路中起增加触头数量和起中间放大作用。由于中间继电器只要求线圈电压为零时能可靠释放，对动作参数无要求，故中间继电器没有调节装置。

按电磁式中间继电器线圈电压种类不同，又有直流中间继电器和交流中间继电器。有的电磁式直流继电器，更换不同电磁线圈时便可成为直流电压、直流电流及直流中间继电器，若在铁心柱上套有阻尼套筒，又可成为电磁式时间继电器。因此，这类继电器具有“通用”性，又称为通用继电器。

（四）常用典型电磁式继电器简介

（1）直流电磁式通用继电器　常用的有 JT3、JT9、JT10、JT18 等系列。表 1-3 列出了 JT18 系列直流电磁式通用继电器型号、规格、技术数据。

表 1-3　JT18 系列直流电磁式通用继电器型号、规格、技术数据

继电器类型	型号	可调参数调整范围	延时可调范围/s	触头数量		吸引线圈		机械寿命/万次	电气寿命/万次
				常开	常闭	额定电压（或电流）	消耗功率/W		
电压	JT18-□	吸合电压(0.3~0.5)U_N 释放电压(0.07~0.3)U_N	—	1	1	直流 24V、48V、110V、220V、440V	19	300	50
		吸合电压(0.35~0.5)U_N		2	2				
电流	JT18-□/L	吸合电流(0.3~0.65)I_N 释放电流(0.1~0.2)I_N	—	1	1	直流 1.6A、2.5A、4.6A、10A、16A、25A、40A、63A、100A、160A、250A、600A	19	300	50
		吸合电流(0.35~0.65)I_N		2	2				
时间	JT18-□/1	—	0.3~0.9	1	1	直流 110V、220V、440V	19	300	50
			0.3~1.5						
	JT18-□/3		0.8~3						
			1~3.5	2	2				
	JT18-□/5		2.5~5						
			3~3.5						

（2）电磁式中间继电器　常用的有 JZ7、JDZ2、JZ14 等系列。引进产品有 MA406N 系列中间继电器，3TH 系列（国内型号 JZC）。JZ14 系列中间继电器型号、规格、技术数据见表 1-4。

表 1-4　JZ14 系列中间继电器型号、规格、技术数据

型号	电压种类	触头电压/V	触头额定电流/A	触头组合		额定操作频率/次·h^{-1}	通电持续率（%）	吸引线圈电压/V	吸引线圈消耗功率
				常开	常闭				
JZ14-□□J/□ JZ14-□□Z/□	交流、直流	380 220	5	6 4 2	2 4 6	2000	40	交流：110、127、220、380 直流：24、48、110、220	10V·A 7W

（3）电磁式交、直流电流继电器　常用的有 JL3、JL14、JL15 等系列。JL14 系列交直流电流继电器型号、规格、技术数据见表 1-5。

表 1-5　JL14 系列交直流电流继电器型号、规格、技术数据

电流种类	型号	线圈额定电流 I_N/A	吸合电流调整范围	触头数量		备注
				常开	常闭	
直流	JL14-□□Z	1、1.5、2.5、5、10、15、20、40、60、100、150、300、600、1200、1500	(0.7~3) I_N	3	3	—
	JL14-□□ZS		(0.3~0.65) I_N 或释放电流在 (0.1~0.2) I_N 范围	2	1	手动复位
	JL14-□□ZQ			1	2	欠电流
交流	JL14-□□J		(1.1~4.0) I_N	1	1	—
	JL14-□□JS			2	2	手动复位
	JL14-□□JQ		—	1	1	返回系数大于 0.6

（五）电磁式继电器的选用

(1) 使用类别的选用　继电器的典型用途是控制接触器的线圈，即控制交、直流电磁铁。按规定，继电器使用类别有：

DC-11 控制交流电磁铁负载与 DC-11 控制直流电磁铁负载。

(2) 额定工作电流与额定工作电压的选用 继电器在对应使用类别下，继电器的最高工作电压为继电器的额定绝缘电压，继电器的最高工作电流应小于继电器的额定发热电流。

选用继电器电压线圈的电压种类与额定电压值时，应与系统电压种类与电压值一致。

(3) 工作制的选用　继电器工作制应与其使用场合工作制一致，且实际操作频率应低于额定操作频率。

(4) 继电器返回系数的调节　应根据控制要求来调节电压和电流继电器的返回系数。一般采用增加衔铁吸合后的气隙、减小衔铁打开后的气隙或适当放松释放弹簧等措施来达到增大返回系数的目的。

四、时间继电器

继电器输入信号输入后，经一定的延时后才有输出信号的继电器称为时间继电器。对于电磁式时间继电器，当电磁线圈通电或断电后，经一段时间，延时触头状态才发生变化。

时间继电器种类很多，常用的有电磁阻尼式、空气阻尼式、电动机式和电子式等。按延时方式可分为通电延时型和断电延时型。通电延时型当接受输入信号后延迟一定时间，输出信号才发生变化；当输入信号消失后，输出瞬时复原。断电延时型当接受输入信号后，瞬时产生相应的输出信号，当输入信号消失后，延迟一定时间，输出信号才复原。本节仅介绍利用电磁原理工作的直流电磁式时间继电器与空气阻尼式时间继电器。

(一) 直流电磁式时间继电器

图 1-14 为直流电磁式时间继电器，它是在电磁式电压继电器铁心上套个阻尼铜套后构成。当电磁线圈接通电源时，在阻尼套筒内产生感应电动势，流过感应电流。在感应电流作用下产生的磁通阻碍穿过铜套内的原磁通变化，因而对原磁通起阻尼作用，使磁路中的原磁通增加缓慢，使达到吸合磁通值的时间加长，衔铁吸合时间后延，触头也延时动作。由于电磁线圈通电前，衔铁处于打开位置，磁路气隙大，磁阻大，磁通小，阻尼套筒作用也小，因此衔铁吸合时的延时只有 0.1 ~0.5s，延时作用可不计。

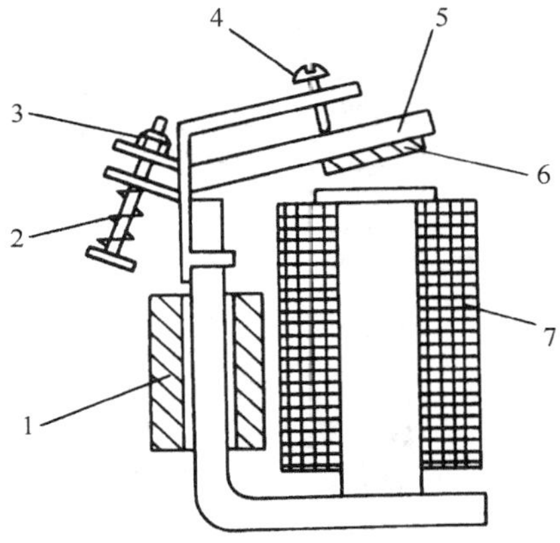

图 1-14　直流电磁式时间继电器

1—阻尼套筒　2—释放弹簧　3—调节螺母　4—调节螺钉　5—衔铁　6—非磁性垫片　7—电磁线圈

但当衔铁已处于吸合位置，在切断电磁线圈直流电源时，因磁路气隙小，磁阻小，磁通变化大，铜套的阻尼作用大，使电磁线圈断电后衔铁延时释放，相应触头延时动作，线圈断电获得的延时可达 0.3 ~5s。

直流电磁式时间继电器延时时间的长短可改变铁心与衔铁间非磁性垫片的厚薄（粗调）或改变释放弹簧的松紧（细调）来调节。垫片厚则延时短，垫片薄则延时长；释放弹簧紧则延时短，释放弹簧松则延时长。

直流电磁式时间继电器具有结构简单、寿命长、允许通电次数多等优点。但仅适用于直流电路，若用于交流电路需加整流装置；仅能获得断电延时，且延时时间短，延时精度不高。常用的有 JT18 系列电磁式时间继电器，其技术数据见表 1-3。

（二）空气阻尼式时间继电器

（1）空气阻尼式时间继电器结构与工作原理　空气阻尼式时间继电器由电磁机构、延时机构和触头系统三部分组成，它是利用空气阻尼原理达到延时的目的。延时方式有通电延时型和断电延时型两种。其外观区别在于：当衔铁位于铁心和延时机构之间时为通电延时型；当铁心位于衔铁和延时机构之间时为断电延时型。下面以 JS7-A 系列时间继电器为例来分析其工作原理。

图 1-15 为 JS7-A 系列空气阻尼式时间继电器结构原理图。现以通电延时型为例说明其工作原理。当线圈 1 通电后，衔铁 3 吸合，活塞杆 6 在塔形弹簧 7 作用下带动活塞 13 及橡皮膜 9 向上移动，橡皮膜下方空气室空气变得稀薄，形成负压，活塞杆只能缓慢移动，其移动速度由进气孔气隙大小来决定。经一段延时后，活塞杆通过杠杆 15 压动微动开关 14，使其触点动作，起到通电延时作用。

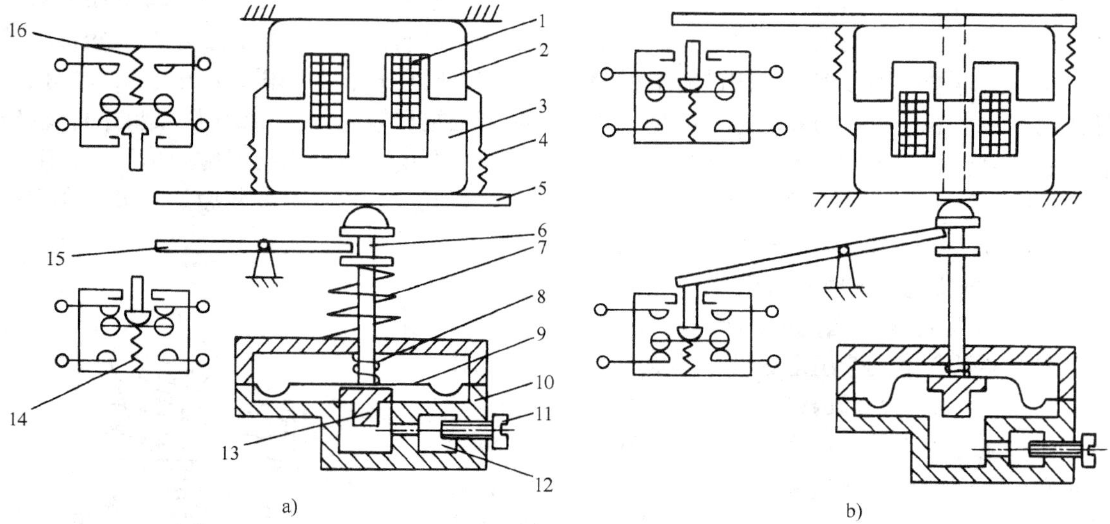

图 1-15　JS7-A 系列空气阻尼式时间继电器结构原理图

a）通电延时型　b）断电延时型

1—线圈　2—铁心　3—衔铁　4—反力弹簧　5—推板　6—活塞杆　7—塔形弹簧　8—弱弹簧　9—橡皮膜　10—空气室壁　11—调节螺钉　12—进气孔　13—活塞　14、16—微动开关　15—杠杆

当线圈断电时，衔铁释放，橡皮膜下方空气室内的空气通过活塞肩部所形成的单向阀迅速排出，使活塞杆、杠杆、微动开关迅速复位。由线圈通电至触头动作的一段时间即为时间继电器的延时时间，延时长短可通过调节螺钉 11 来调节进气孔气隙大小来改变。

微动开关 16 在线圈通电或断电时，在推板 5 的作用下都能瞬时动作，其触头为时间继电器的瞬动触头。

空气阻尼式时间继电器具有结构简单、延时范围较大、价格较低的优点，但其延时精度较低，没有调节指示，适用于延时精度要求不高的场合。

（2）空气阻尼式时间继电器典型产品简介　空气阻尼式时间继电器典型产品有 JS7、JS23、JSK□ 系列时间继电器。JS23 系列时间继电器技术数据与输出触头形式及组合见表

1-6、表1-7。

表1-6 JS23系列时间继电器技术数据

型号	额定电压/V		最大额定电流/A		线圈额定电压/V	延时重复误差（%）	机械寿命/万次	电气寿命/万次	
			瞬动	延时				瞬动触头	延时触头
JS23-□□/□	交流	220	—		交流110、220、380	≤9	100	100	50
		380	0.79						
	直流	110	—						
		220	0.27	0.14					

表1-7 JS23系列时间继电器输出触头形式及组合

型号	延时动作触头数量				瞬时动作触头数量	
	线圈通电后延时		线圈断电后延时			
	常开触头	常闭触头	常开触头	常闭触头	常开触头	常闭触头
JS23-1□/□	1	1	—	—	4	0
JS23-2□/□	1	1	—	—	3	1
JS23-3□/□	1	1	—	—	2	2
JS23-4□/□	—	—	1	1	4	0
JS23-5□/□	—	—	1	1	3	1
JS23-6□/□	—	—	1	1	2	2

JSK□系列空气阻尼式时间继电器采用积木式结构，它由LA2-D或LA3-D型空气延时头与CA2-DN/122型中间继电器组合而成，其技术数据见表1-8。

表1-8 JSK□系列时间继电器技术数据

型号	延时范围/s	动作方式	复位方式	触头数量		线圈额定电压/V	产品构成
				延时	瞬动		
JSK□-3/1	0.1～3	通电延时	自动复位	1常开 2常闭	2常开 2常闭	220 380 415 440 550	LA2-D20＋CA2-DN/122
JSK□-30/1	0.1～30						LA2-D22＋CA2-DN/122
JSK□-180/1	10～180						LA2-D24＋CA2-DN/122
JSK□-3/2	0.1～3	断电延时	自动复位				LA2-D20＋CA2-DN/122
JSK□-30/2	0.1～30						LA2-D22＋CA2-DN/122
JSK□-180/2	10～180						LA2-D24＋CA2-DN/122

（三）时间继电器的选用

对于延时要求不高的场合，通常选用直流电磁式或空气阻尼式时间继电器，但前者仅能获得直流断电延时，且延时时间在5s内，故限制了应用，大多情况下选用空气阻尼式时间继电器。首先按控制电路电流种类和电压等级来选用时间继电器线圈电压值，再按控制电路的控制要求来选择通电延时型还是断电延时型，然后再选择触头是延时闭合还是延时断开，最后考虑延时触头数量和瞬动触头数量是否满足控制电路的要求。

第四节　热 继 电 器

热继电器是利用电流流过发热元件产生热量来使检测元件受热弯曲，进而推动机构动作的一种保护电器。由于发热元件具有热惯性，所以在电路中不能用于瞬时过载保护，更不能做短路保护，主要用作电动机的长期过载保护。在电力拖动控制系统中应用最广的是双金属片式热继电器。

一、电气控制对热继电器性能的要求

（1）应具有合理可靠的保护特性　热继电器主要用作电动机的长期过载保护，由于电动机的过载特性是一条如图1-16所示的反时限特性，为适应电动机的过载特性，又能起到过载保护作用，就要求热继电器具有形同电动机过载特性的反时限特性。这条特性是流过热继电器发热元件的电流与热继电器触头动作时间的关系曲线，称为热继电器的保护特性，如图1-16中曲线2所示。考虑各种误差的影响，电动机的过载特性与热继电器的保护特性是一条曲带，误差越大，带越宽。从安全角度出发，热继电器的保护特性应处于电动机过载特性下方并相邻近。这样，当发生过载时，热继电器就在电动机未达到其允许过载之前动作，切断电动机电源，实现过载保护。

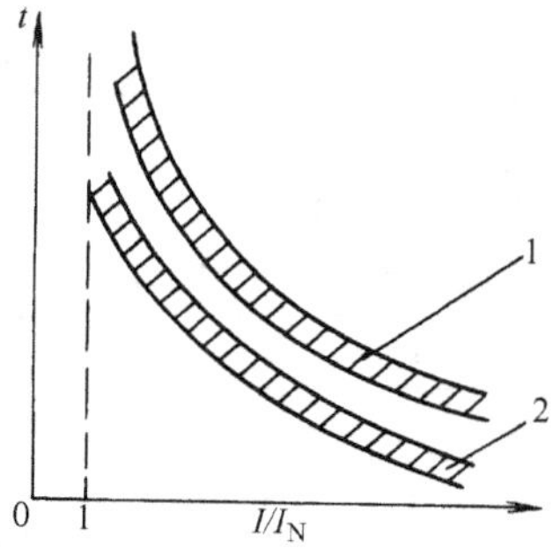

图 1-16　热继电器保护特性与电动机过载特性的配合
1—电动机的过载特性　2—热继电器的保护特性

（2）具有一定的温度补偿　当环境温度变化时，热继电器检测元件受热弯曲存在误差，为补偿由于温度引起的误差，应具有温度补偿装置

（3）热继电器动作电流可以方便地调节　为减少热继电器热元件的规格，热继电器动作电流可在热元件额定电流66%～100%范围内调节。

（4）具有手动复位与自动复位功能　热继电器动作后，可在2min内按下手动复位按钮进行复位，也可在5min内可靠地自动复位。

二、双金属片热继电器的结构及工作原理

双金属片热继电器主要由热元件、主双金属片、触头系统、动作机构、复位按钮、电流整定装置和温度补偿元件等部分组成，图1-17为双金属片式热继电器结构原理图。

双金属片是热继电器的感测元件，它是将两种线膨胀系数不同的金属片以机械辗压的方式使其形成一体，膨胀系数大的称为主动片，膨胀系数小的称为被动片。而环绕其上的电阻丝串接于电动机定子电路中，流过电动机定子线电流，反映电动机过载情况。由于电流的热效应，使双金属片变热产生线膨胀，于是双金属片向被动片一侧弯曲，当电动机正常运行时，热元件产生的热量虽能使双金属片弯曲，但还不足以使热继电器的触头动作。只有当电动机长期过载时，过载电流流过热元件，使双金属片弯曲位移增大，经一定时间后，双金属片弯曲到推动导板3，并通过补偿双金属片4与推杆6将触头7与8分开，此常闭触头串接

于接触器线圈电路中，触头分开后，接触器线圈断电，接触器主触头断开电动机定子电源，实现电动机的过载保护。

调节凸轮 10 用来改变补偿双金属片与导板间的距离，达到调节整定动作电流的目的。此外，调节复位螺钉 5 来改变常开触头的位置，使继电器工作在手动复位或自动复位两种工作状态。调试手动复位时，在故障排除后需按下复位按钮 9 才能使常闭触头闭合。

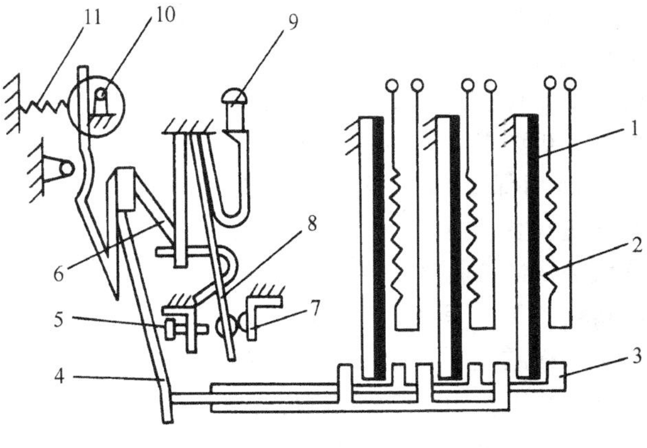

图 1-17　双金属片式热继电器结构原理图

1—主双金属片　2—电阻丝　3—导板　4—补偿双金属片　5—螺钉　6—推杆　7—静触头　8—动触头　9—复位按钮　10—调节凸轮　11—弹簧

补偿双金属片可在规定范围内补偿环境温度对热继电器的影响，当环境温度变化时，主双金属片与补偿双金属片同时向同一方向弯曲，使导板与补偿双金属片之间的推动距离保持不变。这样，继电器的动作特性将不受环境温度变化的影响。

三、具有断相保护的热继电器

三相异步电动机运行时，若发生一相断路，流过电动机各相绕组的电流将发生变化，其变化情况将与电动机三相绕组的接法有关。如果热继电器保护的三相电动机是星形联结，当发生一相断路时，另外两相线电流增加很多，由于此时线电流等于相电流，而使流过电动机绕组的电流就是流过热继电器热元件的电流，因此，采用普通的两相或三相热继电器就可对此作出保护。如果电动机是三角形联结，在正常情况下，线电流是相电流的$\sqrt{3}$倍，串接在电动机电源进线中的热元件按电动机额定电流即线电流来整定。图 1-18 为电动机三角形联结当 U 相断路时的电流分析，当发生一相断路时，且电动机仅为 0. 58 额定负载时，流过跨接于全电压下的一相绕组的相电流 I_{P3}等于 1. 15 额定相电流，而流过两相绕组串联的电流 $I_{P1}=I_{P2}$仅为 0. 58 的额定相电流。此时未断相的那两相线电流正好为额定线电流，接在电动机进线中的热元件因流过额定线电流，热继电器不动作，但流过全压下的一相绕组已流过 1. 15 倍额定相电流，

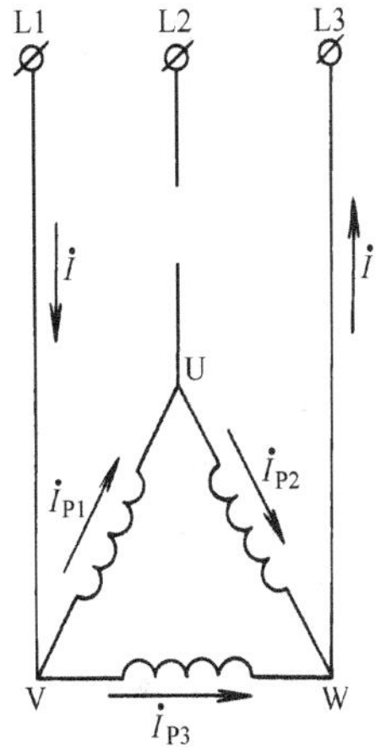

图 1-18　电动机三角形联结当 U 相断路时的电流分析

时间一长便有过热烧毁的危险。所以三角形联结的电动机必须采用带断相保护的热继电器来对电动机进行长期过载保护。

带有断相保护的热继电器是将热继电器的导板改成差动机构，图1-19为差动式断相保护机构及工作原理图。差动机构由上导板1、下导板2及装有顶头4的杠杆3组成，它们之间均用转轴连接。其中，图1-19a为未通电时导板的位置；图1-19b为热元件流过正常工作电流时的位置，此时三相双金属片都受热向左弯曲，但弯曲的挠度不够，所以下导板向左移动一小段距离，顶头4尚未碰到补偿双金属片5，继电器不动作；图1-19c是电动机三相同时过载的情况，三相双金属片同时向左弯曲。推动下导板向左移动，通过杠杆3使顶头4碰到补偿双金属片端部，使继电器动作；图1-19d为W相断路时的情况，这时W相双金属片将冷却，端部向右弯曲，推动上导板向右移，而另外两相双金属片仍受热，端部向左弯曲推动下导板继续向左移动。这样上、下导板的一右一左移动，产生了差动作用，通过杠杆的放大作用。迅速推动补偿双金属片，使继电器动作。由于差动作用，使继电器在断相故障时加速动作，保护电动机。带断相保护热继电器的保护特性见表1-9。

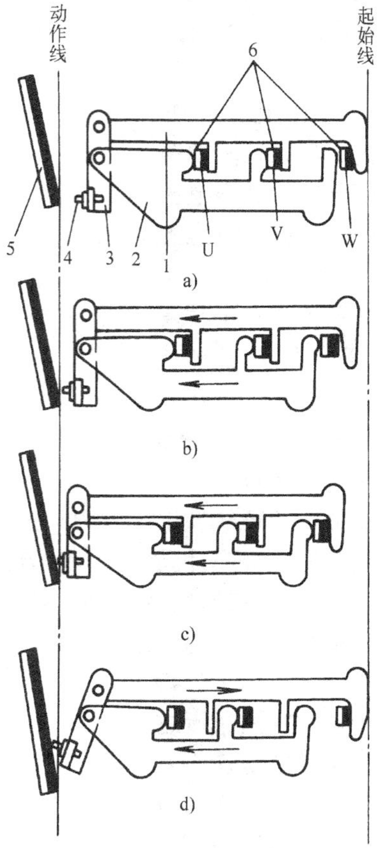

图1-19 差动式断相保护机构及工作原理
a）通电前 b）三相正常电流
c）三相均匀过载 d）W相断路
1—上导板 2—下导板 3—杠杆 4—顶头
5—补偿双金属片 6—主双金属片

四、热继电器典型产品及主要技术参数

常用的热继电器有JR20、JRS1、JR36、JR21、3UA5、3UA6、LR1-D、T系列。后四种是引入国外技术生产的。

表1-9 带断相保护热继电器保护特性

项 号	电流倍数		动作时间	试验条件
	任意两相	第三相		
1	1	0.9	2h不动作	冷态
2	1.15	0	<2h	从项1电流加热到稳定后开始

JR20系列具有断相保护、温度补偿、整定电流值可调、手动脱扣、自动复位、动作后的信号指示。它与交流接触器的安装方式有分立结构，还有组合式结构，可通过导电杆与挂钩直接插接，并可电气连接在CJ20接触器上。引进的T系列热继电器常与B系列接触器组合成电磁起动器。表1-10列出了JR20部分产品的技术数据。

表1-10　JR20系列热继电器技术数据

型号	热元件号	整定电流范围/A	型号	热元件号	整定电流范围/A
JR20-10配CJ20-10	1R	0.1~0.13~0.15	JR20-16配CJ20-16	1S	3.6~4.5~5.4
	2R	0.15~0.19~0.23		2S	5.4~6.7~8
	3R	0.23~0.29~0.35		3S	8~10~12
	4R	0.35~0.44~0.53		4S	10~12~14
	5R	0.53~0.67~0.8		5S	12~14~16
	6R	0.8~1~1.2		6S	14~16~18
	7R	1.2~1.5~1.8	JR20-25配CJ20-25	1T	7.8~9.7~11.6
	8R	1.8~2.2~2.6		2T	11.6~14.3~17
	9R	2.6~3.2~3.8		3T	17~21~25
	10R	3.2~4~4.8		4T	21~25~29
	11R	4~5~6		1U	16~20~24
	12R	5~6~7	JR20-63配CJ20-63	2U	24~30~36
	13R	6~7.2~8.4		3U	32~40~47
	14R	8.6~10~11.6		4U	40~47~55
	15R	0.1~0.13~0.15		5U	47~55~62
				6U	55~62~71

型号含义

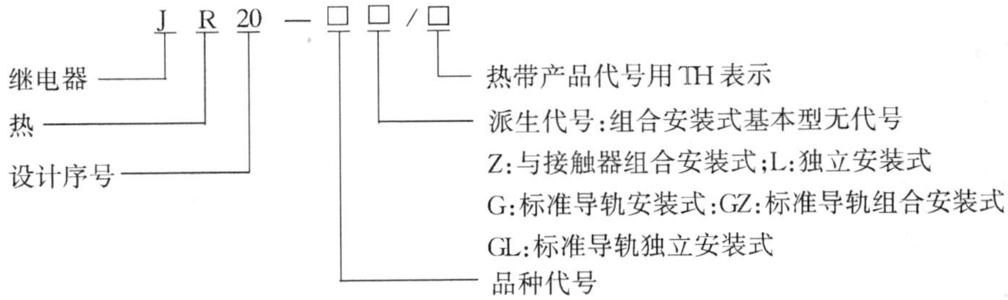

五、热继电器的选用

热继电器主要用于电动机的过载保护，热继电器选用时应根据使用条件、工作环境、电动机型式及其运行条件及要求，电动机起动情况及负荷情况综合考虑。

1）热继电器有三种安装型式，独立安装式（通过螺钉固定）、导轨安装式（在标准导轨上安装）和插接安装式（直接挂接在与其配套的接触器）。应按实际安装情况选择其安装型式。

2）原则上热继电器的额定电流应按电动机的额定电流选择。但对于过载能力较差的电动机，其配用的热继电器的额定电流应适当小些，通常选取热继电器的额定电流（实际上是选取热元件的额定电流）为电动机额定电流的60% ~80%。

3）在不频繁起动的场合，要保证热继电器在电动机起动过程中不产生误动作。当电动机起动电流为其额定电流6倍及以下，起动时间不超过5s时，若很少连续起动，可按电动机额定电流选用热继电器。当电动机起动时间较长，就不宜采用热继电器，而采用过电流继电器作保护。

4）当电动机工作于重复短时工作制时，要注意确定热继电器的允许操作频率。因为热继电器的操作频率是很有限的，操作频率较高时，热继电器的动作特性会变差，甚至不能正常工作。对于正反转和频繁通断的电动机，不宜采用热继电器作保护，可选用埋入电动机绕组的温度继电器或热敏电阻来保护。

第五节　熔　断　器

熔断器是一种当电流超过规定值一定时间后，以它本身产生的热量使熔体熔化而分断电路的电器。广泛应用于低压配电系统和控制系统及用电设备中作短路和过电流保护。

一、熔断器结构及工作原理

熔断器主要由熔体、熔断管（座）、填料及导电部件等组成。熔体是熔断器的主要部分，常做成丝状、片状、带状或笼状。其材料有两类：一类为低熔点材料，如铅、锡的合金，锑、铝合金，锌等；另一类为高熔点材料，如银、铜、铝等。熔断器接入电路时，熔体串接在电路中，负载电流流经熔体，当电路发生短路或过电流时，通过熔体的电流使其发热，当达到熔体金属熔化温度时就会自行熔断，期间伴随着燃弧和熄弧过程，随之切断故障电路，起到保护作用。当电路正常工作时，熔体在额定电流下不应熔断，所以其最小熔化电流必须大于额定电流。填料目前广泛应用的是石英砂，主要有两个作用：作为灭弧介质和帮助熔体散热。

二、熔断器的保护特性

熔断器的保护特性是指流过熔体的电流与熔体熔断时间的关系曲线，称“时间—电流特性”曲线或称“安—秒特性”曲线，如图1-20所示。图中I_{min}为最小熔化电流或称临界电流，当熔体电流小于临界电流时，熔体不会熔断。最小熔化电流I_{min}与熔体额定电流I_N之比称为熔断器的熔化系数，即$K=I_{min}/I_N$，当K小时对小倍数过载保护有利，但K也不宜接近于1，当K为1时，不仅熔体在I_N下工作温度会过高，而且还有可能因保护特性本身的误差而发生熔体在I_N下也熔断的现象，影响熔断器工作的可靠性。

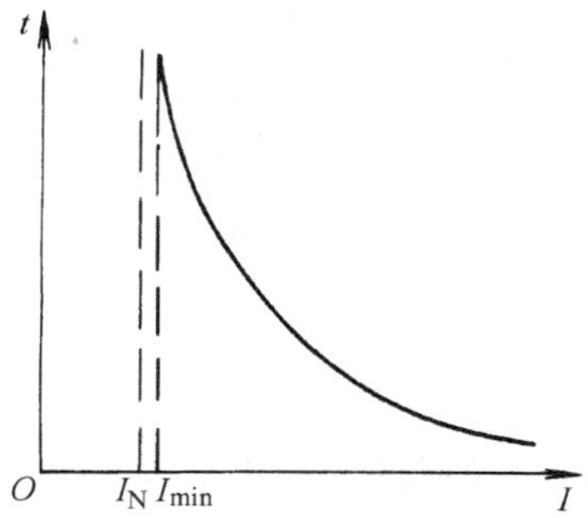

图1-20　熔断器的保护特性

当熔体采用低熔点的金属材料时，熔化时所需热量少，故熔化系数小，有利于过载保护；但材料电阻率较大，熔体截面积大，熔断时产生的金属蒸气较多，不利于熄弧，故分断能力较低。当熔体采用高熔点的金属材料时，熔化时所需热量大，故熔化系数大，不利于过载保护，而且可能使熔断器过热；但这些材料的电阻率低，熔体截面小，有利于熄弧，故分断能力高。所以，不同熔体材料的熔断器在电路中保护作用的侧重点是不同的。

三、熔断器的主要技术参数及典型产品

（一）熔断器的主要技术参数

（1）额定电压　这是从灭弧的角度出发，熔断器长期工作时和分断后能承受的电压。其值一般大于或等于所接电路的额定电压。

（2）额定电流　熔断器长期工作，各部件温升不超过允许温升的最大工作电流。熔断器的额定电流有两种：一种是熔管额定电流，也称为熔断器额定电流；另一种是熔体的额定电流。厂家为减少熔管额定电流的规格，熔管额定电流等级较少，而熔体额定电流等级较多，在一种电流规格的熔管内可安装几种电流规格的熔体，但熔体的额定电流最大不能超过熔管的额定电流。

（3）极限分断能力　熔断器在规定的额定电压和功率因数（或时间常数）条件下，能可靠分断的最大短路电流。

（4）熔断电流　它为通过熔体并使其熔化的最小电流。

（二）熔断器的典型产品

熔断器的种类很多，按结构来分有半封闭瓷插式、螺旋式、无填料密封管式和有填料密封管式，它们的外形和结构如图 1-21 ~ 图 1-24 所示。按用途分有一般工业用熔断器、半导体保护用快速熔断器和特殊熔断器。典型产品有 RL6、RL7、RL96、RLS2 系列螺旋式熔断器，RL1B 系列带断相保护螺旋式熔断器，RT18、RT18-□X 系列熔断器以及 RT14 系列有填料密封管式熔断器。此外，还有引进国外技术生产的 NT 系列有填料封闭式刀形触头熔断器与 NGT 系列半导体器件保护用熔断器等。

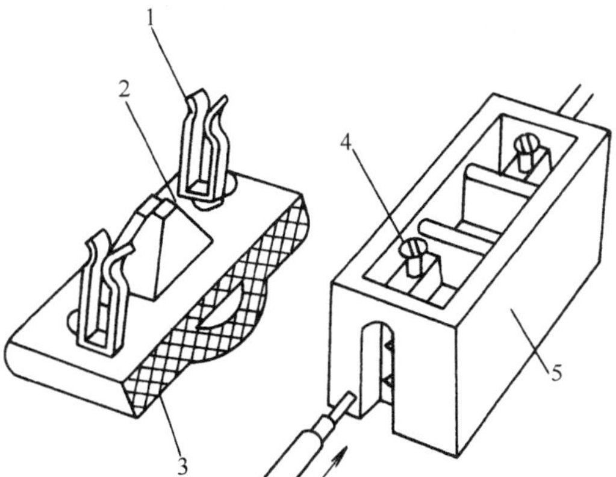

图 1-21　瓷插式熔断器的外形和结构

1—动触头　2—熔丝　3—瓷盖

4—静触头　5—瓷底

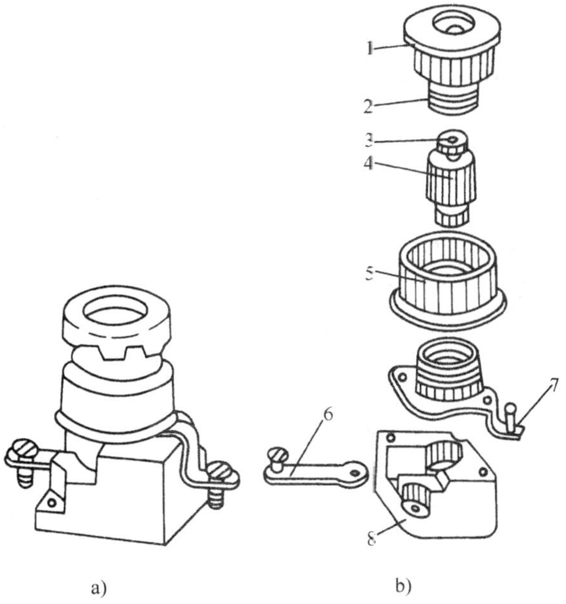

图 1-22　螺旋式熔断器的外形和结构

a）外形　b）结构

1—瓷帽　2—金属螺管　3—指示器　4—熔管

5—瓷套　6—下接线端　7—上接线端　8—瓷座

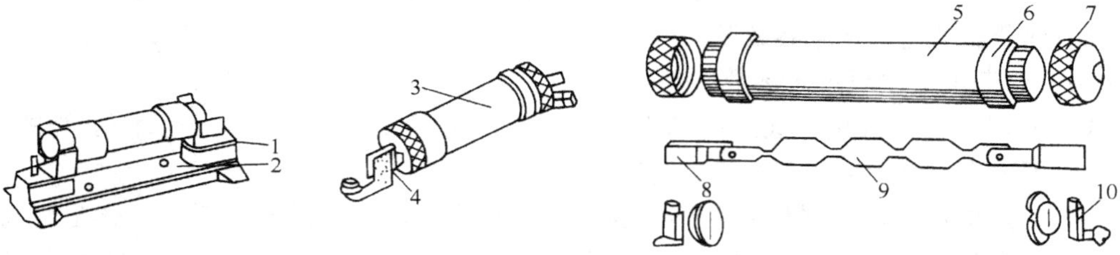

a)　　　　b)

图 1-23　无填料密封管式熔断器的外形和结构

a）外形　b）结构

1、4—夹座　2—底座　3—熔断器　5—硬质绝缘管　6—黄铜套管　7—黄铜帽　8—插刀　9—熔体　10—夹座

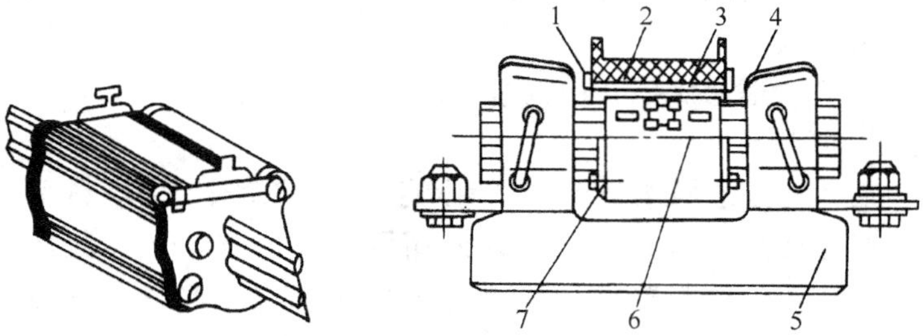

a)　　　　b)

图 1-24　有填料密封管式熔断器的外形和结构

a）外形　b）结构

1—熔断指示器　2—石英砂填料　3—熔丝　4—插刀　5—底座　6—熔体　7—熔管

RL6、RL7、RL96、RLS2 系列熔断器技术数据见表 1-11。

表 1-11　RL6、RL7、RL96、RLS2 系列熔断器技术数据

型号	额定电压/V	额定电流/A		额定分断电流/kA	cosφ
		熔断器	熔体		
RL6-25，RL96-25 Ⅱ	500	25	2，4，6，10，16，20，25	50	0.1～0.2
RL6-63，RL96-63 Ⅱ		63	35，50，63		
RL6-100		100	80，100		
RL6-200		200	125，160，200		
RL7-25	660	25	2，4，6，10，16，20，25	25	
RL7-63		63	35，50，63		
RL7-100		100	80，100		
RLS2-30	500	(30)	16，20，25，(30)	50	
RLS2-63		63	35，(45)，50，63		
RLS2-100		100	(75)，80，(90)，100		

四、熔断器的选用

熔断器的选择主要包括熔断器的类型、熔断器额定电压、额定电流和熔体额定电流的选择等。

（1）熔断器类型的选择　主要根据负载的保护特性和短路电流大小。用于保护照明电路和电动机的熔断器，一般考虑它们的过载保护，要求熔断器的熔化系数适当小些。对于大容量的照明线路和电动机，除过载保护外，还应考虑短路时的分断短路电流能力。

（2）熔断器额定电压的选择　熔断器的额定电压应大于或等于所接电路的额定电压。

（3）熔体、熔断器额定电流的选择　熔体额定电流大小与负载大小、负载性质有关。

对于负载平稳无冲击电流的照明电路、电热电路等可按负载电流大小来确定熔体的额定电流；对于有冲击电流的电动机负载，为起到短路保护作用，又保证电动机的正常起动，对三相笼型电动机其熔断器熔体的额定电流为

单台长期工作电动机：

$$I_{\mathrm{Np}} = (1.5 \sim 2.5)\, I_{\mathrm{NM}} \tag{1-11}$$

式中　I_{Np}——熔体额定电流（A）；

I_{NM}——电动机额定电流（A）。

单台频繁起动电动机：

$$I_{\mathrm{Np}} = (3 \sim 3.5)\, I_{\mathrm{NM}} \tag{1-12}$$

多台电动机共用一熔断器保护：

$$I_{\mathrm{Np}} = (1.5 \sim 2.5)\, I_{\mathrm{NMmax}} + \sum I_{\mathrm{NM}} \tag{1-13}$$

式中　I_{NMmax}——多台电动机中容量最大一台电动机的额定电流（A）；

$\sum I_{\mathrm{NM}}$——其余各台电动机额定电流之和（A）。

在式（1-11）与式（1-13）中，对轻载起动或起动时间较短时，式中系数取1.5；重载起动或起动时间较长时，系数取2.5。

当熔体额定电流确定后，根据熔断器额定电流大于或等于熔体额定电流来确定熔断器额定电流。

（4）熔断器额定电流的校验　对上述选定的熔断器类型及熔体额定电流，还须校验熔断器的保护特性，看其与保护对象的过载特性是否有良好的配合。同时，熔断器的极限分断能力是否大于或等于保护电路可能出现的短路电流值，这样才可获得可靠的短路保护。对于供电电路上的熔断器，为防止越级熔断，上、下级（即供电干、支线）熔断器间应有良好的协调配合，一般上一级熔断器的熔体额定电流比下一级熔体额定电流大1~2个级差。

第六节　信号继电器

信号继电器是指输入非电信号，且当非电信号到一定值时才使触头动作的电器。常用的有速度继电器、温度继电器、液位继电器与干簧继电器等。

一、速度继电器

速度继电器是将电动机的转速信号经电磁感应原理来实现触头动作的电器。其结构主要由定子、转子和触头系统三部分组成，定子是一个笼型空心圆环，由硅钢片叠成，并嵌有笼型导条，转子是一个圆柱形永久磁铁，触头系统有正向运转时动作的和反向运转时动作的触头各一组，每组又各有一对常闭一对常开触头，速度继电器结构原理图如图1-25所示。

使用时，继电器转子的轴10与电动机轴相连接，定子空套在转子外围。当电动机起动

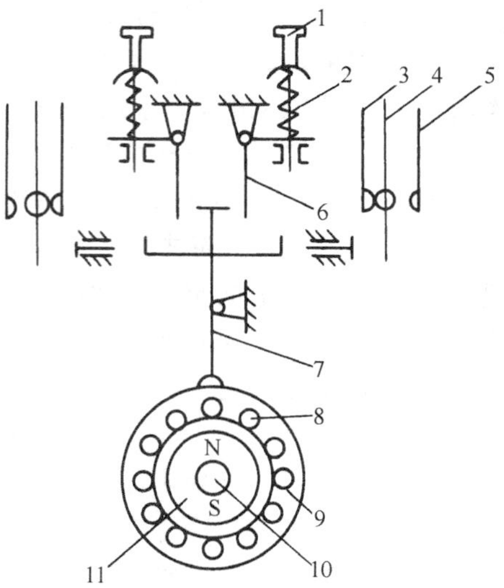

图 1-25　速度继电器结构原理图
1—调节螺钉　2—反力弹簧　3—常闭触头
4—动触头　5—常开触头　6—返回杠杆
7—杠杆　8—笼型导条　9—定子
10—转轴　11—转子

旋转时，继电器的转子 11 随着转动，永久磁铁的静止磁场就成了旋转磁场。定子 9 内的笼型导条 8 因切割磁场而产生感应电动势，形成感应电流，并在磁场作用下产生电磁转矩，使定子随转子旋转方向转动，但因有返回杠杆 6 挡住，故定子只能随转子旋转方向作一偏转。当定子偏转到一定角度时，在杠杆 7 的作用下使常闭触头打开而常开触头闭合。在杠杆 7 推动触头的同时也压缩相应的反力弹簧 2，其反作用力阻止定子偏转。当电动机转速下降时，继电器转子转速也随之下降，定子导条中的感应电动势、感应电流、电磁转矩均减小。当继电器转子转速下降到一定值时，电磁转矩小于反力弹簧的反作用力矩时，定子返回原位，继电器触头恢复到原来状态。调节螺钉 1 的松紧，可调节反力弹簧的反作用力大小，也就调节了触头动作所需的转子转速。一般速度继电器触头的动作转速为 140r/min 左右，触头的复位转速为 100r/min。

当电动机正向运转时，定子偏转使正向常开触头闭合，常闭触头断开，同时接通与断开与它们相连的电路；当正向旋转速度接近零时，定子复位，使常开触头断开，常闭触头闭合，同时与其相连的电路也改变状态。当电动机反向运转时，定子向反方向偏转，使反向动作触头动作，情况与正向时相同。

常用的速度继电器有 JY1 和 JFZ0 系列。JY1 系列可在 700～3600r/min 范围内可靠的工作。JFZ0-1 型适用于 300～1000r/min；JFZ0-2 型适用于 1000～3600 r/min。它们具有两对常开、常闭触头，触头额定电压为 380V，额定电流为 2A。

二、温度继电器

热继电器是对电动机进行过载保护用的电器，但当电网电压升高时，即使电动机不过载，也会导致铁损增加而使铁心发热，这样也会使绕组温升过高；或者电动机环境温度过高或通风不良等，同样也会使绕组温升过高，此时热继电器就无能为力了。为此采用温度继电器，将其埋设在电动机发热部位，如电动机定子槽内，绕组端部等部位，直接反映该处发热情况，无论是电动机出现过电流引起温度升高，还是其他原因引起电动机温度升高，温度继电器都能起到保护作用。

温度继电器大体上有两种类型：一种是双金属片式温度继电器；另一种是热敏电阻式温度继电器。

双金属片式温度继电器的工作原理与热继电器相似在此不重复。

双金属片式温度继电器的动作温度是以电动机绕组绝缘等级为基础来划分的，它有 50℃、60℃、70℃、80℃、95℃、105℃、115℃、125℃、135℃、145℃、165℃ 等 11 个规格。继电器的返回温度因动作温度而异，一般比动作温度低 5～40℃。

双金属片式温度继电器的缺点是加工工艺复杂，且双金属片容易老化。另外，由于体积大而多置于绕组的端部，故很难及时反映温度上升的情况，以致出现动作滞后的现象。同时，也不宜用来保护高压电动机，因为过强的绝缘层会加剧动作的滞后现象。

热敏电阻式温度继电器的外形同一般晶体管式时间继电器相似，但作为温度检测元件的热敏电阻不安放在继电器中，而是装在电动机定子槽内或绕组的端部。热敏电阻采用有明显居里点的剧变形（开关型）正温系数（PTC）的材料制成，在其居里点附近有极高的温度系数。图 1-26 为 PTC 热敏电阻的电阻温度特性，图中 T_r 为居里温度，T_d 为动作温度。为了对电动机进行有效的热保护，应当根据电动机所用绝缘材料的绝缘等级来选择温度继电器的动作温度。由于热阻和热惯性的存在，当电动机绕组温度因堵转、断相等故障而急剧升高时，热敏电阻不能及时地跟随，因此在选择温度继电器的动作温度时应留一定裕度，即动作温度应比电动机绝缘等级最高允许温度低，一般为 10～25℃，且绝缘材料的最高允许温度越高，要求留的裕度越大。

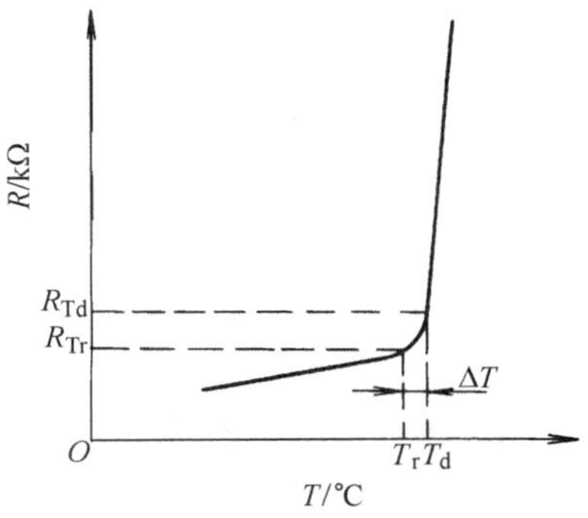

图 1-26 PTC 热敏电阻的电阻温度特性

每个剧变型 PTC 热敏电阻都有固定的居里温度，而用它构成的温度继电器一般都要求工作在热敏电阻居里点以上不远的地方，这使得温度继电器动作值的可调范围很窄。温度继电器的本体（电子电路）是通用的，而热敏电阻则要根据动作温度的不同来选配。

一个热敏电阻只能检测电动机一相绕组的温度，因此一台三相电动机至少需要三个热敏电阻。每相绕组的各部分温升不会完全相等，热敏电阻应埋在温升最高的绕组端部，那里设有有利于导热的铁心，绕组只依靠流通的空气散热。当发生匝间、相间短路或接地故障时，绕组各处的温差很大，因此对于大、中型电动机和某些特种电机，可在每相绕组的几处地方埋设热敏电阻。一台电动机的三个热敏电阻按其接线方式不同有串联接线与并联接线方式，其对应的测量电路有串联方式与并联方式，后者优于前者，图 1-27 为热敏电阻的“并联”接线方式测量电路。每相热敏电阻 R_{TU}、R_{TV}、R_{TW}有各自的分压电阻 R_{PU}、R_{PV}、R_{PW}，各相的输出电压 U_{XU}、U_{XV}、U_{XW}经二级管或门送至一个公共鉴幅器。令各相的分压电阻值相等，只要三个热敏电阻的特性和参数相同，则各相就能在相同的温度下动作。

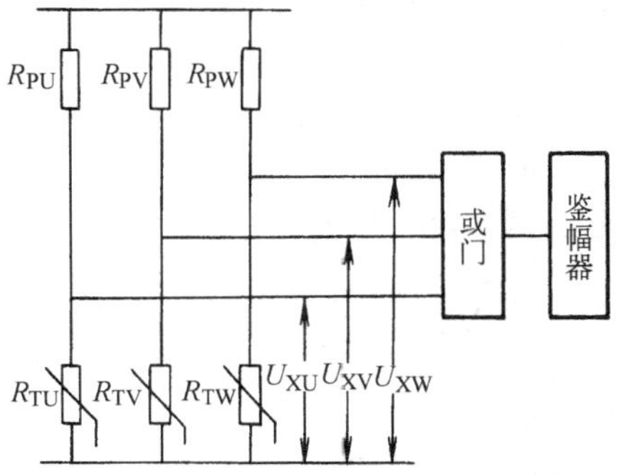

图 1-27 热敏电阻的“并联”接线方式测量电路

图 1-28 为热敏电阻并联接线的温度继电器，当热敏电阻随温度变化时，分压比改变，于是从热敏电阻上获得输出电压，各相输出电压经二极管或门（VD1～VD3）送至鉴幅器（稳压管 VS）。图中鉴幅器的下级电路是直接驱动继电器 KA 的射极耦合触发器，鉴幅器的门限电压 U_d 主要由触发器的射极电位提供，U_d 一般选在 3～4V 之间。随着电动机绕组温度的升高，热敏电阻 R_T 的阻值增大，R_T 上的分压比提高，A（B 或 C）点电位下降，当测量电路的输出电压 U_X 在数值上低于鉴幅器的门限电压 U_d 时，二极管或门（VD1～VD3）导通，鉴幅器 VS 被击穿，射极耦合触发器翻转为 V1 导通、V2 截止，于是继电器 KA 线圈断电释放，发出温度控制信号，其常开触头断开电动机线路接触器线圈电路，接触器常开主

触头断开电动机主电路，实现电动机的过热保护。

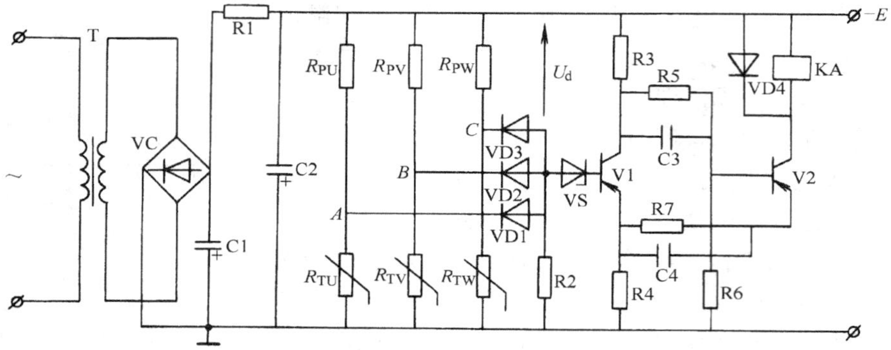

图 1-28　热敏电阻并联接线的温度继电器

三、液位继电器

液位继电器是根据液体液面高低来使触头动作的继电器，常用于锅炉和水柜中用来控制水泵电动机的起动和停止。

图 1-29 为液位继电器的结构示意图。图中浮筒置于被控制的锅炉和水柜中，浮筒的一端装有一根磁钢，浮筒与其上的磁钢可绕支点 *A* 偏转。锅炉或水柜外壁装有两个静触头，动触头的一端也装有一磁钢，它与浮筒一端的磁钢相对应，且可绕支点 *B* 偏转。当锅炉或水柜中的水位降低到极限值时，浮筒下落使磁钢端绕支点 *A* 上翘。由于磁钢同性相斥的作用，使动触头的磁钢端被斥下落，通过支点 *B* 使触头 1-1 接通，触头 2-2 断开，利用触头 1-1 接通接触器线圈电路，使接触器线圈通电吸合，接通水泵电动机，向锅炉或水柜供水，使液面上升。反之，当水位升高到上限位置时，浮筒上浮使触头 2-2 接通，触头 1-1 断开，水泵电动机停止。显然，液位继电器的安装位置决定了被控的液位。

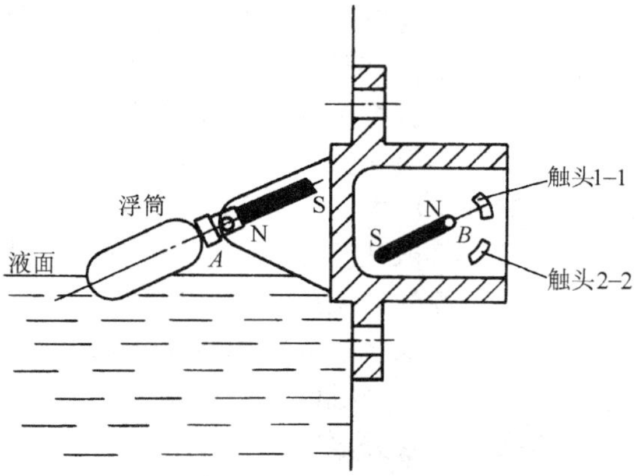

图 1-29　液位继电器结构示意图

四、干簧继电器

干簧继电器是利用磁场作用来驱动继电器触头动作的。其主要部分是干簧管，它是由一组或几组导磁簧片封装在惰性气体（如氦、氮等气体）的玻璃管中组成开关元件。导磁簧片既有导磁作用，又作接触簧片即控制触头的作用。图 1-30 为干簧继电器结构原理图。图 1-30a 为利用干簧继电器外的线圈通电产生磁场来驱动继电器动作的原理图。图 1-30b 为利用外磁场驱动继电器动作的原理图。在磁场作用下，干簧管内的两根磁簧片分别被磁化而相互吸引，接通电路。当磁场消失后，簧片靠本身的弹性分开。干簧继电器常用于电梯电气控制中。

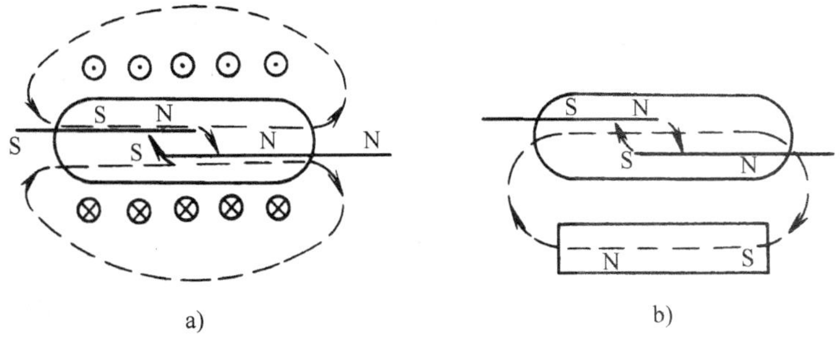

图 1-30 干簧继电器结构原理图

a）线圈通电驱动型 b）外磁场驱动型

目前国产干簧继电器有 JAG2-1A 型与 JAG2-2A 型等。

第七节 低压开关与低压断路器

一、低压开关

低压开关又称低压隔离器，是低压电器中结构比较简单、应用广泛的一类手动电器。主要有刀开关、组合开关以及用刀开关与熔断器组合成的胶盖瓷底刀开关和熔断器式刀开关，还有转换开关等。以下仅介绍 HK2 系列胶盖瓷底刀开关、HR5 系列熔断器刀开关与 HZ5 系列普通型组合开关。

（一）HK2 系列胶盖瓷底刀开关

HK2 系列胶盖瓷底刀开关用作电路的隔离开关、小容量电路的电源开关和小容量电动机非频繁起动的操作开关。图 1-31 为 HK2 系列胶盖瓷底刀开关，其主要由熔丝、触刀、触点座、操作手柄、底座及上、下胶盖等组成。使用时进线座接电源端的进线，出线座接负载端导线，靠触刀与触头座的分合来接通和断开电路。

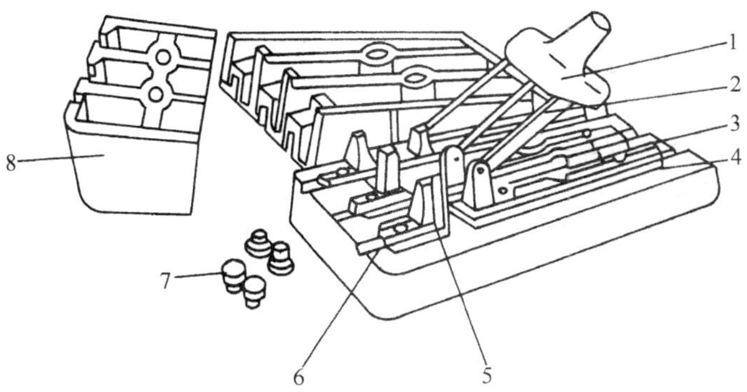

图 1-31 HK2 系列胶盖瓷底刀开关

1—瓷柄 2—动触头 3—出线座 4—瓷底座

5—静触头 6—进线座 7—胶盖紧固螺钉 8—胶盖

刀开关安装时，合上开关时其手柄在上方，不得倒装或平装。倒装时手柄可能因自重下滑而引起误操作造成人身安全事故。接线时，将电源连接在熔丝上端，负载线接在熔丝下端，拉闸后刀开关与电源隔离，便于更换熔丝。

表 1-12 为 HK2 系列刀开关技术数据。应根据负载额定电压来选择开关的额定电压，在正常情况下对普通负载可由负载额定电流来决定开关的额定电流。若用来控制电动机时，为考虑电动机起动电流，刀开关应降低容量使用，即开关的额定电流应是电动机额定电流的 3 倍。

表 1-12　HK2 系列刀开关技术数据

额定电压/V	额定电流/A	极数	熔体极限分断能力/A	控制电动机最大容量/kW	机械寿命/次	电气寿命/次
250	10	2	500	1.1	10000	2000
	15		500	1.5		
	30		1000	3.0		
500	15	3	500	2.2	10000	2000
	30		1000	4.0		
	60		1000	5.5		

（二）HR5 系列熔断器式刀开关

HR5 系列熔断器式刀开关用于有大短路电流的配电网络和电动机电路。用作电源开关、隔离开关，并可作短路保护。其主要由触头系统、熔体、灭弧室、底座、塑料防护盖等组成。开关还具有弹簧储能快速关合机构及指示熔体通断的信号装置。其熔断器带有撞击器时，任一相熔体熔断后，撞击器弹出，通过横杆触动装在底版的微动开关，发出信号或切断接触器线圈电路，实现缺相保护。

HR5 系列开关主要技术参数见表 1-13。HR5 系列开关与熔体电流配用关系见表 1-14。

表 1-13　HR5 系列开关主要技术参数

型号	约定发热电流/A	额定电压/V	额定接通和分断能力					额定熔断短路电流		机械寿命/次	电寿命/次
			接通		分断		通断次数	电流有效值/kA	通断次数		
			电流/A	电压倍数	电流/A	电压倍数					
HR5-100	100	380	1000	1.1	800	1.1	各 5 次	50	各 1 次	3000	600
HR5-200	200		1600		1200					3000	600
HR5-400	400		3200		2400					1000	200
HR5-630	630		5040		3780					1000	200
HR5-100	100	660	300	1.1	300	1.1	各 5 次	—	—	3000	600
HR5-200	200		600		600					3000	600
HR5-400	400		1200		1200					1000	200
HR5-630	630		1800		1890					1000	200

表 1-14　HR5 系列开关与熔体电流配用关系

型　号	熔体号码	熔体电流值/A
HR5-100	0	4，6，10，16，20，25，32，35，40，50，63，80，100，125，160
HR5-200	1	80，100，125，160，200，224，250
HR5-400	2	125，160，200，224，250，300，315，355，400
HR5-630	3	315，355，400，425，500，630

（三）HZ5 系列普通型组合开关

组合开关是由若干动触片和静触片分别装于数层绝缘件内组成，动触片安装在附有手柄的转轴上，可随转轴转动，实现动、静触片的分合。图 1-32 为 HZ5 系列普通型组合开关，在组合开关上方安装有由滑板、凸轮、扭簧及手柄等部件构成的操作机构，由于该机构采用了扭簧储能，故可实现开关的快速闭合与分断，从而使触头闭合及分断速度与手柄操作速度无关。HZ5系列普通型组合开关适用于电压380V及以下，额定电流60A及以下电路，作为电源开关、控制电路的换接或对电动机起动、变速、停止及换向等用途。

HZ5系列组合开关额定电流及控制电动机功率见表1-15。

表1-15　HZ5系列组合开关额定电流及控制电动机功率

型号	HZ5-10	HZ5-20	HZ5-40	HZ5-60
额定电流/A	10	20	40	60
控制电动机功率/kW	1.7	4.0	7.5	10

二、低压断路器

低压断路器俗称自动空气开关，是一种既有手动开关作用又能自动进行欠电压、失电压、过载和短路保护的开关电器。

低压断路器种类较多，按用途分有保护电动机用、保护配电线路用及保护照明线路用。按结构型式分有框架式和塑壳式两种。按级数分有单极、双极、三极和四极断路器。

（一）低压断路器的结构和工作原理

各种低压断路器在结构上都有主触头及灭弧装置、各种脱扣器、自由脱扣机构和操作机构等部分组成。

（1）主触头及灭弧装置　主触头是断路器的执行元件，用来接通和分断主电路，为提高其分断能力，主触头上装有灭弧装置。

（2）脱扣器　脱扣器是断路器的感受元件，当电路出现故障时，脱扣器感测到故障信号后，经自由脱扣器使断路器主触头分断，从而起到保护作用。按接受故障不同，有如下几种脱扣器。

1）分励脱扣器　用于远距离使断路器断开电路的脱扣器，其实质是一个电磁铁，由控制电源供电，可以按照操作人员指令或继电保护信号使电磁铁线圈通电，衔铁动作，使断路器切断电路。一旦断路器断开电路，分励脱扣器电磁线圈也就断电了，所以分励脱扣器是短时工作的。

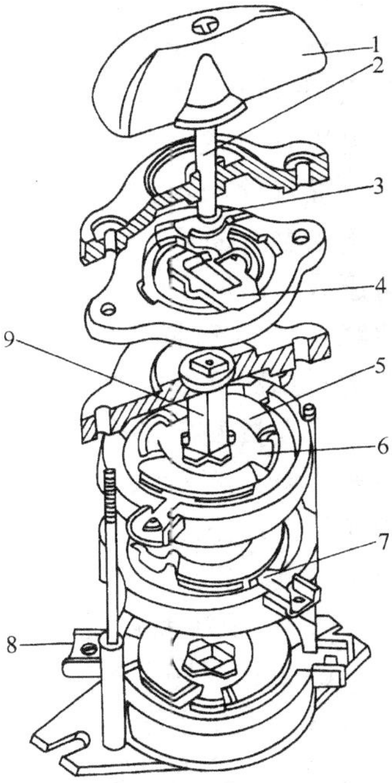

图1-32　HZ5系列普通型组合开关

1—手柄　2—转轴　3—弹簧　4—凸轮　5—绝缘垫板　6—动触片　7—静触片　8—接线柱　9—绝缘杆

2）欠电压、失电压脱扣器　这是一个具有电压线圈的电磁机构，其线圈并接在主电路中。当主电路电压消失或降至一定值以下时，电磁吸力不足以继续吸持衔铁，在反力作用下，衔铁释放，衔铁顶板推动自由脱扣机构，将断路器主触头断开，实现欠电压与失电压保护。

3）过电流脱扣器　其实质是一个电流线圈的电磁机构，电磁线圈串接在主电路中，流过负载电流。当正常电流通过时，产生的电磁吸力不足以克服反力，衔铁不被吸合；当电路出现瞬时过电流或短路电流时，吸力大于反力，使衔铁吸合并带动自由脱扣机构使断路器主触头断开，实现过电流与短路电流保护。

4）热脱扣器　该脱扣器由热元件、双金属片组成，将双金属片热元件串接在主电路中，其工作原理与双金属片式热继电器相同。当过载到一定值时，由于温度升高，双金属片受热弯曲并带动自由脱扣机构，使断路器主触头断开，实现长期过载保护。

（3）自由脱扣机构和操作机构　自由脱扣机构是用来联系操作机构和主触头的机构，当操作机构处于闭合位置时，也可操作分励脱扣机构进行脱扣，将主触头断开。

操作机构是实现断路器闭合、断开的机构。通常电力拖动控制系统中的断路器采用手动操作机构，低压配电系统中的断路器有电磁铁操作机构和电动机操作机构两种。

低压断路器的工作原理如图1-33所示。图中是一个三极低压断路器，三个主触头串接于三相电路中。经操作机构将其闭合，此时传动杆3由锁扣4钩住，保持主触头的闭合状态，同时分闸弹簧1已被拉伸。当主电路出现过电流故障且达到过电流脱扣器的动作电流时，过电流脱扣器6的衔铁吸合，顶杆上移将锁扣4顶开，在分闸弹簧1的作用下使主触头断开。当主电路出现欠电压、失电压或过载时，则欠电压、失电压脱扣器和热脱扣器分别将锁扣顶开，使主触头断开。分励脱扣器可由主电路或其他控制电源供电，由操作人员发出指令或继电保护信号使分励线圈通电，其衔铁吸合，使锁扣顶开，在分闸弹簧作用下使主触头断开，同时也使分励线圈断电。

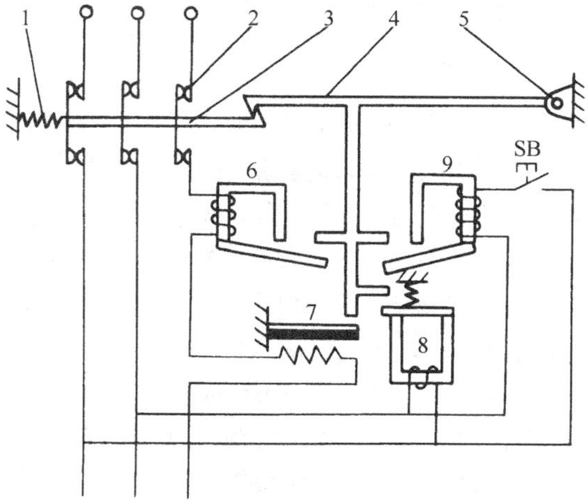

图1-33　低压断路器的工作原理
1—分闸弹簧　2—主触头　3—传动杆　4—锁扣
5—轴　6—过电流脱扣器　7—热脱扣器
8—欠电压失电压脱扣器　9—分励脱扣器

（二）低压断路器的主要技术数据和保护特性

1. 低压断路器的主要技术数据

（1）额定电压　断路器在电路中长期工作时的允许电压值。

（2）断路器额定电流　指脱扣器允许长期通过的电流，即脱扣器额定电流。

（3）断路器壳架等级额定电流　指每一件框架或塑壳中能安装的最大脱扣器额定电流。

（4）断路器的通断能力　指在规定操作条件下，断路器能接通和分断短路电流的能力。

（5）保护特性　指断路器的动作时间与动作电流的关系曲线。

2. 保护特性　断路器的保护特性主要是指断路器长期过载和过电流保护特性，即断路器动作时间与热脱扣器和过电流脱扣器动作电流的关系曲线，图1-34为低压断路器的保护特性。图中 ab 段为过载保护特性，具有反时限。df 段为瞬时动作曲线，当故障电流超过 d 点对应电流时，过电流脱扣器便瞬时动作。ce 段为定时限延时动作曲线，当故障电流大于 c 点对应电流时，过电流脱扣器经短时延时后动作，延时长短由 c 点与 d 点对

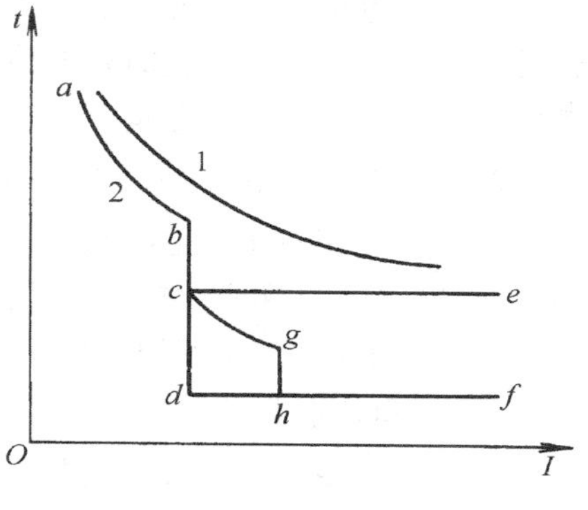

图1-34　低压断路器的保护特性
1—被保护对象的发热特性
2—低压断路器保护特性

应的时间差决定。根据需要，断路器的保护特性可以是两段式，如 *abdf*，既有过载延时又有短路瞬动保护；而 *abce* 则为过载长延时和短路延时保护。另外，还可有三段式的保护特性，如 *abcghf* 曲线，既有过载长延时，短路短延时，又有特大短路的瞬动保护。为达到良好的保护作用，断路器的保护特性应与被保护对象的发热特性有合理的配合，即断路器的保护特性 2 应位于被保护对象发热特性 1 的下方，并以此来合理选择断路器的保护特性。

（三）塑壳式低压断路器典型产品

塑壳式低压断路器根据用途分为配电用断路器、电动机保护用和其他负载用断路器，用作配电线路、电动机、照明电路及电热器等设备的电源控制开关及保护。常用的有 DZ15、DZ20、H、T、3VE、S 等系列，后四种是引进国外技术生产的产品。

DZ20 系列断路器是全国统一设计的系列产品，适用于交流额定电压 500V 以下、直流额定电压 220V 及以下，额定电流 100 ~ 125A 的电路中作为配电、线路及电源设备的过载、短路和欠电压保护；额定电流 200A 及以下和 400Y 型的断路器也可作为保护电动机的过载、短路和欠电压保护。DZ20 系列断路器主要技术数据见表 1-16。

表 1-16　DZ20 系列断路器主要技术数据

<table>
<tr><th rowspan="2">型号</th><th rowspan="2">脱扣器额定电流 I_N/A</th><th rowspan="2">壳架等级额定电流/A</th><th colspan="2">瞬时脱扣整定值/A</th><th rowspan="2">交流短路极限通断能力/kA</th><th rowspan="2">电寿命/次</th><th rowspan="2">机械寿命/次</th></tr>
<tr><th>配电用</th><th>电动机用</th></tr>
<tr><td>DZ20C-160</td><td rowspan="4">16，20，32，50，63，80，100（C：125，160）</td><td>160</td><td rowspan="4">$10I_N$</td><td rowspan="4">$12I_N$</td><td>12</td><td rowspan="4">4000</td><td rowspan="4">4000</td></tr>
<tr><td>DZ20Y-100</td><td rowspan="3">100</td><td>18</td></tr>
<tr><td>DZ20J-100</td><td>35</td></tr>
<tr><td>DZ20G-100</td><td>100</td></tr>
<tr><td>DZ20C-250</td><td rowspan="4">100，125，160，180，200，225，（C:250）</td><td>250</td><td rowspan="4">$5I_N$，$10I_N$</td><td rowspan="4">$8I_N$，$12I_N$</td><td>15</td><td rowspan="4">2000</td><td rowspan="4">6000</td></tr>
<tr><td>DZ20Y-200</td><td rowspan="3">200</td><td>25</td></tr>
<tr><td>DZ20J-200</td><td>42</td></tr>
<tr><td>DZ20G-200</td><td>100</td></tr>
<tr><td>DZ20C-400</td><td rowspan="3">200，250，315，350，400（C：100，125，160，180）</td><td rowspan="3">400</td><td rowspan="2">$10I_N$</td><td rowspan="2">$12I_N$</td><td>15</td><td rowspan="3">1000</td><td rowspan="3">4000</td></tr>
<tr><td>DZ20Y-400</td><td>30</td></tr>
<tr><td>DZ20J-400</td><td>$5I_N$，$10I_N$</td><td>—</td><td>42</td></tr>
</table>

（四）塑壳式低压断路器的选用

塑壳式低压断路器常用来作电动机的过载与短路保护，其选择原则是；

1）断路器额定电压等于或大于线路额定电压。

2）断路器额定电流等于或大于线路或设备额定电流。

3）断路器通断能力等于或大于线路中可能出现的最大短路电流。

4）欠电压脱扣器额定电压等于线路额定电压。

5）分励脱扣器额定电压等于控制电源电压。

6）长延时电流整定值等于电动机额定电流。

7）瞬时整定电流：对保护笼型感应电动机的断路器，瞬时整定电流为 8 ~ 15 倍电动机额定电流；对于保护绕线转子电动机的断路器，瞬时整定电流为 3 ~ 6 倍电动机额定电流。

8）6 倍长延时电流整定值的可返回时间等于或大于电动机实际起动时间。

使用低压断路器来实现短路保护要比熔断器性能更加优越，因为当三相电路发生短路时，很可能只有一相的熔断器熔断，造成单相运行。对于低压断路器，只要造成短路都会使开关跳闸，将三相电源全部切断。何况低压断路器还有其他自动保护作用。但它结构复杂，操作频率低，价格较高，适用于要求较高场合。

三、主令电器

主令电器主要用来接通或断开控制电路，以发布命令或信号，改变控制系统工作状态的电器。常用的主令电器有控制按钮、行程开关、万能转换开关、主令控制器等。

（一）控制按钮

控制按钮是一种结构简单应用广泛的主令电器。主要用于远距离操作具有电磁线圈的电器，如接触器、继电器等，也用在控制电路中发布指令和执行电气联锁。

控制按钮一般由按钮、复位弹簧、触头和外壳等部分组成，其结构示意图如图 1-35 所示。每个按钮中的触头形式和数量可根据需要装配成一常开一常闭到六常开六常闭等形式。按下按钮时，先断开常闭触头，后接通常开触头。当松开按钮时，在复位弹簧作用下，常开触头先断开，常闭触头后闭合。

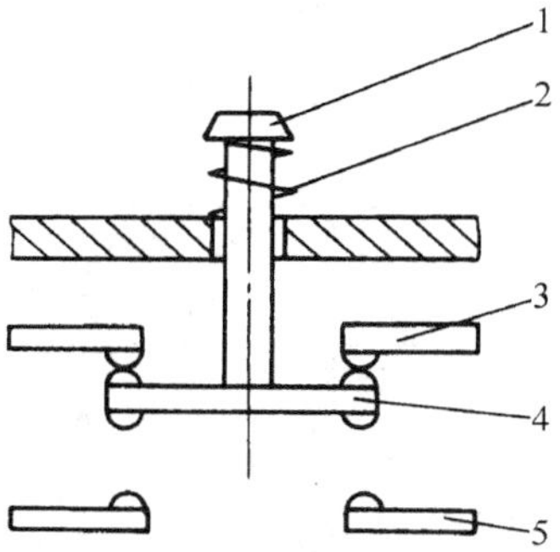

图 1-35　控制按钮结构示意图

1—按钮　2—复位弹簧
3—常闭静触头　4—动触头
5—常开静触头

控制按钮按保护形式分为开启式、保护式、防水式和防腐式等。按结构形式分为嵌压式、紧急式、钥匙式、带信号灯、带灯揿钮式、带灯紧急式等。按钮颜色有红、黑、绿、黄、白、蓝等。

按钮的主要技术参数有额定电压、额定电流、结构型式、触头数及按钮颜色等。常用的控制按钮额定电压 380V，额定工作电流 5A。

常用的控制按钮有 LA18、LA19、LA20 及 LA25 等系列。LA20 系列控制按钮技术数据见表 1-17。

表 1-17　LA20 系列控制按钮技术数据

型号	触头数量		结构型式	按钮		指示灯	
	常开	常闭		按钮数	颜　色	电压/V	功率/W
LA20-11	1	1	揿钮式	1	红、绿、黄、蓝或白	—	—
LA20-11J	1	1	紧急式	1	红	—	—
LA20-11D	1	1	带灯揿钮式	1	红、绿、黄、蓝或白	6	<1
LA20-11DJ	1	1	带灯紧急式	1	红	6	<1
LA20-22	2	2	揿钮式	1	红、绿、黄、蓝或白	—	—
LA20-22J	2	2	紧急式	1	红	—	—
LA20-22D	2	2	带灯揿钮式	1	红、绿、黄、蓝或白	6	<1
LA20-22DJ	2	2	带灯紧急式	1	红	6	<1
LA20-2K	2	2	开启式	2	白红或绿红	—	—
LA20-3K	3	3	开启式	3	白、绿、红	—	—
LA20-2H	2	2	保护式	2	白红或绿红	—	—
LA20-3H	3	3	保护式	3	白、绿、红	—	—

（二）行程开关

依据生产机械的行程发出命令，以控制其运动方向和行程长短的主令电器称为行程开关。若将行程开关安装于生产机械行程的终点处，用以限制其行程，则称为限位开关或终端开关。

行程开关按结构分为机械结构的接触式有触点行程开关和电气结构的非接触式接近开关。机械结构的接触式行程开关是依靠移动机械上的撞块碰撞其可动部件使常开触头闭合，常闭触头断开来实现对电路控制的。当工作机械上的撞块离开可动部件时，行程开关复位，触头恢复其原始状态。

行程开关按其结构可分为直动式、滚动式和微动式三种。

直动式行程开关结构原理如图 1-36 所示，它的动作原理与按钮相同，但它的缺点是触头分合速度取决于生产机械的移动速度，当移动速度低于 0.4m/min 时，触头分断太慢，易受电弧烧蚀。为此，应采用盘形弹簧瞬时动作的滚轮式行程开关，图 1-37 为滚轮式行程开关。

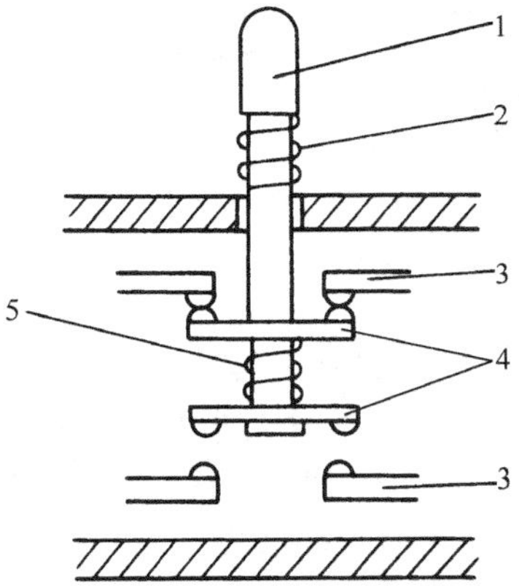

图 1-36　直动式行程开关

1—顶杆　2—复位弹簧　3—静触头

4—动触头　5—触头弹簧

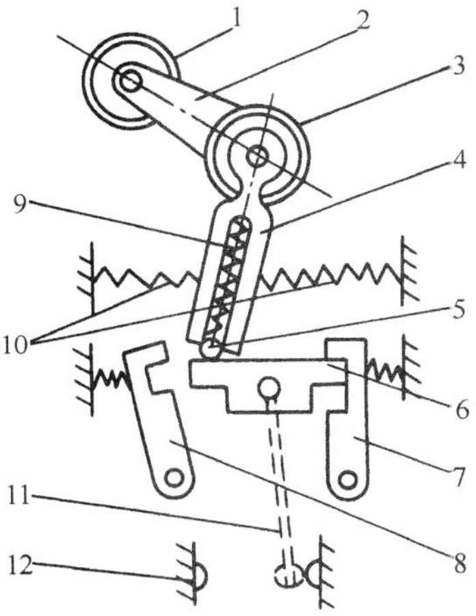

图 1-37　滚轮式行程开关

1—滚轮　2—上转臂　3—盘形弹簧　4—推杆　5—小滚轮

6—擒纵件　7、8—压板　9—弹簧　10—弹簧　11—动触头　12—静触头

当滚轮 1 受到的向左的外力作用时，上转臂 2 向左下方转动，推杆 4 向右转动，并压缩右边弹簧 10，同时下面的滚轮 5 也很快沿着擒纵件 6 向右滚动，小滚轮滚动又压缩弹簧 9，当滚轮 5 滚过擒纵件 6 的中点时，盘形弹簧 3 和弹簧 9 都使擒纵件迅速转动，从而使动触头迅速地与右边静触头分开，并与左边静触头闭合，减少了电弧对触头的烧蚀，适用于低速运行的机械。

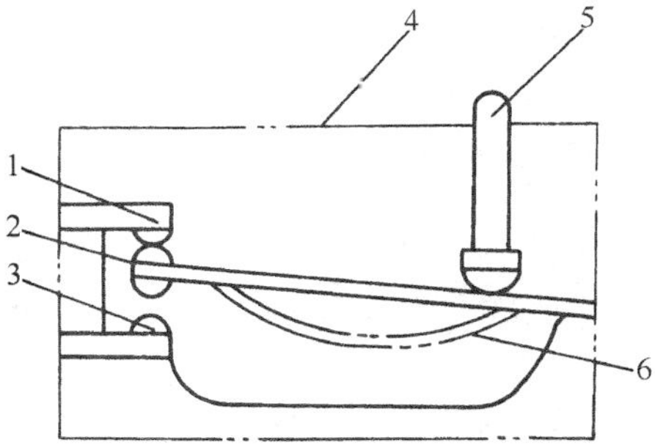

图 1-38　LX31 系列微动开关结构示意图

1—常开静触头　2—动触头　3—常闭静触头

4—壳体　5—推杆　6—弓簧片

微动开关是具有瞬时动作和微小行程的灵敏开关。图 1-38 为 LX31 型微动开关结构示意图，当开关推杆 5 在机械作用压下时，弓簧片 6 产生变形，储存能量

并产生位移，当达到临界点时，弹簧片连同桥式动触头瞬时动作。当外力失去后，推杆在弓簧片作用下迅速复位，触头恢复原来状态。由于采用瞬动结构，触头换接速度不受推杆压下速度的影响。

常用的行程开关有 JLXK1、X2、LX3、LX5、LX12、LX19A、LX21、LX22、LX29、LX32 系列，微动开关有 LX31 系列和 JW 型。

电气结构的非接触式行程开关，是当生产机械接近它到一定距离范围内时，它就发出信号，控制生产机械的位置或进行计数，故称接近开关，其内容在下节中讲述。

（三）万能转换开关

万能转换开关是由多组相同结构的触头组件叠装而成的多挡位多回路的主令电器。它由操作机构、定位装置和触头系统三部分组成。典型的万能转换开关结构示意图如图 1-39 所示。在每层触头底座上均可装三对触头，并由触头底座中的凸轮经转轴来控制这三对触头的通断。由于各层凸轮可做成不同的形状，这样用手柄将开关转至不同位置时，经凸轮的作用，可实现各层中的各触头按所规定的规律接通或断开，以适应不同的控制要求。

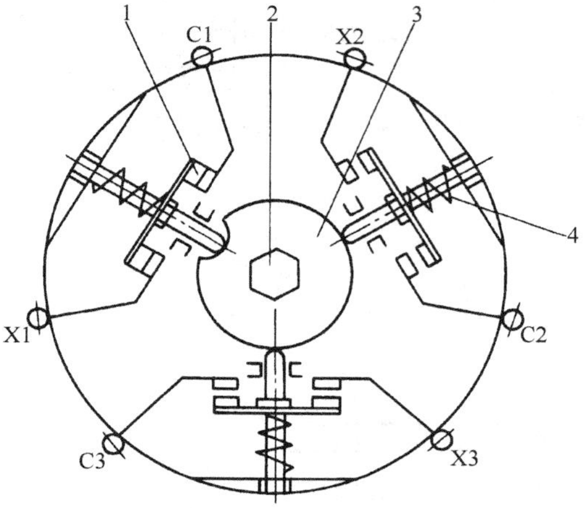

图 1-39 万能转换开关结构示意图

1—触头 2—转轴 3—凸轮 4—触头弹簧

常用的万能转换开关有 LW5、LW6、LW12-16 等系列。用于低压各种控制电路的转换、电气测量仪表的转换以及配电设备的遥控和转换，还可用于不频繁起动停止的小容量电动机的控制。

LW5 型 5.5kW 手动转换开关用途见表 1-18。

表 1-18 LW 型 5.5kW 手动转换开关用途

用途	型号	定位特性			接触装置挡数
直接起动开关	LW5-15/5.5Q		0°	45°	2
可逆转换开关	LW5-15/5.5N	45°	0°	45°	3
双速电动机变速开关	LW5-15/5.5S	45°	0°	45°	3

（四）主令控制器

主令控制器是用来频繁切换复杂的多回路控制电路的主令电器。主要用作起重机、轧钢机的主令控制。

图 1-40 为主令控制器中某一层的结构示意图，在方形转轴上装有不同形状的凸轮块 1 与 7，转动方轴时，凸轮块随之转动，当凸轮块的凸起部分转到与小轮 8 接触时，则推动支杆 5 向外张开，使动触头 2 与静触头 3 断开。当凸轮的凹陷部分与小轮 8 接触时，支杆 5 在反作用弹簧作用下复位，使动静触头闭合。这样在方形转轴上安装一串不同形状的凸轮块，

便可使触头按一定顺序闭合与断开，即获得按一定顺序动作的触头，也就获得按一定顺序动作的电路了。

常用的主令控制器有LK14、LK15、LK16、LK17系列，它们都属有触点的主令控制器，对电路输出的是开关量主令信号。为实现对电路输出模拟量的主令信号，可采用无触点主令控制器，主要有WLK系列。

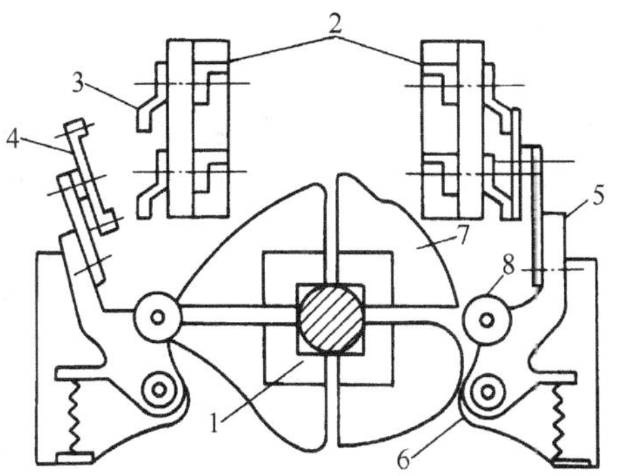

图1-40　主令控制器结构示意图

1、7—凸轮块　2—接线端子　3—静触头　4—动触头　5—支杆　6—转轴　8—小轮

第八节　常用电子式电器

电子式电器是全部或部分由电子元器件构成的电器。随着半导体技术的迅速发展，电子技术逐渐渗透到低压电器领域，本节主要介绍晶体管时间继电器、固态继电器、接近开关。

一、晶体管时间继电器

晶体管时间继电器除执行继电器外，均由电子元器件组成，没有机械部件，因而具有较长的寿命和较高精度、体积小、延时范围大、调节范围宽、控制功率小等优点。

晶体管时间继电器常用的有阻容式时间继电器，它是利用电容对电压变化的阻尼作用来实现延时的。大多数阻容式延时电路都有类似图1-41a所示的结构形式，电路由阻容环节、鉴幅器、出口电路、电源四部分组成。当接通电源后，通过电阻R对电容C充电，电容上电压U_C按指数曲线U_C上升。当U_C上升到鉴幅器的门限电压U_d时，鉴幅器输出开关信号至后级电路，使执行继电器动作。电容充电曲线如图1-41b所示。由此可知，延时的长短与电路的充电时间常数$\tau = RC$及电源E、门限电压U_d和电容的初始电压U_{C0}等有关，为了得到所需的延时，必须恰当地选择上述参数；为保证延时精度，必须保持上述参数的稳定。

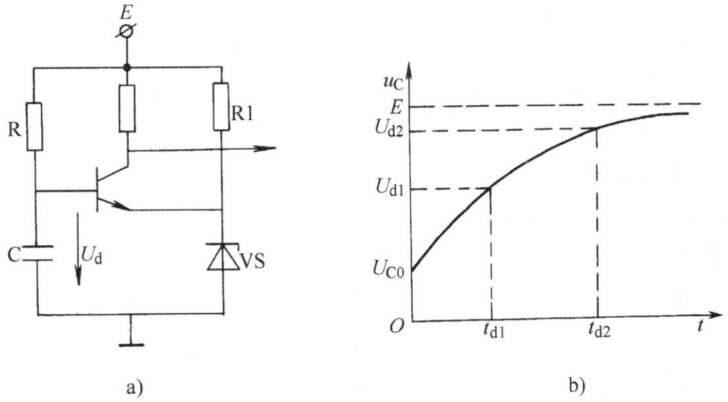

图1-41　阻容延时电路分析

a）阻容延时电路基本结构形式　b）阻容电路充电曲线

晶体管时间继电器的品种和型式很多，电路各异，本节以JS20系列时间继电器为例进行分析。JS20系列时间继电器型式有通电延时型、断电延时型与带瞬动触头的通电延时型三种。所用电路有单结晶体管电路与场效应晶体管电路两类，延时等级对于通电延时型分为

1s、5s、10s、30s、60s、120s、180s、300s、600s、1800s、3600s。断电延时型分为 1s、5s、10s、30s、60s、120s、180s 等。

图 1-42 为采用场效应晶体管的 JS20 系列通电延时继电器电路图，它由稳压电源、RC 充放电电路、电压鉴别电路、输出电路和指示电路等部分组成。

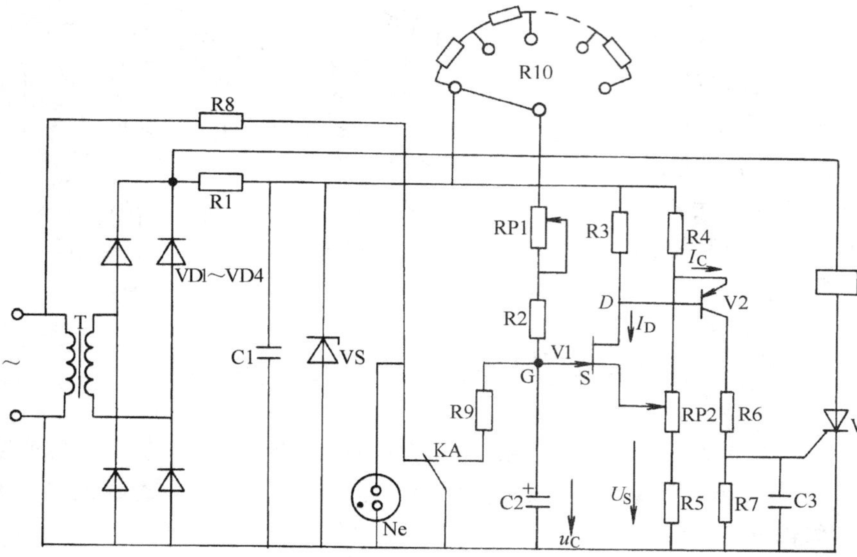

图 1-42　JS20 系列通电延时型继电器电路图

电路工作原理：接通交流电源，经整流、滤波和稳压后，直流电压经波段开关上的电阻 R10、RP1、R2 向电容 C2 充电。开始时 V1 场效应晶体管截止，晶体管 V2、晶闸管 VT 也处于截止状态。随着充电的进行，电容器 C2 上的电压由零按指数曲线上升，直至 U_C 上升到 $|U_C - U_S| < |U_P|$ 时 V1 导通。这是由于 I_D 在 R3 上产生电压降，D 点电位开始下降，一旦 D 点电位降低到 V2 的发射极电位以下时，V2 导通。V2 的集电极电流 I_C 在 R4 上产生压降，使场效应晶体管 U_S 降低，即负栅偏压越来越小。所以对 V1 来说，R4 起正反馈作用，使 V2 导通，并触发晶闸管 VT 使它导通，同时使继电器 KA 动作，输出延时信号。从时间继电器接通电源，C2 开始被充电到 KA 动作这段时间即为通电延时动作时间。KA 动作后，C2 经 KA 常开触头对电阻 R9 放电，同时氖泡 Ne 指示灯起辉，并使场效应晶体管 V1 和晶体管 V2 都截止，为下次工作做准备。但此时晶闸管 VT 仍保持导通，除非切断电源，使电路恢复到原来状态，继电器 KA 才释放。

JS20 系列时间继电器主要技术参数见表 1-19。

此外，还有引进国外技术国产化的 JSF 系列电子式时间继电器、JSS1、JSS1P、JSS2P 系列数字式时间继电器。这类产品采用先进的数控技术、集成电路，其特点是延时精度高、延时范围宽、寿命长、功耗小、触头容量大、调整方便、直观，广泛用于自动顺序控制以及生产过程的自动控制系统。还有引进国外技术生产的目前国际上最新式的 ST 系列超级时间继电器，其内部装有时间继电器专用的大规模集成电路，使用了高质量薄膜电容器与金属陶瓷可变电阻器，采用了高精度振荡回路和高频率分频回路，从而减少了元器件，缩小了体积、高精度、长延时、抗干扰、是一种体积小重量轻、可靠性高的小型时间继电器，广泛用于要求高精度、高可靠性的自动控制场合。

表 1-19　JS20 系列时间继电器主要技术参数

<table>
<tr><th rowspan="3">型号</th><th rowspan="3">结构形式</th><th rowspan="3">延时整定元件位置</th><th rowspan="3">延时范围/s</th><th colspan="4">延时触头数量</th><th colspan="2" rowspan="2">瞬动触头数量</th><th colspan="2" rowspan="2">工作电压/V</th><th rowspan="3">功率损耗/W</th><th rowspan="3">机械寿命/万次</th></tr>
<tr><th colspan="2">通电延时</th><th colspan="2">断电延时</th></tr>
<tr><th>常开</th><th>常闭</th><th>常开</th><th>常闭</th><th>常开</th><th>常闭</th><th>交流</th><th>直流</th></tr>
<tr><td>JS20-□/00</td><td>装置式</td><td>内接</td><td rowspan="6">0.1～300</td><td rowspan="3">2</td><td rowspan="3">2</td><td rowspan="3">—</td><td rowspan="3">—</td><td rowspan="3">—</td><td rowspan="3">—</td><td rowspan="15">36、100、127、220、380</td><td rowspan="15">24、48、110</td><td rowspan="15">≤5</td><td rowspan="15">1000</td></tr>
<tr><td>JS20-□/01</td><td>面板式</td><td>内接</td></tr>
<tr><td>JS20-□/02</td><td>装置式</td><td>外接</td></tr>
<tr><td>JS20-□/03</td><td>装置式</td><td>内接</td><td rowspan="3">1</td><td rowspan="3">1</td><td rowspan="3">—</td><td rowspan="3">—</td><td rowspan="3">1</td><td rowspan="3">1</td></tr>
<tr><td>JS20-□/04</td><td>面板式</td><td>内接</td></tr>
<tr><td>JS20-□/05</td><td>装置式</td><td>外接</td></tr>
<tr><td>JS20-□/10</td><td>装置式</td><td>内接</td><td rowspan="6">0.1～3600</td><td rowspan="3">2</td><td rowspan="3">2</td><td rowspan="3">—</td><td rowspan="3">—</td><td rowspan="3">—</td><td rowspan="3">—</td></tr>
<tr><td>JS20-□/11</td><td>面板式</td><td>内接</td></tr>
<tr><td>JS20-□/12</td><td>装置式</td><td>外接</td></tr>
<tr><td>JS20-□/13</td><td>装置式</td><td>内接</td><td rowspan="3">1</td><td rowspan="3">1</td><td rowspan="3">—</td><td rowspan="3">—</td><td rowspan="3">1</td><td rowspan="3">1</td></tr>
<tr><td>JS20-□/14</td><td>面板式</td><td>内接</td></tr>
<tr><td>JS20-□/15</td><td>装置式</td><td>外接</td></tr>
<tr><td>JS20-□/00</td><td>装置式</td><td>内接</td><td rowspan="3">0.1～180</td><td rowspan="3">—</td><td rowspan="3">—</td><td rowspan="3">2</td><td rowspan="3">2</td><td rowspan="3">—</td><td rowspan="3">—</td></tr>
<tr><td>JS20-□/01</td><td>面板式</td><td>内接</td></tr>
<tr><td>JS20-□/02</td><td>装置式</td><td>外接</td></tr>
</table>

二、固态继电器

固态继电器（SSR）是采用固态半导体元器件组装而成的一种新颖的无触头开关，是近几年发展起来的一种新型电子继电器，它具有开关速度快、工作频率高、使用寿命长，噪声低和动作可靠等优点，不仅在许多自动控制装置中代替了常规电磁式继电器，而且广泛用于数字程控装置、数据处理系统及计算机输入输出接口电路。

固态继电器是一种能实现无触头通断的电气开关，当控制端无信号时，其主回路呈阻断状态，当施加控制信号时，主回路呈导通状态。它利用信号光电耦合方式使控制回路与负载回路之间没有任何电磁关系，实现了电隔离。

固态继电器是一种四端组件，其中两端为输入端、两端为输出端。按主电路类型分为直流固态继电器和交流固态继电器，直流固态继电器内部的开关器件是功率晶体管，交流固态继电器内部的开关器件是晶闸管。按输入与输出端之间的隔离分有光电隔离固态继电器和磁隔离固态继电器。按控制触发信号方式分有过零型和非过零型、有源触发型和无源触发型。

图 1-43 为光耦合式交流固态继电器原理图。当无信号输入时，发光二极管 VD2 不发光，光敏三极管 V1 截止，此时晶体管 V2 导通，晶闸管 VT1 控制门极被钳在低电位而关断，双向晶闸管 VT2 无触发脉冲，固态继电器两个输出端处于断开状态。

当在输入端输入很小的信号电压时，发光二极管 VD2 导通发光，光敏三极管 V1 导通，晶体管 V2 截止，若电源电压大于过零电压（约 ±25V），A 点电压大于 V3 的 V_{be3}，V3 导通，VT1 仍关断截止，固态继电器输出端因 VT2 无触发信号而关断。若电源电压小于过零电压，V_A 小于 V_{be3}，V3 截止，VT1 控制极经 R5 获触发信号，VT1 导通，VT2 控制极获得以 R7、VD3、VT1、VD5、R8 和 R8、VD6、VT1、VD4、R7 正反两个方向的触发脉冲，使 VT2 导通，接通负载电路。若输入信号消失，V2 导通，VT1 关断，但 VT2 仍保持导通状态，直到负载电流随电源电压的减小下降至双向晶闸管维持电流以下时才关断，从而切断负载电路。

固态继电器的输入电压、电流均不大，但能控制强电压、大电流电路，它与晶体管、TTL、COMS 电子线路有较好的兼容性，可直接与弱电控制回路（如计算机接口电路）连接。常用的产品有 DJ 型系列固态继电器。

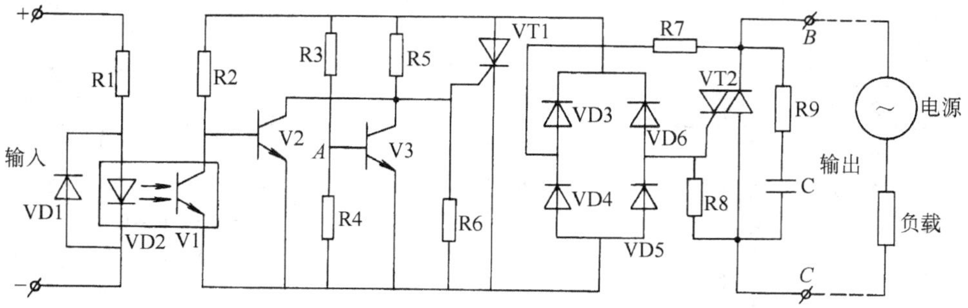

图 1-43　光耦合式交流固态继电器原理图

三、接近开关

接近开关又称无触头行程开关，它是当机械运动部件运动到接近开关一定距离时就发出动作信号的电子电器。它是通过感辨头与被测物体间介质能量的变化来获取信号。接近开关不仅用作行程控制和限位保护，还用于高速计数、测速、液面控制、检测金属体的存在，零件尺寸以及无触头按钮等。

接近开关由接近信号辨识机构、检波、鉴幅和输出电路等部分组成。接近开关按辨识机构工作原理不同分为高频振荡型、感应型、电容型、光电型、永磁及磁敏元件型、超声波型等，其中以高频振荡型最为常用。

高频振荡型接近开关由感辨头、振荡器、开关器、输出器和稳压器等部分组成。当装在生产机械上的金属检测体接近感辨头时，由于感应作用，使处于高频振荡器线圈磁场中的物体内部产生涡流与磁滞损耗，以致振荡回路因电阻增大，损耗增加使振荡减弱，直至停止振荡。这时，晶体管开关就导通，并经输出器输出信号，从而起到控制作用。下面以晶体管停振型接近开关为例分析其工作原理。

晶体管停振型接近开关属于高频振荡型。高频振荡型接近信号的发生机构实际上是一个 LC 振荡器，其中 L 是电感式感辨头。当金属检测体接近感辨头时，在金属检测体中将产生涡流，由于涡流的去磁作用使感辨头的等效参数发生变化，改变振荡回路的谐振阻抗和谐振频率，使振荡停止，并以此发出接近信号。LC 振荡器由 LC 振荡回路、放大器和反馈电路构成。按反馈方式可分为电感分压反馈式、电容分压反馈式和变压器反馈式。图 1-44 为晶体管停振型接近开关框图。

晶体管停振型接近开关电路图如图 1-45 所示。图中采用了电容三点式振荡器，感辨头 L 仅有两根引出线，因此也可做成分离式结构。由 C2 取出的反馈电压经 R3 和 R1 加到晶体管 V1 的基极和发射极两端，取分压比等于 1，即 C1 电容与 C2 相等，其目的是为了能够通

过改变 R_f 来整定开关的动作距离。由V2、V3 组成的射极耦合触发器不仅用作鉴幅，同时也起电压和功率放大作用。V2 的基射结还兼作检波器。为了减轻振荡器的负担，选用较小的耦合电容 C3（510pF）和较大的耦合电阻 R4（10kΩ）。振荡器输出的正半周电压使 C3 充电，负半周 C3 经 R4 放电，选择较大的 R4 可减小放电电流，由于每周内的充电量等于放电量，所以较大的 R4 也会减小充电电流，使振荡器在正半周的负担减轻。但是 R4 也不应过大，以免 V2 基极信号过小而在正半周内不足以饱和导通。检波电容 C4 不接在 V2 的基极而接在集电极上，其目的是为了减轻振荡器的负担。由于充电时间常数 R5C4 远大于放电时间常数（C4 通过半波导通向 V2 和 VD3 放电），因此当振荡器振荡时，V2 的集电极电位基本等于其发射极电位，并使 V3 可靠截止。当有金属检测体接近感辨头 L 使振荡器停振时，V3 导通，继电器 KA 通电吸合发出接近信号，同时 V3 的导通因 C4 充电约有数百微妙的延迟。C4 的另一作用是当电路接通电源时，振荡器虽不能立即起振，但由于 C4 上的电压不能突变，使 V3 不致有瞬间的误导通。

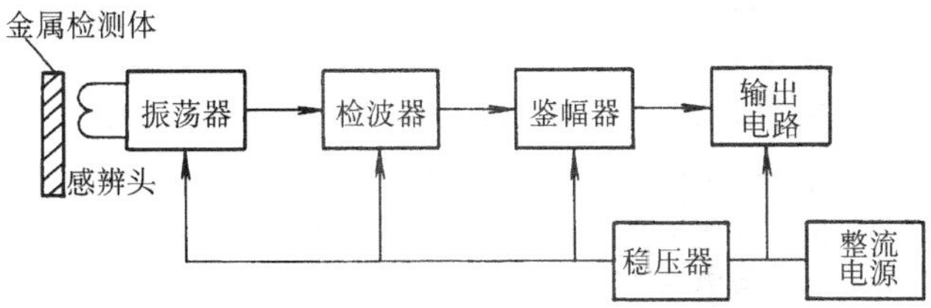

图 1-44　晶体管停振型接近开关框图

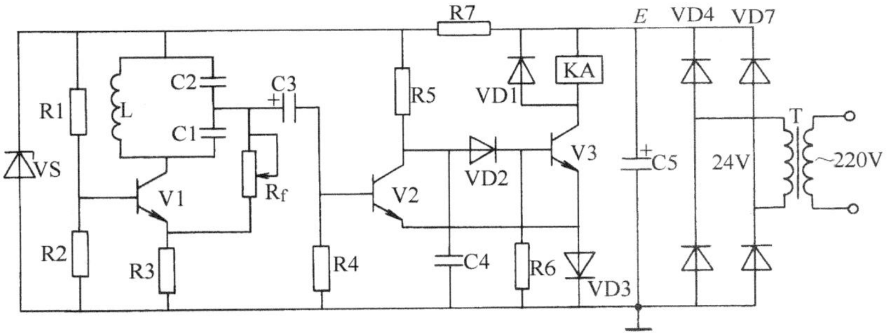

图 1-45　晶体管停振型接近开关电路图

常用的接近开关 LJ、CWY、SQ 系列及引进国外技术生产的 3SG 系列。

习　　题

1-1　从外部结构特征上如何区分直流电磁机构与交流电磁机构？怎样区分电压线圈与电流线圈？

1-2　交流电磁线圈误接入对应直流电源，直流电磁线圈误接入对应交流电源，将发生什么问题？为什么？

1-3　三相交流电磁铁有无短路环？为什么？

1-4　低压电器常用的灭弧方法有哪些？相应的灭弧装置又有哪些？

1-5　交流接触器在衔铁吸合前的瞬间，为什么在线圈中产生很大的冲击电流？直流接触器有这种现象吗？为什么？

1-6　接触器的主要参数有哪些？其含义是什么？如何选用接触器？

1-7　电磁式继电器与电磁式接触器在结构上有何不同？

1-8　电压继电器、电流继电器各在电路中起什么作用？其线圈如何接入电路？

1-9　中间继电器与接触器有何异同？

1-10 热继电器、熔断器的保护功能有何不同？

1-11 星形接法的三相异步电动机能否采用两相热继电器来作断相与过载保护？为什么？

1-12 三角形接法的三相异步电动机为何必须采用三相带断相保护的热继电器来作为断相与过载保护？

1-13 能否用过电流继电器来作为三相异步电动机的过载保护？为什么？

1-14 如何选用电动机过载保护用的热继电器？

1-15 叙述速度继电器的工作原理及其在电气控制中起何作用。

1-16 低压断路器在电路中的作用是什么？如何选用塑壳式低压断路器？

1-17 JS20 系列通电延时型继电器通电延时时间如何调整？

1-18 试分析光耦合式交流固态继电器的工作原理。

1-19 试分析晶体管停振型接近开关的工作原理。

第二章　电气控制基本原理

在国民经济各行业的生产机械上广泛使用着电力拖动自动控制设备。它们主要是以各类或其他执行电器为控制对象，采用电气控制的方法来实现对电动机或其他执行电器的起动、停止、正反转、调速、制动等运行方式的控制。并以此来实现生产过程自动化，满足生产加工工艺的要求。电气控制电路可由上一章所述的开关电器等按一定逻辑规律组合而成。

不同生产机械或自动控制装置的控制要求是不同的，其相应的控制电路也是千变万化各不相同的，但是，它们都是由一些具有基本规律的基本环节、基本单元，按一定的控制原则和逻辑规律组合而成的。所以，深入地掌握这些基本单元电路及其逻辑关系和特点，再结合生产机械具体的生产工艺要求，就能掌握电气控制电路的基本分析方法和设计方法。

电气控制电路的实现，可以是继电接触器逻辑控制方法、可编程逻辑控制方法及计算机控制（单片机、可编程序控制器等）方法等，而继电接触器逻辑控制方法是基本的、应用仍然十分广泛的方法，而且是其他控制方法的基础。

继电接触器控制装置或系统是由各种开关电器组合，并经导线的连接来实现逻辑控制的。其优点是电路图直观形象、装置结构简单、价格便宜、抗干扰能力强，广泛应用于各类生产设备及控制、远距离控制和生产过程自动控制。其缺点是由于采用固定的接线方式，其通用性、灵活性较差，不能实现系列化生产。由于采用有触头的开关电器，触头易发生故障，维修量较大等。尽管如此，目前继电接触器控制仍是各类机械设备最基本的电气控制形式。

第一节　电气控制系统图

电气控制系统是由电气控制元件按一定要求联接而成。为了清晰地表达生产机械电气控制系统的工作原理，便于系统的安装、调整、使用和维修，将电气控制系统中的各电气元件用一定的图形符号和文字符号表达出来，再将其连接情况用一定的图形表达出来，这种图形就是电气控制系统图。

常用的电气控制系统图有电气原理图、电器布置图与安装接线图。

一、电气图常用的图形符号、文字符号和接线端子标记

电气控制系统图中，电气元件的图形符号、文字符号必须采用国家最新标准，即 GB/T4728—1996～2000“电气简图用图形符号”、GB/T6988.1～4—2002“电气技术文件的编制”、GB/T6988.6—1993“控制系统功能图表的绘制”、GB/T7159—1987“电气技术中的文字符号制定通则”，并按照 GB/T6988—1997“电气制图”要求来绘制电气控制系统图。常用的图形符号和文字符号见本书附录 B。

二、电气原理图

电气原理图是用来表示电路各个电气元件导电部件的连接关系和工作原理的图。该图应根据简单、清晰的原则，采用电气元件展开形式来绘制，它不按电气元件的实际位置来画，

也不反映电气元件的大小、安装位置，只用电气元件的导电部件及其接线端钮表示电气元件，用导线将这些导电部件连接起来，反映其连接关系。所以电气原理图结构简单、层次分明，关系明确，适用于分析研究电路的工作原理，且为其他电气图的依据，在设计部门和生产现场获得广泛的应用。

现以图2-1 CW6132普通车床电气原理图为例来阐明绘制电气原理图的原则和注意事项。

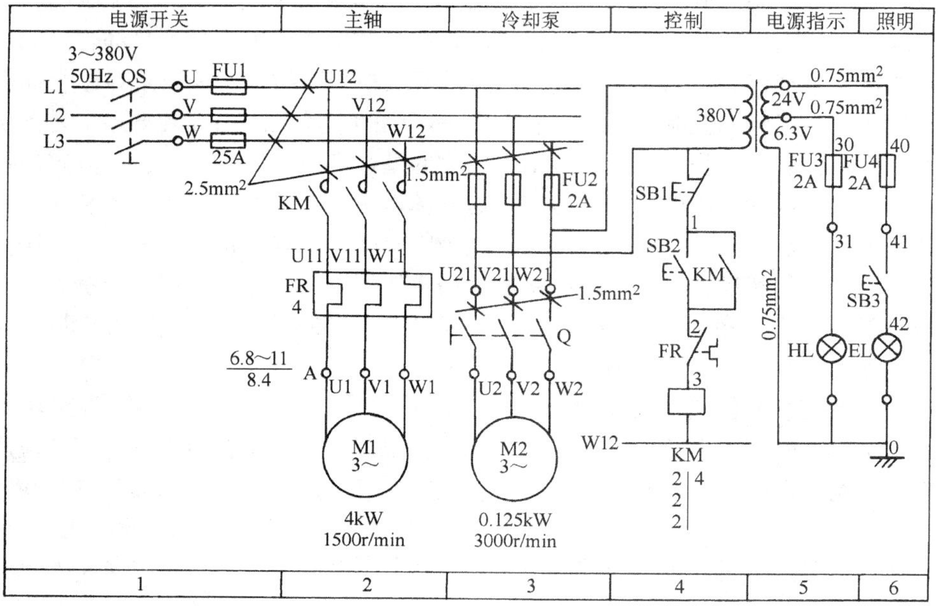

图2-1 CW6132普通车床电气原理图

（一）绘制电气原理图的原则

1）图中所有的元器件都应采用国家统一规定的图形符号和文字符号。

2）电气原理图的组成　电气原理图由主电路和辅助电路组成。主电路是从电源到电动机的电路，其中有刀开关、熔断器、接触器主触头、热继电器发热元件与电动机等。主电路用粗线绘制在图面的左侧或上方。辅助电路包括控制电路、照明电路、信号电路及保护电路等。它们由继电器、接触器的电磁线圈、继电器、接触器辅助触头、控制按钮、其他控制元件触头、控制变压器、熔断器、照明灯、信号灯及控制开关等组成，用细实线绘制在图面的右侧或下方。

3）电源线的画法　原理图中直流电源用水平线画出，一般直流电源的正极画在图面上方，负极画在图面的下方。三相交流电源线集中水平画在图面上方，相序自上而下依L1、L2、L3排列，中性线（N线）和保护接地线（PE线）排在相线之下。主电路垂直于电源线画出，控制电路与信号电路垂直在两条水平电源线之间。耗电元件（如接触器、继电器的线圈、电磁铁线圈、照明灯、信号灯等）直接与下方水平电源线相接，控制触头接在上方电源水平线与耗电元件之间。

4）原理图中电气元件的画法　原理图中的各电气元件均不画实际的外形图，原理图中只画出其带电部件，同一电气元件上的不同带电部件是按电路中的联接关系画出，但必须按国家标准规定的图形符号画出，并且用同一文字符号标明。对于几个同类电器，在表示名称的文字符号后加上数字序号，以示区别。

5）电气原理图中电气触头的画法　原理图中各元器件触头状态均按没有外力作用时或未通电时触头的自然状态画出。对于接触器、电磁式继电器是按电磁线圈未通电时触头状态画出；对于控制按钮、行程开关的触头是按不受外力作用时的状态画出；对于断路器和开关电器触头按断开状态画出。

6）原理图的布局　原理图按功能布置，即同一功能的电气元件集中在一起，尽可能按动作顺序从上到下或从左到右的原则绘制。

7）线路连接点、交叉点的绘制　在电路图中，对于需要测试和拆接的外部引线的端子，采用“空心圆”表示；有直接电联系的导线连接点，用“实心圆”表示；无直接电联系的导线交叉点不画黑圆点，但在电气图中尽量避免线条的交叉。

8）原理图的绘制要层次分明，各电器元件及触头的安排要合理，既要做到所用元器件最少，耗能最少，又要保证电路运行可靠，节省连接导线以及安装、维修方便。

（二）关于电气原理图图面区域的划分

为了便于确定原理图的内容和组成部分在图中的位置，可在各种幅面的图样上分区。每个分区内竖边方向用大写的拉丁字母编号，横边方向用阿拉伯数字编号。编号的顺序应从与标题栏相对应的图幅的左上角开始，分区代号用该区的拉丁字母和阿拉伯数字表示。有时为了分析方便，也把数字区放在图的下面。为了方便读图，利于理解电路工作原理，常在图面区域对应的上方标明该区域的元件或电路的功能，如图 2-1 所示。

（三）继电器、接触器触头位置的索引

电气原理图中，在继电器、接触器线圈的下方注有该继电器、接触器触头所在图中位置的索引代号，索引代号用图面区域号表示。其中左栏为常开触头所在图区号，右栏为常闭触头所在图区号，见图 2-1。

（四）电气图中技术数据的标注

电气原理中电气元件的相关数据，常在电气原理图中电器元件文字符号下方标注出来。如图 2-1 中热继电器文字符号 FR 下方标有 6.8～11A，该数据为该热继电器的动作电流值范围，而 8.4A 为该继电器的整定电流值。

三、电器布置图

电器元件布置图是用来表明电气原理图中各元器件的实际安装位置，可按实际情况分别绘制，如电气控制箱中的电器元件布置图、控制面板图等。电器元件布置图是控制设备生产及维护的技术文件，电器元件的布置应注意以下几方面：

1）体积大和较重的电器元件应安装在电器安装板的下方，而发热元件应安装在电器安装板的上面。

2）强电、弱电应分开，弱电应屏蔽，防止外界干扰。

3）需要经常维护、检修、调整的电器元件安装位置不宜过高或过低。

4）电器元件的布置应考虑整齐、美观、对称。外形尺寸与结构类似的电器安装在一起，以利安装和配线。

5）电器元件布置不宜过密，应留有一定间距。如用走线槽，应加大各排电器间距，以利布线和维修。

电器布置图根据电器元件的外形尺寸绘出，并标明各元件间距尺寸。控制盘内电器元件与盘外电器元件的联接应经接线端子进行，在电器布置图中应画出接线端子板并按一定顺序标出接线号。图 2-2 为 CW6132 普通车床控制盘电器布置图，图 2-3 为 CW6132 普通车床电气设备安装布置图。

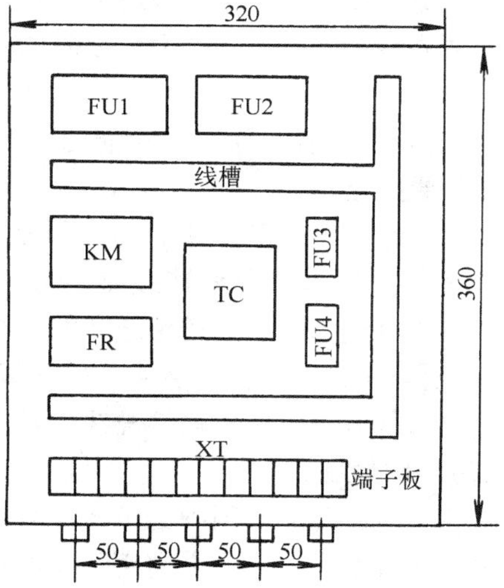

图 2-2　CW6132 普通车床控制盘电器布置图

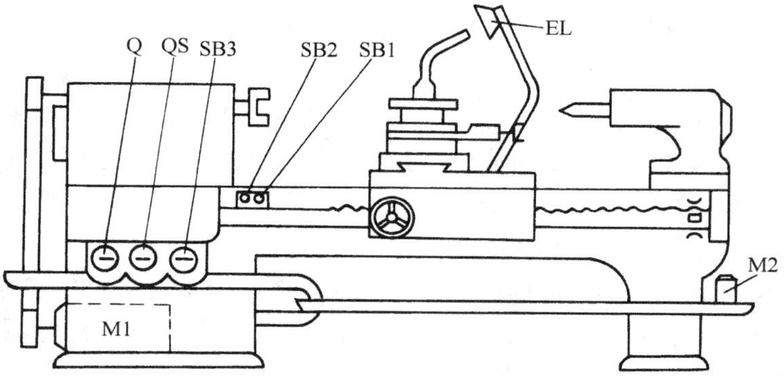

图 2-3　CW6132 普通车床电气设备安装布置图

四、电气安装接线图

电气安装接线图主要用于电器的安装接线、线路检查、线路维修和故障处理，通常接线图与电气原理图和元件布置图一起使用。电气安装接线图表示出项目的相对位置、项目代号、端子号、导线号、导线型号、导线截面等内容。接线图中的各个项目（如元件、器件、部件、组件、成套设备等）采用简化外形（如正方形、矩形、圆形）表示，简化外形旁应标注项目代号，并应与电气原理图中的标注一致。

电气安装接线图的绘制原则是：

1）各电气元件均按实际安装位置绘出，元件所占图面按实际尺寸以统一比例绘制。

2）一个元件中所有的带电部件均画在一起，并用点划线框起来，即采用集中表示法。

3）各电气元件的图形符号和文字符号必须与电气原理图一致，并符合国家标准。

4）各电气元件上凡是需接线的部件端子都应绘出，并予以编号，各接线端子的编号必须与电气原理图上的导线编号相一致。

5）绘制安装接线图时，走向相同的相邻导线可以绘成一股线。

图 2-4 是根据上述原则绘制的与图 2-1 对应的 CW6132 普通车床电气安装接线图。

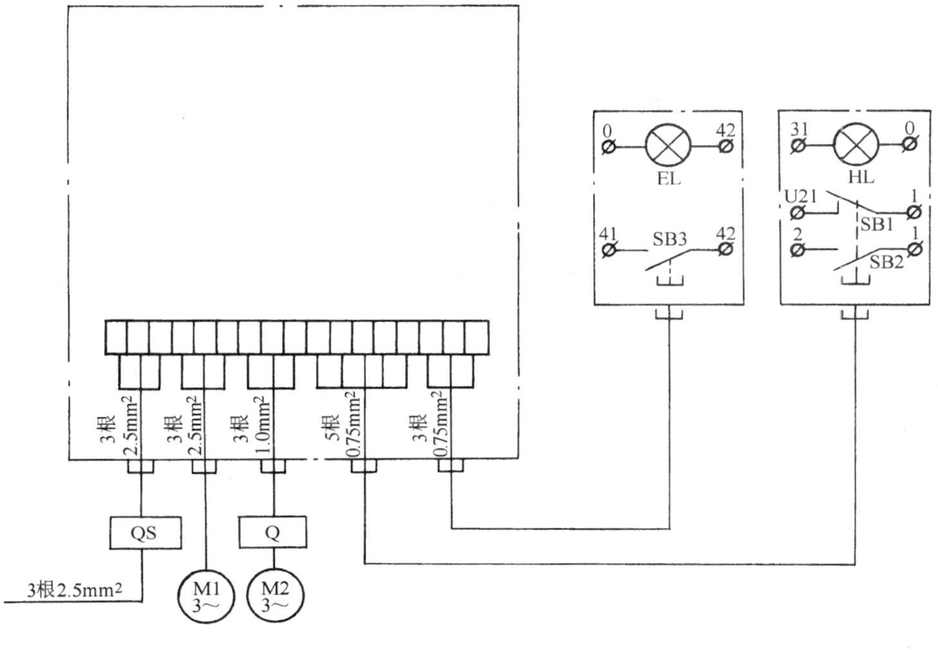

图 2-4　CW6132 普通车床电气安装接线图

第二节　电气控制电路基本控制规律

由继电器接触器所组成的电气控制电路，基本控制规律有自锁与互锁的控制、点动与连续运转的控制、多地联锁控制、顺序控制与自动循环的控制等。

一、自锁与互锁的控制

自锁与互锁的控制统称为电气的联锁控制，在电气控制电路中应用十分广泛。

图 2-5 为三相笼型异步电动机全压起动单向运转控制电路。电动机起动时，合上电源开关 Q，接通控制电路电源，按下起动按钮 SB2，其常开触头闭合，接触器 KM 线圈通电吸合，KM 常开主触头与常开辅助触头同时闭合，前者使电动机接入三相交流电源起动旋转；后者并接在起动按钮 SB2 两端，从而使 KM 线圈经 SB2 常开触头与 KM 自身的常开辅助触头两路供电。松开起动按钮 SB2 时，虽然 SB2 这一路已断开，但 KM 线圈仍通过自身常开触头这一通路而保持通电，使电动机继续运转，这种依靠接触器自身辅助触头而保持通电的现象称为自锁，这对起自锁作用的辅助触头称为自锁触头，这段电路称为自锁电路。要使电动机停止运转，可按下停止按钮 SB1，KM 线圈断电释放，主电路及自锁电路均断开，电动机断电停止。上述电路是一个典型的有自锁控制的单向运转电路，也是一个具有最基本的控制功能的电路。

图 2-6 为三相异步电动机正反转控制电路，图左方为其主电路图，右方为三种控制电路

图。图 2-6a 是将两个单向旋转控制电路组合而成。主电路由正、反转接触器 KM1、KM2 的主触头来实现电动机三相电源任意两相的换相，从而实现电动机正反转。当正转起动时，按下正转起动按钮 SB2，KM1 线圈通电吸合并自锁，电动机正向起动并运转；当反转起动时，按下反转起动按钮 SB3，KM2 线圈通电吸合并自锁，电动机便反向起动并运转。但若在按下正转起动按钮 SB2，电动机已进入正转运行后，接着又按下反转起动按钮 SB3 的误操作时，由于正反转接触器 KM1、KM2 线圈均通电吸合，其主触头均闭合，于是发生电源两相短路，致使熔断器 FU1 熔体熔断，电动机无法工作。因此，该电路在任何时候只能允许一个接触器通电工作。为此，通常在控制电路中将 KM1、KM2 正反转接触器常闭辅助触头串接在对方线圈电路中，形成相互制约的控制，这种相互制约的控制关系称为互锁，这两对起互锁作用的常闭触头称为互锁触头。

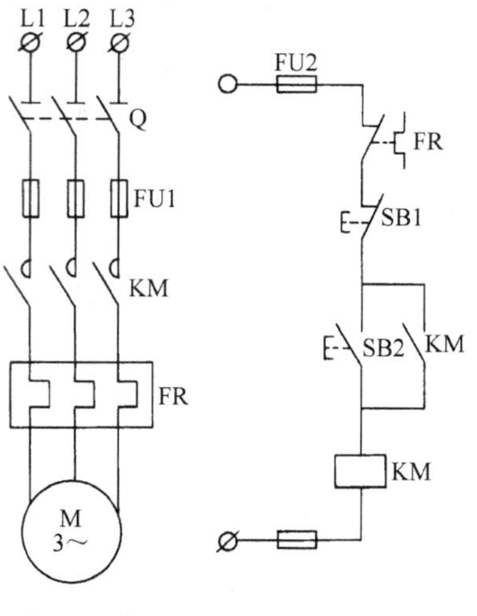

图 2-5 为三相笼型异步电动机全压起动单向运转控制电路

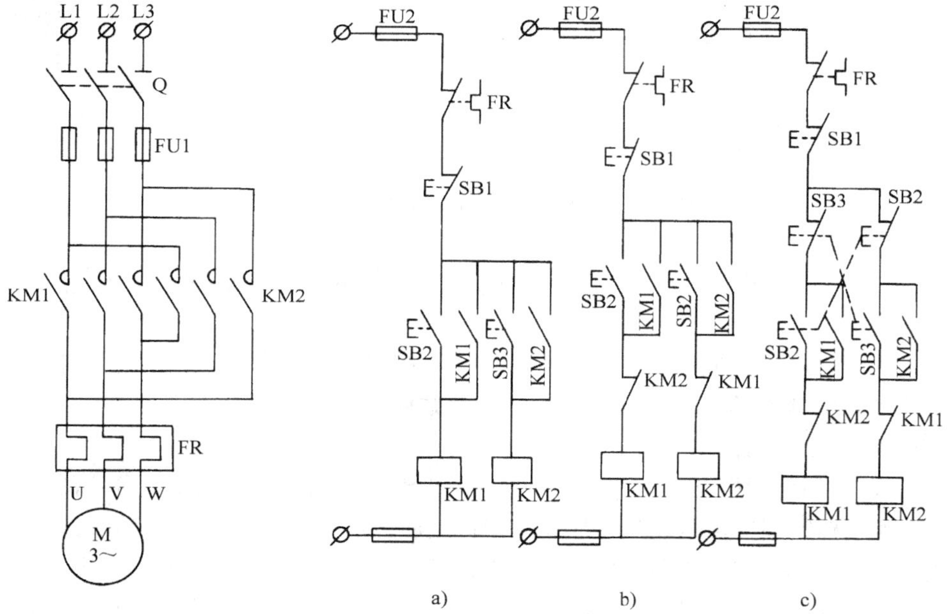

图 2-6 三相异步电动机正反转控制电路

a）无互锁电路 b）具有电气互锁电路 c）具有双重互锁电路

图 2-6b 是利用正反转接触器常闭辅助触头作互锁的，这种互锁称为电气互锁。这种电路要实现电动机由正转到反转，或由反转变正转，都必须先按下停止按钮，然后才可进行反向起动，这种电路称为正-停-反电路。

图 2-6c 是在 b 图基础上又增加了一对互锁，这对互锁是将正、反转起动按钮的常闭辅助触头串接在对方接触器线圈电路中，这种互锁称为按钮互锁，又称机械互锁。所以 c 图是具有双重互锁的控制电路，该电路可以实现不按停止按钮，由正转直接变反转，这是因为按

钮互锁触头可实现先断开正在运行的电路，再接通反向运转电路。称为正—反—停电路。

二、点动与连续运转的控制

生产机械的运转状态有连续运转与短时间断运转，所以对其拖动电机的控制也有点动与连续运转两种控制电路，图 2-7 为电动机点动与连续运转控制电路，图左方为主电路图，右方为三种控制形式的控制电路图。

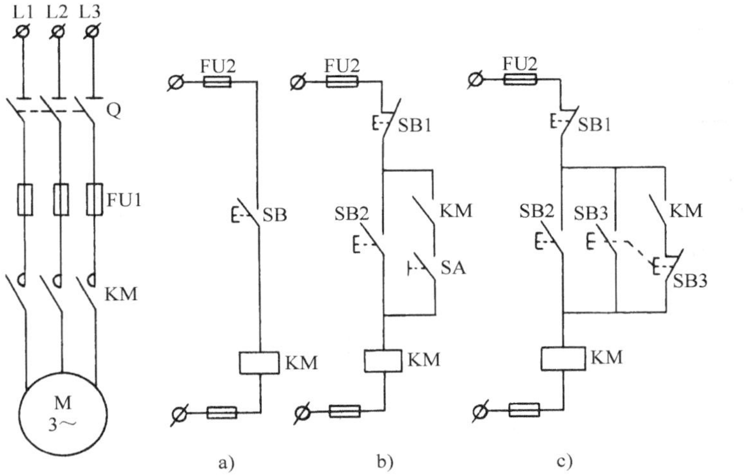

图 2-7　电动机点动与连续运转控制电路

a）基本点动控制电路　b）开关选择运行状态的电路　c）两个按钮控制的电路

图 2-7a 是最基本的点动控制电路。按下点动按钮 SB，KM 线圈通电，电动机起动旋转；松开 SB 按钮，KM 线圈断电释放，电动机停转。所以该电路为单纯的点动控制电路。

图 2-7b 是用开关 SA 断开或接通自锁电路，可实现点动也可实现连续运转的电路。合上开关 SA 时，可实现连续运转；SA 断开时，可实现点动控制。图 2-7c 是用复合按钮 SB3 实现点动控制，按钮 SB2 实现连续运转的电路。

三、多地联锁控制

在一些大型生产机械和设备上，要求操作人员在不同方位能进行操作与控制，即实现多地控制。多地控制是用多组起动按钮、停止按钮来进行的，这些按钮连接的原则是：起动按钮常开触头要并联，即逻辑或的关系；停止按钮常闭触头要串联，即逻辑与的关系。图 2-8 为多地控制电路图。

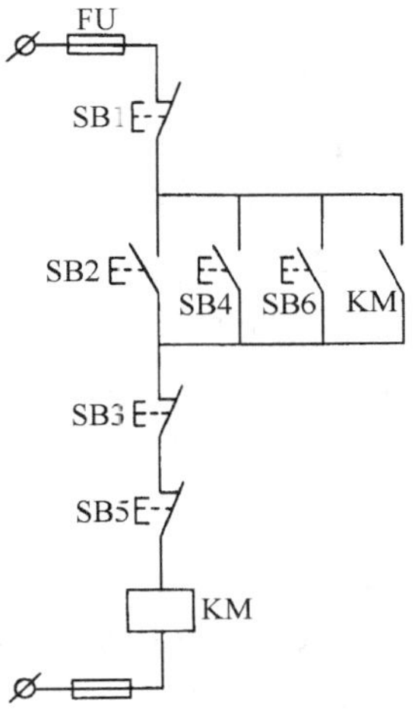

图 2-8　多地控制电路图

四、顺序控制

在生产实际中，有些设备往往要求其上的多台电动机按一定顺序实现其起动和停止，如磨床上的电动机就要求先起动液压泵电动机，再起动主轴电动机。顺序起停控制电路有顺序起动、同时停止控制电路和顺序起动、顺序停止的控制电路。图 2-9 为两台电动机顺序控制电路图，图中左方为两台电动机顺序控制主电路，右方为两种不同控制要求的控制电路，其中图 2-9a 为按顺序起动电路图，合上主电路与控制电路电源开关，按下起动按钮 SB2，KM1 线圈通电并自锁，电动机 M1 起动旋转，同时串在 KM2 控制电路中的 KM1 常开辅助触头也闭合，此时再按下按钮 SB4，KM2 线圈通电并自锁，电动机 M2 起动旋转，如果先按下 SB4 按钮，因 KM1 常开辅助触头断开，电动机 M2 不可能先起动，达到按顺序起动 M1、M2 的目的。

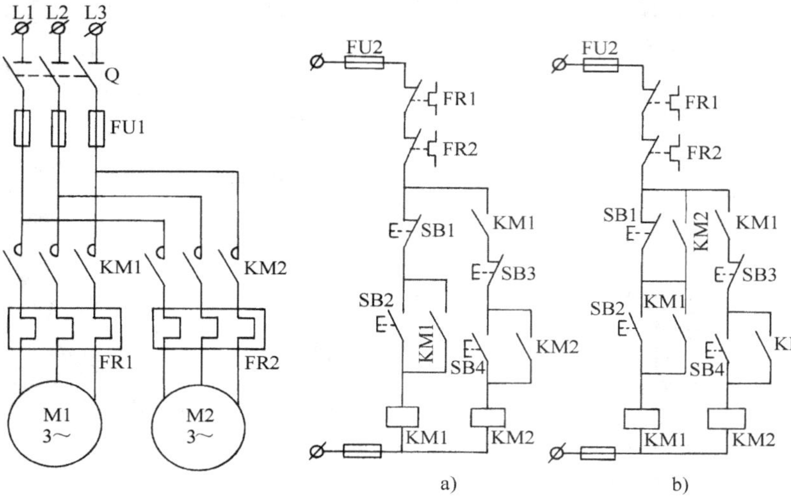

图 2-9　两台电动机顺序控制电路图

a）按顺序起动电路　b）按顺序起动、停止的控制电路

生产机械除要求按顺序起动外，有时还要求按一定顺序停止，如传送带运转机，前面的第一台运输机先起动，再起动后面的第二台；停车时应先停第二台，再停第一台，这样才不会造成物料在皮带上的堆积和滞留。图 2-9b 图为按顺序起动与停止的控制电路，为此在图 2-9a 基础上，将接触器 KM2 的常开辅助触头并接在停止按钮 SB1 的两端，这样，即使先按下 SB1，由于 KM2 线圈仍通电，电动机 M1 不会停转，只有按下 SB3，电动机 M2 先停后，再按下 SB1 才能使 M1 停转，达到先停 M2，后停 M1 的要求。

在许多顺序控制中，要求有一定的时间间隔，此时往往用时间继电器来实现。图 2-10 为时间继电器控制的顺序起动电路，接通主电路与控制电路电源，按下起按钮 SB2、KM1、KT 同时通电并自锁，电动机 M1 起动运转，当通电延时型时间继电器 KT 延时时间到，其延时闭合的常开触头闭合，接通 KM2 线圈电路并自锁，电动机 M2 起动旋转，同时 KM2 常闭辅助触头断开将时间继电器 KT 线圈电路切断，KT 不再工作。

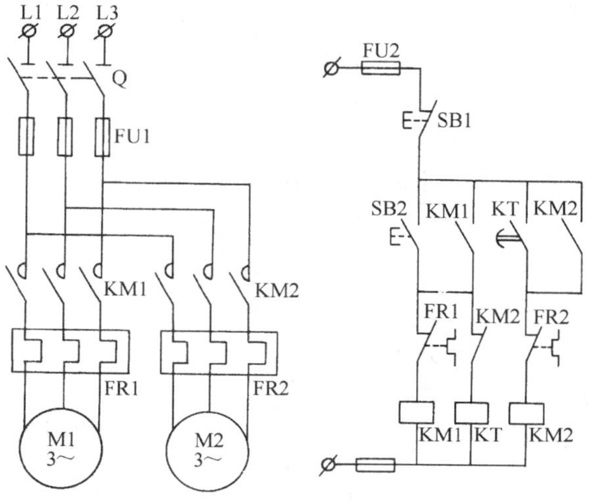

图 2-10　时间继电器控制的顺序起动电路

五、自动往复循环控制

在生产中，某些机床的工作台需要进行自动往复运行，而自动往复运行通常是利用行程开关来控制自动往复运动的相对位置，再来控制电动机的正反转或电磁阀的通断电

来实现生产机械的自动往复运动的。图2-11为自动往复循环控制电路，其中图2-11a为机床工作台自动往复运动示意图，在床身两端固定有行程开关SQ1、SQ2，用来表明加工的起点与终点。在工作台上设有撞块A和B，其随运动部件工作台一起移动，分别压下SQ2、SQ1、来改变控制电路状态，实现电动机的正反向运转，实现工作台的自动往复运动。图2-11b为自动往复循环控制电路，其中左方为主电路，右方为控制电路。图中SQ1为反向转正向行程开关，SQ2为正向转反向行程开关，SQ3为正向限位开关，SQ4为反向限位开关。电路工作原理：合上主电路与控制电路电源开关，按下正转起动按钮SB2，KM1线圈通电并自锁，电动机正转起动旋转，拖动工作台前进向右移动，当移动到位时，撞块A压下SQ2，其常闭触头断开，常开触头闭合，前者使KM1线圈断电，后者使KM2线圈通电并自锁，电动机由正转变为反转，拖动工作台由前进变为后退，工作台向左移动。当后退到位时，撞块B压下SQ1，使KM2断电，KM1通电，电动机由反转变为正转，拖动工作台变后退为前进，如此周而复始实现自动往返工作。当按下停止按钮SB1时，电动机停止，工作台停下。当行程开关SQ1、SQ2失灵时，由限位开关SQ3、SQ4来实现极限保护，避免运动部件因超出极限位置而发生事故。

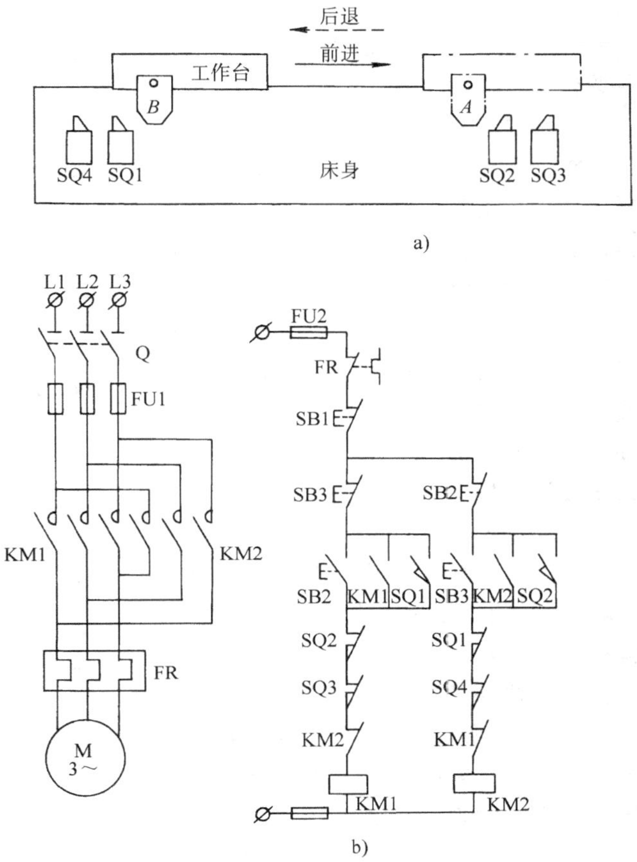

图2-11　自动往复循环控制电路

a）机床工作台自动往复运动示意图　b）自动往复循环控制电路

第三节　三相异步电动机的起动控制

10kW及其以下容量的三相异步电动机，通常采用全压起动，即起动时电动机的定子绕组直接接在额定电压的交流电源上，如图2-5、图2-6等电路皆为全压起动电路。但当电动机容量超过10kW时，因起动电流较大，一般采用减压起动。所谓减压起动，是指起动时降低加在电动机定子绕组上的电压，待电动机起动后再将电压恢复到额定值，使之运行在额定电压下。减压起动可以减少起动电流，减小线路电压降，也就减小了起动时对线路的影响。但电动机的电磁转矩是与定子端电压平方成正比，所以电动机的起动转矩相应减小，故减压起动适用于空载或轻载下起动。减压起动方式有星形—三角形减压起动、自耦变压器减压起动、软起动（固态减压起动器）、延边三角形减压起动、定子串电阻减压起动等。常用的有星形—三角形减压起动与自耦变压器减压起动。软起动是一种当代电动机控制技术，正在一些场合推广使用，其余两种起动方式已很少采用。

一、星形—三角形减压起动控制

对于正常运行时定子绕组接成三角形的三相笼型异步电动机，均可采用星形—三角形减压起动。起动时，定子绕组先接成星形，待电动机转速上升到接近额定转速时，将定子绕组换接成三角形，电动机便进入全压下的正常运转。

图 2-12 为 QX4 系列自动星形—三角形起动器电路，适用于 125kW 及以下的三相笼型异步电动机作星形—三角形减压起动和停止的控制。

电路工作原理：合上电源开关 Q，按下起动按钮 SB2，KM1、KT、KM3 线圈同时通电并自锁，电动机三相定子绕组接成星形接入三相交流电源进行减压起动，当电动机转速接近额定转速时，通电延时型时间继电器动作，KT 常闭触头断开，KM3 线圈断电释放；同时 KT 常开触头闭合，KM2 线圈通电吸合并自锁，电动机绕组接成三角形全压运行。当 KM2 通电吸合后，KM2 常闭触头断开，使 KT 线圈断电，避免时间继电器长期工作。KM2、KM3 常闭触头为互锁触头，以防同时接成星形和三角形造成电源短路。

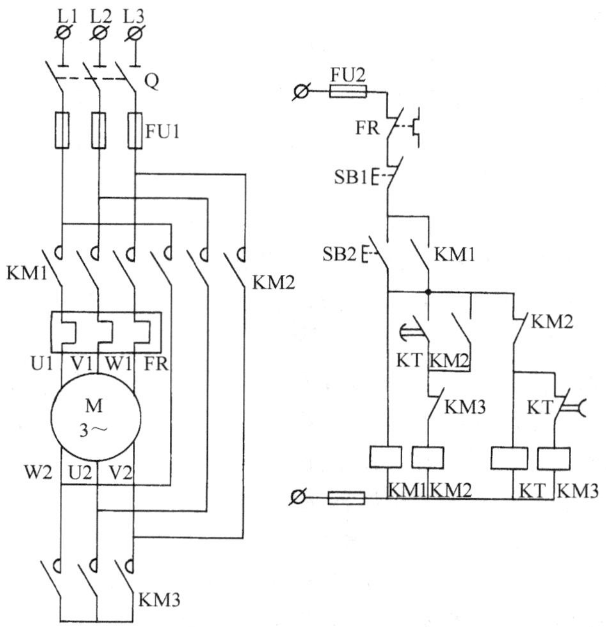

图 2-12 QX4 系列自动星形—三角形起动器电路

二、自耦变压器减压起动控制

电动机自耦变压器减压起动是将自耦变压器一次侧接在电网上，起动时定子绕组接在自耦变压器二次侧上。这样，起动时电动机获得的电压为自耦变压器的二次电压。待电动机转速接近电动机额定转速时，再将电动机定子绕组接在电网上即电动机额定电压上进入正常运转。这种减压起动适用于较大容量电动机的空载或轻载起动，起动转矩可以通过改变不同轴头来获得。

图 2-13 为 XJ01 系列自耦减压起动电路图。图中 KM1 为减压起动接触器，KM2 为全压运行接触器，KA 为中间继电器，KT 为减压起动时间继电器，HL1 为电源指示灯，HL2 为减压起动指示灯，HL3 为正常运行指示灯。

电路工作原理：合上主电路与控制电路电源开关，HL1 灯亮，表明电源电压正常。按下起动按钮 SB2，KM1、KT 线圈同时通电并自锁，将自耦变压器接入，电动机由自耦变压器二次电压供电作减压起动，同时指示灯 HL1 灭，HL2 亮，显示电动机正进行减压起动。当电动机转速接近额定转速时，时间继电器 KT 通电延时闭合触头闭合，使 KA 线圈通电并自锁，其常闭触头断开 KM1 线圈电路，KM1 线圈断电释放，将自耦变压器从电路切除；KA 的另一对常闭触头断开，HL2 指示灯灭；KA 的常开触头闭合，使 KM2 线圈通电吸合，

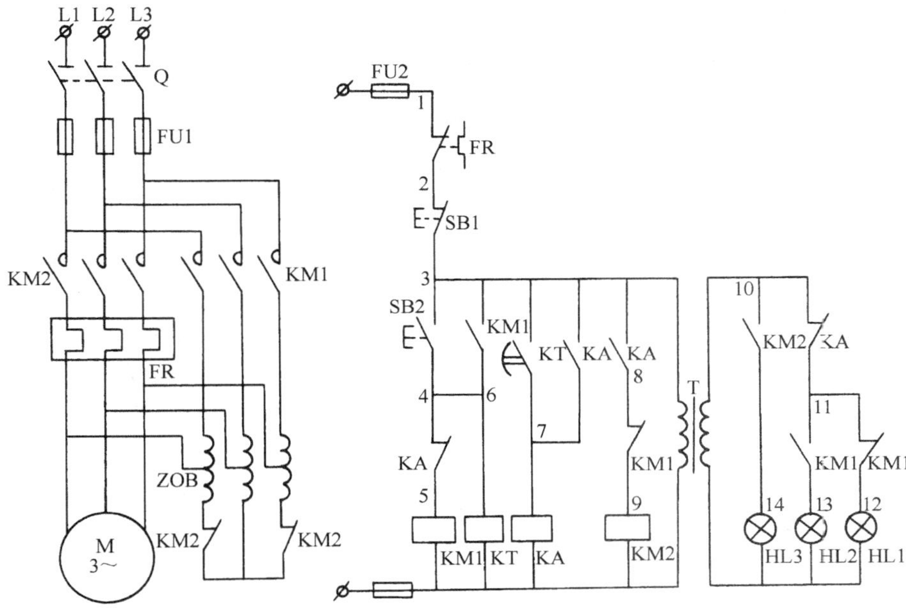

图 2-13　XJ01 系列自耦减压起动电路图

电源电压全部加在电动机定子上，电动机在额定电压下进入正常运转，同时 HL3 指示灯亮，表明电动机减压起动结束。由于自耦变压器星接部分的电流为自耦变压器一、二次电流之差，故用 KM2 辅助触头来连接。

三、三相绕线转子异步电动机的起动控制

三相绕线转子异步电动机转子绕组可通过铜环经电刷与外电路电阻相接，以减小起动电流，提高转子电路功率因数和起动转矩，故适用于重载起动的场合。

按绕线转子起动过程中串接装置不同分串电阻起动和串频敏变阻器起动电路，转子串电阻起动又有按时间原则和电流原则控制两种。下面仅分析按时间原则控制转子串电阻起动电路。

图 2-14 为时间原则控制转子电阻起动电路。图中 KM1 为线路接触器，KM2、KM3、KM4 为短接电阻起动接触器，KT1、KT2、KT3 为短接转子电阻时间继电器。电路工作原理读者可自行分析。值得注意的是，电路确保在转子全部电阻串入情况下起动，且当电动机进入正常运行时，只有 KM1、KM4 两个接触器处于长期通电状态，而 KT1、KT2、KT3 与 KM2、KM3 线圈通电时间均压缩到最低限度，一方面节省电能，延长电器使用寿命，更为重要的是减少电路故障，保证电路安全可靠地工作。由于电路为逐级短接电阻，电动机电流与转矩突然增大，产生机械冲击。

四、固态降压起动器的起动控制

前述的传统异步电动机起动方式的共同特点是电路简单，但起动转矩固定不可调，起动过程存在较大的冲击电流，使被拖动负载受到较大的机械冲击。且易受电网电压波动影响。固态减压起动器是一种集电机软起动、软停车、轻载节能和多种保护功能于一体的新颖电机控制装置。

固态减压起动器由电动机的起停控制装置和软起动控制器组成，其核心部件是软起动控

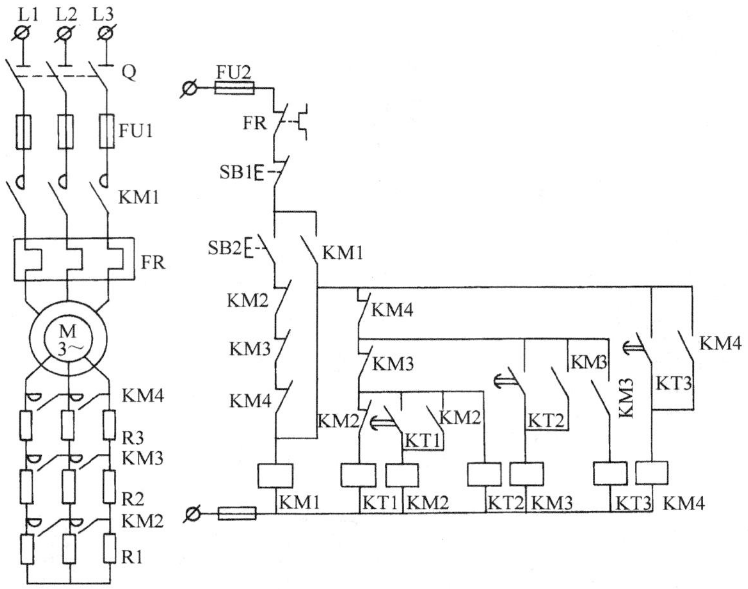

图 2-14　时间原则控制转子电阻起动电路

制器。软起动控制器是利用电力电子技术与自动控制技术，将强电与弱电结合起来的控制技术，其主要结构是一组串接于电源与被控电动机之间的三相反并联晶闸管及其电子控制电路，利用晶闸管移相控制原理，控制三相反并联晶闸管的导通角，使被控电动机的输入电压按不同的要求而变化，从而实现不同的起动功能。起动时，使晶闸管的导通角从零开始，逐渐前移，电动机的端电压从零开始，按预设函数关系逐渐上升，直至达到满足起动转矩而使电动机顺利起动，再使电动机全电压运行。所以三相异步电动机在软起动过程中，软起动控制器是通过加到电动机上的平均电压来控制电动机的起动电流和转矩，也就控制了电动机的转速。一般软起动控制器可以通过设定得到不同的起动特性，以满足不同负载特性的要求。

我国软起动器有 JKR 软起动器及 JQ、JQZ 型交流电动机固态节能起动器等。国外产品有 ABB 公司的 PSA、PSD 和 PSDH 型软起动器，美国罗克韦尔公司的 STC、SMC-2、SMC PLUS 和 SMC Dialog PLUS 等 4 个系列软起动器，以及法国施耐德电气公司 Altistart46 型软起动器、德国西门子公司的 3RW22 型软起动器、英国欧丽公司 MS2 型软起动器、英国 CT 公司 SX 型和德国 AEG 公司 3DA、3DM 型软起动器等。

图 2-15 为三相异步电动机用软起动器起动控制电路。图中虚线框所示为软起动器，其内部有内部继电器 KA1、KA2。当电路正常时，KA1 常开触头处于闭合状态；若发生过载故障时，KA1 常开触头断开。当电动机起动完成时，内部继电器 KA2 常开触头闭合。KM1 为线路接触器，KM2 为旁路接触器，SB1 为正常停车按钮，SB2 为起动按钮，SB3 为紧急停车按钮。

电路工作原理：合上电源开关 Q，KM1 线圈通电吸合，其主触头闭合，三相电源送入软起动器，电动机由软起动器供电。按下起动按钮 SB2，电动机按设定的起动方式起动，当起动完成后，内部继电器 KA2 常开触头闭合，KM2 线圈通电吸合，电动机转由旁路接触器 KM2 主触头供电，同时将软起动器内部的功率晶闸管短接，电动机经 KM1 主触头由电网直

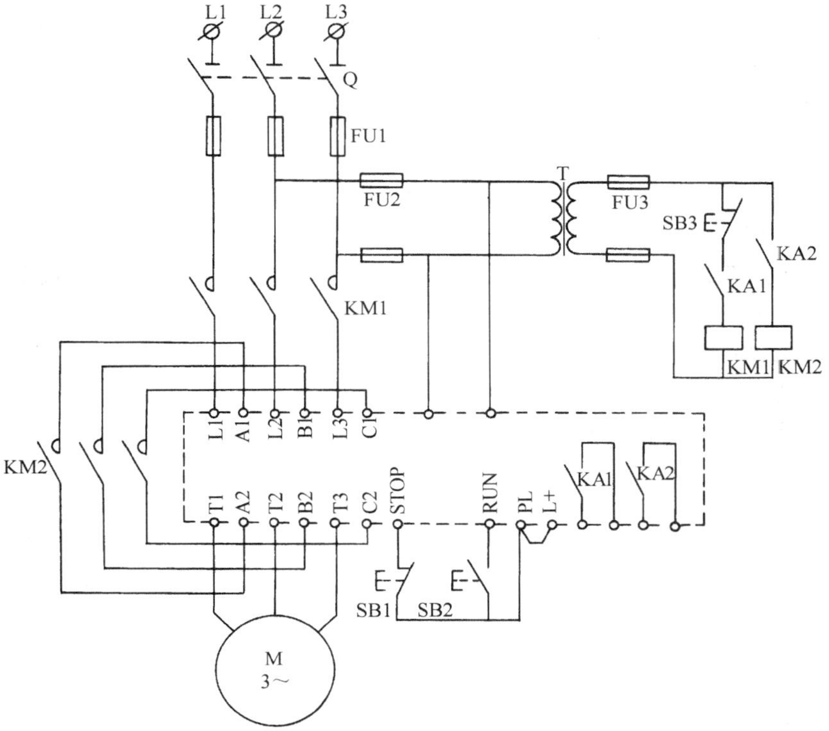

图 2-15　三相异步电动机用软起动器起动控制电路

接供电，实现在额定电压下运行。但此时过载保护仍起作用，当发生过载，KA1 常开触头断开，KM1 线圈断电释放，软起动器进线电源切除，因此电动机不需另加过载保护电路。正常停车时，按下停车按钮 SB1，停止指令使旁路接触器 KM2 跳闸，软起动器重新工作，电动机在可控的状态下减速停车。当需紧急停车时，按下 SB3 按钮，接触器 KM1 直接跳闸，软起动器内部的 KA2 触头复位，KM2 跳闸，电动机自由停转。

第四节　三相异步电动机的制动控制

三相异步电动机从切除电源到完全停止旋转，由于机械惯性，总需经过一定的时间，这往往不能满足生产机械要求迅速停车的要求，也影响生产率的提高。因此应对电动机进行制动控制，制动控制方法有机械制动和电气制动。所谓的机械制动，用机械装置来强迫电动机迅速停车；电气制动是使电动机的电磁转矩方向与电动机旋转方向相反，起制动作用。电气制动有反接制动、能耗制动、再生制动，以及派生的电容制动等。这些制动方法各有特点，适用不同场合，本节介绍几种典型的制动控制电路。

一、电动机单向反接制动控制

反接制动是利用改变电动机电源的相序，使定子绕组产生相反方向的旋转磁场，因而产生制动转矩的一种制动方法。电源反接制动时，转子与定子旋转磁场的相对转速接近两倍的电动机同步转速，所以定子绕组中流过的反接制动电流相当于全压起动时起动电流的两倍，因此反接制动制动转矩大。制动迅速，冲击大，通常适用于 10kW 及以下的小容量电动机。

为了减小冲击电流，通常在笼型异步电动机定子电路中串入反接制动电阻。另外，当电动机转速接近零时，要及时切断反相序电源，以防电动机反向再起动，通常用速度继电器来检测电动机转速并控制电动机反相序电源的断开。

图 2-16 为电动机单向反接制动控制电路。图中 KM1 为电动机单向运行接触器，KM2 为反接制动接触器，KS 为速度继电器，R 为反接制动电阻。起动电动机时，合上电源开关，按下 SB2，KM1 线圈通电并自锁，主触头闭合，电动机全压下起动，当与电动机有机械联接的速度继电器 KS 转速超过其动作值 140r/min 时，其相应触头闭合，为反接制动作准备。停止时，按下停止按钮 SB1，SB1 常闭触头断开，使 KM1 线圈断电释放，KM1 主触头断开，切断电动机原相序三相交流电源，电动机仍以惯性高速旋转。当将停止按钮 SB1 按到底时，其常开触头闭合，使 KM2 线圈通电并自锁，电动机定子串入三相对称电阻接入反相序三相交流电源进行反接制动，电动机转速迅速下降。当转速下降到 KS 释放转速即 100r/min 时，KS 释放，KS 常开触头复位，断开 KM2 线圈电路，KM2 断电释放，主触头断开电动机反相序交流电源，反接制动结束，电动机自然停车至零。

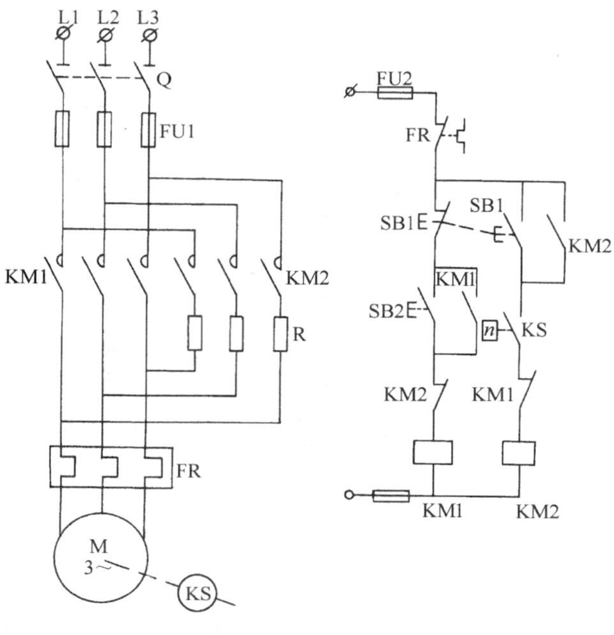

图 2-16　电动机单向反接制动控制电路

二、电动机可逆运行反接制动控制

图 2-17 为电动机可逆运行反接制动控制电路。图中 KM1、KM2 为电动机正、反转接触器，KM3 为短接制动电阻接触器，KA1、KA2、KA3、KA4 为中间继电器，KS 为速度继电器，其中 KS-1 为正转闭合触头，KS-2 为反转闭合触头。R 电阻起动时起定子串电阻减压起动用，停车时，R 电阻又作为反接制动电阻。

电路工作原理：合上电源开关，按下正转起动按钮 SB2，正转中间继电器 KA3 线圈通电并自锁，其常闭触头断开，互锁了反转中间继电器 KA4 线圈电路，KA3 常开触头闭合，使接触器 KM1 线圈通电，KM1 主触头闭合使电动机定子绕组经电阻 R 接通正相序三相交流电源，电动机 M 开始减压起动。当电动机转速上升到一定值时，速度继电器正转常开触头 KS-1 闭合，中间继电器 KA1 通电并自锁。这时由于 KA1、KA3 的常开触头闭合，接触器 KM3 线圈通电，于是电阻 R 被短接，定子绕组直接加以额定电压，电动机转速上升到稳定工作转速。所以，电动机转速从零上升到速度继电器 KS 常开触头闭合这一区间是定子串电阻降压起动。

在电动机正转运转过程中，若按下停止按钮 SB1，则 KA3、KM1、KM3 线圈相继断电释放，但此时电动机转子仍以惯性高速旋转，使 KS-1 仍维持闭合状态，中间继电器 KA1 仍处于吸合状态，所以在接触器 KM1 常闭触头复位后；接触器 KM2 线圈便通电吸合，其常

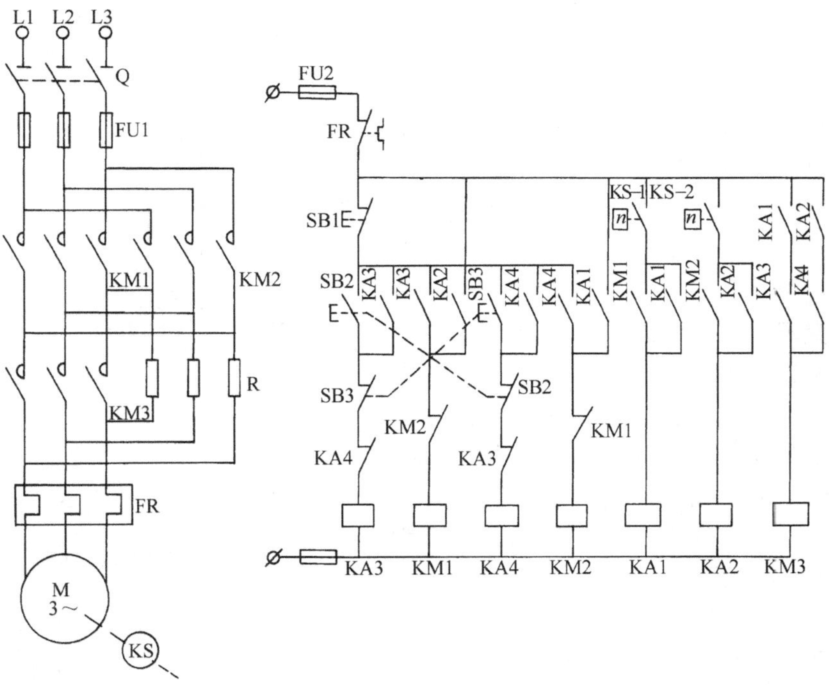

图 2-17 电动机可逆运行反接制动控制电路

开主触头闭合，使电动机定子绕组经电阻 R 获得反相序三相交流电源，对电动机进行反接制动，电动机转速迅速下降，当电动机转速低于速度继电器释放值时，速度继电器常开触头 KS-1 复位，KA1 线圈断电，接触器 KM2 线圈断电释放，反接制动过程结束。

电动机反向起动和反接制动停车过程与正转时相同，在此不再复述。

三、电动机单向运行能耗制动控制

能耗制动是在电动机脱离三相交流电源后，向定子绕组内通入直流电流，建立静止磁场，利用转子感应电流与静止磁场的作用产生制动的电磁制矩，达到制动的目的。在制动过程中，电流、转速和时间三个参量都在变化，可任取一个作为控制信号。按时间作为变化参量，控制电路简单，实际应用较多。图 2-18 为电动机单向运行时间原则控制能耗制动电路图。

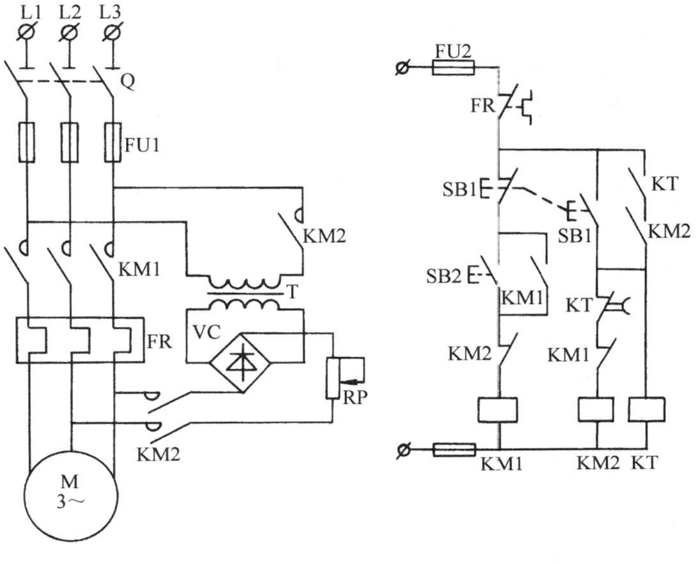

图 2-18 电动机单向运行时间原则控制能耗制动电路

电路工作原理：电动机现已处于单向运行状态，所以 KM1 通电并自锁。若要使电动机停转，只要按下停止按钮 SB1，KM1 线圈断电释放，其主触头断开，电动机断开三相交流电源。同时，KM2、KT 线圈同时通电并自锁，KM2 主触头将电动机定子绕组接入直流电源进行能耗制动，电动机转速迅速降低，当转速接近零时，通电延时型时间继电器 KT 延时时间到，KT 常闭延时断开触头动作，使 KM2、KT 线圈相继断电释放，能耗制动结束。

四、无变压器单管能耗制动控制

对于 10kW 以下电动机，在制动要求不高时，可采用无变压器单管能耗制动。图 2-19 为电动机无变压器单管能耗制动电路。图中 KM1 为线路接触器，KM2 为制动接触器，KT 为能耗制动时间继电器。该电路整流电源电压为 220V，由 KM2 主触头接至电动机定子绕组，经整流二极管 VD 接至电源中性线 N 构成闭合电路。制动时电动机 U、V 相由 KM2 主触头短接，因此只要单方向制动转矩。电路工作原理与图 2-18 所示电路相似，读者可自行分析。

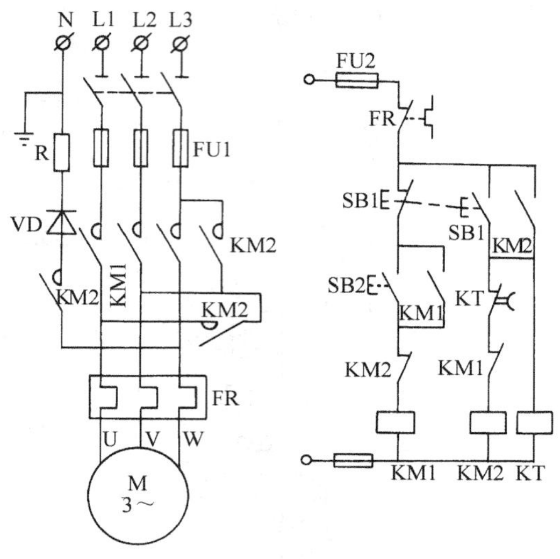

图 2-19 电动机无变压器单管能耗制动电路

第五节 三相异步电动机的调速控制

由三相异步电动机转速 $n=60f(1-s)/p$ 可知，三相异步电动机调速方法有变极对数、变转差率和变频调速三种。而变极调速一般仅适用于笼型异步电动机，变转差率调速可通过调节定子电压、改变转子电路中的电阻以及采用串级调速来实现。变频调速是现代电力传动的一个主要发展方向，已广泛应用于工业自动控制中。本节仅介绍三相笼型异步电动机变极调速电路和三相绕线转子异步电动机转子串电阻调速电路，变频调速将在后续课程中讲授。

一、三相笼型电动机变极调速控制

变极调速是通过接触器触头来改变电动机绕组的接线方式，获得不同的极对数来达到调速目的。变极电动机一般有双速、三速、四速之分，双速电动机定子装有一套绕组，而三速、四速电动机则为两套绕组。图 2-20 为双速电动机三相绕组接线图，a 图为三角形（四

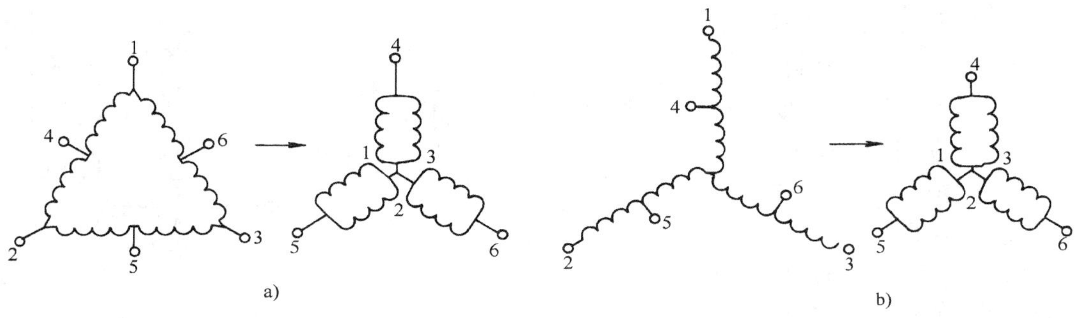

图 2-20 双速电动机三相绕组接线图

极，低速）与双星形（二极，高速）接法；b 图为星形（四极，低速）与双星形（二极，高速）接法。

图 2-21 为双速电动机变极调速控制电路。图中 KM1 为电动机三角形联结接触器，KM2、KM3 为电动机双星形联结接触器，KT 为电动机低速换高速时间继电器，SA 为高、低速选择开关，其有三个位置，“左”位为低速，“右”位为高速，“中间”位为停止。电路工作原理由读者自行分析。

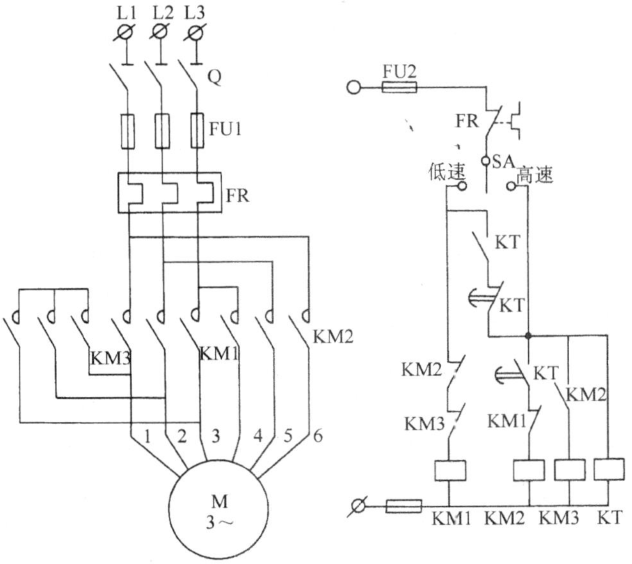

图 2-21　双速电动机变极调速控制电路

二、三相绕线转子电动机转子串电阻调速控制

为满足起重运输机械要求拖动电动机起动转矩大，速度可以调节，常使用三相绕线转子异步电动机，并应用转子串电阻，用控制器来接通接触器线圈，再用相应接触器的主触头来实现电动机的正反转与短接转子电阻以实现电动机调速的目的。图 2-22 为用凸轮控制器来控制电动机正反转与调速的电路。图中 KM 为线路接触器，KA 为过电流继电器，SQ1、SQ2 分别为向前、向后限位开关，SA 为凸轮控制器。控制器左右各有 5 个工作位置，

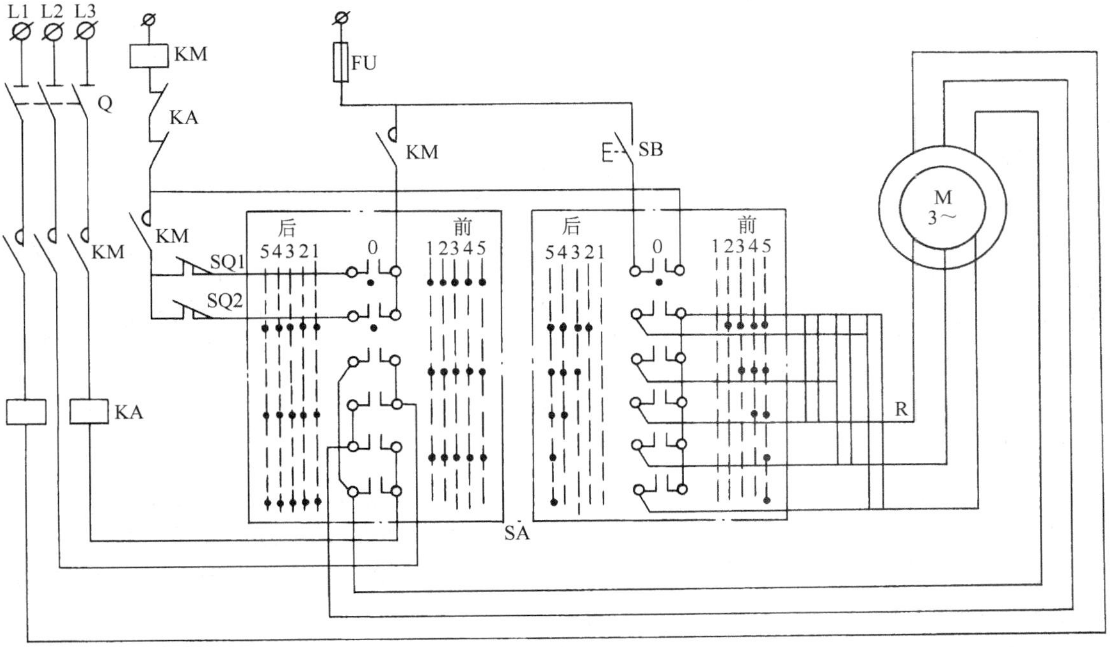

图 2-22　凸轮控制器控制电动机正反转与调速电路

中间为零位，其上共有9对常开主触头，3对常闭触头，其中4对常开主触头接于电动机定子电路进行换相控制，用以实现电动机正反转；另5对常开主触头接于电动机转子电路，实现转子电阻的接入和切除获得不同的转速，转子电阻采用不对称接法。其余3对常闭触头，其中1对用以实现零位保护，即控制器手柄必须置于“0”位，才可起动电动机。另两对常闭触头与SQ1和SQ2限位开关串联实现限位保护。电路工作原理读者可自行分析。

第六节 直流电动机的电气控制

直流电动机具有良好的起动、制动和调速性能，容易实现各种运行状态的控制。直流电动机有串励、并励、复励和他励四种，其控制电路基本相同，本节仅介绍直流他励电动机的起动、反向和制动的电气控制。

一、直流电动机单向旋转起动控制

直流电动机在额定电压下直接起动，起动电流为额定电流的10~20倍，产生很大的起动转矩，导致电动机换向器和电枢绕组损坏。为此在电枢回路中串入电阻起动。同时，他励直流电动机在弱磁或零磁时会产生飞车现象，因此在接入电枢电压前，应先接入额定励磁电压，而且在励磁回路中应有弱磁保护。图2-23为直流电动机电枢串电阻单向旋转起动电路。图中KM1为线路接触器，KM2、KM3为短接起动电阻接触器，KA1为过电流继电器，KA2为欠电流继电器，KT1、KT2为时间继电器，R3为放电电阻。

电路工作原理：合上电枢电源开关Q1和励磁与控制电路电源开关Q2，励磁回路通电，KA2线圈通电吸合，其常开触头闭合，为起动作好准备；同时，KT1线圈通电，其常闭触头断开，切断KM2、KM3线圈电路。保证串入R1、R2起动。按下起动按钮SB2，KM1线圈通电并自锁，主触头闭合，接通电动机电枢回路，电枢串入两级起动电阻起动；同时KM1常闭辅助触头断开，KT1线圈断电，为延时使KM2、KM3线圈通电，短接R1、R2做准备。在串入R1、R2起动同时，并接在R1电阻两端的KT2线圈通电，其常开触头断开，使KM3不能通电，确保R2电阻串入起动。

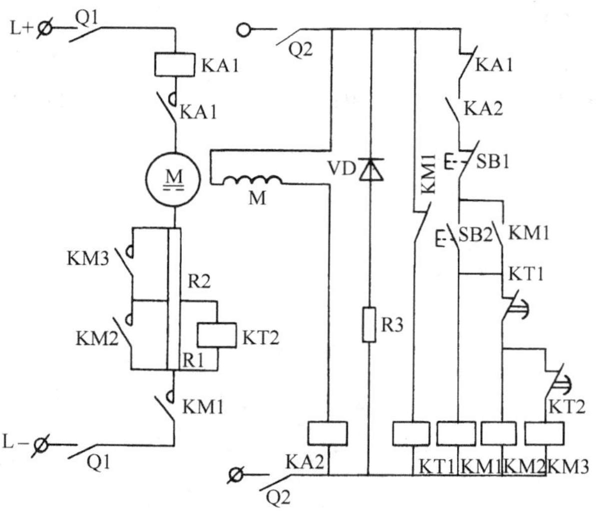

图2-23 为直流电动机电枢串电阻单向旋转起动电路

经一段时间延时后，KT1延时闭合触头闭合，KM2线圈通电吸合，主触头短接电阻R1，电动机转速升高，电枢电流减小。就在R1被短接的同时，KT2线圈断电释放，再经一定时间的延时，KT2延时闭合触头闭合，KM3线圈通电吸合，KM3主触头闭合短接电阻R2，电动机在额定电枢电压下运转，起动过程结束。

电路保护环节：过电流继电器KA1实现电动机过载和短路保护；欠电流继电器KA2实现电动机弱磁保护；电阻R3与二极管VD构成励磁绕组的放电回路，实现过电压保护。

二、直流电动机可逆运转起动控制

图 2-24 为直流电动机正反转电路，图中是改变直流电动机电枢电压极性实现电动机正反转的。图中 KM1、KM2 为正、反转接触器，KM3、KM4 为短接电枢电阻接触器，KT1、KT2 为时间继电器，R1、R2 为起动电阻，R3 为放电电阻，SQ1 为反向转正向行程开关，SQ2 为正向转反向行程开关。起动时电路工作情况与图 2-23 电路相同，但起动后，电动机将按行程原则实现电动机的正、反转，拖动运动部件实现自动往返运动。电路工作原理由读者自行分析。

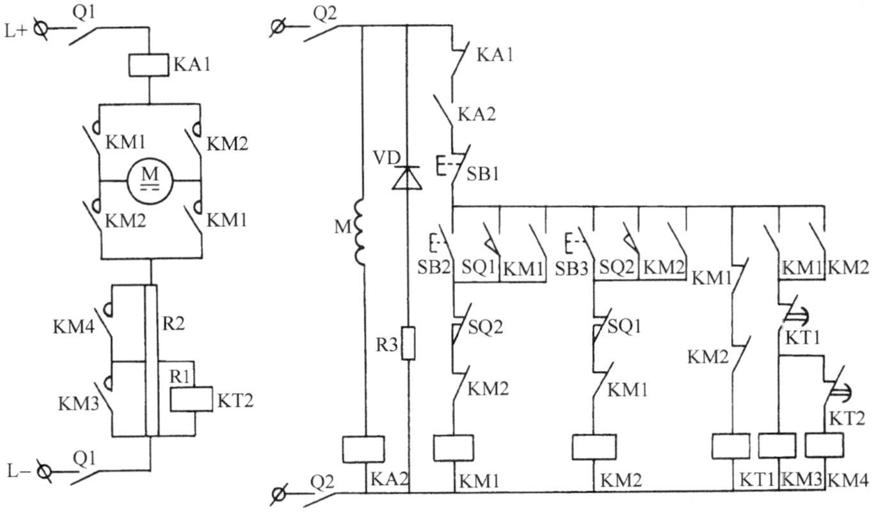

图 2-24　直流电动机正反转电路

三、直流电动机单向运转能耗制动控制

图 2-25 为直流电动机单向旋转能耗制动电路。图中 KM1、KM2、KM3、KA1、KA2、KT1、KT2 作用与图 2-24 相同，KM4 为制动接触器，KV 为电压继电器。

电路工作原理：电动机起动时电路工作情况与图 2-23 相同，不再重复。停车时，按下停止按钮 SB1，KM1 线圈断电释放，其主触头断开电动机电枢电源，电动机以惯性旋转。由于此时电动机转速较高，电枢两端仍建立足够大的感应电动势，使并联在电枢两端的电压继电器 KV 经自锁触头仍保持通电吸合状态，

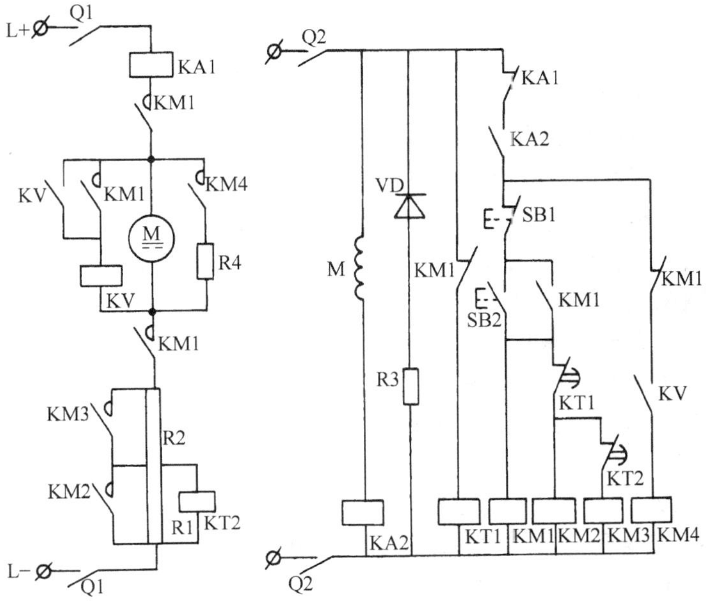

图 2-25　直流电动机单向旋转能耗制动电路

KV 常开触头仍闭合，使 KM4 线圈通电吸合，其常开主触头将电阻 R4 并联在电枢两端，电动机实现能耗制动，使转速迅速下降，电枢感应电势也随之下降，当降至一定值时电压继电器 KV 释放，KM4 线圈断电，电动机能耗制动结束，电动机自然停车至零。

四、直流电动机可逆旋转反接制动控制

图 2-26 为直流电动机可逆旋转反接制动控制电路。图中 KM1、KM2 为电动机正反转接触器，KM3、KM4 为短接起动电阻接触器，KM5 为反接制动接触器，KA1 为过电流继电器，KA2 为欠电流继电器，KV1、KV2 为反接制动电压继电器，R1、R2 为起动电阻，R3 为放电电阻，R4 为反接制动电阻，KT1、KT2 为时间继电器、SQ1 为正转变反转行程开关，SQ2 为反转变正转行程开关。

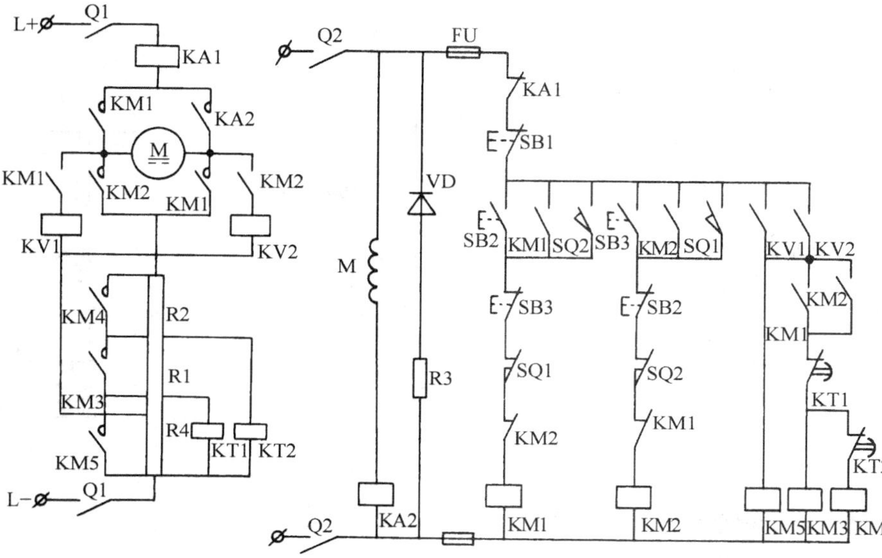

图 2-26 直流电动机可逆旋转反接制动控制电路

该电路为按时间原则两级起动，能实现正反转并通过 SQ1、SQ2 行程开关实现自动换向，在换向过程中能实现反接制动，以加快换向过程。下面以电动机正转运行变反转运行为例来说明电路工作情况。

电动机正在作正向运转并拖动运动部件作正向移动，当运动部件上的撞块压下行程开关 SQ1 时，KM1、KM3、KM4、KM5、KV1 线圈断电释放，KM2 线圈通电吸合。电动机电枢接通反向电源，同时 KV2 线圈通电吸合，反接时的电枢电路如图 2-27 所示。

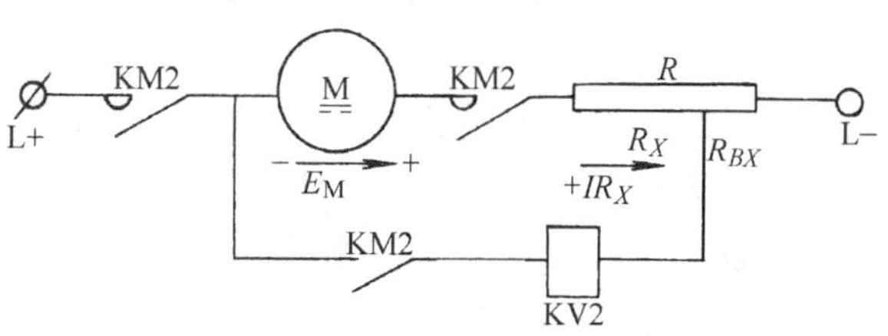

图 2-27 反接时的电枢电路

由于机械惯性，电动机转速及电动势 E_M 的大小和方向来不及变化，且电动势 E_M 方向与电枢串电阻电压降 IR_X 方向相反，此时加在电压继电器 KV2 线圈上的电压很小，不足以使 KV2 吸合，KM3、KM4、KM5 线圈处于断电释放状态，电动机电枢串入全部电阻进行反接制动，电动机转速迅速下降，随着电动机转速的下降，电动机电势 E_M 迅速减小，电压继电器 KV2 线圈上的电压逐渐增加，当 $n \approx 0$ 时，$E_M \approx 0$，加至 KV2 线圈电压加大并使其吸合动作，常开触头闭合，KM5 线圈通电吸合。KM5 主触头短接反接制动电阻 R4，同时 KT1 线圈断电释放，电动机串入 R1、R2 电阻反向起动，经 KT1 断电延时触头闭合，KM3 线圈通电，KM3 主触头短接起动电阻 R1，同时 KT2 线圈断电释放，经 KT2 断电延时触头闭合，KM4 线圈通电吸合，KM4 主触头短接起动电阻 R2，进入反向正常运转，拖动运动部件反向移动。

当运动部件反向移动撞块压下行程开关 SQ2 时，则由电压继电器 KV1 来控制电动机实现反转时的反接制动和正向起动过程，这里不再复述。

第七节　电气控制系统常用的保护环节

电气控制系统必须在安全可靠的前提下来满足生产工艺要求，为此，在电气控制系统的设计与运行中，必须考虑系统发生各种故障和不正常工作情况的可能性，在控制系统中设置有各种保护装置。保护环节是所有电气控制系统不可缺少的组成部分。常用的保护环节有过电流、过载、短路、过电压、失电压、断相、弱磁与超速保护等。本节主要介绍低压电动机常用的保护环节。

一、短路保护

当电器或线路绝缘遭到损坏、负载短路、接线错误将产生短路现象。短路时产生的瞬时故障电流可达到额定电流的十几倍到几十倍，使电气设备或配电线路因过流而产生电动力而损坏，甚至因电弧而引起火灾。短路保护要求具有瞬动特性，即要求在很短时间内切断电源。短路保护的常用方法有熔断器保护和低压断路器保护。熔断器熔体的选择见上一章有关内容。低压断路器动作电流按电动机起动电流的 1.2 倍来整定，相应低压断路器切断短路电流的触头容量应加大。

二、过电流保护

过电流保护是区别于短路保护的一种电流型保护。所谓过电流是指电动机或电器元件超过其额定电流的运行状态，其一般比短路电流小，不超过 6 倍额定电流。在过电流情况下，电器元件并不是马上损坏，只要在达到最大允许温升之前，电流值能恢复正常，还是允许的。但过大的冲击负载，使电动机流过过大的冲击电流，以致损坏电动机。同时，过大的电动机电磁转矩也会使机械的传动部件受到损坏，因此要瞬时切断电源。电动机在运行中产生过电流的可能性要比发生短路的可能性大，特别是在频繁起动和正反转、重复短时工作电动机中更是如此。

过电流保护常用过电流继电器来实现，通常过电流继电器与接触器配合使用，即将过电流继电器线圈串接在被保护电路中，当电路电流达到其整定值时，过电流继电器动作，而过电流继电器常闭触头串接在接触器线圈电路中，使接触器线圈断电释放，接触器主触头断开来切断电动机电源。这种过电流保护环节常用于直流电动机和三相绕线转子异步电动机的控制电路中。若过电流继电器动作电流为 1.2 倍电动机起动电流，则过流继电器亦可实现短路保护作用。

三、过载保护

过载保护是过电流保护中的一种。过载是指电动机的运行电流大于其额定电流，但在

1.5 倍额定电流以内。引起电动机过载的原因很多，如负载的突然增加，缺相运行或电源电压降低等。若电动机长期过载运行，其绕组的温升将超过允许值而使绝缘老化、损坏。过载保护装置要求具有反时限特性，且不会受电动机短时过载冲击电流或短路电流的影响而瞬时动作，所以通常用热继电器作过载保护。当有 6 倍以上额定电流通过热继电器时，需经 5s 后才动作，这样在热继电器未动作前，可能使热继电器的发热元件先烧坏，所以在使用热继电器作过载保护时，还必须装有熔断器或低压断路器的短路保护装置。由于过载保护特性与过电流保护不同，故不能用过电流保护方法来进行过载保护。

对于电动机进行断相保护，可选用带断相保护的热继电器来实现过载保护。

四、失电压保护

电动机应在一定的额定电压下才能正常工作，电压过高、过低或者工作过程中非人为因素的突然断电，都可能造成生产机械损坏或人身事故，因此在电气控制电路中，应根据要求设置失电压保护、过电压保护和欠电压保护。

电动机正常工作时，如果因为电源电压消失而停转，一旦电源电压恢复时，有可能自行起动，电动机的自行起动将造成人身事故或机械设备损坏。为防止电压恢复时电动机自行起动或电器元件自行投入工作而设置的保护、称为失电压保护。采用接触器和按钮控制的起动、停止，就具有失电压保护作用。这是因为当电源电压消失时，接触器就会自动释放而切断电动机电源，当电源电压恢复时，由于接触器自锁触头已断开，不会自行起动。如果不是采用按钮而是用不能自动复位的手动开关、行程开关来控制接触器，必须采用专门的零电压继电器。工作过程中一旦失电，零压继电器释放，其自锁电路断开，电源电压恢复时，不会自行起动。

五、欠电压保护

电动机运转时，电源电压过分降低引起电磁转矩下降，在负载转矩不变情况下，转速下降，电动机电流增大。此外，由于电压的降低引起控制电器释放，造成电路不正常工作。因此，当电源电压降到 60% ~80% 额定电压时，将电动机电源切除而停止工作，这种保护称欠电压保护。

除上述采用接触器及按钮控制方式，利用接触器本身的欠电压保护作用外，还可采用欠电压继电器来进行欠电压保护，吸合电压通常整定为 $0.8 \sim 0.85U_N$，释放电压通常整定为 $0.5 \sim 0.7U_N$。其方法是将电压继电器线圈跨接在电源上，其常开触头串接在接触器线圈电路中，当电源电压低于释放值时，电压继电器动作使接触器释放，接触器主触头断开电动机电源实现欠电压保护。

六、过电压保护

电磁铁、电磁吸盘等大电感负载及直流电磁机构、直流继电器等，在通断时会产生较高的感应电动势，将使电磁线圈绝缘击穿而损坏。因此，必须采用过电压保护措施。通常过电压保护是在线圈两端并联一个电阻，电阻串电容或二极管串电阻，以形成一个放电回路，实现过电压的保护。

七、直流电动机的弱磁保护

直流电动机磁场的过度减少会引起电动机超速，需设置弱磁保护，这种保护是通过在电动机励磁线圈回路中串入欠电流继电器来实现的。在电动机运行时，若励磁电流过小，欠电流继电器释放，其触头断开电动机电枢回路线路接触器线圈电路，接触器线圈断电释放，接触器主触头断开电动机电枢回路，电动机断开电源，实现保护电动机之目的。

八、其他保护

除上述保护外，还有超速保护、行程保护、油压（水压）保护等，这些都是在控制电路中串接一个受这些参量控制的常开触头或常闭触头来实现对控制电路的电源控制来实现的。这些装置有离心开关、测速发电机、行程开关、压力继电器等。

习　　题

2-1　常用的电气控制系统图有哪三种?

2-2　何为电气原理图？绘制电气原理图的原则是什么?

2-3　何为电器布置图？电器元件的布置应注意哪几方面?

2-4　何为电气安装接线图？绘制电气安装接线图的原则是什么?

2-5　电动机点动控制与连续运转控制在电气控制电路上有何不同，其关键控制环节是什么?

2-6　采用接触器与按钮控制的电路是如何实现电动机的失电压与欠电压保护的?

2-7　何为互锁控制？实现电动机正、反转互锁控制的方法有哪两种？为何有了机械互锁还要有电气互锁?

2-8　指出电动机正、反转控制电路中的控制关键环节是哪两处?

2-9　设计一个电气控制电路：三台三相笼型异步电动机起动时，M1 先起动，经 10s 后 M2 自行起动，运行 30s 后 M1 停止并同时使 M3 自行起动，再运行 30s 后其余两台电动机全部停止。

2-10　为两台三相笼型异步电动机设计电气控制电路，其要求如下：

1）两台电动机互不影响地独立操作；

2）能同时控制两台电动机的起动和停止；

3）当任一台电动机发生过载时，两台电动机均停止。

2-11　某水泵由一台三相笼型异步电动机拖动，按下列要求设计电气控制电路：

1）采用 Y-△减压起动；

2）三处控制电动机的起动和停止。

2-12　某机床有主轴电动机 M1、液压泵电动机 M2，均采用直接起动，生产工艺要求：主轴必须在液压泵开动后，方可起动；主轴要求正、反向运转，但为测试方便，要求能实现正、反向点动；主轴停止后，才允许液压泵停止；电路具有短路保护、过载保护及失电压保护。试设计电气控制电路。

2-13　某一三相笼型异步电动机采用 Y-△减压起动，能耗制动停车，试画出其电气控制电路图。

2-14　某一三相笼型异步电动机要求正、反向运转，定子串电阻减压起动，反接制动停车，试画出其电气控制电路图。

2-15　试分析图 2-26 直流电动机可逆旋转反接制动电气控制电路工作原理。

2-16　电气控制系统常用的保护环节有哪些？它们各采用什么电器元件?

第三章　典型设备电气控制电路分析

电气控制设备种类繁多，拖动控制方式各异，控制电路也各不相同，在阅读分析电气图时，重要的是要掌握其基本分析方法。本章通过典型设备电气控制电路的分析，进一步阐述电气控制系统的分析方法与分析步骤，使读者掌握分析电气图的方法，培养阅读电气图的能力；加深对生产设备中机械、液压与电气控制紧密配合的理解；学会从设备加工工艺出发，掌握几种典型设备的电气控制；为电气控制系统的设计、安装、调试、维护打下基础。

第一节　电气控制电路分析基础

一、电气控制分析的依据

分析设备电气控制的依据是设备本身的基本结构、运行情况、加工工艺要求和对电力拖动自动控制的要求。也就是首先要熟悉了解控制对象，掌握其控制要求，这样分析起来才有针对性。这些依据的获得来源于设备的有关技术资料，主要有设备说明书、电气原理图、电气接线图及电气元件一览表等。

二、电气控制分析的内容

通过对各种技术资料的分析，掌握电气控制电路的工作原理、操作方法、维护要求等。

（1）设备说明书　设备说明书由机械、液压部分与电气两部分组成，阅读这两部分说明书，重点掌握以下内容：

1）设备的构造，主要技术指标，机械、液压、气动部分的传动方式与工作原理。

2）电气传动方式，电机及执行电器的数目、规格型号、安装位置、用途与控制要求。

3）了解设备的使用方法，操作手柄、开关、按钮、指示信号装置以及在控制电路中的作用。

4）必须清楚地了解与机械、液压部分直接关联的电器，如行程开关、电磁阀、电磁离合器、传感器、压力继电器、微动开关等的位置，工作状态以及与机械、液压部分的关系，掌握这些电器在控制中的作用。特别应了解机械操作手柄与电器开关元件之间的关系，液压系统与电气控制的关系。

（2）电气控制原理图　这是电气控制电路分析的中心内容。电气控制原理图由主电路、控制电路、辅助电路、保护与联锁环节以及特殊控制电路等部分组成。

在分析电气原理图时，必须与阅读其他技术资料结合起来，根据电动机及执行元件的控制方式、位置及作用，各种与机械有关的行程开关、主令电器的状态来理解电气工作原理。

在分析电气原理图时，还可通过设备说明书提供的电器元件一览表来查阅电器元件的技术参数，进而分析出电气控制电路的主要参数，估计出各部分的电流、电压值，以使在调试或检修中合理使用仪表进行检测。

（3）电气设备的总装接线图　阅读分析电气设备的总装接线图，可以了解系统的组成分布情况，各部分的连接方式，主要电气部件的布置、安装要求，导线和导线管的规格型号等，以期对设备的电气安装有个清晰的了解，这是电气安装必不可少的资料。

阅读分析总装接线图应与电气原理图、设备说明书结合起来。

(4) 电器元件布置图与接线图　这是制造、安装、调试和维护电气设备必需的技术资料。在测试、检修中可通过布置图和接线图迅速方便地找到各电器元件的测试点，进行必要的检测、调试和维修。

三、电气原理图的阅读分析方法

电气原理图阅读分析基本原则是"先机后电、先主后辅、化整为零、集零为整、统观全局、总结特点"。最常用的方法是查线分析法。即以某一电动机或电器元件线圈为对象，从电源开始，由上而下，自左至右，逐一分析其接通断开关系，并区分出主令信号、联锁条件、保护环节等。根据图区坐标标注的检索和控制流程的方法分析出各种控制条件与输出结果之间的因果关系。

(1) 先机后电　首先了解设备的基本结构、运行情况、工艺要求，操作方法，以期对设备有个总体的了解，进而明确设备对电力拖动自动控制的要求，为阅读和分析电路作好前期准备。

(2) 先主后辅　先阅读主电路，看设备由几台电动机拖动，各台电动机的作用，结合工艺要求弄清各台电动机的起动、转向、调速、制动等的控制要求及其保护环节。而主电路各控制要求是由控制电路来实现的，此时要运用化整为零去阅读分析控制电路。最后再分析辅助电路。

(3) 化整为零　在分析控制电路时，将控制电路功能分为若干个局部控制电路，从电源和主令信号开始，经过逻辑判断，写出控制流程，用简便明了的方式表达出电路的自动工作过程。

然后分析辅助电路，辅助电路包括信号电路、检测电路与照明电路等。这部分电路具有相对独立性，起辅助作用而不影响主要功能，这部分电路大多是由控制电路中的元件来控制，可结合控制电路一并分析。

在某些控制电路中，还设置了一些与主电路、控制电路关系不密切，相对独立的某些特殊环节。如计数装置、自动检测系统、晶闸管触发电路与自动测温装置等。可参照上述分析过程，运用所学过的电子技术、变流技术、检测与转换等知识逐一分析。

(4) 集零为整、统观全局　经过"化整为零"逐步分析每一局部电路的工作原理之后，必须用"集零为整"的办法来"统观全局"，看清各局部电路之间的控制关系、联锁关系，机电液的配合情况，各种保护环节的设置等。以期对整个电路有清晰的理解，对电路中的每个电器，电器中的每一对触头的作用了如指掌。

(5) 总结特点　各种设备的电气控制虽然都是由各种基本控制环节组合而成，但其整机的电气控制都有各自的特点，这也是各种设备电气控制的区别所在，应给予总结，这样才能加深对电气设备电气控制的理解。

四、分析举例

现以 C650 普通车床为例，说明生产机械电气原理图的分析过程。

普通车床是一种应用极为广泛的金属切削机床，主要用来车削外圆、内圆、端面、螺纹和定型表面，并可以通过尾架进行钻孔、铰孔、攻螺纹等加工。

(一) 主要结构和运动情况

C650 普通车床属中型车床，加工工件回转半径最大可达 1020mm，长度可达 3000mm。其结构主要有床身、主轴变速箱、进给箱、溜板箱、刀架、尾架、丝杠和光杠等部分组成，如图 3-1 所示。

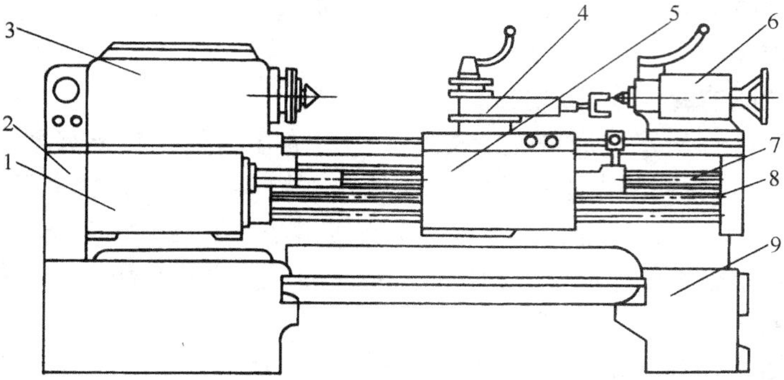

图 3-1　C650 普通车床的结构示意图

1—进给箱　2—挂轮箱　3—主轴变速箱　4—溜板与刀架

5—溜板箱　6—尾架　7—光杠　8—丝杠　9—床身

车床的主运动为工件的旋转运动，它是由主轴通过卡盘带动工件旋转，其为车削加工时的主要切削功率。车削加工时，应根据加工工件，刀具种类、工件尺寸、工艺要求等来选择不同的切削速度，普通车床一般采用机械变速，车削加工时，一般不要求反转，但在加工螺纹时，为避免乱扣，要反转退刀，再以正向进刀继续进行加工，所以要求主轴能够实现正反转。

车床的进给运动是溜板带动刀架的横向或纵向的直线运动。其运动方式有手动和机动两种。主运动与进给运动由一台电动机驱动并通过各自的变速箱来调节主轴旋转或进给速度。

此外，为提高效率、减轻劳动强度，C650 普通车床的溜板箱还能快速移动，称为辅助运动。

（二）C650 普通车床对电气控制的要求

C650 普通车床由三台三相笼型异步电动机拖动，即主轴电动机 M1、冷却泵电动机 M2 和刀架快速移动电动机 M3。从车削加工工艺要求出发，对各电动机的控制要求是：

1）主轴电动机 M1，30kW 采用全压下的空载直接起动，能实现正、反向旋转的连续运行。为便于对工件作调整运动，主轴电动机能实现单方向的点动控制，同时定子串入电阻获得低速点动。

主轴电动机停车时，由于加工工件转动惯量较大，采用反接制动。加工过程中为显示电动机工作电流设有电流监视环节。

2）冷却泵电动机 M2，用以车削加工时提供冷却液，采用直接起动，单向旋转，连续工作。

3）快速移动电动机 M3，单向点动、短时运转。

4）电路应有必要的保护和联锁，有安全可靠的照明电路。

（三）C650 普通车床的电气控制电路分析

图 3-2 为 C650 普通车床电气原理图。

（1）主电路分析　带脱扣器的低压断路器 QS 将三相电源引入，FU1 为主轴电动机 M1

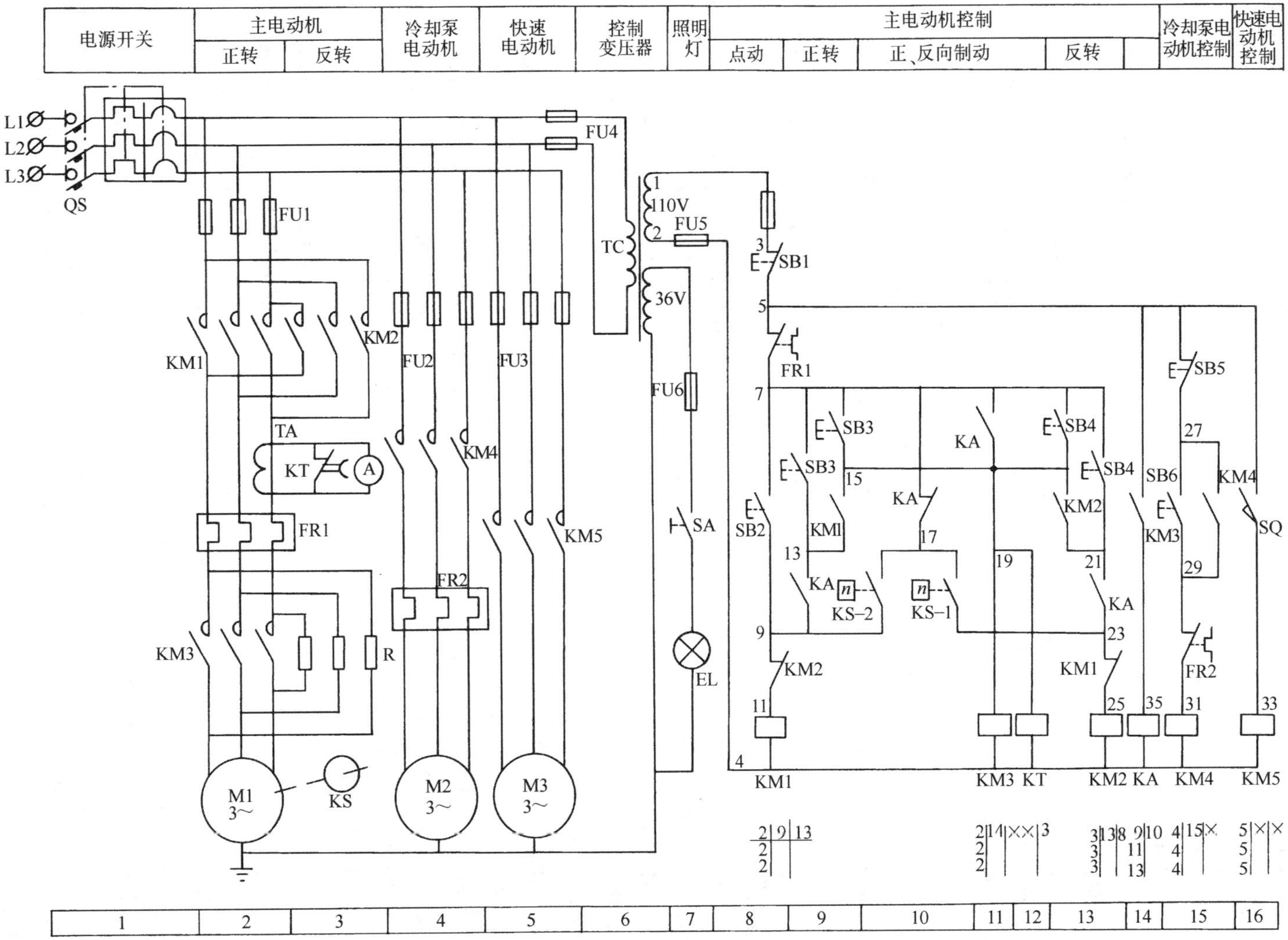

图 3-2　C650 普通车床电气原理图

短路保护用熔断器，FR1 为 M1 的过载保护热继电器。R 为限流电阻，限制反接制动时的电流冲击，防止在点动时连续起动电流造成电动机的过载。通过电流互感器 TA 接入电流表以监视主轴电动机线电流。KM1、KM2 为主轴电动机正、反转接触器，KM3 为制动限流接触器。

冷却泵电动机 M2 由接触器 KM4 控制单向连续运转，FU2 为短路保护用熔断器，FR2 为过载保护用热继电器。

快速移动电动机 M3 由接触器 KM5 控制单向旋转点动控制，获得短时工作，FU3 为其短路保护用熔断器。

（2）控制电路分析　控制电路电源由控制变压器 TC 供给控制电路交流电压 110V，照明电路交流电压 36V。FU5 为控制电路短路保护用熔断器，FU6 为照明电路短路保护用熔断器，局部照明灯 EL 由主令开关 SA 控制。

1）主电动机的点动调整控制　M1 的点动控制由点动按钮 SB2 控制，按下 SB2，接触器 KM1 线圈通电吸合，KM1 主触头闭合，M1 定子绕组经限流电阻 R 与电源接通，电动机在低速下正向起动。当转速达到速度继电器 KS 动作值时，KS 正转触头 KS-1 闭合，为点动停止反接制动作准备。松开 SB2，KM1 线圈断电，KM1 触头复原，因 KS-1 仍闭合，使 KM2 线圈通电，M1 被反接串入电阻继续反接制动停车，当转速达到 KS 释放转速时，KS-1 触头断开，反接制动结束。

2）主电动机的正反转控制　主电动机正转由正向起动按钮 SB3 控制，按下 SB3，接触器 KM3 首先通电吸合，其主触点闭合将限流电阻 R 短接，KM3 常开辅助触头闭合，使中间继电器 KA 通电吸合，触头 KA（13-9）闭合使接触器 KM1 通电吸合，电动机 M1 在全电压下直接起动。由于 KM1 的常开触头 KM1（15-13）闭合，KA（7-15）闭合，将 KM1 和 KM3 自锁，获得正向连续运转。

主电动机的反转由反向起动按钮 SB4 控制，控制过程与正转控制类同。KM1、KM2 的常闭辅助触头串接在对方线圈电路中起互锁作用。

3）主电动机的反接制动控制　主电动机正、反转运行停车时均有反接制动，制动时电动机串入限流电阻。图中 KS-1 为速度继电器正转闭合触头，KS-2 为反转闭合触头。以主电动机正转运行为例。接触器 KM1、KM3、中间继电器 KA 已通电吸合且 KS-1 闭合。当正转停车，按下停止按钮 SB1，KM3、KM1、KA 线圈同时断电释放。KM3 主触头断开，电阻 R 串入电机定子电路，KA 常闭触头 KA（7-17）复原闭合，KM1 主触头断开，断开电动机正相序三相交流电源。此时电动机以惯性高速旋转，速度继电器触头 KS-1（17-23）仍闭合，当松开停止按钮 SB1 时，反转接触器 KM2 线圈经 1-3-5-7-17-23-25-4-2 线路通电吸合，电动机接入反相序三相电源，串入电阻进行反接制动，使转速迅速下降，当 $n<100\text{r/min}$ 时，KS-1 触头断开，KM2 线圈断电，反接制动结束，自然停车至零。

反向停车制动与正向停车制动类似。

4）刀架的快速移动和冷却泵控制　刀架的快速移动是转动刀架手柄压动行程开关 SQ，使接触器 KM5 通电吸合，控制电动机 M3 来实现的。冷却泵电动机 M2 的起动和停止是通过按钮 SB5、SB6 控制。

5）辅助电路　监视主回路负载的电流表是通过电流互感器 TA 接入的。为防止电动机起动、点动和制动电流对电流表的冲击，线路中接入一个时间继电器 KT，且 KT 线圈与

KM3 线圈并联。当起动时，KT 线圈通电吸合，但 KT 的延时断开的常闭触头尚未动作，将电流表短路。起动后，KT 延时断开的常闭触头才断开，电流表内才有电流流过。

6）完善的联锁与保护　主电动机正反转有互锁。熔断器 FU1 ~ FU6 实现短路保护。热继电器 FR1、FR2 实现 M1、M2 的过载保护。接触器 KM1、KM2、KM4 采用按钮与自锁控制方式，使 M1 与 M2 具有欠电压与零电压保护。

（3）电路特点

1）采用三台电动机拖动，尤其是车床溜板箱的快速移动单由一台电动机拖动。

2）主轴电动机不但有正、反向运转，还有单向低速点动的调整控制，正、反向停车时均具有反接制动控制。

3）设有检测主轴电动机工作电流的环节。

4）具有完善的保护与联锁。

第二节　Z3040 摇臂钻床电气控制电路分析

钻床是一种用途广泛的万能机床，可进行钻孔、扩孔、铰孔、攻螺纹及修刮端面等多种形式的加工。钻床按结构型式可分为立式钻床、卧式钻床、摇臂钻床、深孔钻床、台式钻床等。在各种钻床中，摇臂钻床操作方便，灵活，适用范围广，特别适用于带有多孔大型工件的孔加工，是机械加工中常用的机床设备，具有典型性。下面以 Z3040 型摇臂钻床为例进行分析。

一、机床结构与运动形式

摇臂钻床一般由底座、内外立柱、摇臂、主轴箱和工作台等部件组成，如图 3-3 所示。内立柱固定在底座的一端，外立柱套在内立柱上，并可绕内立柱回转 360°。摇臂的一端为套筒，它套在外立柱上，借助于升降丝杠的正反向旋转，摇臂可沿外立柱上下移动。由于升降螺母固定在摇臂上，所以摇臂只能与外立柱一起绕内立柱回转。主轴箱是一个复合的部件，它由主电动机、主轴和主轴传动机构、进给和变速机构以及机床的操作机构等部分组成。主轴箱安装在摇臂的水平导轨上，通过手轮操作可使主轴箱沿摇臂水平导轨作径向运动。这样，主轴 5 可通过主轴箱在摇臂上的水平移动及摇臂的回转可方便地调整至机床尺寸范围内的任意位置。为适应加工不同高度工件的需要，可调节摇臂在立柱上的位置。Z3040 摇臂钻床中，主轴箱沿摇臂的径向运动和摇臂的回转运动为手动调整。

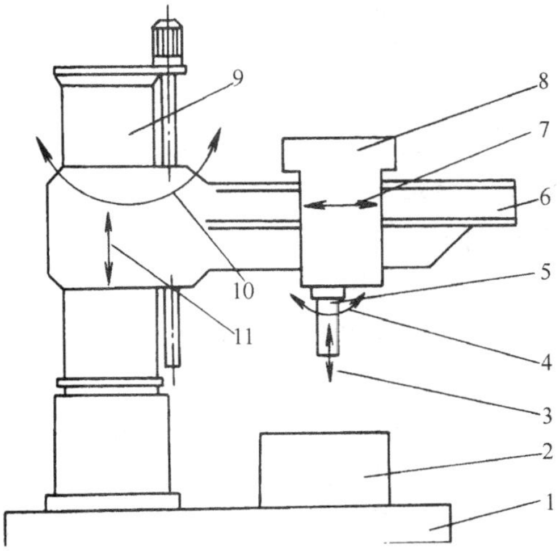

图 3-3　摇臂钻床结构及运动情况示意图
1—底座　2—工作台　3—主轴纵向进给　4—主轴旋转主运动　5—主轴　6—摇臂　7—主轴箱沿摇臂径向运动　8—主轴箱　9—内外立柱　10—摇臂回转运动　11—摇臂上下垂直运动

钻削加工时，主轴旋转为主运动，主轴的纵向运动为进给运动，即钻头一面旋转一面作纵向进给。此时主轴箱夹紧在摇臂的水平导轨上，摇臂与外立柱夹紧在内立柱上。辅助运动有：摇臂沿外立柱的上下垂直移动；主轴箱沿摇臂水平导轨的径向移动；摇臂的回转运动。

二、电力拖动特点与控制要求

（一）电力拖动

1）摇臂钻床运动部件较多，为简化传动装置，采用多电动机拖动，分别是主轴电动机、摇臂升降电动机、液压泵电动机及冷却泵电动机。

2）摇臂钻床的主运动与进给运动皆为主轴的运动，为此这两种运动由一台主轴电动机拖动，分别经主轴传动机构、进给传动机构来实现主轴的旋转与进给。

（二）控制要求

1）4 台电动机容量均较小，采用直接起动方式，主轴要求正反转，但采用机械方法实现，主轴电动机单向旋转。

2）升降电动机要求正反转。液压泵电动机用来驱动液压泵送出不同流向的压力油，推动活塞、带动菱形块动作来实现内外立柱的夹紧与放松以及主轴箱和摇臂的夹紧与放松，故液压泵电动机要求正反转。

3）摇臂的移动严格按照摇臂松开→摇臂移动→移动到位摇臂夹紧的程序进行。因此，摇臂的夹紧放松与摇臂升降应按上述程序自动进行。

4）钻削加工时，应由冷却泵电动机拖动冷却泵，供出冷却液进行钻头冷却。

5）要求有必要的联锁与保护环节。

6）具有机床安全照明电路与信号指示电路。

三、电气控制电路分析

图 3-4 为 Z3040 摇臂钻床电气原理图。图中 M1 为主轴电动机，M2 为摇臂升降电动机，M3 为液压泵电动机，M4 为冷却泵电动机。

主轴箱上装有 4 个按钮 SB2、SB1、SB3 与 SB4 分别是主电动机起动、停止按钮、摇臂上升、下降按钮。主轴箱转盘上的 2 个按钮 SB5、SB6 分别为主轴箱及立柱松开按钮和夹紧按钮。转盘为主轴箱左右移动手柄，操纵杆则操纵主轴的垂直移动，两者均为手动。主轴也可机动进给。

（一）主电路分析

三相电源由低压断路器 QS 控制。M1 为单向旋转，由接触器 KM1 控制。主轴的正反转是另一套由主轴电动机拖动齿轮泵送出压力油的液压系统，经“主轴变速、正反转及空挡”操作手柄来获得的。M1 由热继电器 FR1 作过载保护。

M2 由正反转接触器 KM2、KM3 控制实现正反转，因摇臂移动是短时的，不用设过载保护，但其与摇臂的放松与夹紧之间有一定的配合关系，这由控制电路去保证。

M3 由接触器 KM4、KM5 控制实现正反转，设有热继电器 FR2 作过载保护。

M4 电动机容量小，仅 0.125kW，由开关 SA1 控制起动、停止。

（二）控制电路分析

1）主轴电动机控制　由按钮 SB2、SB1 与接触器 KM1 构成主轴电动机起动-停止控制电路，M1 起动后，指示灯 HL3 亮，表示主轴电动机在旋转。

2）摇臂升降及夹紧、放松控制　摇臂钻床工作时摇臂应夹紧在外立柱上，发出摇臂移动信号后，须先松开夹紧装置，当摇臂移动到位后，夹紧装置再将摇臂夹紧。本电路能自动完成这一过程。

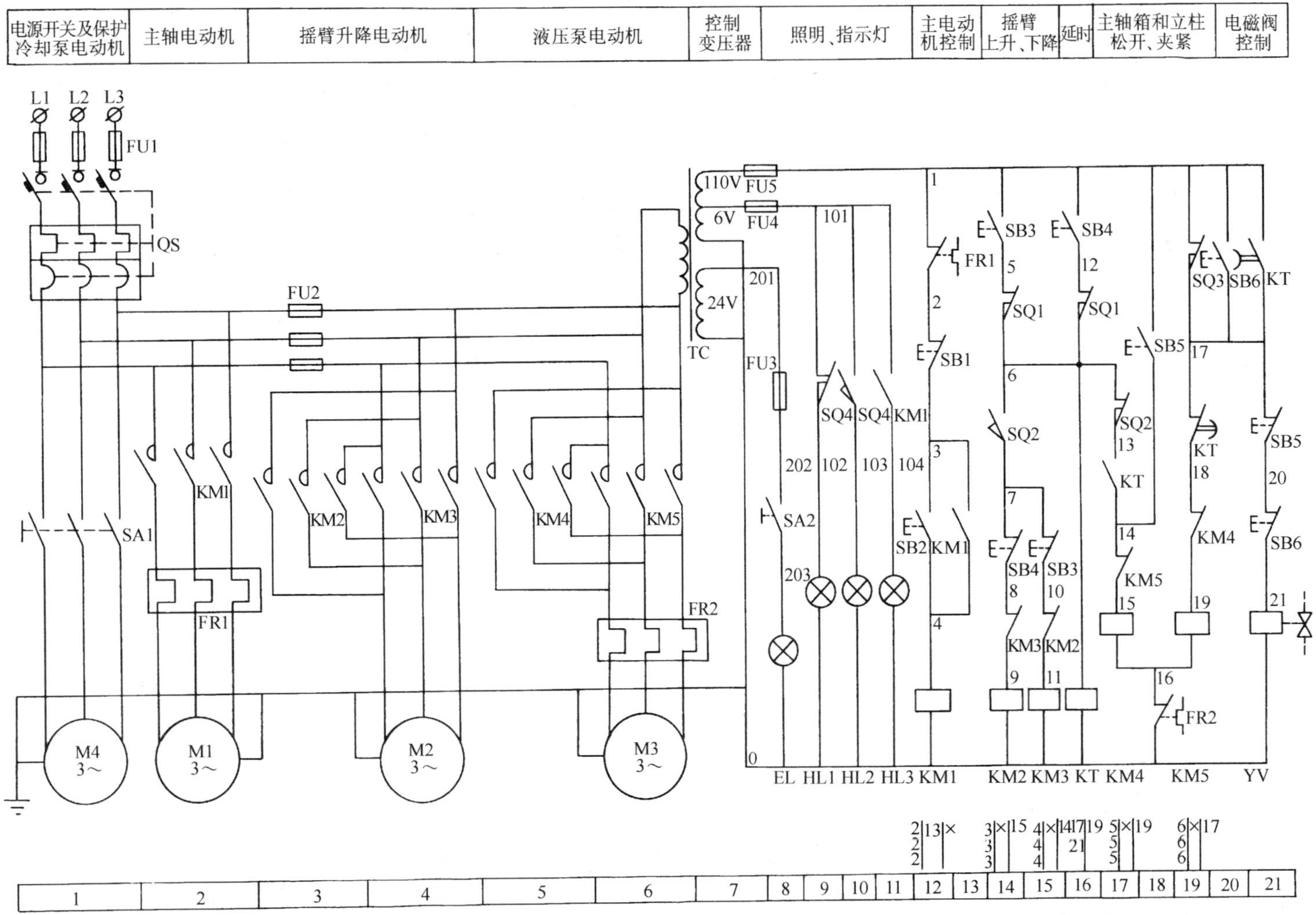

图 3-4　Z3040 摇臂钻床电气原理图

由摇臂上升按钮 SB3、下降按钮 SB4 及正反转接触器 KM2、KM3 组成具有双重互锁的电动机正反转点动控制电路。由于摇臂的升降控制须与夹紧机构液压系统密切配合，所以与液压泵电动机的控制密切相关。液压泵电动机正反转由正反转接触器 KM4、KM5 控制，拖动双向液压泵，送出压力油，经二位六通阀送至摇臂夹紧机构实现夹紧与放松。下面以摇臂上升为例分析摇臂升降及夹紧、放松的控制。

按下摇臂上升点动按钮 SB3，时间继电器 KT 通电吸合，瞬动常开触头 KT（13-14）KT（1-17）闭合，前者使 KM4 线圈通电吸合，后者使电磁阀 YV 线圈通电。于是液压泵电动机 M3 正转起动，拖动液压泵送出压力油，经二位六通阀进入摇臂松开油腔，推动活塞和菱形块，使摇臂松开。同时活塞杆通过弹簧片压动行程开关 SQ2，其常闭触头 SQ2（6-13）断开，接触器 KM4 断电释放，液压泵电动机停止旋转，摇臂维持在松开状态；同时，SQ2 常开触头 SQ2（6-7）闭合，使 KM2 线圈通电吸合，摇臂升降电动机 M2 起动旋转，拖动摇臂上升。

当摇臂上升到预定位置，松开上升按钮 SB3，KM2、KT 线圈断电，M2 依惯性旋转至停止，摇臂停止上升。经延时，KT（17-18）闭合，KM5 线圈通电，使液压泵电动机 M3 反转，触头 KT（1-17）断开，电磁阀 YV 断电。送出的压力油经另一条油路流入二位六通阀，再进入摇臂夹紧油腔，反向推动活塞与菱形块，使摇臂夹紧。值得注意的是，在 KT 断电延时的 1～3s 时间内，KM5 线圈仍处于断电状态，而 YV 仍处于通电状态，这段延时就确保了横梁升降电动机在断开电源依惯性旋转经 1～3s 完全停止旋转才开始摇臂的夹紧动作，所以 KT 延时长短依 M2 电动机切断电源到完全停止的惯性大小来调整。

当摇臂夹紧后，活塞杆通过弹簧片压动行程开关 SQ3，使 SQ3（1-17）断开，KM5、线圈断电，M3 停止旋转，摇臂夹紧完成。摇臂夹紧的行程开关 SQ3 应调整到摇臂夹紧后能够动作，若调整不当摇臂夹紧后仍不能动作，会使液压泵电动机 M3 长期工作而过载。为防止由于长期过载而损坏液压泵电动机，电动机 M3 虽短时运行，也仍采用热继电器作过载保护。

摇臂升降的极限保护由组合开关 SQ1 来实现。SQ1 有两对常闭触头，当摇臂上升或下降到极限位置时相应常闭触头断开，切断对应的上升或下降接触器 KM2 与 KM3 线圈电路，使 M2 停止，摇臂停止移动，实现极限位置保护。此时可按下反方向移动起动按钮，使 M2 反向旋转，拖动摇臂反向移动。

3）主轴箱与立柱的夹紧、放松控制　立柱与主轴箱均采用液压操纵夹紧与放松，两者是同时进行的，工作时要求二位六通阀 YV 不通电。松开与夹紧分别由松开按钮 SB5 和夹紧按钮 SB6 控制。指示灯 HL1、HL2 指示其动作。

按下松开按钮 SB5 时，KM4 线圈通电吸合，M3 电动机正转，拖动液压泵送出压力油，此时电磁阀线圈 YV 不通电，其提供的高压油经二位六通电磁阀到另一油路，进入立柱与主轴箱松开油腔，推动活塞和菱形块使立柱和主轴箱同时松开。当立柱与主轴箱松开后，行程开关 SQ4 不受压复位，触头 SQ4（101-102）闭合，指示灯 HL1 亮，表明立柱与主轴箱已松开。于是可以手动操作主轴箱在摇臂的水平导轨上移动。当移动到位，按下夹紧按钮 SB6 时，KM5 线圈通电吸合，M3 电机反转，拖动液压泵送出压力油至夹紧油腔，使立柱与主轴箱同时夹紧。当确已夹紧，压下 SQ4，触头 SQ4（101-102）断开，HL1 灯灭，触头 SQ4（101-103）闭合，HL2 灯亮，指示立柱与主轴箱均已夹紧，可以进行钻削加工。

4）冷却泵电动机 M4 的控制　M4 电动机由开关 SA1 手动控制、单向旋转。

5）联锁与保护环节：

SQ1 行程开关实现摇臂上升与下降的限位保护。

SQ2 行程开关实现摇臂松开到位，开始升降的联锁。

SQ3 行程开关实现摇臂完全夹紧，液压泵电动机 M3 停止运转的联锁。

KT 时间继电器实现升降电动机 M2 断开电源、待 M2 停止后再进行夹紧的联锁。

M2 电动机正反转具有双重互锁，M3 电动机正反转具有电气互锁。

SB5、SB6 立柱与主轴箱松开、夹紧按钮的常闭触头串接在电磁阀 YV 线圈电路中，实现立柱与主轴箱松开、夹紧操作时，压力油只进入立柱与主轴箱夹紧油腔而不进入摇臂夹紧油腔的联锁。

熔断器 FU1 ~ FU5 实现电路的短路保护。

热继电器 FR1、FR2 为电动机 M1、M3 的过载保护。

（三）照明与信号指示电路分析

HL1 为主轴箱与立柱松开指示灯，灯亮表示已松开，可以手动操作主轴箱沿摇臂移动或推动摇臂回转。

HL2 为主轴箱与立柱夹紧指示灯，灯亮表示已夹紧，可以进行钻削加工。

HL3 为主轴旋转工作指示灯。

EL 机床局部照明灯，由控制变压器 TC 供给 24V 安全电压，由手动开关 SA2 控制。

（四）Z3040 摇臂钻床电气控制的特点

1）Z3040 摇臂钻床是机、电、液的综合控制。机床有二套液压系统：一套是由单向旋转的主轴电动机拖动齿轮泵送出压力油，通过操作手柄来操纵机构实现主轴正、反转、停车制动、空挡、预选与变速的操纵机构液压系统；另一套是由液压泵电动机拖动液压泵送出压力油来实现摇臂的夹紧与松开、主轴箱和立柱的夹紧和放松的夹紧机构液压系统。

2）摇臂的升降控制与摇臂夹紧放松的控制有严格的程序要求，以确保先松开，再移动，移动到位后自动夹紧。所以对 M3、M2 电动机的控制有严格程序要求，这些由电气控制电路保证。

3）电路具有完善的保护和联锁，有明显的信号指示。

第三节　T68 卧式镗床电气控制电路分析

镗床是一种精密加工机床，主要用于加工精确的孔和各孔间相互位置要求较高的零件。按用途不同，镗床可分为卧式镗床、立式镗床、坐标镗床、金刚镗床和专门化镗床，以卧式镗床使用为最多。T68 镗床除镗孔外，还可用于钻孔、铰孔及加工端面，加上车螺纹附件后，还可车削螺纹；装上平旋盘刀架还可加工大的孔径，端面和外圆。

一、机床主要结构和运动形式

T68 卧式镗床的结构如图 3-5 所示，主要由床身、前立柱、镗头架、后立柱、尾座、下溜板、上溜板、工作台等部分组成。

床身是一个整体的铸件，在它的一端固定有前立柱，在前立柱的垂直寻轨上装有镗头架，镗头架可沿导轨垂直移动。镗头架上装有主轴、主轴变速箱、进给箱与操纵机构等部件。切削刀具固定在镗轴前端的锥形孔里，或装在平旋盘的刀具溜板上。在镗削加工时，镗轴一面旋转，一面沿轴向做进给运动。平旋盘只能旋转，装在其上的刀具溜板做径向进给运动。镗轴和平旋盘轴径由各自的传动链传动，因此可以独自旋转，也可以不同转速同时旋转。

在床身的另一端装有后立柱，后立柱可沿床身导轨在镗轴轴线方向调整位置。在后立柱导轨上安装有尾座，用来支撑镗轴的末端，尾座与镗头架同时升降，保证两者的轴心在同一水平线上。

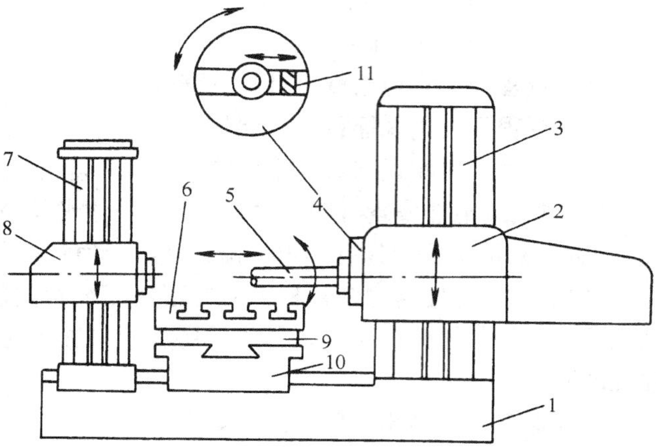

图 3-5　T68 卧式镗床结构示意图

1—床身　2—镗头架　3—前立柱　4—平旋盘
5—镗轴　6—工作台　7—后立柱
8—尾座　9—上溜板　10—下溜板　11—刀具溜板

安装工件的工作台安放在床身中部的导轨上，它由下溜板、上溜板与可转动的工作台组成。下溜板可沿床身导轨作纵向运动，上溜板可沿下溜板的导轨作横向运动，工作台相对于上溜板可作回转运动。

由上可知，T68 卧式镗床的运动形式有：

主运动：镗轴和平旋盘的旋转运动。

进给运动：镗轴的轴向进给，平旋盘刀具溜板的径向进给，镗头架的垂直进给，工作台的纵向进给和横向进给。

辅助运动：工作台的回转，后立柱的轴向移动，尾座的垂直移动及各部分的快速移动等。

二、电力拖动方式和控制要求

镗床加工范围广，运动部件多，调速范围广。而进给运动决定了切削量，切削量又与主轴转速、刀具、工件材料，加工精度等有关。所以一般卧式镗床主运动与进给运动由一台主轴电动机拖动，由各自传动链传动。为缩短辅助时间，镗头架上、下，工作台前、后、左、右及镗轴的进、出运动除工作进给外，还应有快速移动，由快速移动电动机拖动。

T68 卧式镗床控制要求主要是;

1）主轴旋转与进给量都有较大的调速范围，主运动与进给运动由一台电动机拖动，为简化传动机构采用双速笼型异步电动机。

2）由于各种进给运动都有正反不同方向的运转，故主电动机要求正、反转。

3）为满足调整工作需要，主电动机应能实现正、反转的点动控制。

4）保证主轴停车迅速、准确，主电动机应有制动停车环节。

5）主轴变速与进给变速可在主电动机运转时进行。为便于变速时齿轮啮合，应有变速低速冲动过程。

6）为缩短辅助时间，各进给方向均能快速移动，配有快速移动电动机拖动，采用快速电动机正、反转的点动控制方式。

7）主电动机为双速电机，有高、低两种速度供选择，高速运转时应先经低速起动。

8）由于运动部件多，应设有必要的联锁与保护环节。

三、电气控制电路分析

图3-6为T68卧式镗床电气原理图。

（一）主电路分析

电源经低压断路器QS引入，M1为主电动机，由接触器KM1、KM2控制其正、反转；KM6控制M1低速运转（定子绕组联结成三角形，为4级），KM7、KM8控制M1高速运转（定子绕组联结成双星形，为2级）；KM3控制M1反接制动限流电阻。M2为快速移动电动机，由KM4、KM5控制其正反转。热继电器FR作M1过载保护，M2为短时运行不需过载保护。

（二）控制电路分析

由控制变压器TC供给110V控制电路电压，36V局部照明电压及6.3V指示电路电压。

（1）M1主电动机的点动控制　由主电动机正反转接触器KM1、KM2、正反转点动按钮SB3、SB4组成M1电动机正反转控制电路。点动时，M1三相绕组接成三角形且串入电阻R实现低速点动。

以正向点动为例，合上电源开关QS，按下SB3按钮，KM1线圈通电，主触头接通三相正相序电源，KM1（4-14）闭合，KM6线圈通电，电动机M1三相绕组接成三角形，串入电阻R低速起动。由于KM1、KM6此时都不能自锁，当松开SB3按钮时，KM1、KM6相继断电，M1断电而停车。

反向点动，由SB4、KM2和KM6控制。

（2）M1电动机正反转控制　M1电动机正反转由正反转起动按钮SB1、SB2操作，以中间继电器KA1、KA2及正反转接触器KM1、KM2，并配合接触器KM3、KM6、KM7、KM8来完成M1电动机的可逆运行控制。

M1电动机起动前，主轴变速，进给变速均已完成，即主轴变速与进给变速手柄置于推合位置，此时行程开关SQ1、SQ3被压下，触头SQ1（10-11），SQ3（5-10）闭合。当选择M1低速运转时，将主轴速度选择手柄置于“低速”挡位，此时经速度选择手柄联动机构使高低速行程开关SQ处于释放状态，其触头SQ（12-13）断开。

按下SB1，KA1通电并自锁，触头KA1（11-12）闭合，使KM3通电吸合；触头KM3（5-18）闭合与KA1（15-18）闭合，使KM1线圈通电吸合，触头KM1（4-14）闭合又使KM6线圈通电。于是，M1电动机定子绕组接成三角形，接入正相序三相交流电源全电压起动低速正向运行。

反向低速起动运行是由SB2、KA2、KM3、KM2和KM6控制的，其控制过程与正向低速运行相类似，此处不再复述。

（3）M1电动机高低速的转换控制　行程开关SQ是高低速的转换开关，即SQ的状态决定M1是在三角形接线下运行还是在双星形接线下运行。SQ的状态是由主轴孔盘变速机构机械控制，高速时SQ被压动，低速时SQ不被压动。

以正向高速起动为例，来说明高低速转换控制过程。将主轴速度选择手柄置于“高速”档，SQ被压动，触头SQ（12-13）闭合。按下SB1按钮，KA1线圈通电并自锁，相继使KM3、KM1和KM6通电吸合，控制M1电动机低速正向起动运行；在KM3线圈通电的同

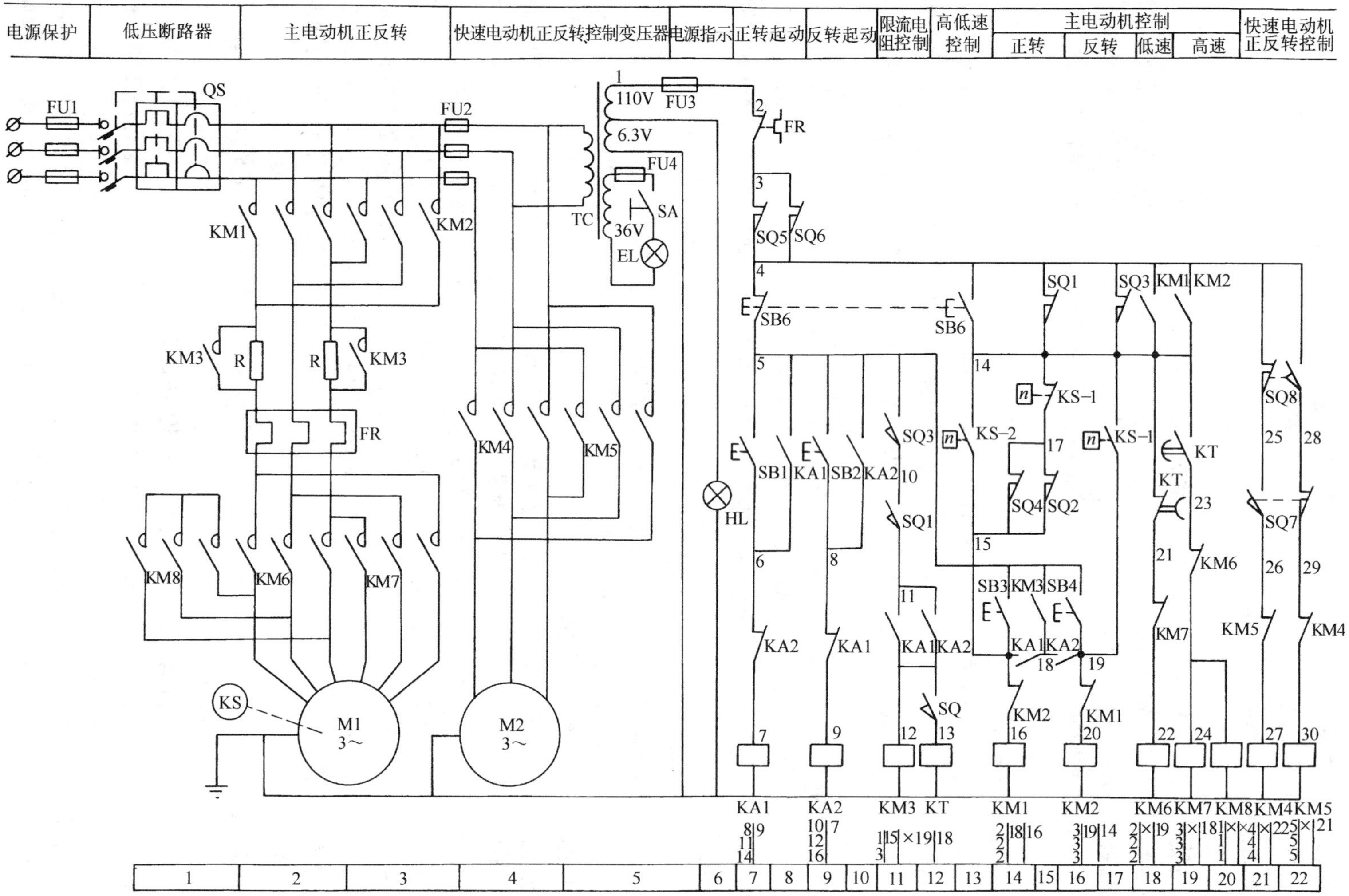

图 3-6 T68 卧式镗床电气原理图

时 KT线圈通电吸合，待 KT 延时时间到，触头 KT（14-21）断开使 KM6 线圈断电释放，触头 KT（14-23）闭合使 KM7、KM8 线圈通电吸合，这样，使 M1 定子绕组由三角形接法自动换接成双星形接线，M1 自动由低速变高速运行。由此可知，主电动机在高速挡为二级起动控制，以减少电动机高速挡起动时的冲击电流。

反向高速档起动运行，是由 SB2、KA2、KM3、KT、KM2、KM6 和 KM7、KM8 控制的，其控制过程与正向高速起动运行相类似。

（4）M1 电动机的停车制动控制　由 SB6 停止按钮、KS 速度继电器、KM1 和 KM2 组成了正反向反接制动控制电路。下面仍以 M1 电动机正向运行时的反接制动为例加以说明。

若 M1 为正向低速运行，即由按钮 SB1 操作，由 KA1、KM3、KM1 和 KM6 控制使 M1 运转。欲停车时，按下停止按钮 SB6，使 KA1、KM3、KM1 和 KM6 相继断电释放。由于电动机 M1 正转时速度继电器 KS-1（14-19）触头闭合，所以按下 SB6 后，使 KM2 线圈通电并自锁，并使 KM6 线圈仍通电吸合。此时 M1 定子绕组仍接成三角形，并串入限流电阻 R 进行反接制动，当速度降至 KS 复位转速时 KS-1（14-19）断开，使 KM2 和 KM6 断电释放，反接制动结束。

若 M1 为正向高速运行，即由 KA1、KM3、KM1、KM7、KM8 控制下使 M1 运转。欲停车时，按下 SB6 按钮，使 KA1、KM3、KM1、KT、KM7、KM8 线圈相继断电，于是 KM2 和 KM6 通电吸合，此时 M1 定子绕组接成三角形，并串入不对称电阻 R 反接制动。

M1 电动机的反向高速或低速运行时的反接制动，与正向的类似，都是 M1 定子绕组为三角形接法，串入限流电阻 R 进行，由速度继电器控制。

（5）主轴及进给变速控制　T68 卧式镗床的主轴变速与进给变速可在停车时进行也可在运行中进行。变速时将变速手柄拉出，转动变速盘，选好速度后，再将变速手柄推回。拉出变速手柄时，相应的变速行程开关不受压；推回变速手柄时，相应的变速行程开关压下，SQ1、SQ2 为主轴变速用行程开关，SQ3、SQ4 为进给变速用行程开关。

1）停车变速　由 SQ1～SQ4、KT、KM1、KM2 和 KM6 组成主轴和进给变速时的低速脉动控制，以便齿轮顺利啮合。

下面以主轴变速为例加以说明。因为进给运动没进行变速，进给变速手柄推回，进给变速开关 SQ3、SQ4 均为受压状态，触头 SQ3（4-14）断开，SQ4（17-15）断开。主轴变速时，拉出主轴变速手柄，主轴变速行程开关 SQ1、SQ2 不受压，此时触头 SQ1（4-14），SQ2（17-15）由断开状态变为接通状态，使 KM1 通电并自锁，同时也使 KM6 通电吸合，则 M1 串入电阻 R 低速正向起动。当电动机转速达到 140r/min 左右时，KS-1（14-17）常闭触头断开，KS-1（14-19）常开触头闭合，使 KM1 线圈断电释放，而 KM2 通电吸合，且 KM6 仍通电吸合。于是，M1 进行反接制动，当转速降到 100r/min 时，速度继电器 KS 释放，触头复原 KS-1（14-17）常闭触头由断开变为接通，KS-1（14-19）常开触头由接通变为断开，使 KM2 断电释放，KM1 通电吸合，KM6 仍通电吸合，M1 又正向低速起动。

由上述分析可知：当主轴变速手柄拉出时，M1 正向低速起动，而后又制动为缓慢脉动转动，以利齿轮啮合。当主轴变速完成将主轴变速手柄推回原位时，主轴变速开关 SQ1、SQ2 压下，使 SQ1、SQ2 常闭触头断开，SQ1 常开触头闭合，则低速脉动转动停止。

进给变速时的低速脉动转动与主轴变速时相类同，但此时起作用的是进给变速开关 SQ3 和 SQ4。

2）运行中变速控制　主轴或进给变速可以在停车状态下进行，也可在运行中进行变速。下面以 M1 电动机正向高速运行中的主轴变速为例，说明运行中变速的控制过程。

M1 电动机在 KA1、KM3、KT、KM1 和 KM7、KM8 控制下高速运行。此时要进行主轴变速，欲拉出主轴变速手柄，主轴变速开关 SQ1、SQ2 不再受压，此时 SQ1（10-11）触头由接通变为断开，SQ1（4-14）SQ2（17-15）触头由断开变为接通，则 KM3、KT 线圈断电释放，KM1 断电释放，KM2 通电吸合，KM7、KM8 断电释放，KM6 通电吸合。于是 M1 定子绕组按三角形接法，串入限流电阻 R 进行正向低速反接制动，使 M1 转速迅速下降，当转速下降到速度继电器 KS 释放转速时，又由 KS 控制 M1 进行正向低速脉动转动，以利齿轮啮合。待推回主轴变速手柄时，SQ1、SQ2 行程开关压下，SQ1 常开触头由断开变为接通状态。此时 KM3、KT 和 KM1、KM6 通电吸合，M1 先正向低速（三角形接法）起动，后在时间继电器 KT 控制下，自动转为新的转速下高速运行。

由上述可知，所谓运行中变速是指机床拖动系统在运行中，可拉出变速手柄进行变速，而机床电气控制系统可使电动机接入电气制动，制动后又控制电动机低速脉动旋转，以利齿轮啮合。待变速完成后，推回变速手柄又能自动起动运转。

（6）快速移动控制　主轴箱、工作台或主轴的快速移动，由快速手柄操纵并联动 SQ7、SQ8 行程开关，控制接触器 KM4 或 KM5，进而控制快速移动电动机 M2 正反转来实现快速移动。快速手柄有三个位置，将变速手柄板在中间位置，SQ7、SQ8 均不被压动，M2 电动机停转。若将快速手柄扳到正向位置，SQ7 压下，KM4 线圈通电吸合，M2 正转，使相应部件正向快速移动。反之，若将快速手柄扳到反向位置，则 SQ8 压下，KM5 线圈通电吸合，M2 反转，相应部件获得反向快速移动。

（7）联锁保护环节分析　T68 卧式镗床电气控制电路具有完善的联锁与保护环节。

1）主轴箱或工作台与主轴机动进给联锁。为了防止在工作台或主轴箱机动进给时出现将主轴或平旋盘刀具溜板也扳到机动进给的误操作，安装有与工作台、主轴箱进给操纵手柄有机械联动的行程开关 SQ5，在主轴箱上安装了与主轴进给手柄、平旋盘刀具溜板进给手柄有机械联动的行程开关 SQ6。

若工作台或主轴箱的操纵手柄扳在机动进给时，压下 SQ5，其常闭触头 SQ5（3-4）断开；若主轴或平旋盘刀具溜板进给操纵手柄扳在机动进给时，压下 SQ6，SQ6（3-4）断开，所以，当这两个进给操作手柄中的任一个扳在机动进给位置时，电动机 M1 和 M2 都可起动运行。但若两个进给操作手柄同时扳在机动进给位置时，SQ5、SQ6 均被压下，其常闭触头都断开，切断了控制电路电源，电动机 M1、M2 无法起动，也就避免了误操作造成事故的危险，实现了联锁保护作用。

2）M1 电动机正反转控制、高低速控制、M2 电动机的正反转控制均设有互锁控制环节。

3）熔断器 FU1 ~ FU4 实现短路保护；热继电器 FR 实现 M1 过载保护；电路采用按钮、接触器或继电器构成的自锁环节具有欠电压与零电压保护作用。

（三）辅助电路分析

机床设有 36V 安全电压局部照明灯 EL，由开关 SA 手动控制。

电路还设有 6.3V 电源接通指示灯 HL。

（四）电气控制电路特点

1）主轴与进给电动机 M1 为双速笼型异步电动机。低速时由接触器 KM6 控制，将定子绕组接成三角形；高速时由接触器 KM7、KM8 控制，将定子绕组接成双星形。高、低速转换由主轴孔盘变速机构内的行程开关 SQ 控制。低速时，可直接起动。高速时，先低速起动，而后自动转换为高速运行的二级起动控制，以减小起动电流。

2）电动机 M1 能正反转运行、正反向点动及反接制动。在点动、制动以及变速中的脉动慢转时，在定子电路中均串入限流电阻 R，以减少起动和制动电流。

3）主轴变速和进给变速均可在停车情况或在运行中进行。只要进行变速，M1 电动机就脉动缓慢转动，以利于齿轮啮合，使变速过程顺利进行。

4）主轴箱、工作台与主轴由快速移动电动机 M2 拖动实现其快速移动。它们之间的机动进给有机械和电气联锁保护。

第四节　小型冷库电气控制电路分析

冷库的制冷是依靠压缩机使制冷剂氟里昂经过蒸发和冷凝的封闭循环来实现的。某小型冷库配有 22kW 压缩式制冷机一台，采用水冷式冷凝器，相应配有冷却水泵一台和玻璃钢冷却塔一座。水泵电动机功率为 4kW，冷却塔风机电动机功率为 1.1kW。三台电动机单向连续运转；冷库内温度应在要求的上限与下限之间变化；应有温度指示；三台电动机停止与运行有指示装置；具有完善的联锁和保护、报警装置。图 3-7 为小型冷库电气控制电路图。

一、主电路分析

图中 M1 为冷却泵电动机，M2 为冷却塔风机电动机、M3 为压缩机电动机。三相交流电源经低压断路器 QS 引入，三台电动机均作单向连续运转，分别由接触器 KM1、KM2、KM3 控制。热继电器 FR1、FR2、FR3 分别对三台电动机作过载保护，熔断器 FU1、FU2、FU3 分别对三台电动机作短路保护。

二、控制电路分析

（1）冷却泵电动机 M1 的控制　由停止按钮 SB1、起动按钮 SB2、接触器 KM1 构成具有自锁环节的起动-停止控制电路。

（2）冷却塔风机电动机 M2 的控制　由停止按钮 SB3、起动按钮 SB4、接触器 KM2 构成具有自锁环节的起动-停止控制电路。

（3）压缩机电动机 M3 的控制　压缩式制冷机是冷库的核心设备，压缩机电动机的控制具有以下特点：

1）制冷机组开车顺序的联锁保护　为保护压缩机开机后，不会因冷凝器散热条件不好，导致制冷剂温度及相应的压力过高而造成故障，制冷机组的开车顺序应该是先起动冷却泵和风机然后才能起动压缩机。同理，若冷却泵和风机停止工作时，压缩机也应停止运行。这也就是说要先起动冷却泵电动机 M1 和风机电动机 M2，才能起动压缩机电动机 M3。当 M1 或 M2 停止运行时，M3 也应停止运行。为此，将冷却泵电动机中间继电器 KA1、风机电动机中间继电器 KA2 的常开触头串接在压缩机电动机接触器 KM3 线圈的电路中，从而实现顺序联锁保护。

2）冷库的温度控制　本冷库采用 XCT-122 型测温调节仪作温控器，其外部接线如图 3-7 点划线所示。外接电阻 Rt 为感温元件，其阻值随库温升降而增大或减小，使测温调节仪

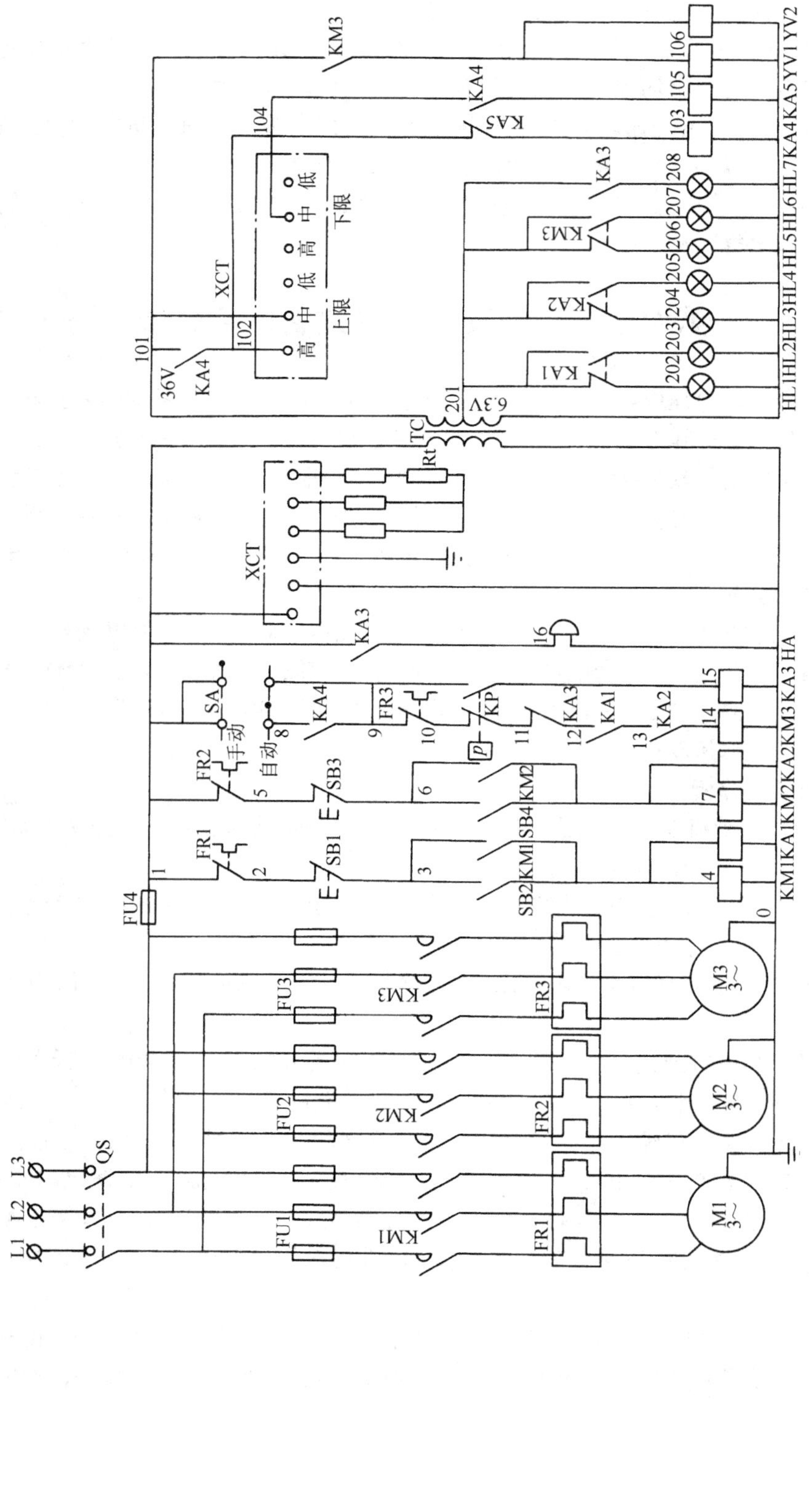

图 3-7　小型冷库电气控制电路图

内部的电桥电路失去平衡，使仪表的动圈偏转并带动表头指针移动，在有温度刻度的表头面板上指示库内温度。表头动针与接线板上的“上限高”接线端钮相连接，表头面上的库内上限温度指针与接线板上的“上限中”接线端钮相连接，表头面上的库内下限温度指针与接线板上的“下限中”接线端钮相连接。当库温达到上限温度时，表头动针与上限温度指针相接触，“上限高”端钮与“上限中”端钮相短路，控温中间继电器KA4线圈通电吸合动作。当控制电路中的选择开关SA置于“自动”位置时，KA4的常开触头KA4（8-9）接入KM3线圈电路，控温器XCT才起作用；若SA置于“手动”位置时，KA4（8-9）未接入KM3线圈电路，XCT失去作用。

但是在冷库起动时，库内温度较高，必须先起动冷却泵电动机M1和风机电动机M2，再自动起动压缩机电动机M3。为此，应先将SA置于“手动”位置，在起动M1、M2后，KA1、KA2线圈通电吸合，压缩机电动机M3自动起动，起动控制回路为1→SA（1-9）→FR3（9-10）→KP（10-11）→KA3（11-12）→KA1（12-13）→KA2（13-14）→KM3线圈→0，KM3线圈通电吸合，压缩机电动机M3起动运转制冷。待库温降到等于预选的上限温度指针的设定温度时，动针与上限温度指针接触，将“上限高”端钮和“上限中”端钮短接，上限温控中间继电器KA4线圈通电并自锁。

KA4线圈通电吸合，其触头KA4（101-102）闭合实现自锁；KA4（8-9）闭合，为SA扳在“自动”位置实现自动工作做好准备；KA4（104-105）闭合，为下限温控中间继电器KA5通电做准备。随着M3电动机拖动压缩机运转，库温继续下降，直到库温下降至预设的下限温度时，XCT动针与表头面上的下限温度指针接触，即“上限高”端钮与“下限中”端钮相连时，下限温控中间继电器KA5线圈通电吸合。

KA5线圈通电吸合，其常闭触头KA5（102-103）断开，使KA4线圈断电释放。触头KA4（101-102）断开，KA4自锁电路断开，使KA5线圈断电。KA4常开触头KA4（8-9）断开，使KM3线圈断电，压缩机停止运行。随着制冷机的停止运转，库温升高。随着库温的逐渐升高，达到设定的上限温度时，XCT又使温控上限中间继电器KA4线圈通电吸合，重复上述温控电路的工作过程，从而使得库温始终维持在设定的上限与下限温度之间，满足冷藏要求。

3）压力及过载保护　在制冷机组的制冷剂循环管路中装有压力继电器KP。当压缩机的吸排气压力正常时KP不动作；当冷凝压力和排气压力过高或蒸发压力机吸气压力过低，达到压力继电器KP的整定值时，压力继电器的波纹管将KP触头KP（10-11）断开，KP（9-15）闭合。前者使接触器KM3线圈断电释放，压缩机停止运行。后者使KA3线圈通电吸合，触头KA3（1-16）闭合，报警电铃HA响，触头KA3（201-208）闭合，报警灯HL7亮，通知运行与维修人员，直至故障排除，压缩机的吸排气压力正常时，压缩机才能重新起动工作。

当压缩机出现故障时，热继电器FR3动作，KM3断电释放，压缩机停止运行，实现过载保护。

（4）供液自动控制　该冷库有两大组蒸发排管，从冷凝管流出的制冷剂的冷凝液经贮液筒再分成两路向两大组排管供冷凝液，在这两条供液干管上各装一只电磁阀YV1、YV2，它们由KM3的辅助常开触头KM3（101-106）控制。从而可随压缩机的开或停自动开阀供液或自动关阀，以免蒸发器内贮液过多，在压缩机重新起动时造成湿压缩。

三、信号电路分析

由控制变压器供出 6.3V 信号电压，供给红色指示灯 HL1、HL3、HL5 与绿色指示灯 HL2、HL4、HL6 分别指示冷却泵、冷却塔风机与压缩机的停止与正常工作，当红灯亮时为停止，绿灯亮时为正常工作。HL7 为压力故障指示灯。

四、电路特点

1）冷库的温度调节是其最大特点。本电路通过 XCT-122 型测温调节仪作温控器，经上限温度继电器 KA4、下限温度继电器 KA5 控制 KM3 接触器实现压缩机电动机 M3 的运行与停止。

2）由电磁阀 YV1、YV2 控制制冷剂的冷凝液随压缩机的开或停而自动开阀供液或自动关闭供液。

3）有完善的保护和信号显示。由熔断器 FU1 ~ FU4 实现短路保护；由热继电器 FR1 ~ FR3 实现过载保护；由压力继电器 KP 实现压缩机压力保护。红色指示灯 HL1、HL3、HL5 为冷却泵、冷却塔风机、压缩机停止指示；绿色指示灯 HL2、HL4、HL6 为上述三台设备正常运行指示；HL7 为压力故障指示；电铃 HA 为压力故障报警用。

第五节　注塑机电气控制电路分析

注塑机是塑料加工行业的主要设备，是一种将塑料原料制成塑料制件的成型机械，不管是哪一种塑料，从原料到成品，都要经过下面四个阶段：

1）塑化阶段（熔融）　颗粒状的塑料原材料，经过加热作用，达到一定温度时，使其成为粘流状态。

2）成型阶段（流动）　将塑化了的塑料，在一定压力推动下，注入模具，使其流动到模具的各个角落。

3）冷却阶段（凝固）　塑料注入模具后，粘流状态的塑料，经过冷却硬化定型，使其凝固成所需要的形状。

4）开模顶出　冷却定型后，模具打开，在顶出机构作用下将制件脱出。

注塑机的成型工艺是自动进行的。要制造出高质量的塑料制品，就应对定量装料、加温、加压、塑化成型、开模顶出塑料制件的全过程进行严格的控制。

一、螺杆式注塑机的结构

螺杆式注塑机主要由注射装置、合模装置、液压系统和电气控制系统组成，如图 3-8 所示。

注射装置的作用是将塑料均匀塑化，然后以足够的压力和速度，将一定量的熔料注入模腔。该装置主要由塑化部件 7（螺杆、料筒和喷嘴组成）料斗 8、计量装置、螺杆传动装置、注射液压缸 11、注座移动液压缸 14 等组成。

合模装置的作用是实现模具的启闭，注射时保证成型模具可靠地闭紧，以及成型后脱出制品。该装置主要由前后固定模板 6 和 1、动模板 4、前续前后固定模板的拉杆 5、闭模液压缸 16 以及制品顶出装置等组成。

液压系统和电气控制系统的作用，是保证注塑机按工艺过程预定的要求（压力、速度、温度、时间）和动作程序准确地工作。各装置动作由液压系统完成。油压由液压泵电动机带

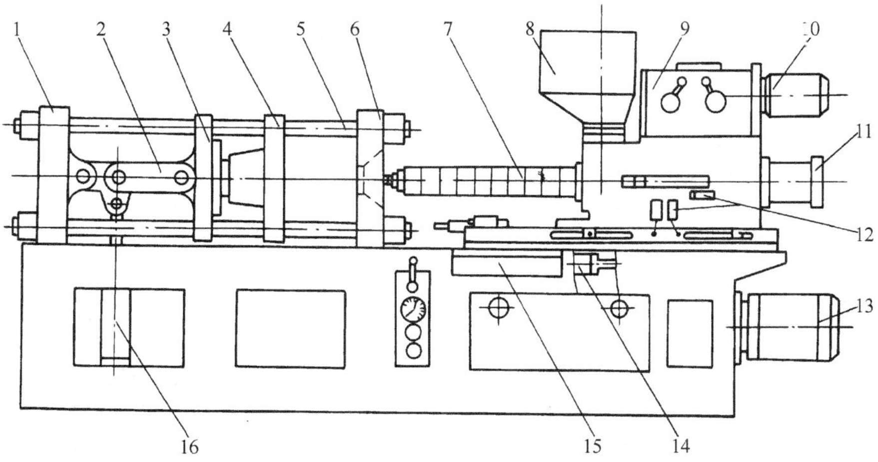

图 3-8　螺杆式注塑机结构

1—后固定模板　2—连杆机构　3—支架　4—动模板　5—拉杆　6—前固定模板
7—塑化部件　8—料斗　9—齿轮变速箱　10—预塑电动机　11—注射液压缸　12—行程开关
13—液压泵电动机　14—注座移动液压缸　15—操作台　16—闭模液压缸

动大小液压泵产生，油压控制则由各种电器，如电磁阀、转换开关、行程开关、接触器、中间继电器、时间继电器等完成。塑料的加热塑化，使用不同功率的加热圈、电子温度控制仪等进行加热和对温度进行控制。

二、注塑机的动作程序

注塑机的工作部件，即锁模机构、注座移动机构、注射（包括预塑）机构和顶出机构（机械顶出），是按照一定的时间和顺序按图 3-9 注塑机动作程序循环动作的。

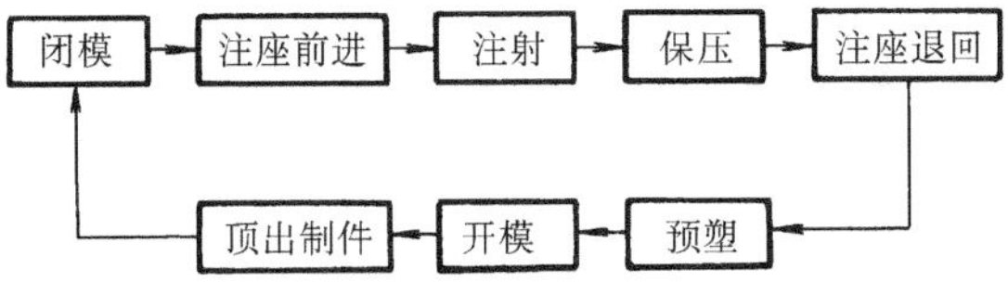

图 3-9　注塑机动作程序

1）闭模　为避免开闭模具时机器受到强烈振动，设有缓冲装置，闭模过程的速度是由快变慢，而开模的速度是逐渐变快的，以防模具和制件损坏。转换信号由行程开关 SQ3 完成。XS-ZY-125 注塑机液压系统图如图 3-10 所示。

2）注座（整体）前进　用以完成喷嘴和模具浇道的衔接。到位时行程开关 SQ6 发出动作完成信号，产生转步。

3）注射　当喷嘴紧贴模具的浇道后，压力油注入注射液压缸，使油缸活塞带动螺杆按要求的压力和速度，将熔料注入模腔，注射时间由时间继电器 KT2 控制。

4）保压　保持压力是防止模腔内熔料反流，同时也可向模腔补料。保压时间由时间继电器 KT3 控制。

5）注座退回　与整体前进动作相反，退回原位后，由行程开关 SQ7 发出信号。

6）预塑　用料筒外部加热器和旋转螺杆产生的剪切热，将塑料塑化成熔融状。当螺杆头部的熔料压力达到能克服注射油塞退回时的阻力时，螺杆便开始后退，进行所谓计量。待

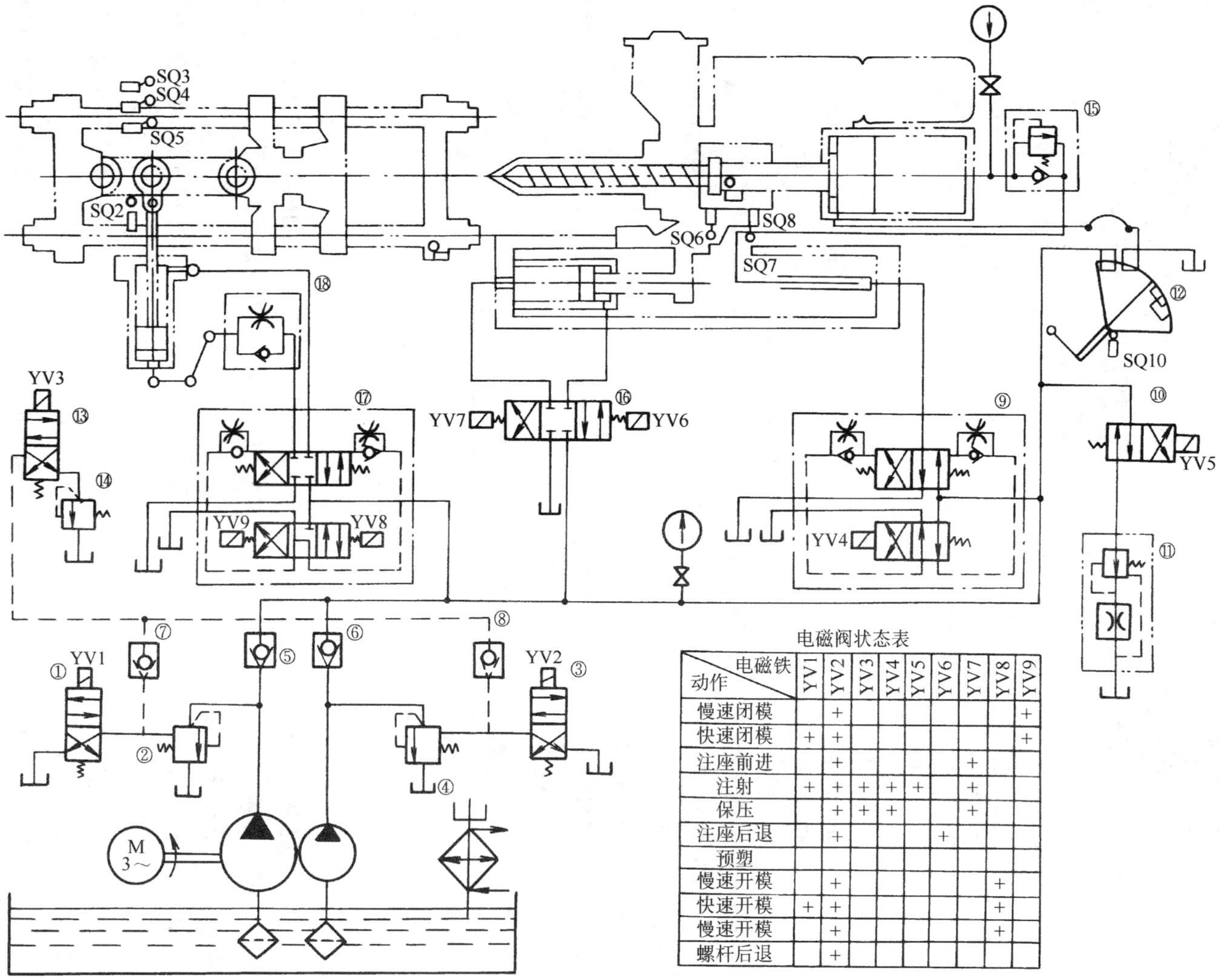

电磁阀状态表

动作 \ 电磁铁	YV1	YV2	YV3	YV4	YV5	YV6	YV7	YV8	YV9
慢速闭模		+							+
快速闭模	+	+							+
注座前进		+					+		
注射	+	+	+	+	+		+		
保压		+	+	+			+		
注座后退		+				+			
预塑									
慢速开模		+						+	
快速开模	+	+						+	
慢速开模		+						+	
螺杆后退		+							

图 3-10　XS-ZY-125 注塑机液压系统图

塑化熔料达到预定计量时，计量装置碰撞行程开关 SQ8，预塑结束。

7）开模　开模速度变化仍由 SQ3、SQ4 控制，模具完全打开时，行程开关 SQ5 发出信号。

8）螺杆后退　主要作用使拆卸螺杆和清洗料筒。

由上可知，各行程开关作用如下：

SQ1、SQ9：安全门开关，起安全作用。关上安全门才能闭模，安全门打开才能开模。

SQ2：注座前进开关。

SQ3：慢速开关，切断大泵电源，控制模板慢速移动。

SQ4：快速开关，接通大泵电源，控制模板由慢变快。

SQ5：开模停止，全自动时接通闭模。

SQ6：开始注射。

SQ7：注座退停。

SQ8：预塑停止，开模计时器计时。

SQ10：接通小泵，螺杆后退。

三、注塑机的液压控制系统

注塑机的液压系统图见图 3-10。系统主要运动部件由三个液压缸驱动，即锁模液压缸（阀⑰、⑱主控）注座移动液压缸（阀⑯主控）和注射液压缸（阀⑨主控），再加上注射速度控制，方向控制回路及压力调节控制（阀⑪、⑫、⑬、⑭、⑮），其中阀①至阀⑧为共用油路。各步动作阀的状态见图 3-10 中电磁阀状态表。

四、XS-ZY-125 注塑机电气控制系统

XS-ZY-125 注塑机电气控制电路如图 3-11 所示，由电动机主电路、料筒加热电路、动作控制电路和信号显示电路组成。

（一）电动机主电路

三相交流电源经低压断路器 QS 引入，液压泵电动机 M1 由接触器 KM1 直接起动单向连续运转。预塑电动机 M2 由接触器 KM2 控制。

（二）料筒加热电路

根据工艺要求，注塑机料筒加热段的温度必须保持在一定的范围内，或按照一定时间有规律的变化。因此，注塑机常用电阻加热圈对料筒进行加热，用热电偶温度计测温，最后通过温度控制仪表和自耦变压器对温度实现自动控制。

控制料筒温度的方式有自动控制和手动控制两种。

手动控制主要用于喷嘴的加热。由自耦变压器 TC1 来调节电阻加热圈的输入电压，线路如图 3-11a 中坐标 7 区所示。

自动控制用于对料筒加热，如图 3-11 中坐标 4 ~ 6 区。由接触器 KM3 ~ KM5 来控制是否加热，而接触器又由热电偶继电器 ST1、ST2、ST3 来控制。其工作过程如下：合上开关 SA1、SA2、SA3，使 ST1、ST2、ST3 通电动作，接触器 KM3、KM4、KM5 线圈通电吸合，加热回路接触器主触头闭合，开始对料筒进行加热。加热电流由电流表 A3 ~ A5 指示。当加热温度上升到所需温度时，由热电偶通过继电器 ST1 ~ ST3 断开接触器线圈电路，加热停止。当温度下降到给定温度的下限时，热电偶继电器 ST1 ~ ST3 又重新闭合，重复上述过程，将温度保持在所给定的范围内。

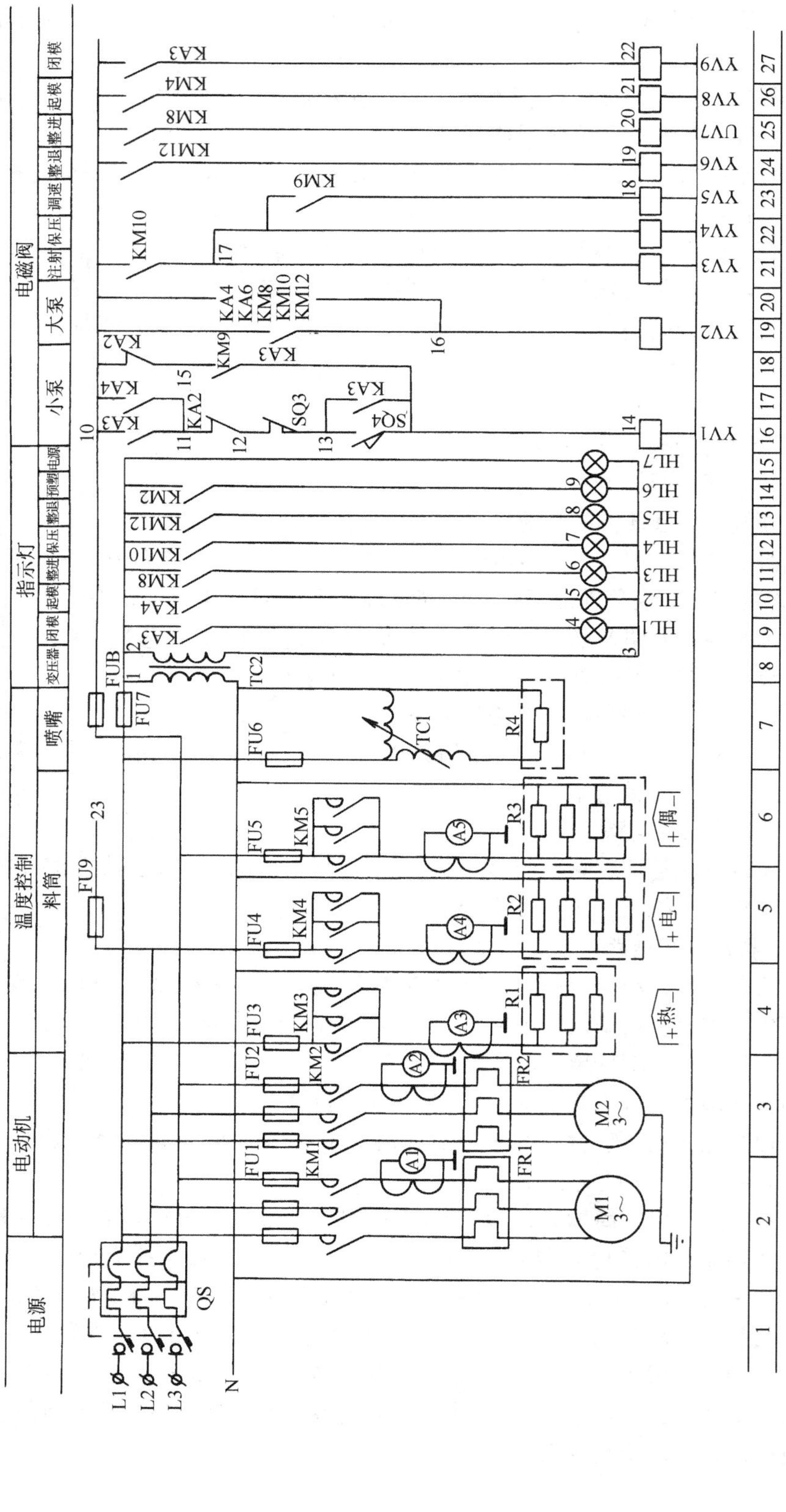
电源
电动机
温度控制
料筒
喷嘴
指示灯
变压器
闭模
起模
整进
保压
整退
预塑
电源
电磁阀
小泵
大泵
注射
保压
调速
整退
整进
起模
闭模
L1
L2
L3
N
QS
M1
M2
FR1
FR2
KM1
KM2
KM3
KM4
KM5
FU1
FU2
FU3
FU4
FU5
FU6
FU7
FU8
FU9
TC1
TC2
R1
R2
R3
R4
HL1
HL2
HL3
HL4
HL5
HL6
HL7
YV1
YV2
YV3
YV4
YV5
YV6
UV7
YV8
YV9
SQ3
SQ4
KA2
KA3
KA4
KA6
KM8
KM9
KM10
KM12
+热−
+电−
+偶−
1 2 3 4 5 6 7 8 9 10 11 12 13 14 15 16 17 18 19 20 21 22 23 24 25 26 27

a)

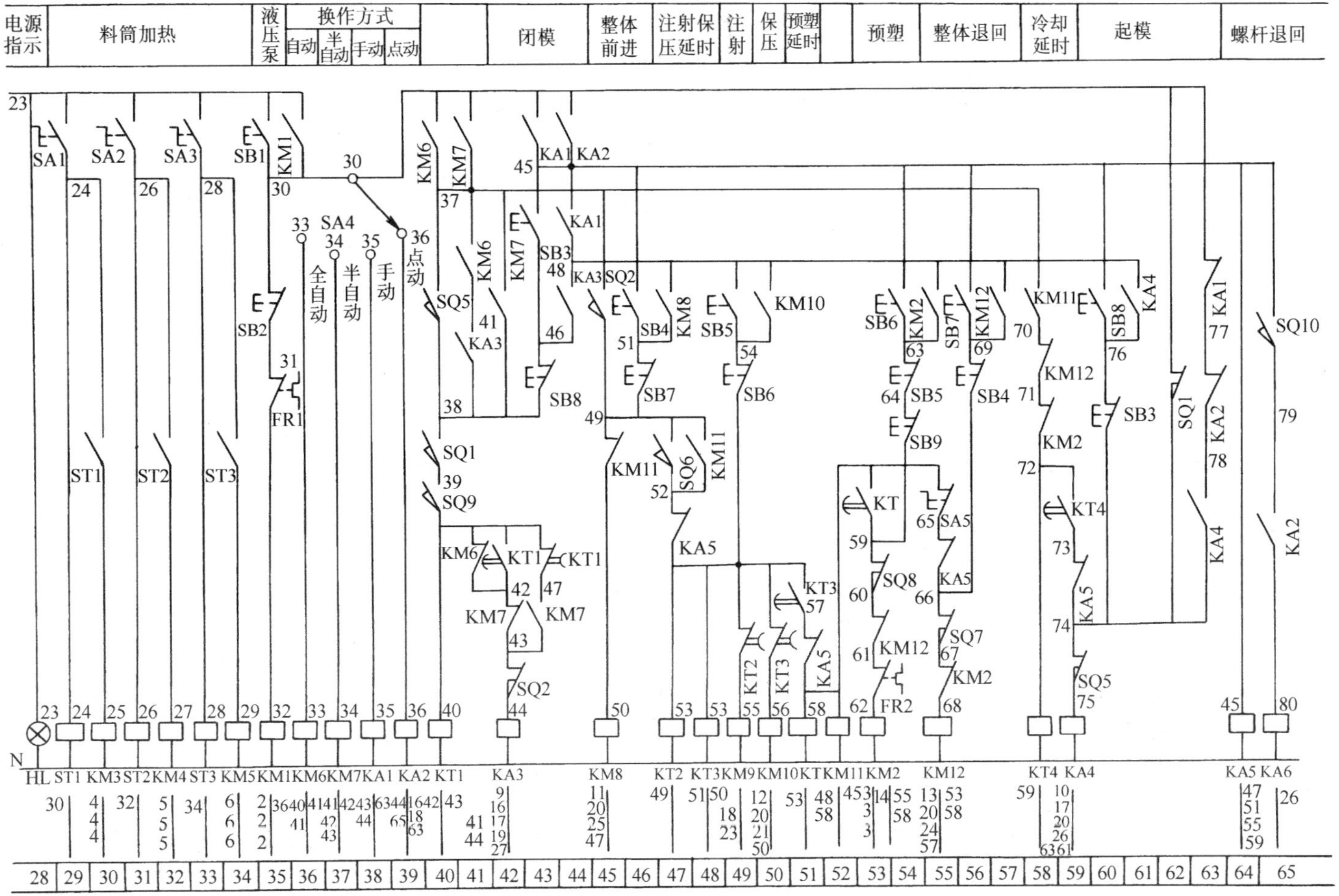

b)

图 3-11　XS-ZY-125 注塑机电气控制电路图

（三）控制电路分析

（1）控制电路操作方式　根据实际使用的需要，注塑机一般有调整点动、手动、半自动和全自动四种操作方式，由万能转换开关 SA4 选择。

调整（点动）方式：此方式是为装卸模具、螺杆或检修仪器而设的。此时机器的所有动作都必须在按下相应按钮下慢速进行，松开按钮即行停止，为点动控制。

手动操作方式：此方式是为试模或当自动生产出现问题或故障时采用。此时按下相应的控制按钮，可获得相应的动作。

半自动操作方式：将安全门关闭后，工艺过程中的各步动作按照一定的顺序自动进行，直到打开安全门取出制件为止。

全自动操作方式：注塑机全部动作过程由继电接触器控制，自动周期地进行。由于模具结构或其他附属装置的实际影响，目前生产中较少使用。

（2）各种操作方式时电路分析　注塑机的工作是以液压泵电动机起动，送出压力油为前提，所以先按下起动按钮 SB1，接触器 KM1 线圈通电并自锁，液压泵电动机 M1 起动旋转，拖动液压泵产生高压油。

1）点动控制　现以点动闭模为例。将万能转换开关 SA4 扳到点动位置，中间继电器 KA2 线圈通电吸合。合上安全门，行程开关 SQ1、SQ9 均被压合。当按下“闭模”按钮 SB3 时，中间继电器 KA3 通电吸合，其常开触头 KA3（10-16）KA3（10-22）闭合，使电磁阀 YV2、YV9 得电，通过液压系统进行慢速闭模。若松开 SB3，该动作立即停止，实现点动闭模。其他点动控制原理相同，仅按不同点动按钮便可实现相应动作的点动运行。

2）手动控制　将万能转换开关 SA4 扳到手动位置，中间继电器 KA1 线圈通电吸合。合上安全门，SQ1、SQ9 压合，便可按需要操作按钮即可实现相应的动作。如按下“闭模”按钮 SB3，中间继电器 KA3 线圈通电吸合，触头 KA3（46-48）闭合（如图 3-11b 所示），并与已闭合的 KA1（45-48）串联构成自锁电路。直到模板闭紧后，撞到行程开关 SQ2，使 KA3 线圈断电释放，闭模即停止。在各动作进行时，均有指示灯显示各步动作。

“点动”和“手动”时 KA5 均通电吸合，其常闭触头 KA5（52-53）KA5（57-58）KA5（65-66）KA5（73-74）均断开，切断半自动回路。

3）半自动控制　按注射座的移动与不移动，有三种加料方式：

固定加料：机器在各个工作循环中，喷嘴始终同模具接触，即注座固定不动。

前加料：整体退回在螺杆预塑定量之后。

后加料：整体退回以后，才进行螺杆预塑定量。

下面以固定加料为例，来说明半自动注塑的控制原理：将主令开关 SA5 处于“固定加料”位置。这时，常闭触头 SA5（58-65）断开，KM12 线圈电路切断，注座不可能退回。再将万能转换开关 SA4 扳到“半自动”位置，接触器 KM7 线圈通电吸合。

合上安全门，SQ1、SQ9 被压合，KA3 通电吸合，电磁阀 YV2、YV9 得电，液压系统实现慢速闭模。当档块放开行程开关 SQ3 时接通 YV1 电源，转为快速闭模，当模板闭紧后，碰到行程开关 SQ2，KA3 线圈断电释放，电磁阀 YV1 和 YV9 断电，闭模结束；SQ2 动作还使接触器 KM8 线圈通电吸合，这时，YV7 电磁阀得电，注座整体前进，前进碰到行程开关 SQ6 时，使时间继电器 KT2、KT3 和接触器 KM9 及 KM10 线圈通电吸合。这时电磁阀YV1、YV2、YV3、YV4、YV5 均得电，进行高压注射。当高压注射时间到时，KT2

延时触头动作使 KM9 断电，因而电磁阀 YV1、YV5 失电，大泵卸荷，高压注射停止，由小泵保压。到保压时间到时，KT3 延时触头断开 KM10 线圈，电磁阀 YV3、YV4 失电；同时使时间继电器 KT 和接触器 KM11 通电吸合，断开 KM8 线圈电路，电磁阀 YV2、YV7 断电释放，即全部电磁阀失电，保压结束。当时间继电器 KT 延时时间到时，接触器 KM2 通电吸合，三相常开主触头 KM2 闭合，预塑电动机起动运行，进行预塑、计量；同时使 KT4 暂不得电，待预塑螺杆退回碰到行程开关 SQ8，KM2 线圈断电释放，预塑结束，制品继续冷却。KM2 断电使时间继电器 KT4 线圈通电吸合，经延时后使 KA4 通电，电磁阀 YV8 和 YV2 得电，实现慢速开模。在开模过程中，行程开关 SQ2 复位，使 KT2、KT、KM11、及 KT4 全部断电释放，开模至 SQ4 动作时，接通 YV1，转为快速开模，开模至 SQ3 动作时，YV1 又失电，并转为慢速开模，当开模至 SQ6 动作时，KA4 断电，使 YV2 及 YV8 失电，至此开模结束。拉开安全门，SQ1 及 SQ9 复位，KT1 也复位，此时即可取出制件，完成固定加料的第一个循环。在这个循环中依次完成慢速闭模、快速闭模、注座前进、注射、延时后保压（KT2 延时）再延时（KT3、KT 延时）预塑、计量、冷却、延时（KT4）慢速开模、继续慢速开模、快速开模、慢速开模、开模结束、拉开安全门取出制件。

重新合上安全门就能按上述步骤进行第二个循环。不合上安全门，KT1 未通电，其触头（40-42）是断开的，故不能闭模。

若选用“后加料”方式，可将主令开关 SA5 扳向“后加料”位置，即 SA5 触头（58-65）复位，KT 得电同时 KM12 也通电吸合，YV2、YV6 得电，注座整体后退。同时 KM12 断开 KM2 线圈电路，使 KT 延时到时，不致因触头闭合而使 KM2 线圈通电。待整体退回碰到 SQ7 时，KM12 断电，YV2、YV6 失电，整体退回停止。此时因 KT 已闭合，故 KM2 通电吸合进行预塑。这里还应注意，整体后退时，虽使 SQ6 复位，但 KM11 在 KT 通电时已通电吸合，先已将 KM11 闭合，故电路 KT2 仍成通路。

4）全自动控制　将万能转换开关 SA4 扳到“全自动”位置，即 SA4 与 KM6 线圈接通。合上安全门，KT1 通电并开始计时，待预塑定时时间到，使 KA3 通电吸合，从而使 YV2、YV9 得电实现慢速闭模。以后其他各动作与半自动相同。启模结束后，不需打开安全门，制品全自动落下，经过一定时间延时后（由 KT1 控制），又自动闭模，进行第二个循环。在全自动工作方式下，虽未打开安全门，但在闭模时 SQ5 被放开，模板闭紧时 SQ2 被压下，KA3 断电释放，因 KT1 线圈已断电，其触头 KT1（坐标 42 处）已复位，所以第二次闭模时，需受 KT1 的延时控制。

（四）电气控制特点

注塑机的动作有闭模、注座前进、注射、保压、注座退回、预塑、开模和顶出制件等。这些动作的实现是机、电、液综合控制的结果。控制方式又有调整、手动、半自动与自动四种。主要运动部件由三个液压缸带动，各装置动作由液压系统完成，油压控制由电磁阀、行程开关、转换开关、接触器、时间继电器、中间继电器来完成。另外，注塑机对颗粒状的塑料原材料要经加热，使其成为粘流状态才可注射，采用加热圈和电子温度控制仪进行加热和对温度的控制。故电气控制特点为

1）注塑机采用机、电、液综合控制。由电动机拖动液压泵，送出压力油。经电气控制电路控制电磁阀，再由电磁阀控制油路来实现注塑机四个操作方式下的各种程序按部就班的控制。电路各部分、各环节功能见图 3-11 中上方所列各区的作用与功能标注。

2）注塑机采用电阻加热圈进行料筒的加热，用热电偶进行测温，通过温度控制仪实现温度的自动控制，也可以用自耦变压器调节电阻加热圈输入电压的手动控制。

3）注塑机工作时，各步动作均有信号灯显示。

第六节　交流双速信号控制电梯的电路分析

电梯是采用电力拖动方式，将载有乘客或货物的轿厢，运行于垂直方向的两根刚性导轨之间，运送乘客和货物的固定式提升设备。所以，电梯是为高层建筑运输服务的设备，它具有运送速度快、安全可靠、操作简便的优点。随着生产的发展，城市迅速的崛起，电梯快速进入人们的生活和生产领域，给生产和生活带来极大的方便。

一、电梯的基本结构与分类

（一）电梯的基本结构

电梯主要由机房、曳引机、轿厢、对重以及安全保护设备等组成，图3-12为电梯主要部件安装位置示意图。电梯是一种起重运输设备，电梯的轿厢9在建筑物的井道的导轨17中上、下运行。井道上方设有机房，机房内有曳引机2和电梯的控制柜20。

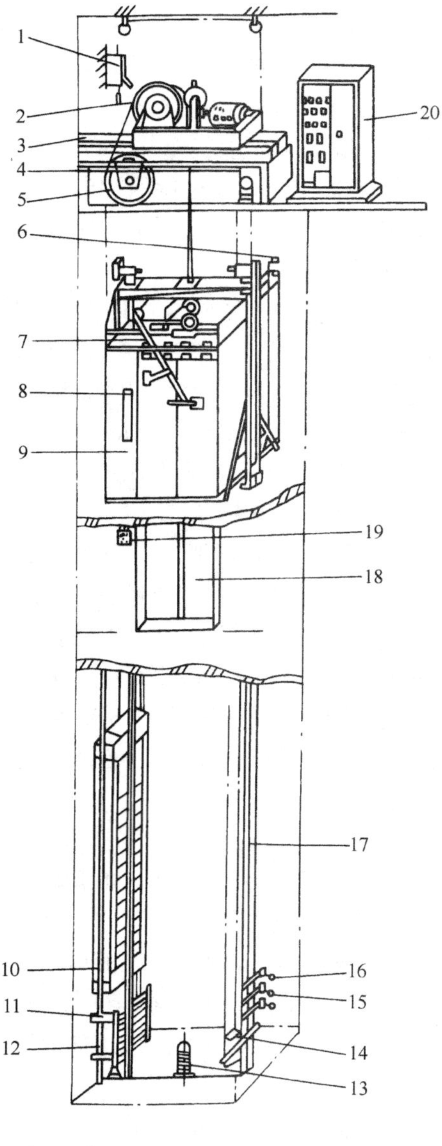

图3-12　电梯主要部件安装位置示意图
1—极限开关　2—曳引机　3—承重架　4—限速器　5—导向轮　6—换速平层感应器　7—自动开门机　8—操纵箱　9—轿厢　10—对重装置　11—防护栅栏　12—对重导轨　13—缓冲器　14—限速器涨紧装置　15—基站厅外开关门控制开关　16—限位开关　17—轿厢导轨　18—厅门　19—呼梯按钮箱　20—控制柜

曳引机由交流电动机或直流电动机拖动，通过曳引钢丝绳和曳引轮的曳引力来驱动轿厢和对重装置上、下运行。为了提高电梯的安全可靠性和平层准确度，曳引机上装有电磁式制动器。

轿厢是用来运送乘客或货物，对重是对轿厢起平衡作用的装置。轿厢的门（轿门）设在轿厢靠近厅门的一侧，各层的厅门与轿门供司乘人员和货物出入，轿、厅设有开关门系统。

电梯的安全保护尤为重要，其主要由门限位开关、上限位开关、下限位开关、极限开关、轿顶安全栅栏、安全箱开关、安全钳开关、限速器开关、底坑防护栅栏和缓冲器等组成。

按电梯构件所起的作用，可分为驱动部分、运动部分、安全设施部分、控制操作部分和信号指示等五部分。

控制操作部分由控制柜20、操纵箱8、换速平层感应器6和自动门机7等组成，这是电梯的控制中心。

信号指示部分包括轿内层灯和厅外指层灯等，用于指示电梯运行方向，指示电梯所在层位和显示厅外乘客呼梯情况等。

（二）电梯的安全保护系统

电梯设有完备的安全保护系统，可分为机械安全保护系统与电气安全保护系统。

（1）机械安全保护系统

1）电磁制动器　曳引机上装有电磁制动器，当曳引机电动机通电时，电磁制动器电磁线圈也通电吸合，带动制动臂克服制动弹簧力，使制动闸瓦张开，与制动轮脱离，曳引电动机自由旋转，拖动轿厢上、下运行。当曳引电动机断开电源时，电磁制动器电磁线圈同时断电释放，制动闸瓦在制动弹簧作用下，将制动轮抱紧，曳引电动机制动停车。

2）轿门上的安全触板装置　这种装置在关门过程中，在关门方向上比轿门超前伸出一定距离，当装置超前伸出轿门部分碰压进入轿厢的乘客或物品时，装置上的微动开关受压动作，立即切断电梯的关门电路而接通开门电路，使门立即开启，以免挤伤乘客并保证轿门的完全关闭。

3）自动门锁机构　轿门是由安装在轿厢顶部的自动开关门机构带动，厅门又由轿门带动。为保证安全，电梯必须在轿门与厅门完全关闭后才能起动运行。为此，在厅门内侧装有电气机械联锁的自动门锁。当门关闭后，机械上将门锁紧，电气上接通门锁电路，使门锁继电器线圈通电吸合，其常开触头闭合，接通电梯控制电源，才能起动电梯运行。

4）轿顶安全窗　设在轿厢顶部向外开起的封闭窗。为便于发生事故或故障时，司机或维修人员上轿顶检修井道内的设备，必要时乘梯人员也可由此撤离轿厢。窗上装有安全窗开关，当安全窗打开时，开关触头断开，切断控制电路电源，电梯无法开动。

5）轿顶安全栅栏　由于轿顶时有检修人员上去检修与保养，为确保上去人员安全，在轿顶设有安全防护栏。

6）限速器与安全钳　当轿厢运行速度达到额定运行速度的115%～140%时，限速器动作，其常闭触头打开，切断控制电路电源，曳引电动机停车制动。同时，限速器通过连杆机构使安全钳动作，将轿厢夹持在轿厢导轨上，同时安全钳开关动作，其常闭触头断开，也切断电梯控制电路电源。

7）缓冲器　为对电梯轿厢发生冲顶或墩坑时起缓冲作用，在底坑内轿厢正下方设置了两个缓冲器，在对重正下方设置了一个缓冲器。低速电梯采用弹簧缓冲器，高速与快速电梯采用液压缓冲器。

8）底坑防护栏　在底坑内轿厢与对重正下方的范围内设置有安全防护栏，并设有安全开关。无人进入底坑，防护栏合上，开关触头闭合，控制电路才通电，方可起动电梯。

（2）电气安全保护系统

1）门开关保护　在轿厢及各层厅门的关门终端处都装有门开关，并将这些门开关的常开触头串接在控制电路中，只有当这些门全部关闭后，控制电路才接通电源，曳引电动机才能起动，电梯才得以运行。

2）电梯终端超越保护　电梯设有强迫减速开关、终端限位开关和极限开关，组成完善的电梯终端超越保护装置，实现减速保护、限位保护、极限保护。图 3-13 为保护开关在井道中的位置图。

减速保护：由上减速开关 12 和下减速开关 9 实现。减速开关分别安装在井道的顶部和底部，对应的撞板分别安装在轿厢的顶部和底部。见图 3-13 中 11 与 10。当电梯失控时，轿厢已进入顶层或底层仍不减速停车，于是轿厢上的撞板压下相应的减速开关，相应的触头断开，使控制电路断电，曳引电动机抱闸制动停车。

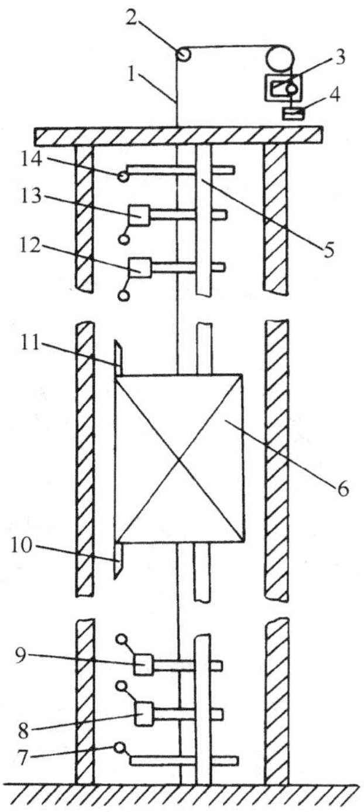

图 3-13　保护开关在井道中的位置图
1—钢丝绳　2—导轮
3—终端极限开关
4—张紧配重
5—导轨　6—轿厢
7—极限开关下碰轮
8—下限位开关
9—下减速开关
10—下开关撞板
11—上开关撞板
12—上减速开关
13—上限位开关
14—极限开关上碰轮

终端限位保护：由上、下终端限位开关 13、8 来实现。当减速开关失灵，未能使轿厢减速停驶，当轿厢越出顶层或底层位置后，撞板使上限位开关或下限位开关动作，迫使电梯停止运行。终端限位开关动作而迫使电梯停驶后，电梯仍能应答层楼呼梯信号，向相反方向继续运行。

终端极限保护由极限开关上碰轮 14、极限开关下碰轮 7、极限开关 3 与传动钢丝绳组成。钢丝绳一端绕在安装于机房内的极限开关闸柄的驱动轮上，另一端与上、下碰轮架相联接。当电梯失控时，经减速开关、限位开关仍未使轿厢减速停驶，此时轿厢上的撞板与碰轮相撞，经杠杆牵动与铁壳开关相连的钢丝绳移动，再经重锤配合，带动铁壳开关动作，切断主电路电源，曳引电动机断电停止，轿厢停驶，防止轿厢冲顶与墩坑事故发生。

3）超载保护　当电梯超重超额定载荷的 110% 时，超载开关动作，切断电梯控制电路，使电梯不能起动运行。对于集选电梯，当载重量达到额定载荷的 80% ~90% 时，便接通电梯直驶电路，运行中的电梯将不应答厅外呼梯信号，直驶预定楼层减载再行驶。

（三）电梯的分类

按用途分有：乘客电梯、载货电梯、客货电梯、病床电梯、杂物电梯、住宅电梯、特种电梯等。

按运行速度分：低速电梯（速度 $v \leq 0.1\text{m/s}$）快速电梯（$1.0\text{m/s} < v < 2.0\text{m/s}$）高速电梯（$v \geq 2\text{m/s}$）。

按曳引电动机的供电电源有：采用交流异步双速电动机拖动，简称交流双速电梯，为低速电梯。采用交流异步电动机，进行变频调速简称交流调速电梯，为快速电梯。采用直流电动机拖动，简称直流电梯，一般为高速电梯。

按电梯控制方式有：

1）轿内手柄开关控制电梯　由电梯司机操纵轿厢内的手柄开关，实现轿厢运行的控制。

2）按钮控制电梯　操纵轿内或轿外按钮均可发出指令，实现轿厢停靠层站的控制。

3）信号控制电梯　信号控制是将各层楼上、下召唤信号、轿内选层信号及各种专用信号加以综合分析判断后，在司机起动电梯后，电梯就自行停靠的电梯。

4）集选控制电梯　集选控制是将各种信号综合分析判断后，自动决定轿厢运行的无司机电梯。乘客进入轿厢后，只需按下所去层楼按钮，电梯就会将其送到预选层楼，运行中对符合运行方向的信号能自动应答。

5）2 台或 3 台并联控制的电梯　共用厅门外的召唤信号，按规定自动调度，确定各台运行状态的电梯。当电梯无任务时，一台停在基站，称为基梯；另一台一般停在中间楼层，称为自由梯。基梯一旦有任务离开基站，自由梯立即起动，前往基站替补。基站外的信号，由自由梯应答，自由梯运行时，其相反方向的召唤信号由基梯应答。

6）群控电梯　集中排列的多台电梯，共用厅门外的召唤信号，按规定顺序集中调度和控制，一般用于客梯。

7）群控智能电梯　由计算机根据客流情况，自动选择最佳运行控制方式的群控电梯。

在目前正在使用的电梯中最常见的是交流双速电梯，它多采用接触器继电器控制方式，因其使用电器多，所需机房面积较大，运行故障率较高而被 PLC 控制方式所取代。基于目前运行的交流双速电梯中继电接触器控制方式电梯仍不少，且可对理解 PLC 控制的交流双速电梯打下基础，故本节选择 KTJ-□□/10-XH 型交流双速信号控制电梯为例来分析其电气控制。

二、交流双速信号控制电梯

（一）信号控制电梯的特点

1）有专职司机。

2）到达预定停靠的层站时，提前自动减速，平层时自动停靠开门。

3）自动开、关门。

4）到达上下端站时，提前自动强迫电梯减速，平层时有自动停靠开门。

5）厅外有召唤装置，召唤时厅外有记忆指示灯，轿内有音响信号和指示灯。

6）厅外有电梯运行方向、电梯所在层楼位置指示。

7）自动平层。

8）召唤要求执行完毕，自动清除轿内、厅外召唤记忆指示信号。

9）司机可接受多位乘客要求作指令登记，然后通过点按关门按钮起动按钮、起动电梯，直到完成运行方向的最后一个内、外指令为止。若相反方向有内、外指令，电梯自动换向，点按起动或关门、起动按钮后起动运行。运行前方出现顺向召唤信号时，电梯能到达顺向召唤层站自动停靠开门。司机还可通过直驶按钮使电梯直驶。

图 3-14 为 5 层站 KTJ-□□/10-XH 型交流双速信号控制电梯电气原理图。电路可分为主拖动电路、开关门控制电路、起动运行电路、层楼分向电路、自动定向电路、停层与平层电路、停层指令记忆及复位电路、呼梯电路、层楼及升降指示电路和轿内信号指示电路等。表 3-1 为 KTJ-□□/1. 0-XH 型电梯主要电器元件文字符号。

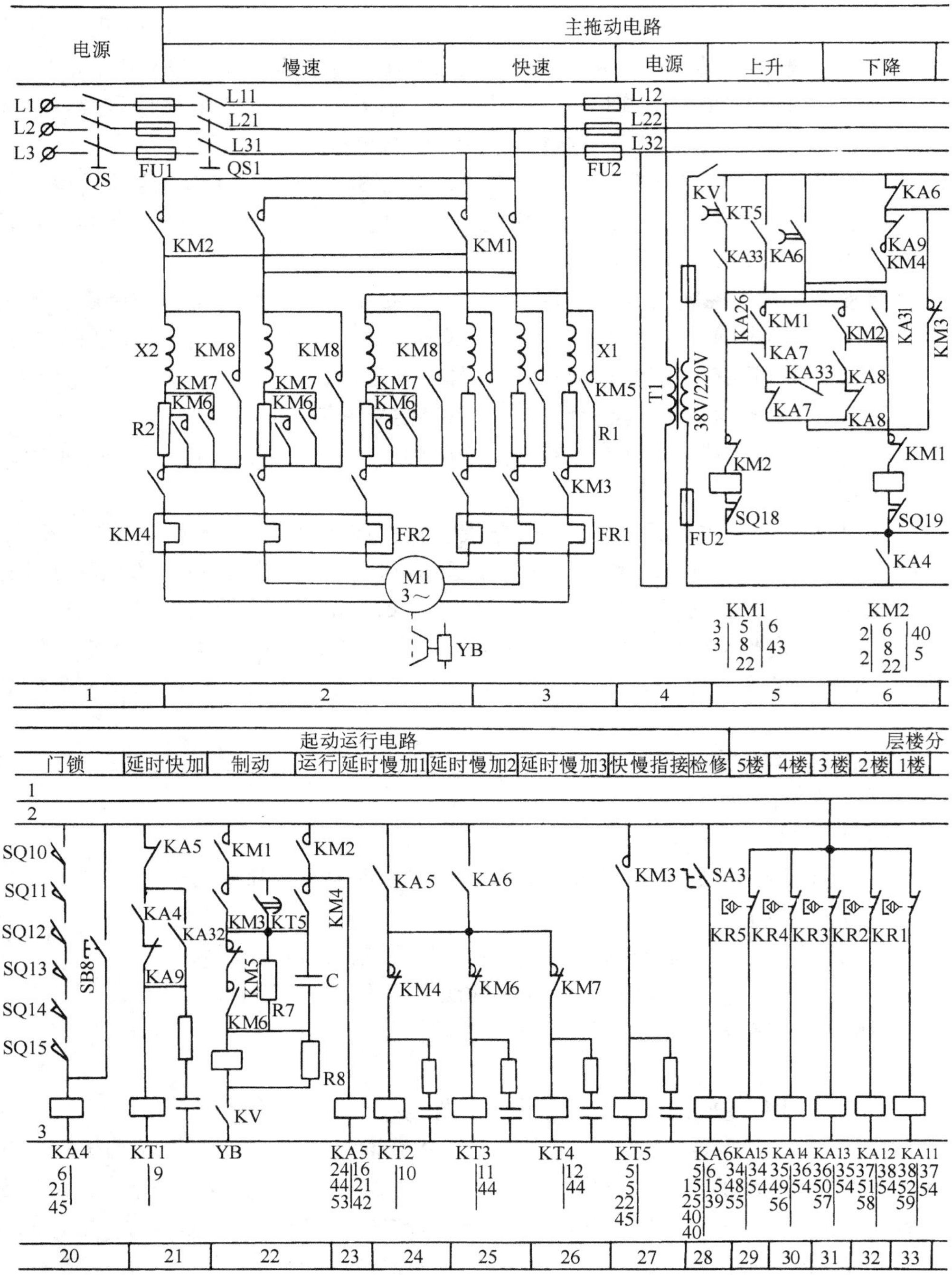

图 3-14　5 层站 KTJ-□□/10-XH 型交流双

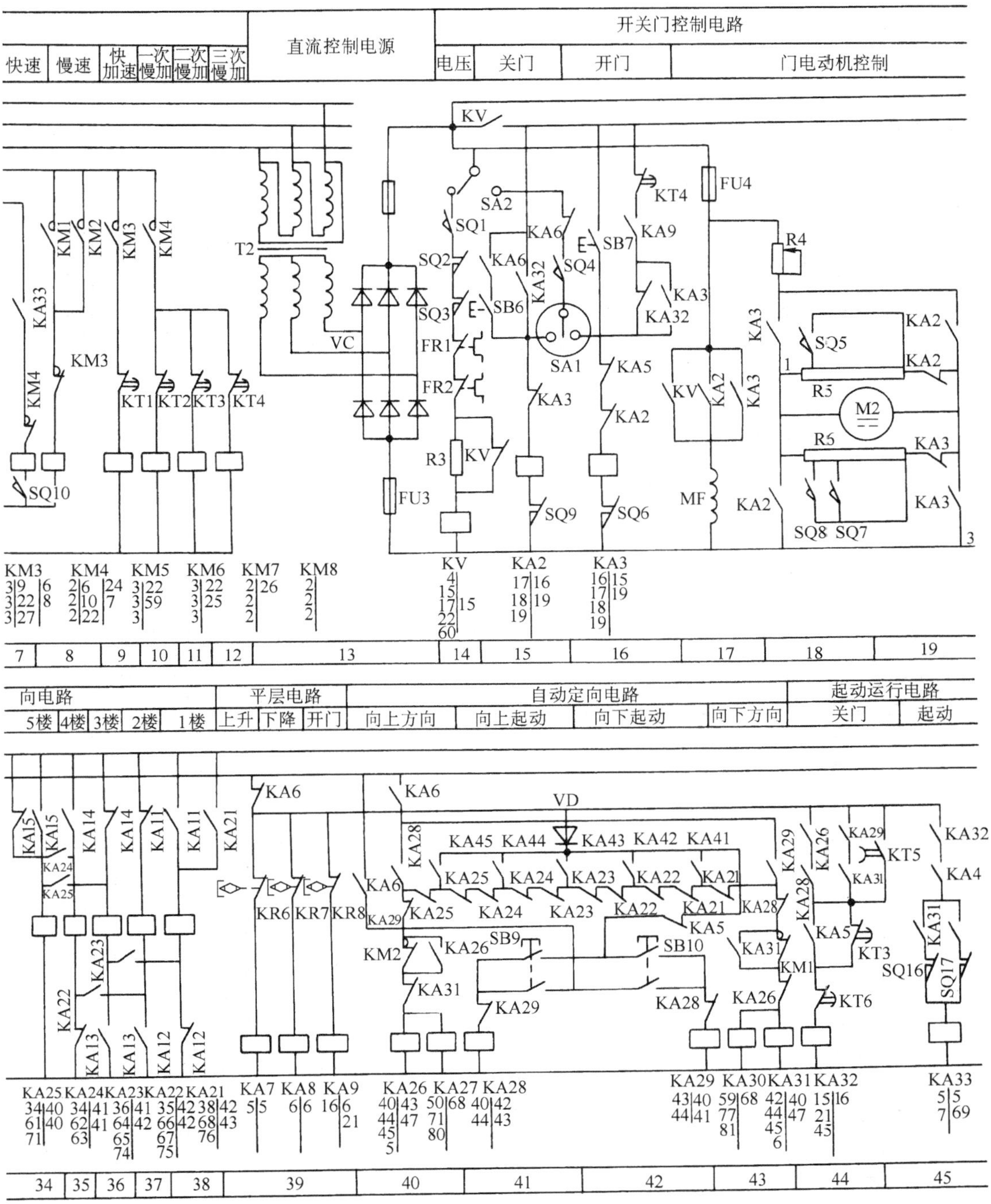

a)

速信号控制电梯电气原理图

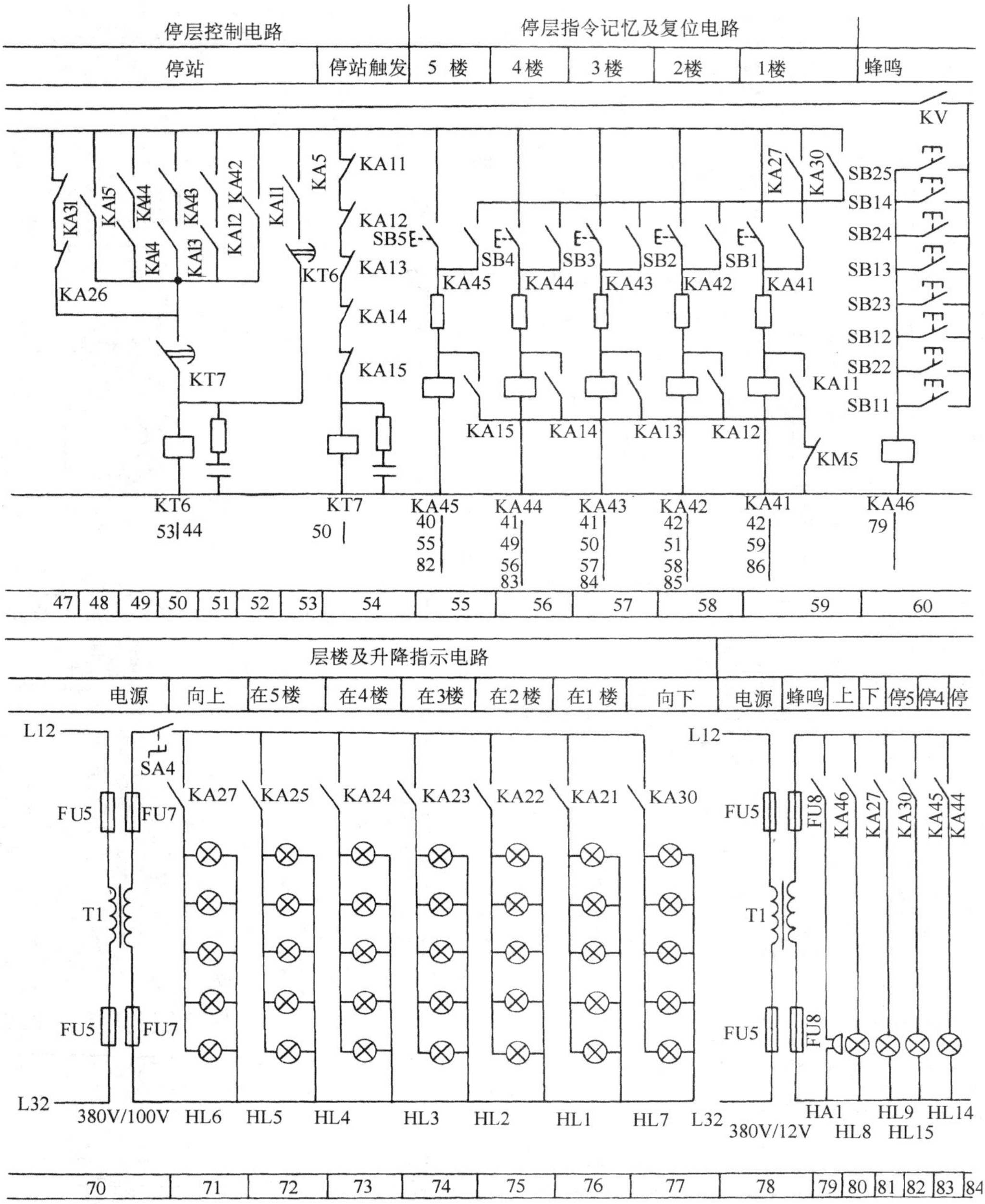

图 3-14 5 层站 KTJ-□□/10-XH 型交流双

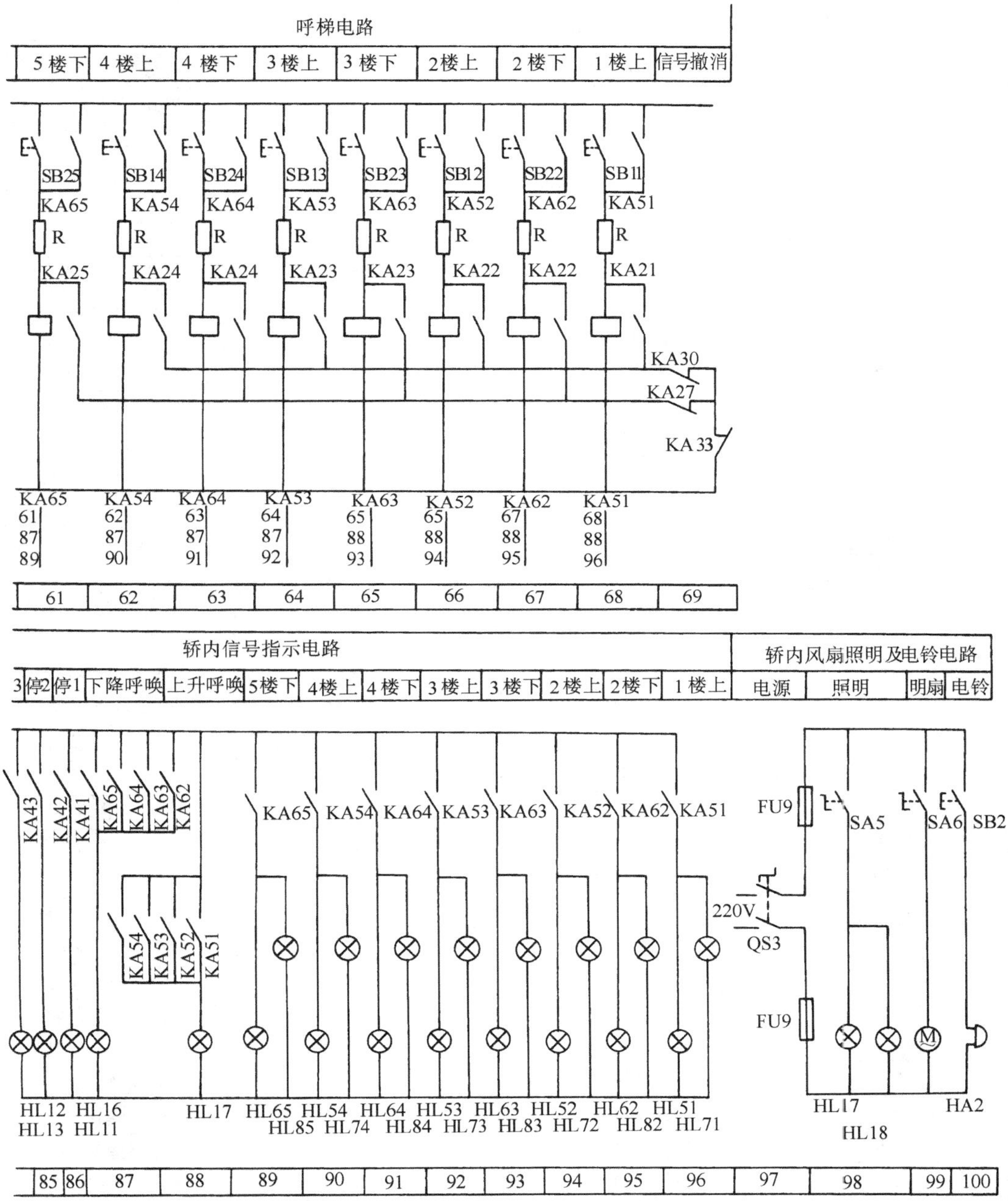

b)

速信号控制电梯电气原理图（续）

表 3-1 KTJ-□□/1.0-XH 电梯主要电器元件文字符号

文字符号	名　称	文字符号	名　称
QS	电源总开关	KT1	快加速时间继电器
QS1	极限开关	KT2～KT4	慢加速时间继电器
SA1	厅外开门钥匙开关	KT5	加速时间继电器
SA2	安全开关	KT6	停站时间继电器
SA3	检修开关	KT7	停站触发时间继电器
SA4	指示灯开关	SQ1	安全窗开关
SA5	轿内照明开关	SQ2	断绳开关
SA6	轿内风扇开关	SQ3	安全钳开关
KM1	上升接触器	SQ4	厅外开门行程开关
KM2	下降接触器	SQ5	开门减速开关
KM3	快速接触器	SQ6	开门行程开关
KM4	慢速接触器	SQ7	关门减速开关
KM5	快加速接触器	SQ8	关门减速开关
KM6	慢加速接触器	SQ9	关门行程开关
KM7	慢加速接触器	SQ10	轿门行程开关
KM8	慢加速接触器	SQ11～SQ15	厅门行程开关
KV	电压继电器	SQ16、SQ18	上升行程开关
KA2	关门继电器	SQ17、SQ19	下降行程开关
KA3	开门继电器	KR1～KR5	楼层感应器
KA4	门锁继电器	KR6	上平层感应器
KA5	运行继电器	KR7	下平层感应器
KA6	检修继电器	KR8	开门控制感应器
KA7	向上平层继电器	HL1～HL5	楼层指示灯
KA8	向下平层继电器	HL6	上方向箭头灯
KA9	开门控制继电器	HL7	下方向箭头灯
KA11～KA15	楼层继电器	HL8	向上指示灯
KA21～KA25	楼层控制继电器	HL9	向下指示灯
KA26	向上方向继电器	HL11～HL15	停层指令记忆灯
KA27	向上辅助继电器	HL16	向下呼梯方向灯
KA28	向上起动继电器	HL17	向上呼梯方向灯
KA29	向下起动继电器	HL51～HL54	楼层向上呼唤灯
KA30	向下辅助继电器	HL62～HL65	楼层向下呼唤灯
KA31	向下方向继电器	HL71～HL74	向上呼唤记忆灯
KA32	起动关门继电器	HL82～HL85	向下呼唤记忆灯
KA33	起动继电器	HA1	蜂鸣器
KA41～KA45	停层指令继电器	SB1～SB5	停层指令按钮
KA46	蜂鸣继电器	SB6	点动关门按钮
KA51～KA54	向上呼梯继电器	SB7	点动开门按钮
KA62～KA65	向下呼梯继电器	SB8	应急按钮
SB22～SB25	向下呼梯按钮	SB9	向上起动按钮
HL17、HL18	轿内照明灯	SB10	向下起动按钮
HA2	轿内电铃	SB11～SB14	向上呼梯按钮

（二）主电路分析

5 层站交流双速信号控制电梯有两台电动机，一台是主拖动电动机 M1，另一台是开关门电动机 M2。前者是 YTD 系列电梯专用型交流双速笼型异步电动机，其定子绕组极对数为 6/24 极，同步转速为 1000r/min 与 250r/min。开关门电动机额定功率为 120W，额定电压 110V，额定转速 1000r/min 的直流并励电动机。图 3-15 为交流双速电梯主电路图。

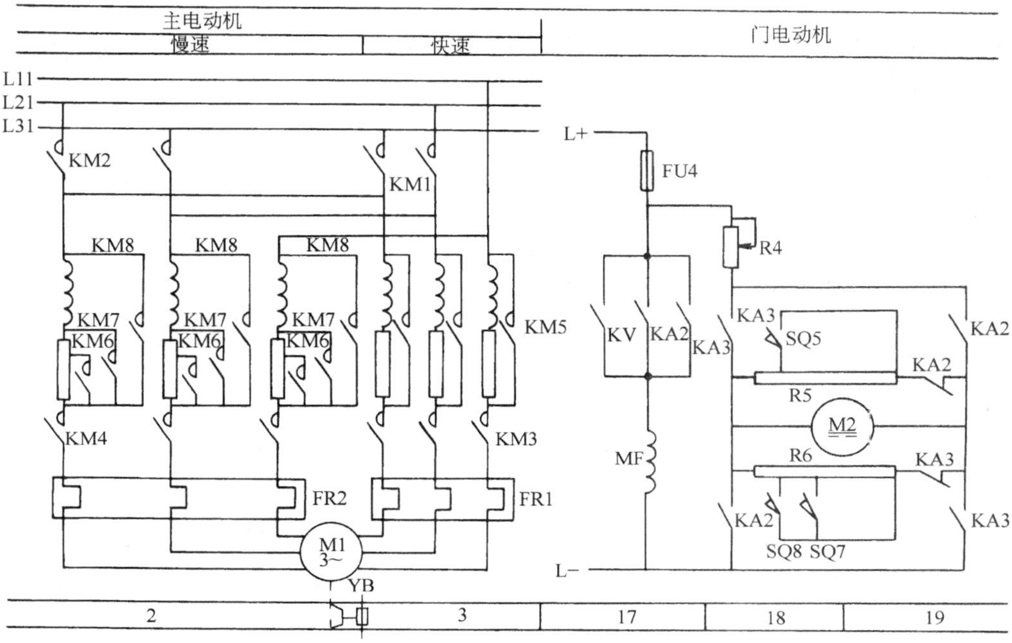

图 3-15　交流双速电梯主电路图

1. 主拖动电动机 M1 的主电路分析

在图 3-15 交流双速电梯主电路图中，M1 为交流双速异步电动机，KM1、KM2 为上升、下降接触器，用来控制 M1 电动机的正、反转，实现轿厢的上升与下降；KM3、KM4 为电梯高、低速运行接触器；KM5 为起动加速接触器；KM6、KM7、KM8 为制动减速接触器，用以调整电梯制动时的加速度；X1、X2 与 R1、R2 为串入电动机定子电路中的电抗与电阻，与 KM5 ~ KM8 配合实现对电动机的加减速控制。

当 KM1 或 KM2 与 KM3 通电吸合时，电梯将进行上行或下行起动，延时后 KM5 通电吸合，切除 R1 与 X1，电梯将转为上行或下行的稳速运行；当电梯接收到停层指令后，KM3 断电释放，KM4 通电吸合，电动机转为低速接法，串入 X2 和 R2 制动，实现上升与下降的低速运行，且 KM6 ~ KM8 依次通电吸合，分级将阻抗短接，用来控制制动过程的强度，提高停车制动的舒适感；至轿厢平层位置时，接触器全部断电释放，电磁抱闸抱住制动轮，电梯停止运行。

在检修状态时，电梯只能在低速接法下点动运行。

2. 开关门电动机 M2 的主电路分析

图 3-15 中 M2 是一台直流并励电动机，MF 为其励磁绕组。改变电枢电压的极性可改变 M2 的旋转方向，经开关门机构实现轿门与厅门的开启与关闭。图中 KA3 为正转开门继电

器，KA2 为反转关门继电器。改变电枢绕组串并联电阻可实现对电动机 M2 的速度调节。R4 为电枢串联电阻，R5、R6 分别为开门与关门的电枢并联电阻，分别由行程开关 SQ5 与 SQ7、SQ8 控制，从而实现开门与关门时的速度调节。调节串联电阻 R4 可调节开、关门速度，R4 调大，开关门速度变小；调节位于轿厢顶上的行程开关 SQ5 与 SQ7、SQ8 的安装位置可进一步单独改变开门与关门减速的位置，因为 SQ5 与 SQ7、SQ8 开关分别是由轿门开启与关闭过程中碰压才动作的。

开关门电动机经开关门机构来拖动轿门的开启与关闭，而厅门又是由轿门通过轿门上的机构来带动的，所以厅门与轿门的开闭是同步进行的。

（三）控制电路分析

电梯交流控制电路、层楼指示与上升下降方向指示电路、轿内信号指示电路的电源，是由图 3-14a 中的控制变压器 T1，将 380V 降为 220V、110V、12V 供给的。直流控制电路电源是由图中整流变压器 T2 降压，经三相桥式整流电路 VC 供出直流 110V 电压获得的。

控制电路的分析按电梯停在基站，司机已关闭电梯下班。司机次日来上班，启用电梯、司机进入轿厢、乘客进入轿厢要求在 3 层停靠、自动关门和开门、起动、加速和满速运行、抵达 3 层制动减速和平层停车、自动开门、电梯再次起动运行的顺序进行。以期对电梯运行的控制全过程有个完整的了解。

1. 电梯的启用与停用　只有电梯停在基站时，才可以对电梯作停用或启用的操作。司机在上次下班时，将电梯开至基站，于是将井道内的厅外开门行程开关 SQ4 压下，断开层楼与运行方向指示灯开关 SA4，安全开关 SA2 扳至右边位置，走出轿厢，在厅外再用钥匙将开关 SA1 转向左边，使关门继电器 KA2 通电吸合，门电动机 M2 起动旋转，将电梯门关闭。图3-16 为电梯开关门电路。

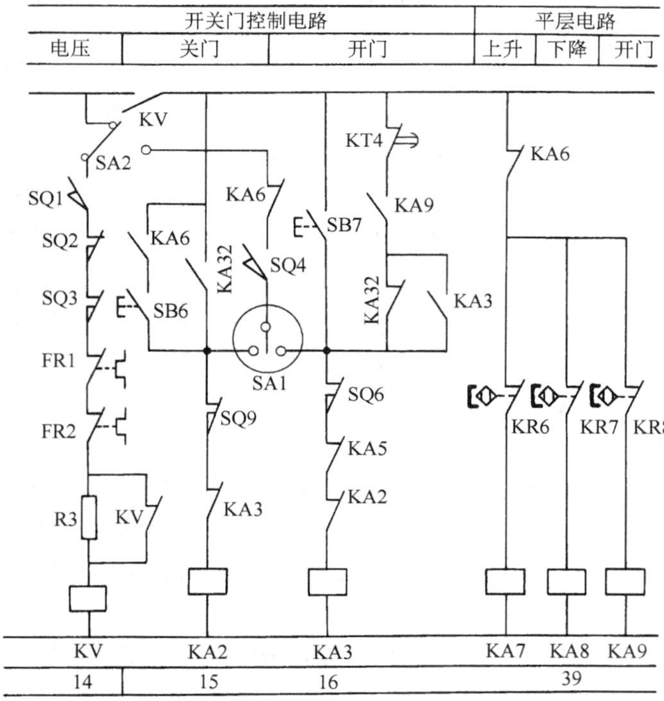

图 3-16　电梯开关门电路

在每一层楼上方装有楼层感应器，KR1 ~ KR5 为 1 ~ 5 层上靠近厅门上方安装的楼层干簧感应器，由安装于轿厢顶部靠近轿门侧的停层隔磁铁板控制。在轿厢顶部距轿门的另一侧垂直安装了三个干簧感应器，从上至下分别为上平层感应器 KR6、开门控制感应器 KR8、下平层感应器 KR7、上下相距 500mm 左右。它们由轿厢导轨上并在每一层站井道内安装的长约 600mm 的平层隔磁铁板控制。这些干簧感应器与隔磁铁板平层时的状态如图 3-17 所示。

干簧感应器是由干簧管和永久磁铁组成。干簧管由三片铁镍合金组成一对常闭、一对常开触头，并将其密封在玻璃管内。当干簧管放入永久磁铁后，在磁场作用下，干簧管的常开触头闭合，常闭触头断开，相当于电磁继电器通电吸合动作；当隔磁铁板插入永久磁铁与干簧管之间时，由于永久磁铁产生的磁场被隔磁铁板旁路，干簧管内的触头恢复到常闭与常开的初始状态，相当于电磁继电器的断电释放状态。

由图 3-17 可知，当轿厢位于基站时，轿厢顶上的 KR6、KR7、KR8 都进入位于井道内 1 层楼的平层隔磁铁板内，而同时位于 1 层的楼层干簧感应器 KR1 已进入轿厢顶部的停层隔磁铁板中。所以 KR1、KR6、KR7、KR8 中的干簧管内的常闭触头都因隔磁铁板的旁磁作用而恢复闭合状态。这就为相应的继电器线圈通电作好了准备，由于轿厢位于基层，KR1 常闭触头闭合，使 1 层楼层继电器 KA11 线圈通电吸合，KA11 常开触头闭合又使 1 层楼层控制电器 KA21 线圈通电吸合并自锁。

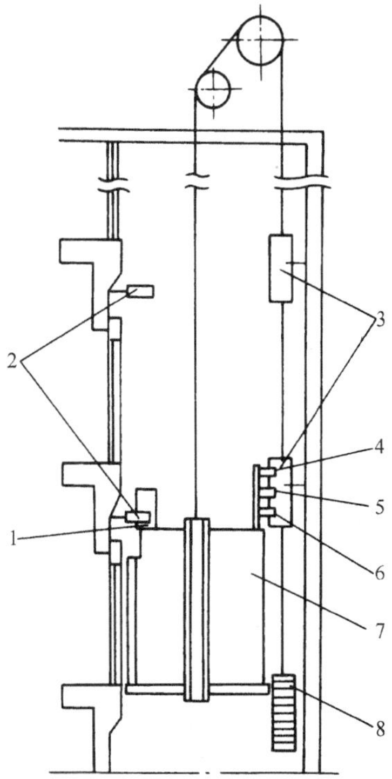

图 3-17　电梯平层时各干簧感应器的状态

1—停层隔磁铁板
2—楼层干簧感应器 KR1
3—平层隔磁铁板
4—上平层干簧感应器 KR6
5—开门控制干簧感应器 KR8
6—下平层干簧感应器 KR7
7—轿厢　8—对重

重新起用电梯时，司机在厅门外将钥匙插入钥匙开关 SA1 中并转向右侧，开门继电器 KA3 线圈经 SA2 安全开关右触头，KA6 检修继电器常闭触头，SQ4 厅外开门行程开关已被压下，其常开触头已闭合，SA1 右触头，KA5 运行继电器常闭触头、KA2 关门继电器常闭触头、SQ6 开门行程开关常闭触头通电吸合，开关门电动机 M2 正向起动旋转，拖动轿门与厅门同时开启，当门开起至 2/3 行程时，轿厢门上的撞块压下 SQ5 行程开关，短接了 R5 上的大部分电阻，M2 减速运转，门减速继续开起。当门开启后，压下开门行程开关 SQ6，开门继电器 KA3 线圈断电释放，断开 M2 电枢电压，经电阻 R5 和 R6 进行能耗制动。

厅、轿门开启，司机进入轿厢，首先合上层楼指示及上升、下降运行方向指示电路开关 SA4。由于 KA11、KA21 线圈早已通电吸合，其常开触头早已闭合，当 SA4 开关闭合后，各层楼的指示灯 HL1 亮，见图 3-18 电梯层楼指示电路。此时各层楼厅门上方的指示灯箱上显示“1”，表明轿厢位于 1 层楼。

再将安全开关 SA2 扳向左侧位置，电压继电器 KV 线圈经 SA2 左触头、安全窗开关 SQ1、限速器开关 SQ2、安全钳开关 SQ3、热继电器 FR1、FR2 常闭触头、电阻 R3 通电吸合，KV 常开触头闭合，交、直流控制电路接通电源，使上、下平层继电器 KA7、KA8，开门继电器 KA9 线圈通电吸合，见图 3-16。控制电路处于运行前的准备状态。

乘客从基站进入轿厢，根据进入轿厢乘客的要求及各层楼厅外呼梯要求，司机按下相应的选层按钮 SB2～SB5。如要求在 3 层停靠，可按下 SB3 停层按钮，见图 3-19 停层指令记忆和指示电路。停层指令继电器 KA43 线圈通电吸合，轿内指示灯 HL13 亮，表明停站信号已被登记。此时由于 1 楼层控制继电器 KA21 常闭触头已断开，切断了定向电路中向下继电器 KA31 的通路，所以 KA43 常开触头闭合只能接通向上方向的继电器 KA26、KA27 线圈电路，同时 KA27 常开触头闭合与 KA43 常开触头闭合对 KA43 线圈构成自锁电路。KA27 的另一对常开触头闭合，接通位于向上起动按钮 SB9 内的指示灯 HL8，告示司机按下 SB9 向上起动按钮使电梯向上。KA27 的再一对常开触头闭合，接通了电梯向上运行方向指示灯 HL6，使各层楼厅门顶上的“向上”箭头灯均亮，表示电梯准备向上运行。图 3-20 为自动定向和指示电路。

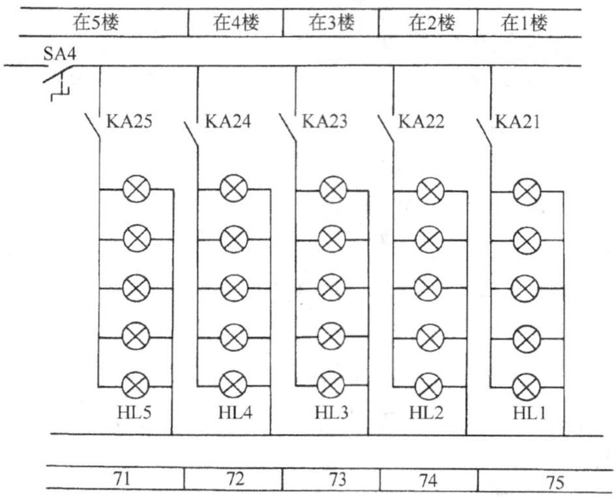

图 3-18　电梯层楼指示电路

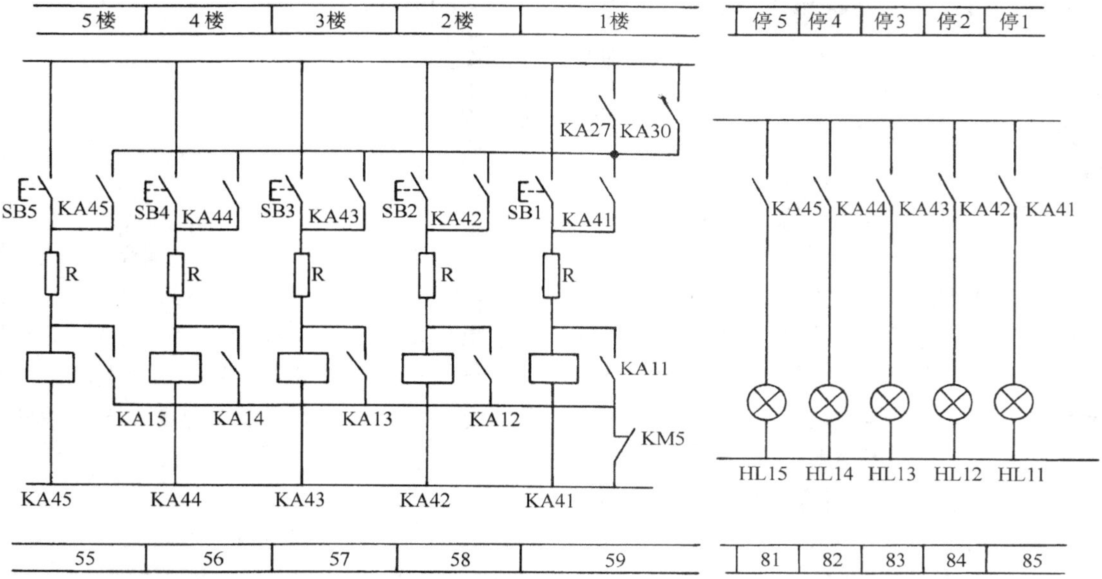

图 3-19　停层指令记忆和指示电路

2. 自动关门和关门过程中的反向开启

（1）关门　按下向上起动按钮 SB9，在关门过程中要一直按下 SB9（见图 3-20），向上起动继电器 KA28 通电吸合，其通电路径是 KA6 常闭触头、VD、KA5 常闭触头、SB9 按钮、KA29 常闭触头、KA28 线圈。相继 KA26、KA27 线圈通电吸合，使关门继电器 KA32 通电吸合，见图 3-14 中 44 号区电路。KA32 常开触头闭合，接通关门继电器 KA2，见图 3-16。KA2 常开触头闭合，接通开关门电动机 M2 电枢电源，使 M2 反转，见图 3-15，电枢在串联电阻 R4 和并联电阻 R6 全部阻值下运转，将轿门和厅门同时关闭，并逐渐减速，当门

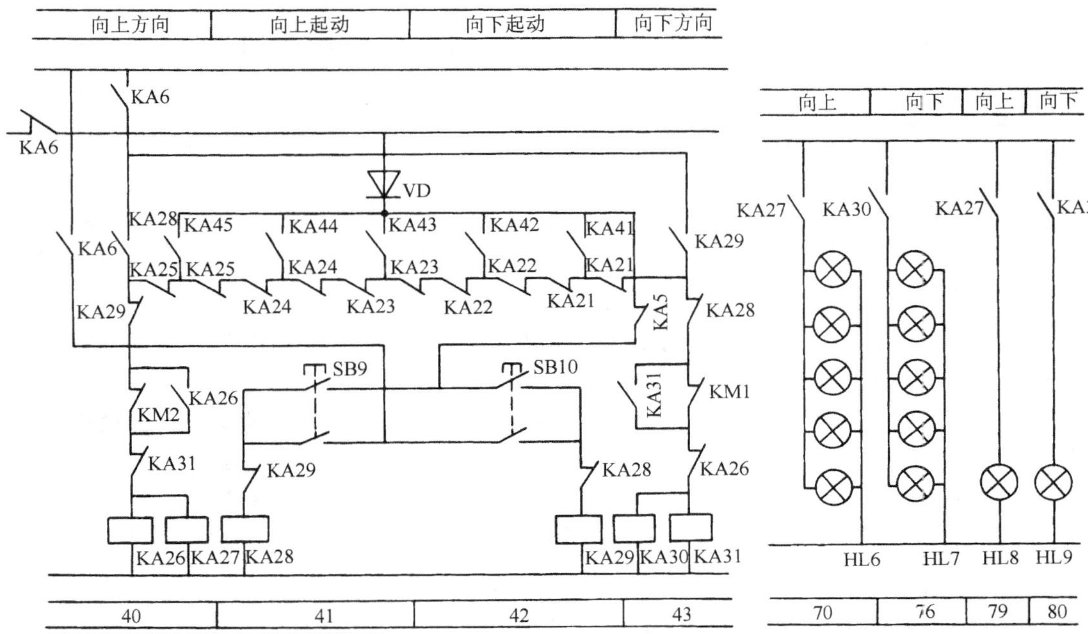

图 3-20　自动定向和指示电路

完全关闭时，压上关门限位开关 SQ9，KA2 线圈断电释放，M2 停转。

（2）关门过程中的反向开启　在关门过程中，若门卡住人体或物件时，司机应立即松开向上起动按钮 SB9，使 KA28、KA32、KA2 线圈相继断电释放，由于 KA9 线圈早已通电吸合，所以开门继电器 KA3 线圈经 KV 常开触头（已闭合），KT4 常闭触头，KA9 常开触头（已闭合）KA32 常闭触头，SQ6、KA5、KA2 常闭触头、KA3 线圈通电吸合（见图 3-16），M2 正转使电梯门反向开启，直至压下开门限位开关 SQ6 停止。

3. 起动、加速和稳速运行

（1）起动　当轿门和厅门关闭后，轿门行程开关 SQ10，1 层楼层厅门行程开关 SQ11 及其余各层厅门行程开关 SQ12～SQ15 均已压下，门锁继电器 KA4 线圈通电吸合（见图 3-14 中 20 区）。由于 KA26、KA32 早已通电吸合，所以起动继电器 KA33 线圈经 KA32、KA4、KA26 常开触头（已闭合），上升行程开关 SQ16 常闭触头通电吸合，见图 3-21 主拖动与起动控制电路。高速运行接触器 KM3 和加速时间继电器 KT5 线圈相继通电吸合。KT5 常开触头闭合，使上升接触器 KM1 线圈经 KT5、KA33、KA26 常开触头（已闭合），KM2 常闭触头，KM1 线圈、KA4 常开触头（已闭合）通电吸合，并由另一对 KT5 常开触头（已闭合）与 KM1 自锁触头构成自锁电路；另一方面 KT5 另一常开触头闭合增加了 KA32 关门继电器又一通电路径。KM3 和 KM1 主触头接通曳引电动机 M1 定子电路，串入电抗器 X1 和电阻 R1；同时 KM3、KM1 辅助触头接通制动器线圈 YB 以及运行继电器 KA5 线圈电路，于是电磁抱闸松开，M1 电动机减压起动。

运行继电器 KA5 通电吸合有三个作用：

KA5 常闭触头断开了开门继电器 KA3 线圈的电源，使电梯在运行中不能开门，确保运行安全。

KA5 另一常闭触头断开了起动按钮 SB9 及 SB10 的电源（见图 3-20），保证了运行中不致发生反向起动误操作的可能性。

KA5 常开触头闭合使时间继电器 KT2 ~ KT4 线圈通电，以便实现慢加速。

在图 3-21a 中，由于 KT5 常开触头闭合且并联在 KA26（见图 3-21b）常开触头与 KA28 常开触头串联电路两端，这就为松开起动按钮 SB9，KA28 线圈断电释放不会引起其他动作。

（2）加速和稳速运行　在电梯关门时起动关门继电器 KA32 通电吸合，其常开触头闭合已使加速时间继电器 KT1 线圈通电吸合，其延时触头立即断开，使加速接触器 KM5 线圈不能通电。但当 KA5 通电吸合后，其常闭触头断开 KT1 线圈电路，KT1 延时触头经 2s 延时后才闭合，接通加速接触器 KM5 线圈电路，KM5 主触头短接了图 3-15 主电路中的 X1 和 R1，电动机在全压下加速至稳速运行。

轿厢上升离开一楼时，一楼平层隔磁铁板离开 KR7、KR8、KR6，停层隔磁铁板离开一楼楼层干簧感应器 KR1，使继电器 KA7、KA8、KA9 和 KA11 线圈断电释放。KA11 的常闭触头使停站触发时间继电器 KT7 线圈通电吸合。KA9 常开触头断开了开门继电器 KA3 线圈电路，使在运行中 KA3 不得通电，确保运行安全。

电梯在途径 2 楼时，平层隔磁铁板和停层隔磁铁板再次插入 KR6、KR7、KR8 和 KR2 干簧感应器中，使 KA7、KA8、KA9 和 KA12 线圈又通电吸合。KA12 的常闭触头断开 KT7 线圈电路，另一常闭触头断开 KA21 线圈电路，KA12 常开触头闭合接通 KA22 线圈电路，

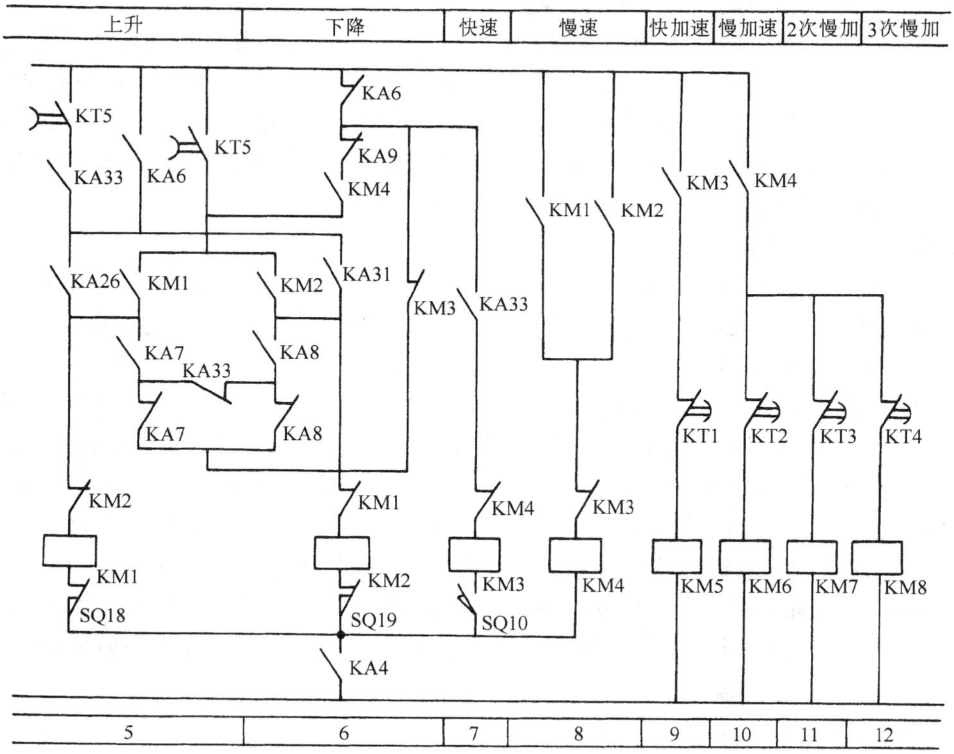

a)

图 3-21　主拖动与起动控制电路

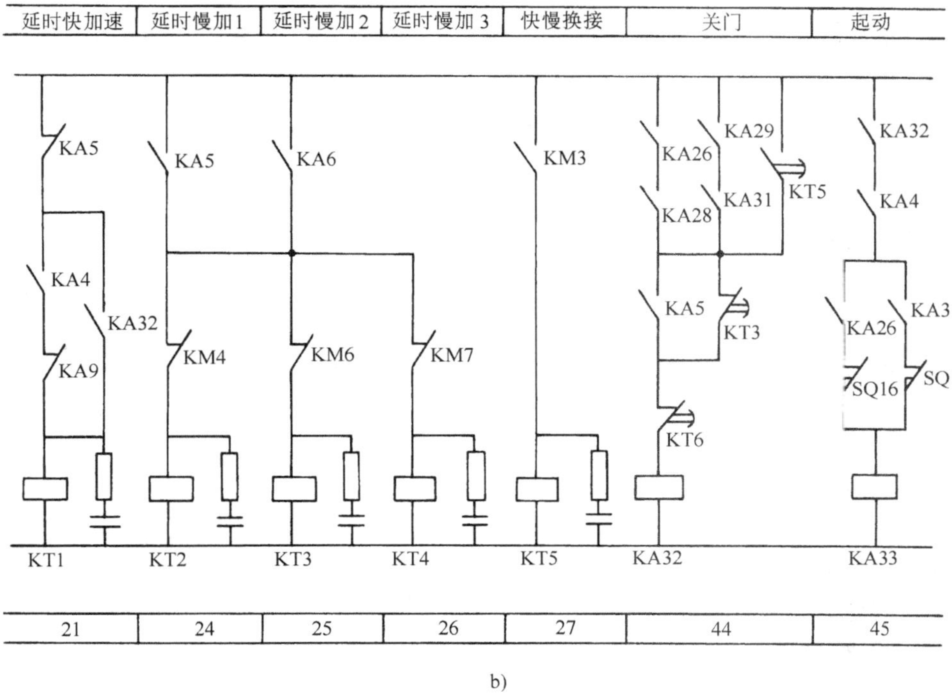

图 3-21　主拖动与起动控制电路（续）

使 KA22 通电吸合并自锁。KA21 断电释放，其常开触头断开 1 楼的指示灯 HL1 电路，使 HL1 灭。KA22 通电吸合，其常开触头闭合，接通了 2 楼的指示灯 HL2 电路，使各层厅门上方显示“2”字，表明轿厢已抵 2 楼。当轿厢超过 2 楼后，隔磁铁板又离开 KR6、KR7、KR8 和 KR2 干簧感应器，使 KA7、KA8、KA9 和 KA12 又断电释放，KT7 又通电吸合，为停站作准备，电梯通过 2 楼继续上升。

4. 制动减速和平层停车

（1）制动减速　当轿厢上升到所需停站的 3 楼时，停层隔磁铁板插入 3 楼的楼层干簧感应器 KR3 中，KR3 触头复位，KA13 通电吸合，使 KT7 与 KA22 线圈断电释放，3 楼控制继电器 KA23 线圈通电并自锁，指示灯 HL2 灭，HL3 亮，厅门上方显示“3”，表示轿厢已进入 3 楼。此时如果没有向上停层的信号登记，KA23 通电吸合还使向上方向继电器 KA26 及 KA27 线圈断电释放。KA27 的常开触头断开各层楼向上方向箭头灯 HL6 及轿厢内“向上”指示灯 HL8 电路。使向上指示灯全熄灭，表示电梯不再向上。同时还使停层记忆继电器 KA43 线圈及轿内记忆指示灯 HL13 相继断电。由于 KT7 线圈断电后需经 0.3～0.5s 的延时触头才动作，在这过程中，停站时间继电器 KT6 已通电并自锁，见图 3-22 电梯停站控制电路。图中 KA11～KA15 为楼层继电器，KA26 向上继电器常闭触头与 KA31 向下继电器常闭触头串联，用以防止上、下端站楼层继电器 KA11 和 KA15 触头接触不良而产生冲顶或墩坑事故。

KT6 线圈通电吸合使 KA32、KA33、KM3、KT5 线圈相继断电释放，KA33 断电又使 KM1 线圈电路断开（见图 3-21a）；而 KT5 断电释放，其延时断开触头又使 KM1 线圈电路延时断开，暂时维持 KM1 线圈通电吸合；KM3 断电释放使 KM5 断电释放。

由图 3-21a 可知，在 KM3 断电释放后，低速接触器 KM4 随即通电吸合，为上升接触器 KM1 又提供了一条通路。于是电动机 M1 主电路在串联 X2 和 R2 情况下进行再生发电制动，使其减速。

在电梯起动时，KA5 线圈通电吸合，时间继电器 KT2 ~ KT4 早已通电吸合，其触头已将接触器 KM6、KM7、KM8 线圈电路断开。现在，KM4 线圈通电吸合又使 KT2 线圈断电释放，其延时闭合触头闭合，延时接通 KM6，短接 R2 的部分电阻，轿厢第一次加速制动，依靠 KT3、KT4 和 KM7、KM8 的作用，将 X2 和 R2 逐级短路，实现三级制动，使电动机 M1 低速爬行。

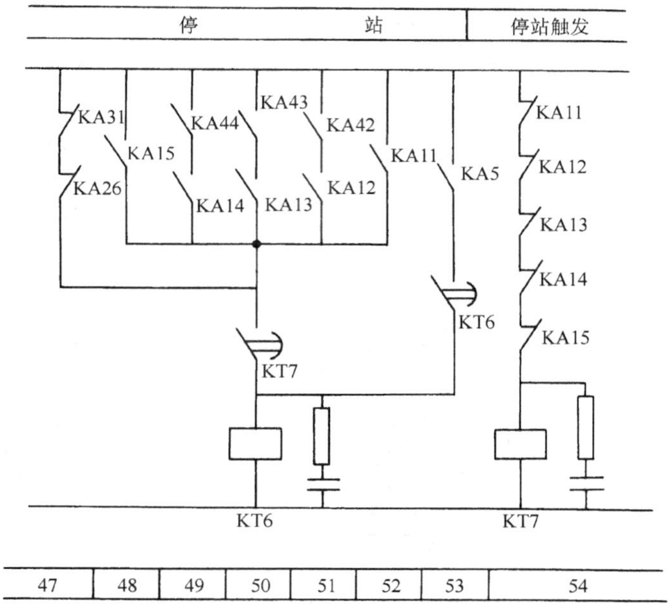

图 3-22　电梯停站控制电路

在高、低速接触器 KM3、KM4 换接过程中，制动器线圈 YB 是由 KT5 延时断开触头来维持通电的。

（2）平层停车　当电梯继续低速爬行时，平层隔磁铁板渐渐插入 KR6、KR7、KR8 三个干簧感应器，见图 3-17。首先插入的是上平层干簧感应器 KR6 中，KR6 触头复位，上平层继电器 KA7 线圈通电吸合，使上升接触器 KM1 线圈经 KA6 常闭触头、KM3、KA8、KA33 常闭触头，KA7 常开触头（已闭合），KM2 常闭触头，KM1 线圈，SQ18 常闭触头，KA4 常开触头（已闭合）形成通路。

轿厢继续上升，当开门控制干簧感应器 KR8 进入平层隔磁铁板时，其触头复位使开门控制继电器 KA9 通电吸合，KA9 常闭触头断开了 KM1 线圈的一条通路，KA9 常开触头闭合，为开门继电器 KA3 通电吸合作准备。

当轿厢到达停站水平位置时，下平层干簧感应器 KR7 进入平层隔磁铁板，KR7 常闭触头复位，使下平层继电器 KA8 通电吸合，KA8 常闭触头断开，切断了 KM1 接触器线圈的最后一条通路，使 KM1 线圈断电释放，使低速接触器 KM4、电动机 M1、制动器线圈 YB 和运行继电器 KA5 同时断电，KA5 常开触头断开又使停层时间继电器 KT6 线圈断电释放，平层完毕，轿厢停止运动。

5. 自动开门

在停层的过程中，平层隔磁铁板已进入开门控制干簧感应器 KR8 中而使开门控制继电器 KA9 通电吸合，在运行继电器 KA5 断电释放后，开门继电器 KA3 通电吸合。开关门电动机 M2 正转经开门机构将轿门、厅门同时开启，其开启过程如前所述，经一次减速，最后压下开门行程开关 SQ6 使 KA3 断电释放，电动机 M2 断开电源，开门结束，欲去 3 楼的乘客步出电梯。

6. 电梯的重新起动

欲去3楼乘客走出轿厢，3楼搭乘电梯的乘客进入轿厢，司机再根据乘客要求登记停层信号按下SB1～SB5按钮，重新按上升或下降按钮SB9或SB10，电梯便重新起动运行。

7. 电梯停用后的开门控制

电梯停用，必须将轿厢返回基站，于是压下井道内的厅外开门行程开关SQ4。断开指示灯开关SA4，关闭层楼指示灯和运行方向指示灯。将安全开关SA2板向右侧，电压继电器KA1线圈断电释放，电梯交、直流控制电路断电。司机走出轿厢，将钥匙插入钥匙开关SA1中并向左转，关门继电器KA2线圈通电吸合，电动机M2反转，将轿门和厅门同时关闭，完成了电梯关闭停用的操作。

8. 呼梯信号的登记和消除

图3-23为电梯呼梯电路，若轿厢停在1楼或2楼、3楼有人呼梯上行，此时3楼乘客在3楼厅外按下上行呼梯按钮SB13（见图3-23a）。按下SB13的作用是：

1）蜂鸣继电器KA46（见图3-23b）线圈通电吸合，蜂鸣器HA1发出蜂鸣声，松开SB13按钮，蜂鸣声停止。

2）呼梯继电器KA53线圈通电并自锁，使操纵箱上和按钮内呼唤灯HL53和HL73亮，实现呼梯记忆。此时，司机可根据当时电梯运行方向，用停层按钮SB3将停层信号登记。

当电梯接近所要停的楼层时，KA33起动继电器线圈断电释放，其常闭触头和KA23常开触头（已闭合）KA30常闭触头短接了KA53线圈，使KA53断电释放，相应的呼梯信号灯HL53和HL73都熄灭，呼梯信号清除。

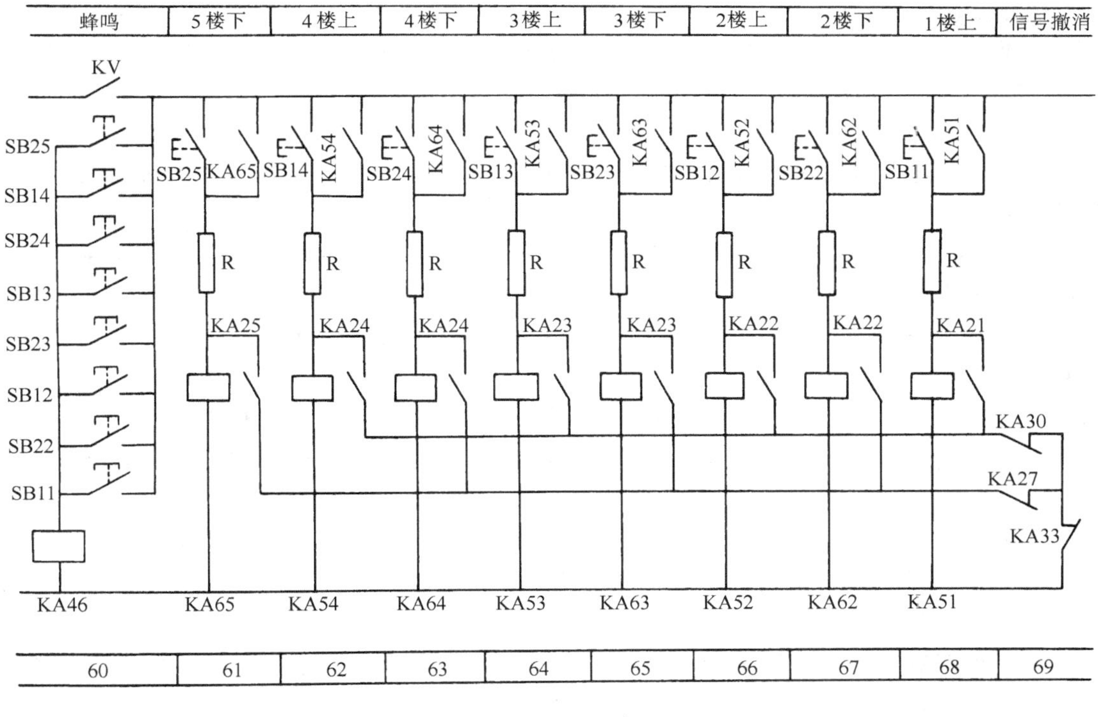

a)

图3-23　电梯呼梯电路

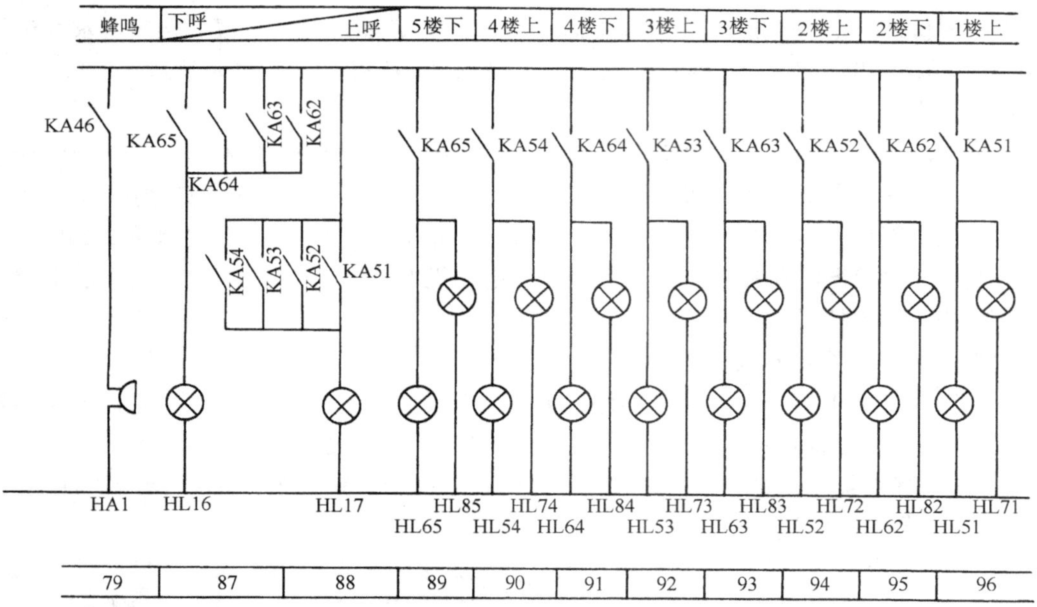

b)

图 3-23　电梯呼梯电路（续）

9. 电梯检修时的操作

电梯检修时，将安全开关 SA2 扳向左侧，使电压继电器 KV 线圈通电，其常开触头闭合，接通了电梯的交、直流控制电路电源。合上检修开关 SA3，检修继电器 KA6 线圈通电吸合，KA6 的 5 对常开触头、3 对常闭触头动作，其作用如下：

1）KA6 的第 1 对常闭触头断开，断开了用钥匙控制开关门电路，钥匙开关门已无效。

2）KA6 第 2 对常闭触头断开，断开了高速接触器 KM3 线圈电路，确保电梯在检修时不能开高速。

3）KA6 第 3 对常闭触头断开，断开开门控制继电器 KA9 线圈电路，KA9 常开触头断开了开门继电器 KA3 的电路，使开门只受点动开门按钮 SB7 控制，实现检修时的点动开门。

4）KA6 第 3 对常闭触头断开，也断开了平层电路，可以实现电梯的任意升降，适合检修工作要求。

5）KA6 第 1 对常开触头闭合，接通点动关门按钮 SB6，实现检修时的点动关门。

6）KA6 第 2 对常开触头闭合，接通 KT2 ~ KT4 时间继电器线圈电路，为低速制动作准备。

7）KA6 第 3 对常开触头闭合，为上升、下降接触器 KM1、KM2 通电作准备。

8）KA6 第 4、5 对常开触头闭合，为上升起动继电器 KA8 与下降起动继电器 KA9 实现点动控制作准备。

下面对检修时的开关门、检修时电梯的上升和下降控制以及应急开关的使用进行分析。

1）检修时的开关门控制　按下点动开门按钮 SB7，开门继电器 KA3 线圈通电吸合，开关门电动机 M2 正转，将门开启。松开 SB7 按钮，KA3 线圈断电释放，M2 停止转动；若要关门，按下点动关门按钮 SB6，关门继电器 KA2 线圈通电吸合，M2 反转关门，松开 SB6 按钮，KA2 线圈断电释放，M2 停止转动。这样，操作 SB7、SB6 点动按钮，便可将门开、关到所需的任何位置。

2）检修时电梯的上升与下降的控制　检修时欲要电梯上升，可不必进行停层指令的登记，只有按下向上点动按钮 SB9，向上起动继电器 KA28、向上方向继电器 KA26 和向上辅助继电器 KA27 线圈通电吸合。KA6 与 KA26 常开触头闭合使上升接触器 KM1 线圈通电吸合，KM4 低速接触器、制动器线圈 YB 相继通电吸合，曳引电动机 M1 起动、低速运行，拖动轿厢低速上升。KM4 常闭触头打开，KT2 时间继电器线圈断电释放，KT2 常闭触头延时闭合。闭合后 KM6 线圈通电吸合，短接 M1 定子电路中串接电阻 R2 的一部分，见图 3-15。相继 KT3、KM7、KT4、KM8 动作，逐级短接起动电阻 R2 和 X2，电梯低速制动下运行。松开 SB9 按钮，KA28、KA27、KA26 及有关电器全都断电释放，电梯停止运行。

要使电梯下降，可按下向下起动按钮 SB10，此时 KA29、KA30、KA31、KM2、KM4、YB 相继通电吸合，M1 反向低速起动，KT2、KM6、KT3、KM7、KT4、KM8 相继动作，逐级短接图 3-15 中的 R2、X2，电梯在低速制动下向下运行。松开 SB10、KA29 及有关电器断电释放，曳引电动机 M1 停止旋转，电梯停止。

3）应急开关 SB8 的使用　电梯在运行或检修时，如厅门或轿门行程开关 SQ10 ~ SQ15 中遇有损坏不能运行时，可按下应急按钮 SB8 代替门行程开关作应急使用，但 SB8 为点动控制按钮，只可实现点动控制。

习　题

3-1　试述 C650 普通车床主轴电动机的控制特点及电路中时间继电器 KT 的作用。

3-2　C650 普通车床电气控制具有哪些保护环节？

3-3　Z3040 摇臂钻床在摇臂升降过程中，液压泵电动机 M3 和摇臂升降电动机 M2 应如何配合？并以摇臂下降为例分析电路工作过程。

3-4　Z3040 摇臂钻床电气控制电路中，行程开关 SQ1 ~ SQ4 各有何作用？

3-5　Z3040 摇臂钻床电气控制电路中设置了哪些联锁与保护环节？

3-6　T68 卧式镗床主轴与进给电动机 M1 电气控制有何特点？

3-7　在 T68 卧式镗床电气控制电路中，行程开关 SQ、SQ1 ~ SQ8 各有何作用？安装在何处？它们分别由什么操作手柄来控制？

3-8　试述 T68 卧式镗床主轴低速冲动变速时的操作过程及电路工作情况。

3-9　试述 T68 卧式镗床电气控制特点。

3-10　小型冷库中压缩机电动机 M3 的控制具有何特点？

3-11　试分析注塑机电气控制电路的下列故障：

1）注塑机手动、半自动不能起动，全自动有第一循环，没有第二循环的故障原因。

2）注塑机只有慢速开模，但没有快速开模，作故障分析。

3）注塑机在注射前进到注射后退过程中，没有注射动作，分析其原因。

3-12　试述注塑机电气控制特点。

3-13　电梯设置了哪些机械安全保护装置？

3-14　电梯电气控制采用了哪些电气安全保护？

3-15　交流双速电梯共有几台电动机，各台电动机作用是什么？各台电动机的电气控制有何特点？

3-16　电梯是如何实现制动减速和平层停车的？

3-17　简述交流双速信号控制电梯在 2 楼呼梯欲去 5 楼的全过程。

第四章　电气控制系统设计

电气控制设计包括电气原理图设计和电气工艺设计两部分。电气原理图设计是为满足生产机械及其工艺要求而进行的电气控制设计，电气工艺设计是为电气控制装置本身的制造、使用、运行及维修的需要而进行的生产工艺设计。前者直接决定着设备的实用性、先进性、和自动化程度的高低，是电气控制设计的核心。后者决定着电气控制设备制造、使用、维修的可行性，直接影响电气原理图设计的性能目标和经济技术指标的实现。

第一节　电气控制设计的原则、内容和程序

一、电气控制设计的一般原则

在电气控制系统的设计中，应遵循以下几个原则：

1）最大限度地满足生产机械对电气控制的要求，这些生产机械的生产工艺要求是电气控制设计的依据。因此在设计前，应深入现场进行调查，搜集资料，并与生产过程有关人员、机械部分设计人员、实际操作者密切配合，明确控制目的和要求，共同拟定电气控制方案，协同解决设计中出现的各种问题，使设计成果满足生产工艺要求。

2）在满足控制要求前提下，设计方案力求简单、经济，不宜盲目追求自动化和高指标，力求控制系统操作简单、使用与维修方便。

3）正确、合理地选用电器元件，确保控制系统安全可靠地工作。同时考虑技术进步、造型美观。

4）为适应生产的发展和工艺的改进，在选择控制设备时，设备能力应留有适当裕量。

二、电气控制设计的基本内容。

以电力拖动控制设备为例，分述电气原理图设计和电气工艺设计的基本内容。

（一）电气原理图设计内容

1）拟定电气设计任务书。

2）选择电气拖动方案和控制方式。

3）确定电动机类型、型号、容量、转速。

4）设计电气控制原理框图，确定各部分之间的关系，拟定各部分技术指标与要求。

5）设计并绘制电气控制原理图，计算主要技术参数。

6）选择电器元件，制定元器件目录清单。

7）编写设计说明书。

电气原理图是整个设计的中心环节，是工艺设计和制定其他技术资料的依据。

（二）电气工艺设计内容

电气工艺设计是为了便于组织电气控制装置的制造与施工，实现电气原理图设计功能和各项技术指标，为设备的制造、调试、维护、使用提供必要的技术资料。电气工艺设计的主要内容有：

1）根据设计出的电气原理图及选定的电器元件，设计电气设备的总体配置，绘制电气控制系统的总装配图及总接线图。总图应反映出电动机、执行电器、电器箱各组件、操作台布置、电源以及检测元件的分布情况和各部分之间的接线关系及连接方式，以供总装、调试及日常维护使用。

2）按照原理框图或划分的组件，对总原理图进行编号，绘制各组件原理电路图，列出各部件的元件目录表，并根据总图编号列出各组件的进出线号。

3）根据组件原理电路图及选定的元件目录表，设计组件电器装配图（电器元件布置与安装图)、接线图、图中应反映出各电器元件的安装方式和接线方式。这些资料是组件装配和生产管理的依据。

4）根据组件装配要求，绘制电器安装板和非标准的电器安装零件图样。这些图样是机械加工的技术资料。

5）设计电气箱，根据组件尺寸及安装要求确定电气柜结构与外形尺寸，设置安装支架，标明安装方式，各组件的连接方式，通风散热方式及开门方式等。

6）汇总总原理图、总装配图及各组件原理图等资料，列出外构件清单，标准件清单，主要材料消耗定额等。这些是生产管理和成本核算必备的技术资料。

7）编写使用维护说明书。

三、电气控制设计的一般程序

以电力拖动电气控制设计为例，电气控制设计程序通常按以下步骤进行。

（1）拟定设计任务书　设计任务书是整个系统设计的依据，也是工程竣工验收的依据，必须认真对待。往往设计任务书下达部门只对系统的功能要求、技术指标提出一个粗略轮廓，而涉及设备应达到的各项具体技术指标和各项具体要求，则是由技术领导部门、设备使用部门及承担机电设计任务部门等几个方面共同讨论协商，最后以技术协议形式予以确定的。

在电气设计任务书中，除简要说明所设计设备的型号、用途、工艺过程、动作要求、传动参数、工作条件等外，还应说明以下主要技术指标和要求。

1）对控制精度、生产效率的要求。

2）电气传动基本特性，运动部件数量、用途，动作顺序，负载特性，调速指标，起动、制动要求等。

3）对自动化程度的要求。

4）稳定性及抗干扰要求。

5）联锁条件及保护要求。

6）电源种类、电压等级、频率及容量要求。

7）设备布局、安装要求、操作台布置，照明、信号指示、报警方式等。

8）目标成本与经费限额。

9）验收标准及验收方式。

（2）选择拖动方案　电力拖动方案是指根据设备加工精度、加工效率要求，生产机械的结构、运动部件的数量、运动要求、负载性质、调速要求等条件去确定电动机的类型、数量、传动方式，拟定电动机起动、调速、反向、制动等控制方案。作为电气控制原理图设计及电器元件选择的依据。因此，在设计任务书下达后，要认真做好调查研究工作，要注意借鉴已经获得成功并经生产实践考验的类似设备或生产工艺的成功设计，列出多种方案，经分析比较后作成决定。

（3）电动机的选择　拖动方案确定后，可进一步选择电动机的类型、型式、容量、额定电压与额定转速等。

（4）选择控制方式　拖动方案确定后，电动机已选好，采用什么方法来实现这些控制要求就是控制方式的选择。随着电气技术、电子技术、计算机技术、检测技术及自动控制理论的迅速发展，已使生产机械电力拖动控制方式发生了深刻的变革。从传统的继电接触器控制向可编程序控制、计算机控制等方面发展，各种新型的工业控制器及标准系列控制系统不断出现，可供选择的控制方式多种，系统复杂程度差异很大，可根据实际需要去选择。

（5）设计电气控制原理图、合理选用元器件，编制元器件目录清单。

（6）设计电气设备制造、安装、调试所必需的各种施工图，并以此依据编制各种材料定额清单。

（7）编写设计说明书。

第二节　电力拖动方案的确定和电动机的选择

电力拖动方案的选择是电气设计的主要内容之一，也是以后各部件设计内容的基础和先决条件。一个电气传动系统一般由电动机、电源装置和控制装置三部分组成，设计时应根据生产机械的负载特性、工艺要求及环境条件和工程技术条件选择电力拖动方案。

一、电力拖动方案的确定

首先根据生产机械结构和工艺要求来选用电动机的种类、数量，然后根据各运动部件的调速范围来选择调速方案。在选择电动机调速方案时，应使电动机的调速特性与负载特性相适应，以获得电动机的充分合理利用。

（一）拖动方式的选择

电力拖动方式有单独拖动与分立拖动两种。电力拖动发展的趋向是电动机逐步接近工作机构，形成多电动机的拖动方式，这样，不仅能缩短机械传动链，提高传动效率，便于自动化，而且也能使总体结构得到简化。在具体选择时，应根据工艺要求及结构具体情况决定电动机的数量。

（二）调速方案的选择

对于生产机械设备从生产工艺出发往往要求能够调速，不同的设备有不同的调速范围、调速精度等，为了满足一定的调速性能，应选用不同的调速方案，如采用机械变速，多速电动机变速，变频调速等方法来实现。随着交流调速技术的发展，其经济技术指标不断提高，采用各种形式的变频调速技术，将是机械设备调速的主流。

（三）电动机调速性质应与负载特性相适应

机械设备的各个工作机构，具有各自不同的负载特性，如机床的主运动为恒功率负载，而进给运动为恒转矩负载。在选择电动机调速方案时，要使电动机的调速性质与生产机械的负载特性相适应，以使电动机获得充分合理的使用。如双速笼型异步电动机，当定子绕组由三角形联结改成双星形联结时，转速增加一倍，功率却增加很少，适用于恒功率传动；对于低速为星形联结的双速电动机改成双星形联结后，转速和功率都增加一倍，而电动机输出的转矩保持不变，适用于恒转矩传动。

二、拖动电动机的选择

电动机的选择包括电动机种类、结构型式、电动机额定转速和额定功率。

（一）电动机选择的基本原则是;

1）电动机的机械特性应满足生产机械提出的要求，要与负载的负载特性相适应。保证运行稳定且具有良好的起动、制动性能。

2）工作过程中电动机容量能得到充分利用，使其温升尽可能达到或接近额定温升值。

3）电动机结构型式满足机械设计提出的安装要求，并能适应周围环境工作条件。

4）在满足设计要求前提下，应优先采用结构简单、价格便宜、使用维护方便的三相笼型异步电动机。

（二）电动机容量的选择

电动机容量的选择方法有两种，一种是分析计算法，一种是调查统计类比法。

（1）分析计算法　根据生产机械负载图预选一台电动机，再用该电动机的技术数据和生产机械负载图求出电动机的负载图。最后按电动机的负载图从发热方面进行校验，并检查电动机的过载能力与起动转矩是否满足要求，如若不合格，另选一台电动机重新计算，直至合格为止。此法计算工作量大，负载图的绘制较为困难。对于比较简单、无特殊要求、生产数量不多的电力拖动系统，电动机容量往往采用统计类比法。

（2）统计类比法　将各国同类型、先进的机床电动机容量进行统计和分析，从中找出电动机容量与机床主要参数间的关系，再根据我国实际情况得出相应的计算公式来确定电动机容量的一种实用方法。几种典型机床电动机的统计分析法公式如下（P 的单位均为 kW）：

普通车床　$$P=36.5D^{1.54} \tag{4-1}$$

立式车床　$$P=20D^{0.88} \tag{4-2}$$

式中　D——工件最大直径（m）。

摇臂钻床　$$P=0.0646D^{1.19} \tag{4-3}$$

式中　D——最大钻孔直径（mm）。

卧式镗床　$$P=0.004D^{1.7} \tag{4-4}$$

式中　D——镗杆直径（mm）。

龙门铣床　$$P=\frac{1.16B}{1.66} \tag{4-5}$$

式中　B——工作台宽度（mm）。

外圆磨床　$$P=0.1KB \tag{4-6}$$

式中　B——砂轮宽度（mm）;

K——砂轮主轴用滚动轴承时，$K=0.8\sim1.1$，砂轮主轴用滑动轴承时，$K=1.0\sim1.3$。

当机床的主运动和进给运动由同一台电动机拖动时，则应按主运动电动机功率计算。若进给运动单独一台电动机拖动，并具有快速运动功能时，则电动机功率应按快速移动所需功率来计算。快速移动所需要的功率，可由表 4-1 中所列数据选择。

此外，还有一种类比法，通过对长期运行的同类生产机械的电动机容量调查，并对机械主要参数、工作条件进行类比，然后再确定电动机的容量。

表 4-1　拖动机床快速运动部件所需电动机功率

机床类型		运动部件	移动速度/m·min^{-1}	所需电动机功率/kW
普通车床	D=400mm	溜板	6~9	0.6~1
	D=600mm	溜板	4~6	0.8~1.2
	D=1000m	溜板	3~4	3.2
摇臂钻床 d=35~75mm		摇臂	0.5~1.5	1~2.8
升降台铣床		工作台	4~6	0.8~1.2
		升降台	1.5~2	1.2~1.5
龙门铣床		横梁	0.25~0.5	2~4
		横梁上的铣头	1~1.5	1.5~2
		立柱上的铣头	0.5~1	1.5~2

第三节　电气原理图设计的步骤与方法

电气控制原理图是电气控制设计的核心，是电气工艺设计和编制各种技术资料的依据，在总体方案确定之后，首当其冲的是进行电气控制原理图的设计。

一、电气控制原理图设计的基本步骤

电气控制原理图设计的基本步骤是：

1）根据选定的拖动方案和控制方式设计系统的原理框图，拟订出各部分的主要技术要求和主要技术参数。

2）根据各部分的要求，设计出原理框图中各个部分的具体电路。对于每一部分电路的设计都是按照主电路→控制电路→联锁与保护→总体检查，反复修改与完善的步骤来进行。

3）绘制系统总原理图。按系统框图结构将各部分电路联成一个整体，绘成系统原理图。

4）合理选择电气原理图中每一电器元件，编制出元器件目录清单。

对于比较简单的控制电路，如普通机械或非标设备的电气配套设计、技术改造的电气配套设计，可以省略前两步，直接进行电气原理图的设计和选用电器元件。但对于比较复杂的电气自动控制电路，如新产品开发设计，新上工程项目的配套设计，就必须按上述步骤按部就班地进行设计，有时还需对上述步骤进一步细化，分步进行。只有各个独立部分都达到技术要求，才能保证总体技术要求的实现。

二、电气控制原理图的设计方法

电气控制原理图的设计方法有分析设计法和逻辑设计法两种，现分别介绍如下：

（一）分析设计法

分析设计法是根据生产工艺的要求选择适当的基本控制环节或将比较成熟的电路按各部分的联锁条件组合起来，并经补充和修改，将其综合成满足控制要求的完整电路，当没有现成典型环节可运用时，可根据控制要求边分析边设计。由于这种设计方法是以熟练掌握各种电气控制电路的基本环节和具备一定的阅读分析电气控制电路的经验为基础，故又称经验设计法。分析设计法的步骤是：

1）设计各控制单元环节中拖动电动机的起动、正反向运转、制动、调速、停车等的主

电路或执行元件的电路。

2）设计满足各电动机的运转功能和工作状态相对应的控制电路，以及满足执行元件实现规定动作相适应的指令信号的控制电路。

3）连接各单元环节构成满足整机生产工艺要求，实现加工过程自动或半自动和调整的控制电路。

4）设计保护、联锁、检测、信号和照明等环节控制电路。

5）全面检查所设计的电路。应特别注意电气控制系统在工作过程中因误操作、突然失电等异常情况下不应发生事故，或所造成的事故不应扩大，力求完善整个系统的控制电路。

这种设计方法简单，容易为初学者所掌握，在电气控制中被普遍采用。其缺点是不易获得最佳设计方案；当经验不足或考虑不周时会影响电路工作的可靠性。因此，应反复审核电路工作情况，有条件时应进行模拟试验，发现问题及时修改，直至电路动作准确无误，满足生产工艺要求为止。

下面以龙门刨床横梁升降电气控制电路的设计为例来说明分析设计法的方法与步骤：

（1）横梁升降机构的工艺要求

1）由于刨床工件加工位置高低不同，要求横梁沿立柱能上升、下降作调整运动。

2）为确保切削加工的进行，正常情况下横梁应夹紧在立柱上，夹紧机构由夹紧电动机拖动，而横梁的上、下移动则由另一台横梁升降电动机拖动。

3）在动作配合上，当横梁上升时应按照横梁松开→上升移动→横梁夹紧的顺序进行；当横梁下降时应按照横梁松开→下降移动→横梁回升后再夹紧的顺序进行。由上可知，横梁下降比横梁上升时多了一个横梁短时回升的动作，其目的在消除螺母上端面与丝杠螺纹下端面的间隙，以防止加工时因横梁倾斜造成的误差而影响加工精度。

4）横梁升降应设有限位保护，对夹紧电动机应设有夹紧力保护。

（2）电气控制原理图设计过程

1）根据拖动要求设计主电路　从横梁运动出发，横梁由横梁升降电动机 M1 与夹紧放松电动机 M2 拖动，且都要求正反转。为此采用接触器 KM1、KM2 及 KM3、KM4 来变换电动机的相序来实现。

考虑横梁升降为调整运动，故对 M1 采用点动控制，而 M2 需与 M1 存在一定的配合且按一定顺序工作，应统一考虑其控制。

考虑横梁夹紧时有一定的夹紧力要求，在夹紧电动机 M2 反转夹紧时，即接触器 KM4 工作时，在电动机定子电路的一相中串入过电流继电器 KI 的线圈，以此来检测电动机定子电流。随着夹紧力的增大，定子电流加大，当电流增长至 KI 动作电流值时，过电流继电器动作，其触头使 KM4 线圈断电释放，夹紧电动机停转，夹紧结束。据此可设计出图 4-1 所示主电路。

2）设计控制电路草图　根据电动机 M1 与 M2 工作之间有一定的顺序关系，当发出“上升”指令后，应使放松接触器 KM3 线圈通电吸合，M2 正转起动，拖动夹紧机构将横梁松开；待横梁完全松开后发出松开信号，使 M2 停止工作，同时使上升接触器 KM1 线圈通电，升降电动机 M1 正转起动，拖动横梁上升；当横梁上升到所需位置时撤除“上升”指令，KM1 线圈断电，M1 停转，此时应使夹紧接触器 KM4 线圈通电，M2 反转，拖动夹紧机构将横梁夹紧在立柱上；当夹紧到一定程度时，夹紧电动机负载加大；主电路电流升高，当达到过电流继电器 KI 的动作值时，KI 动作，发出“已夹紧”信号，切断 KM4 线圈电路，M2 停转，夹紧结束，横梁上升移动结束。

横梁松开信号的发出是由复合行程开关 SQ1 完成的。当横梁处于夹紧状态时，SQ1 不受压；当横梁完全松开时，夹紧机构经杠杆将 SQ1 压下，发出“松开”信号。

横梁下降在不考虑横梁下降的回升时，其控制情况与横梁上升时完全相同。由此设计出图 4-1 所示的横梁升降控制电路草图之一。

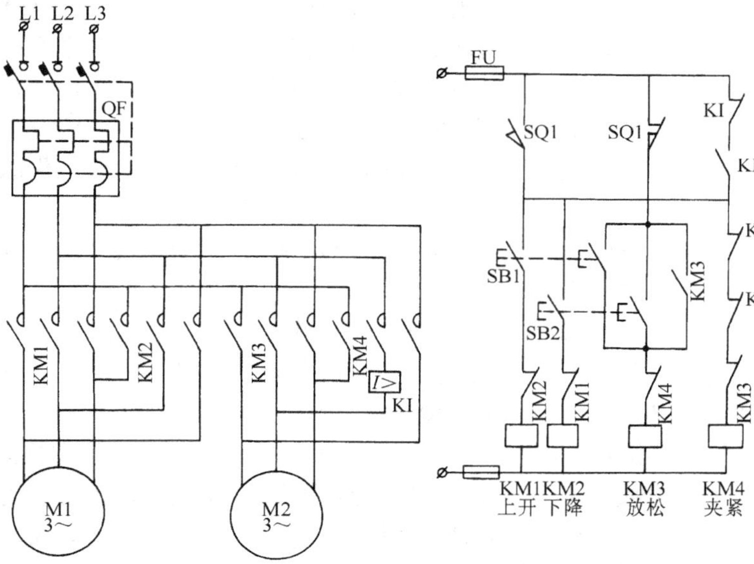

图 4-1 横梁升降控制电路草图之一

3）完善设计草图 图 4-1 设计草图功能不完善，主要是缺少横梁下降时的短时回升。为此引入断电延时型时间继电器 KT。当横梁下降时，KM2 线圈通电，将 KM2 常开触头接通 KT 线圈电路，当横梁下降到位时，下降指令撤除，KM2 线圈断电释放，KT 线圈断电释放，但接于上升接触器 KM1 线圈电路中的 KT 断电延时断开触头仍闭合，接通 KM1 线圈电路，使 M1 正转，拖动横梁回升，延时时间到，KT 常开触头复位，KM1 线圈断电，M1 停转，回升动作完成。于是设计出如图 4-2 所示的横梁升降控制电路草图之二。

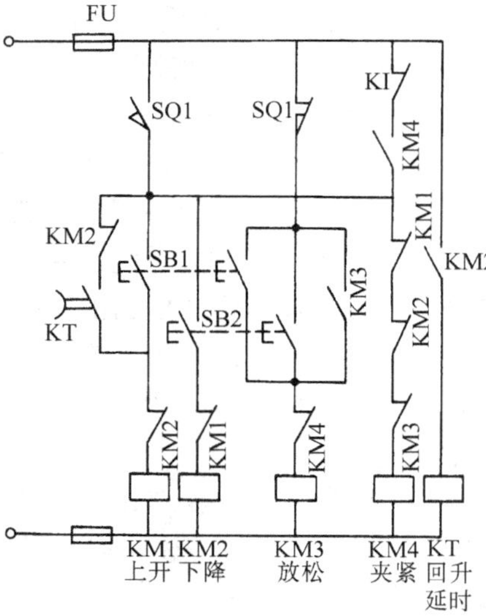

图 4-2 横梁升降控制电路草图之二

4）检查并改进设计草图 图 4-2 电路在控制功能上已达到上述控制要求。但仔细检查会发现，KM2 的辅助触头使用量已超出接触器的拥有量，另外图 4-2 电路要求采用具有两对常开触头的按钮，而常用的按钮是一对常开一对常闭，为此引入中间继电器 KA，用按钮常开触头去控制 KA，用按钮常闭触头实现 KM1、KM2 的互锁，用 KA 的常开触头与常闭触头去控制 KM1、KM2、KM3、KM4。于是设计出图 4-3 所示的横梁升降控制电路草图之三。

5）总体校核　控制电路设计完成，最后需进行总体校核，看其是否满足生产工艺要求，电路是否合理，有无需进一步简化之处，触头数量够否，联锁与保护是否完善，电路工作是否安全可靠等。在这考虑横梁上升的极限位置保护而引入行程开关 SQ2，考虑横梁下降过程中与立柱上的侧刀架的限位保护而引入行程开关 SQ3。将 SQ2、SQ3 常闭触头分别串接于 KM1、KM2 线圈电路中，最后形成图 4-4 所示横梁升降控制电路。

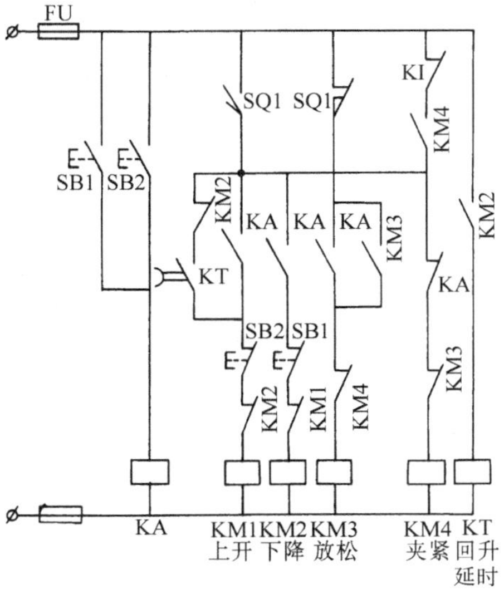

图 4-3　横梁升降控制电路草图之三

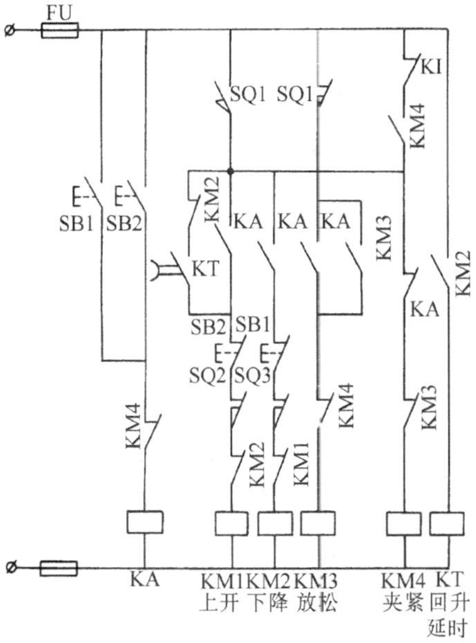

图 4-4　横梁升降控制电路图

（3）电气控制原理图设计中应注意的问题

电气控制原理图设计中应注意以下问题，以使设计出的电路简单、正确、安全、可靠、结构合理、使用维修方便。

1）尽量减少控制电路中电流、电压的种类，控制电压选择标准电压等级。电气控制电路常用的电压控制等级见表 4-2。

表 4-2　常用的电压控制等级

控制电路类型	常用的电压值/V		电源设备
交流电力传动的控制电路较简单	交流	380、220	不用控制电源变压器
交流电力传动的控制电路较复杂		110（127）、48	采用控制电源变压器
照明及信号指示电路		48、24、6	采用控制电源变压器
直流电力传动的控制电路	直流	220、110	整流器或直流发电机
直流电磁铁及电磁离合器的控制电路		48、24、12	整流器

2）尽量减少电器元件的品种、规格与数量，在电器元件选用时，尽可能选用性能优良，价格便宜的新型器件，同一用途电器元件尽可能选用相同型号。

3）正常工作中，尽可能减少通电电器的数量，以利节能，延长电器元件寿命及减少线路故障。

4）合理使用电器触头。触头数量应满足电路要求，否则可采用逻辑设计化简法，改变触头的组合方式来减少触头使用数量，或增设中间继电器来解决。还应检查触头容量是否满足控制负载的要求。

5）做到正确接线，具体应注意以下几点：

首先正确连接电器线圈，电压线圈通常不能串联使用，即便是两个同型号电压线圈也不能串联后接于两倍线圈额定电压上，以免电压分配不匀引起工作不可靠。对于交流电压线圈更不能串联使用，因电器动作有先有后，若 KM1 先动作，KM2 后动作，造成 KM1 磁路气隙先减小，使该线圈电感增大，阻抗加大，KM1 线圈分配到的电压大，而 KM2 线圈将低于其额定电压，甚至造成 KM2 不能吸合，影响电路正常工作；同时电路电流增大，可能烧毁接触器线圈。

对于电感量较大的电磁阀、电磁铁线圈或电动机励磁线圈不宜与相同电压等级的接触器或中间继电器线圈直接并联工作，否则在接通断开电源时会造成后者的误动作。

第二要合理安排电器元件及触头的位置。对一个串联电路，电器元件或触头位置互换，并不影响其工作原理，但却影响到运行安全和节省导线。如图 4-5 两种接线，工作原理相同，但采用图 4-5a 接法既不安全又浪费导线。因为行程开关 SQ 的常开、常闭触头相距很近，在触头断开时，由于电弧可能造成电源短路，很不安全，而且 SQ 引出线需用 4 根，很不合理，采用图 4-5b 接法更为合理。

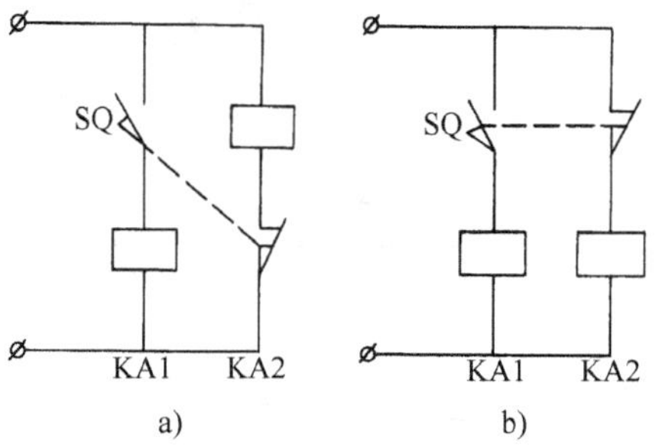

图 4-5　合理安排触头位置

a）不合理　b）合理

第三要注意避免出现寄生电路。在控制电路的动作过程中，出现的不是由于误操作而产生的意外接通的电路称为寄生电路。图 4-6 为一个具有指示灯和长期过载保护的电动机正反向控制电路。在正常工作时，能完成正反向起动、停止与信号的指示。但当热继电器 FR 动作，FR 常闭触头断开后就会出现图中虚线所示的寄生电路，使接触器不能可靠释放而得不到过载保护。若将 FR 常闭触头移接到 SB1 上端就可避免寄生电路。

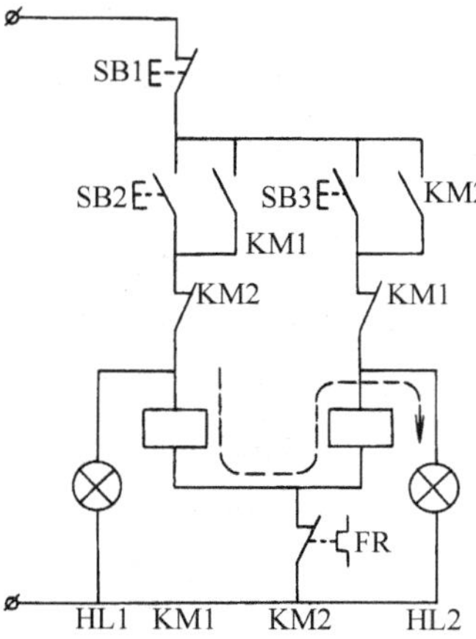

图 4-6　存在寄生电路的控制电路

6）尽可能提高电路工作的可靠性、安全性。首先应考虑电器元件动作时间配合不当引起的竞争，因此应分析电器元件动作时间及元件之间的配合情况，使之满足控制要求。

第二应仔细考虑每一控制程序间必要的联锁，在发生误操作时不会造成事故。

第三应根据设备特点及使用情况设置必要的电气保护。

7）电路设计要考虑操作、使用、调试与维修的方便。

（二）逻辑设计法

逻辑设计法是利用逻辑代数这一数学工具来进行电路设计。它是从工艺资料（工作循环图、液压系统图等）出发，将控制电路中的接触器、继电器线圈的通电与断电，触头的闭合与断开，以及主令元件的接通与断开等看成逻辑变量，并根据控制要求，将这些逻辑变量关系表示为逻辑函数关系式，再运用逻辑函数基本公式和运算规律对逻辑函数式进行化简，然后按化简后的逻辑函数式画出相应的电路结构图，最后再作进一步的检查和完善，以期获得最佳设计方案，使设计出的控制电路既符合工艺要求，又达到线路简单、工作可靠、经济合理的要求。

1. 逻辑设计法设计控制电路的方法步骤

1）按工艺要求作出工作循环图。

2）决定执行元件与检测元件，并作出执行元件动作节拍表和检测元件状态表。

3）根据检测元件状态表写出各程序的特征数，并确定待相区分组，设置中间记忆元件，使各待相区分组所有程序区分开。

4）列写中间记忆元件开关逻辑函数式及其执行元件动作逻辑函数式并画出相应的电路结构图。

5）对按逻辑函数式画出的控制电路进行检查、化简和完善。

2. 设计举例

下面以典型的液压纵、横液压缸进给加工的控制电路设计为例。

1）纵横液压缸液压进给加工工艺及工作循环图。其要求为：

①液压缸工作后，当按下向前按钮 SB 时，纵向液压缸带动刀具经过快进、工进、工进完后发出信号并在终点位置停留。

②当纵向工进完发出信号后，横向液压缸带动刀具经过快进、工进，工进完后快退至原位，发出信号使纵向液压缸带动刀具快退至原位，整个循环动作结束。

根据工艺要求作出工作循环图如图 4-7a 所示，其液压系统图如图 4-7b 所示。

在工作循环图中各行程开关的工作状态为

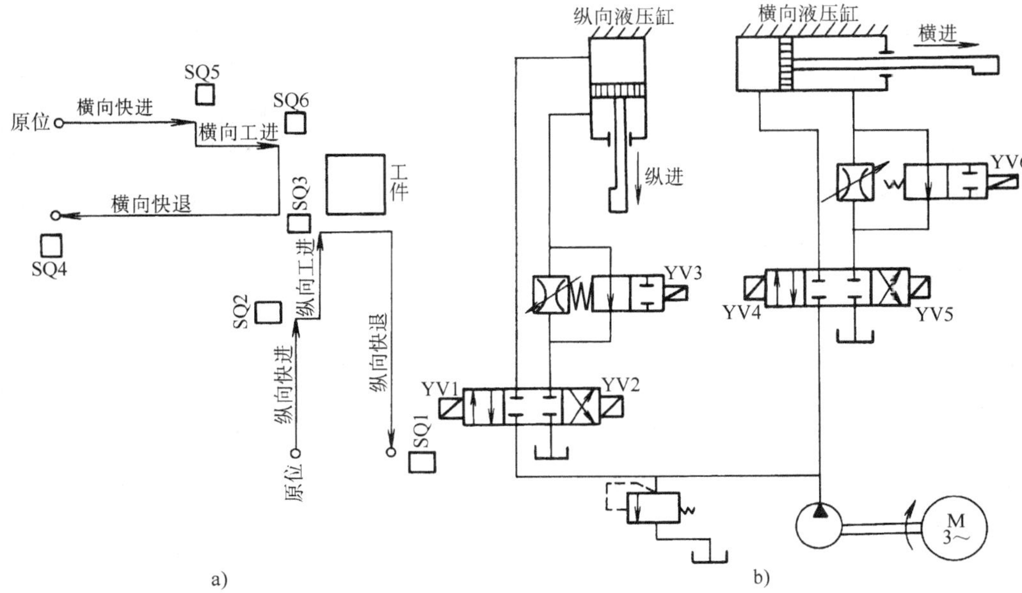

图 4-7　纵横向液压缸液压进给工作循环图与液压系统图

a）工作循环图　b）液压系统图

SQ1（压下，1 状态），表示纵向液压缸在原位。

SQ2（压下，1 状态），表示纵向液压缸快进转工进，由长挡铁压下，挡铁长度与工进长度相等。

SQ3（压下，1 状态），表示纵向液压缸工进完。

SQ4（压下，1 状态），表示横向液压缸在原位。

SQ5（压下，1 状态），表示横向液压缸快进转工进，由长挡铁压下，挡铁长度与工进长度相等。

SQ6（压下，1 状态），表示横向液压缸前进至终点。

2）作出执行元件动作节拍表及检测元件状态表。执行元件动作节拍表就是液压电磁阀通断表，它是由液压设计人员根据设计出的液压系统图后提供的，见表 4-3 工作状态表中的执行元件节拍表一栏。

检测元件状态表是对照工作循环图并根据各程序中检测元件状态变化情况列写出来的。其列写的规则为：

①在某一程序中，若检测元件处于原始状态，则在该元件对应的程序格子中填以“0”，若元件处以受激状态（开关受压动作，电器吸合），则填以“1”。

②在某一程序中，若检测元件的状态发生变化（从 0→1 或从 1→0），则在相应的格子中填以$\frac{0}{1}$或$\frac{1}{0}$。

以原始“0 程序”为例，在该程序中，检测元件 SQ1、SQ4 受压为 1 状态，其余检测元件均为 0 状态，由此可得出“0 程序”时检测元件状态表。然后逐个分析每个检测元件在一个工作循环中状态变化情况，按上述规则进行填写。下面以检测元件 SB 按钮与行程开关 SQ1 为例来说明检测元件状态表的填写方法。

在“0 程序”，SB 处于“0 状态”，从“0 程序”到“1 程序”SB 按下，于是由“0”状态变为“1”状态，这正是“0 程序”切换到“1 程序”的主令信号。SB 在“1 程序”中，短时为“1”状态，一旦松开按钮 SB，其复原，又成为“0”状态，说明 SB 是瞬动信号，但在控制电路设计中应保证发生误按时，不会对电路工作状态发生影响。填写结果见图 4-3 中检测元件 SB 状态表一栏。

SQ1 是反映纵向油缸原位的行程开关。在原位处压下 SQ1，处于“1”状态，只是在纵向油缸发生快进运动后才会复原，所以 SQ1 只在“1 程序”中发生由“1”状态变为“0”状态的情况，其余程序均为“0”状态，见表 4-3。

按照上例可将各检测元件在一个工作循环中各程序的状态填写出来，详见表 4-3 中检测元件状态表栏。

3）中间记忆元件的设置：有了执行元件节拍表和检测元件状态表，能否单纯依靠主令元件和检测元件的触头状态来实现控制要求，也就是说，能否单纯依靠 SB、SQ1 ~ SQ6 为逻辑变量来实现 YV1 ~ YV6 这些逻辑函数呢？为此引入程序特征码的概念。

①程序特征码。所谓程序特征码，就是由对应于一个程序中所有主令元件和检测元件状态开关量所构成的二进制数码。

以表 4-3 为例：

“0”程序特征码：1001000

表 4-3 工作状态表

程序	名称	执行元件节拍表						检测元件状态表							转换主令	待相区分组						中间记忆元件	
		1YV	2YV	3YV	4YV	5YV	6YV	SQ1	SQ2	SQ3	SQ4	SQ5	SQ6	SB		A	B	C	D	E	F	方案 1	方案 2
0	原始	—	—	—	—	—	—	1	0	0	1	0	0	0								KA1	KA1、KA2
1	纵快	+	—	—	—	—	—	$\frac{1}{0}$	0	0	1	0	0	$\frac{1}{0}$	SB								
2	纵工	+	—	+	—	—	—	0	1	0	1	0	0	0	SQ2								
3	横快	+	—	+	+	—	—	0	1	1	$\frac{1}{0}$	0	0	0	SQ3								
4	横工	+	—	+	+	—	+	0	1	1	0	1	0	0	SQ5								
5	横退	+	—	+	—	+	—	0	1	1	0	$\frac{1}{0}$	$\frac{1}{0}$	0	SQ6								
6	纵退	—	+	—	—	—	—	0	$\frac{1}{0}$	$\frac{1}{0}$	1	0	0	0	SQ4								
0	原始	—	—	—	—	—	—	0	0	0	1	0	0	0	SQ1								

"1"程序特征码：1001001；0001000；1001000

"2"程序特征码：0101000

"3"程序特征码：0111000；0110000

"4"程序特征码：0110100

"5"程序特征码：0110110；0110000；0110100；0110010

"6"程序特征码：0111000；0101000；0011000；0001000

应该指出，程序特征码不是一个数，而是开关电路触头的一种组合状态的反映。一个程序有几个特征数，就反映该程序中存在着几个开关组合状态。利用程序特征码能够方便地判定两个不同程序是否可能区分。

当一个程序中有一个检测元件状态取值先后不同，则该程序可能有两个不同地特征码，如 1 程序和 3 程序。

当一个程序中有两个检测元件状态取值先后不同，则该程序可能有 4 个不同的特征码，如 5 程序与 6 程序。

②程序两两相区分与待相区分组。当两个程序中不存在相同的特征码时，该两程序就是已相区分的。显然，只要两程序特征码中有一位不同，这两程序就已相区分了。若两程序的特征码出现重复，则这两个程序是不相区分的，或说是相重复的。为检查各程序是否已两两相区分，我们应将各程序特征码两两进行比较。比较结果，将那些相同程序特征码的程序归为一组，这就称为待相区分组。经比较分为以下几组：

A 组：0、1 程序重复了特征码 1001000

B 组：1、6 程序重复了特征码 0001000

C 组：2、6 程序重复了特征码 0101000

D 组：3、5 程序重复了特征码 0110000

E 组：3、6 程序重复了特征码 0111000

F 组：4、5 程序重复了特征码 0110100

将这些待相区分组填入表 4-3 中。待相区分组的填空规则如下：

每一待相区分组占一行，在这一行中将已相区分的程序用粗直线划去，不相区分的程序空了一格。若相邻两个程序不相区分的话，则在程序分界线上标上黑点。本例待相区分组填写情况见表 4-3 中待相区分组一栏。

③中间记忆元件的设置。当待相区分组查出后，就可设置中间记忆元件，通过这些中间记忆元件的设置来将各待相区分组区分开。中间记忆元件填写在中间记忆元件表中。填写方法与规则如下：

首先把每一待相区分组中“0 程序”的起点和最后一个程序的终点看做是一点，并且将黑点看做一条线。这样，对于每一待相区分组将包括两条以上的线段，如表 4-3 中 A 组有两条线段。

填写中间记忆元件，用带有箭头的线段表示中间记忆元件在线段通过的程序是通电的，反之为断电，从而保证两个待相区分组中的两个程序对应着中间记忆元件的不同状态，这样，待相区分组借助于中间记忆元件的不同状态便能区分开了。这里关键的是带箭头线段的起点与终点确定在哪一个程序。本例设置中间记忆元件的方案 1 为采用中间继电器 KA1，并将 KA1 这一行所带箭头线段的起点选在“0”、“1”程序的交界处，终点选在“4”、“5”程序的交界处，这样可将所有待相区分组都区别开。

为节约中间记忆元件数目，记忆元件的起点和终点尽可能取在能区别更多待相区分组的地方。如选一个中间记忆元件画一条箭头线满足不了要求时，可用几个中间记忆元件，在其对应的各行中，都标上有箭头线，使它们的起点和终点能将所有待相区分组的线段割断。本例还采用第二方案，两个中间记忆元件 KA1 与 KA2，见表 4-3。

4）列写中间记忆元件开关逻辑函数式及其执行元件动作逻辑函数式，画出相应的控制电路结构图。

①列写中间记忆元件开关逻辑式的基本要求：首先应保证根据列出的逻辑式画出的电路结构不会发生误动作，中间记忆元件应该在并且也只有在指令的主令程序开启动作，在指定的程序关闭释放；当一个转换主令信号既要作为一个中间记忆元件的关闭信号，又要作为另一个中间记忆元件的开启信号时，要明确其主从关系，以设法消除可能由此引起的竞争现象。

②开关逻辑式的列写。对于图 4-8a 所示控制电路可写出式（4-7）开关逻辑式。

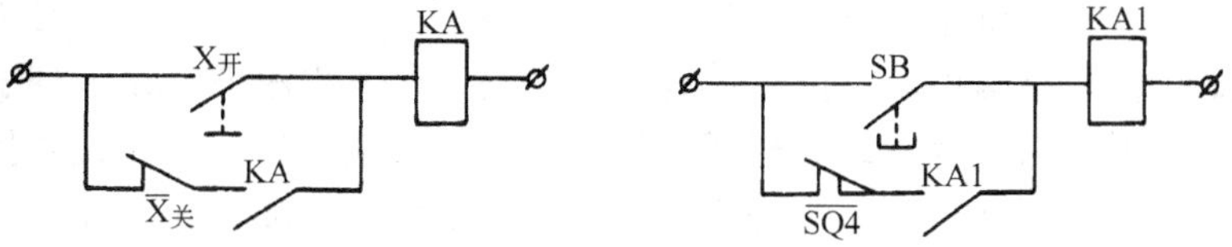

a)　　b)

图 4-8　控制电路

$$f = X_{开} + \overline{X_{关}} \cdot KA \quad (4\text{-}7)$$

式中　$X_{开}$——KA 的开启信号；

$X_{关}$——KA 的关断信号；

KA——KA 的常开触头，作自锁用。

我们可从表 4-3 中查出中间记忆元件的 $X_{开}$ 与$\overline{X_{关}}$的信号。对于方案 2 中的 KA1 的逻辑式，可在检测元件状态表中找出相应的程序转换主令信号为 SB 与$\overline{SQ4}$分别作为 $X_{开}$ 与$\overline{X_{关}}$即可写出

$$f_{KA1} = SB + \overline{SQ4} \cdot KA1 \quad (4\text{-}8)$$

其控制电路如图 4-8b 所示。但是这个开关逻辑式不够严密，因为 SB 与 SQ4 在任一程序都有误按与误碰的可能，这样将使 KA1 发生误动作。为此在开启信号 $X_{开}$ 和关闭信号$\overline{X_{关}}$中，除了相应的程序转换主令信号外，还应包括适当的约束条件，以保证中间记忆元件不发生误动作。如中间继电器 KA 在 i 程序开启，而在 $i+n+1$ 程序关闭，这时开关逻辑式将成为

$$f = X_{开} + \overline{X_{关}} \cdot KA = X_i X_{开约} + (\overline{X_{i+n+1}} + X_{关约}) \cdot KA \quad (4\text{-}9)$$

式中　X_i——转入第 i 程序的转换主令信号；

$X_{开约}$——开启约束信号；

$\overline{X_{i+n+1}}$——转入第 $i+n+1$ 程序的转换主令信号；

$X_{关约}$——关闭约束信号。

为保证中间继电器不发生误动作，对 $X_{开约}$ 与 $X_{关约}$ 提出如下要求：

对于 $X_{开约}$，要求在 $i-1$ 程序及 i 程序时应为“1”，而在其他情况下最好均为“0”。这样既可保证转换主令信号 X_i 到来时可将 KA 开启动作，又能可靠地防止 KA 的误动作。

对于 $X_{关约}$，要求在 $i+n+1$ 程序及 $i+n$ 程序时应为“0”，而在其余情况下最好均为“1”。这样既可保证转换主令信号$\overline{X_{i+n+1}}$到来时将 KA 关闭释放，又能保证 KA 不发生误关闭动作。

对于上例中方案 2 的 KA1 可取 SQ1 作为 $X_{开约}$，而将$\overline{KA2}$作为 KA1 的 $X_{关约}$。这样，方案 2 中 KA1 的逻辑函数式为

$$f_{KA1} = SB \cdot SQ1 + KA1\ (\overline{SQ4} + KA2) \quad (4\text{-}10)$$

③无记忆功能执行元件动作逻辑式的列写：对于无记忆功能的执行元件电磁阀、电磁铁等的动作可通过检测元件与中间记忆元件来控制，可先通过执行元件节拍表来分析其通电状态，然后写出逻辑函数式。下面以电磁阀 YV3 为例说明。由执行元件节拍表可知，YV3 在第 2 ~ 5 程序范围内通电，其他程序为断电。观察检测元件状态表，没有一个正好在第 2 ~ 5 程序范围内得电，只有 SQ2 接近要求，它在 2 ~ 6 程序范围内得电，若单由 SQ2 来控制 YV3，将要引起 YV3 在第 6 程序中发生误动作，为此必须加入约束条件。

若采用第 2 方案，可发现 KA1 在第 6 程序为“0”状态，而在第 2 ~ 5 程序却为‘1’状态。为此将 SQ2、KA1 两个元件“与”起来，便能满足 YV3 得要求，于是得到

$$f_{YV3} = SQ2 \cdot KA1 \quad (4\text{-}11)$$

若采用方案 1，可先将 SQ4 与方案 1 中的 KA1“或”起来，即 KA1 + $\overline{SQ4}$基本上能满足 YV3 要求，但是在第 1 程序中将发生误动作，而 SQ2 在第 1 程序为“0”状态，在第 2 ~ 5

程序为“1”状态，这样将 $KA1+\overline{SQ4}$和 SQ2“与”起来，就可满足 YV3 的逻辑要求，其逻辑函数式为：

$$f_{YV3}=(KA1+\overline{SQ4})\cdot SQ2 \tag{4-12}$$

④方案 1 和方案 2 的逻辑函数式：通过上述方法，可将两个方案中的执行元件和中间记忆元件逻辑函数式列写如下：

方案 1：

$$f_{KA1}=(SB\cdot SQ1\cdot SQ4+KA1)\overline{SQ6}$$
$$f_{YV1}=(KA1+\overline{SQ4})$$
$$f_{YV2}=\overline{KA1}\cdot SQ4\cdot \overline{SQ1}$$
$$f_{YV3}=(KA1+\overline{SQ4})\cdot SQ2$$
$$f_{YV4}=KA1\cdot SQ3$$
$$f_{YV5}=\overline{KA1}\cdot \overline{SQ4}\cdot SQ3$$
$$f_{YV6}=KA1\cdot SQ5$$

方案 2：

$$f_{KA1}=SB\cdot SQ1\cdot SQ4\cdot \overline{KA2}+KA1(\overline{KA2}+\overline{SQ4})$$
$$f_{KA2}=(SQ6+KA2)\cdot \overline{SQ1}$$
$$f_{YV1}=KA1$$
$$f_{YV2}=KA2\cdot \overline{KA1}$$
$$f_{YV3}=KA1\cdot SQ2$$
$$f_{YV4}=\overline{KA2}\cdot SQ3$$
$$f_{YV5}=KA1\cdot KA2$$
$$f_{YV6}=KA2\cdot SQ5$$

⑤绘制电气控制电路草图。根据所列写的逻辑函数式绘制控制电路，其具体画法是：根据一个逻辑函数式画出一条支路，然后再将这些支路并联起来，就构成了总的控制电路草图，但对于某些执行元件，如电磁阀、电磁铁、离合器等，由于电源电压等级不同，有的还需用直流电源供电，所以一般单独组成控制电路。方案 1 和方案 2 的控制电路分别如图 4-9 和图 4-10 所示。

5）进一步检查、化简和完善电路。按逻辑函数式画出的控制电路，还需进一步进行检查、化简和完善。检查的主要内容是：能否符合控制要求；有否可能出现竞争现象，各元件的触头是否够用等。

化简的主要内容是：能否进一步化简各逻辑函数式。也就是对各逻辑函数式中各“与”项提取公因子，以及各函数式间提取公因子，即考虑公用触头的问题。

完善的主要内容是：控制电路的联锁，几个控制电路间的联锁。从电路的可靠性、经济性、简明性全面考虑，看是否增加必要的中间记忆元件并加以必要的保护。最后将主电路与控制电路画在一起，完成整个电路的设计。

在本例中，各中间记忆元件的逻辑函数式与各执行元件的逻辑函数式基本上达到最简函数，不必再去简化。电路中也不存在竞争现象。从电路动作可靠性看，方案 2 比方案 1 较为

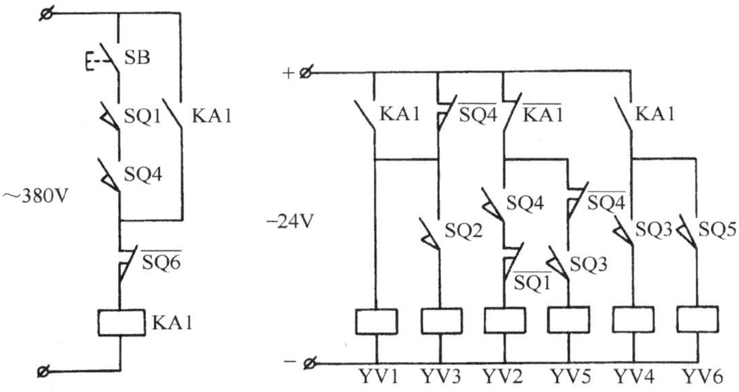

图 4-9　方案 1 的控制电路

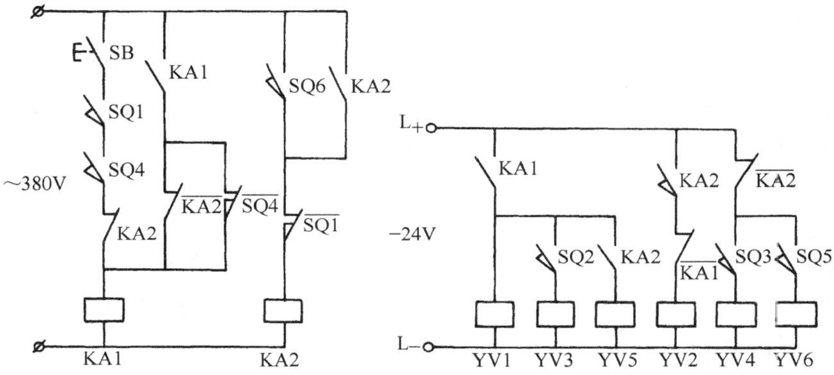

图 4-10　方案 2 的控制电路

优越。为此，选择方案 2 绘出的电气控制电路图作为典型加工工艺纵横液压缸液压进给加工的控制电路图。另外，加入主电路及控制电路中的各种保护，组成完整电气控制原理图，如图 4-11 所示。

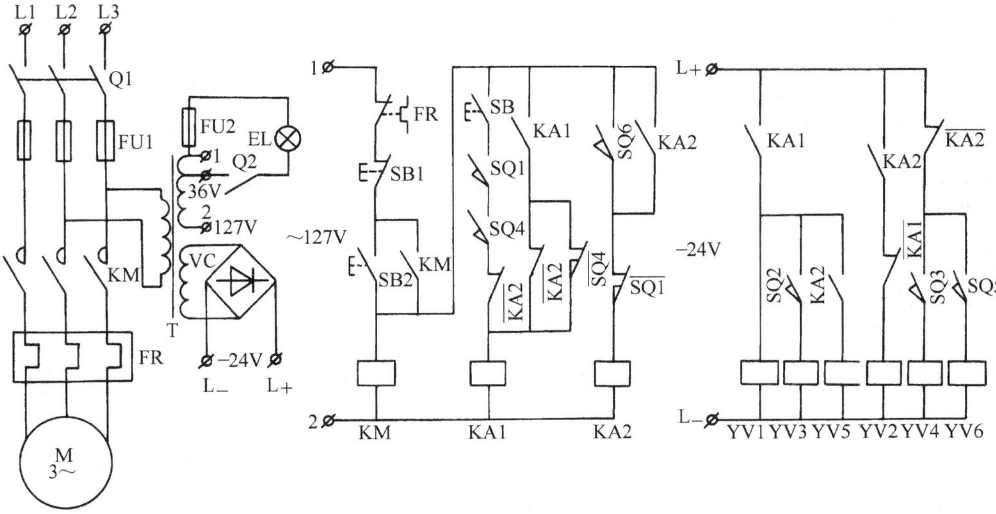

图 4-11　纵横液压缸液压进给加工电气控制原理图

第四节 电气控制工艺设计

电气工艺设计必须在电气原理图设计完成之后进行，首先进行电气控制设备总体配置即总装配图、总接线图设计，然后再进行各部分电气装配图与接线图的设计，列出各部分的元件目录、进出线号以及主要材料清单，最后编写使用说明书。

一、电气设备总体配置设计

一台设备往往由若干台电动机来拖动，而各台电动机又由许多电器元件来控制，这些电动机与各类电器元件都有一定的装配位置。如电动机与各种执行元件如电磁铁、电磁阀、电磁离合器、电磁吸盘等，各种检测元件如行程开关、传感器、温度、压力、速度继电器等必须安装在生产机械的相应部位。各种控制电器如各种接触器、继电器、电阻、断路器、控制变压器、放大器等以及各种保护电器如熔断器、电流、电压保护继电器等则安放在单独的电器箱内，而各种控制按钮、控制开关，各种指示灯、指示仪表、需经常调节的电位器等，则必须安装在控制台面板上。由于各种电器元件安装位置不同，所以在构成一个完善的自动控制系统时，必须划分组件，解决好组件之间，电器箱之间以及电气箱与被控制装置之间的联线问题。

组件的划分原则是：

1）将功能类似的元件组合在一起可构成控制面板组件；电气控制盘组件；电源组件等。

2）尽可能减少组件之间的联线数量，将接线关系密切的电器元件置于同一组件中。

3）强电与弱电控制器分离，以减少干扰。

4）力求整齐美观，外形尺寸相同、重量相近的电器组合在一起。

5）为便于检查与调试，将需经常调节、维护和易损元件组合在一起。

电气控制设备的各部分及组件之间的接线方式通常有：

1）电器板、控制板、机床电器的进出线一般采用接线端子。

2）被控制设备与电气箱之间采用多孔接插件，便于拆装、搬运。

3）印制电路板与弱电控制组件之间宜采用各种类型接插件。

总体配置设计是以电气系统的总装配图与总接线图形式来表达的，图中应以示意方式反映出各部分主要组件的位置及各部分接线关系、走线方式及使用管线要求。

总装配图、接线图是进行分部设计和协调各部分组成一个完整系统的依据。总体设计要使整个系统集中、紧凑，同时要考虑对发热厉害、噪声振动大的电气部件应离操作者较远位置，电源紧急停止控制应安放在方便而明显的位置，对于多工位加工的大型设备，应考虑多处操作等。

二、元件布置图的设计

电气元件布置图是指某些电器元件按一定的原则组合。如电气控制箱中的电器板、控制面板、放大器等。电器元件布置图的设计依据是部件原理图。同一组件中的电器元件的布置应注意。

1）体积大和较重的电器元件安装在电器板的下方，发热元件安放在电器板的上方。

2）强电弱电分开并加以屏蔽，以防干扰。

3）需要经常维护、检修、调整的电器元件安装高度要适宜。

4）电器元件的布置应考虑整齐、美观、对称。外形尺寸与结构类似的电器安放在一起，以利加工、安装和配线。

5）电器元件之间应留有一定间距，若采用板前走线槽配线方式，应适当加大各排电器间距，以利布线和维护。

各电器元件位置确定以后，便可绘制电器布置图。布置图是根据电器元件的外形尺寸按比例绘制，并标明各元件间距尺寸。同时，还要根据本部件进出线的数量和导线规格，来选择适当接线端子板和接插件，按一定顺序标上进出线的接线号。

三、电气部件接线图的绘制

电气部件接线图是根据部件电气原理图及电器元件布置图来绘制的。它表示了成套装置的连接关系，是电气安装和查线的依据。接线图应按以下要求绘制：

1）接线图和接线表的绘制应符合 GB/T6988.5—1997《电气制图接线图和接线表》的规定。

2）电气元件按外形绘制，并与布置图一致，偏差不要太大。

3）所有电气元件及其引线应标注与电气原理图相一致的文字符号及接线号。

4）在接线图中同一电器元件的各个部分（触头、线圈等）必须画在一起。

5）电气接线图一律采用细实线，走线方式有板前走线与板后走线两种，一般采用板前走线。对于简单电气控制部件，电器元件数量较少，接线关系不复杂，可直接画出元件内的连线。但对于复杂部件，电器元件数量多，接线较复杂时，一般是采用走线槽，只要在各电器元件上标出接线号，不必画出各元件之间连线。

6）接线图中应标出配线用的各种导线的型号、规格、截面积及颜色要求。

7）部件的进出线除大截面导线外，都应经过接线端子板，不得直接进出。

四、电气箱及非标准零件图的设计

在电气控制比较简单时，电气控制板往往附在生产机械上，而在控制系统比较复杂，或生产环境或操作需要时，采用单独的电气控制箱，以利制造、使用和维护。

电气控制箱设计要考虑以下几方面的问题：

1）根据控制面板及箱内各电气部件的尺寸来确定电气箱总体尺寸及结构方式。

2）结构紧凑外形美观，与生产机械相匹配。

3）根据控制面板及箱内电气部件的安装尺寸，设计箱内安装支架。

4）从方便安装、调整及维修要求，设计控制箱开门方式。

5）为利于箱内电器的通风散热，在箱体适当部位设计通风孔或通风槽。

6）为利于电气箱的搬动，设计合适的起吊钩、起吊孔、扶手架或箱体底部带活动轮等。

外形确定以后，再按上述要求进行各部分的结构设计，绘制箱体总装图及门、控制面板、底板、安装支架、装饰条等零件图，并注明加工尺寸。

非标准的电器安装零件，如开关支架、电气安装底板、控制箱的有机玻璃面板等，应根据机械零件设计要求，绘制其零件图。

五、各类元器件及材料清单的汇总

在电气控制原理设计及工艺设计结束后，应根据各种图样，对本设备需要的各种零件及材料进行综合统计，列出外购件清单表，标准件清单表，主要材料消耗定额表及辅助材料消耗定额表，供有关部门备料，以备生产。这些资料也是成本核算的依据。

六、编写设计说明书及使用说明书

设计说明及使用说明是设计审定及调试、使用、维护过程中不可缺少的技术资料。

设计及使用说明书应包含以下主要内容：

1）拖动方案选择依据及本设计的主要特点。

2）主要参数的计算过程。

3）设计任务书中要求的各项技术指标的核算与评价。

4）设备调试要求与调试方法。

5）使用、维护要求及注意事项。

习　题

4-1　电气控制设计中应遵循的原则是什么？设计内容包括哪些主要方面？

4-2　采用分析设计法，设计一台机床的电气控制原理图，该机床由两台三相笼型异步电动机 M1、M2 拖动，其控制要求是：

1）M1 容量较大，采用 Y-△减压起动，停车时采用能耗制动；

2）M1 起动后经 20s 后 M2 起动（M2 容量较小，可采用全压起动）；

3）M2 停车后才允许 M1 停车；

4）M1、M2 起动、停止均要求两地控制；

5）应设置必要的电气保护。

4-3　画出上题机床电气安装接线图。

4-4　设计说明书及使用说明书应包含哪些主要内容。

第五章　可编程序控制器及其工作原理

可编程序控制器是以微处理器为核心的工业自动控制通用装置，其种类繁多，不同厂家的产品各有特点，有一定的区别，但作为工业标准设备，可编程序控制器具有一定的共性。

本章主要介绍可编程序控制器的一般特性，重点讲述可编程序控制器的一般结构、工作原理以及循环扫描工作方式等。

第一节　可编程序控制器概述

一、可编程序控制器的产生与发展

（一）可编程序控制器的产生

20 世纪 20 年代出现了将接触器、各种继电器、定时器、其他电器及其触头按一定逻辑关系连接的继电接触器控制系统，它结构简单、价格便宜、便于掌握，在一定范围内能满足控制要求，在工业控制中一直占有主导地位。但也存在着设备体积大，动作速度慢，功能少而固定，可靠性差，难于实现较复杂的控制的缺点。特别是由于它是靠硬连线逻辑构成的系统，接线繁杂，当生产工艺改变时，原有的接线和控制盘就要更换，缺乏通用性和灵活性。

20 世纪 60 年代，由于小型计算机的出现和大规模生产及多机群控的需要，人们曾试图用小型计算机来实现工业控制的要求，但由于价格高，输入、输出电路不匹配和编程技术复杂等原因，一直未能得到推广应用。

20 世纪 60 年代末期，美国汽车制造业竞争激烈，各生产厂家的汽车型号不断更新，它必然要求加工的生产线随之改变，整个控制系统需重新配置。为了适应生产工艺不断更新的需要，要寻找一种比继电器更可靠，功能更齐全，响应速度更快的新型工业控制器。1968 年美国最大的汽车制造商美国通用汽车公司（GM）公开招标，并从用户角度提出了新一代控制器应具备的十大条件，引起了开发热潮。这十大条件中比较主要的是：编程方便，可现场修改程序；维修方便，采用插件式结构；可靠性高于继电器控制装置；体积小于继电器控制盘；数据可直接送入管理计算机；成本可与继电器控制盘竞争；扩展时原系统改变最少。这些要求实际上提出了将继电接触器的简单易懂、使用方便、价格低的优点，与计算机的功能完善、通用性、灵活性好的优点结合起来，将继电接触器控制的硬连线逻辑变为计算机的软件逻辑编程的设想，采取程序修改方式改变控制功能，这是从接线逻辑向存储逻辑进步的重要标志。

1969 年，美国数字设备公司（DEC）研制出了第一台可编程序控制器 PDP—14，并在 GM 公司汽车生产线上试用成功，并取得了满意的效果，可编程序控制器由此诞生。所以可编程序控制器是生产力发展的必然产物。

（二）可编程序控制器的发展

可编程序控制器自问世以来，发展极其迅速。1971 年，日本开始生产可编程序控制器，1973 年，欧洲开始生产可编程序控制器。到现在，世界各国的一些著名电器厂家几乎都在生产可编程序控制器，可编程序控制器已作为一个独立的工业设备进行生产，已成为当代电控装置的主导。

由于可编程序控制器一直在发展中，直到目前为止，还未能对其下一个十分确切的定义。国际电工委员会（IEC）曾于1982年11月颁发了可编程序控制器标准草案第一稿，1985年1月发表了第二稿，1987年2月颁发了第三稿。草案中对可编程序控制器的定义是："可编程序控制器是一种数字运算操作的电子系统，专为在工业环境下应用而设计。它采用了可编程序的存储器，用来在其内部存储执行逻辑运算、顺序控制、定时、计数和算术运算等操作指令，并通过数字式或模拟式的输入和输出，控制各种类型的机械或生产过程。可编程序控制器及其有关外围设备，都按易于与工业系统联成一个整体，易于扩充其功能的原则设计"。

早期的可编程序控制器主要由分立元件和中小规模集成电路组成，他采用了一些计算机技术，但简化了计算机的内部电路，对工业现场环境适应性较好，指令系统简单，一般只具有逻辑运算的功能。人们把它称之为可编程序逻辑控制器（Programmable Logic Controller）缩写为PLC。随着微电子技术和集成电路的发展，特别是微处理器和微计算机的迅速发展，在20世纪70年代中期，美、日、德等国的一些厂家在可编程序控制器中引入微机技术，微处理器及其他大规模集成电路芯片成为其核心部件，使可编程序控制器具有了自诊断功能，可靠性有了大幅度提高。国外工业界在1980年正式命名为可编程序控制器（Programmable Controller），缩写为PC。但由于他和个人计算机（Personal Computer）的简称容易混淆，仍把可编程序控制器缩写为PLC。

进入20世纪80年代，可编程序控制器都采用了微处理器（CPU），只读存储器（ROM）、随机存储器（RAM）或单片机作为其核心，处理速度大大提高，增加了多种特殊功能，体积进一步减小。20世纪90年代末，PLC几乎完全计算机化，速度更快，功能更强，各种智能模块不断开发出来，使其不断扩展着它在各类工业控制过程中的作用。

现在，PLC不仅能进行逻辑控制，在模拟量闭环控制、数字量的智能控制、数据采集、监控、通信联网及集散控制系统等各方面都得到了广泛的应用。如今，大、中型，甚至小型PLC都配有A/D、D/A转换及算术运算功能，有的还具有PID功能。这些功能使PLC在模拟量闭环控制、运动控制、速度控制等方面具有了硬件基础；许多PLC具有输出和接收高速脉冲的功能，配合相应的传感器及伺服设备，PLC可实现数字量的智能控制；PLC配合可编程序终端设备，可实时显示采集到的现场数据及分析结果，为系统分析、研究工作提供依据，利用PLC的自检信号可以实现系统监控；PLC具有较强有力的通信功能，可以与计算机或它们智能装置进行通信及联网，从而能方便地实现集散控制。功能完备的PLC不仅能满足控制要求，还能满足现代化大生产管理的需要。

近年来，可编程序控制器发展更为迅速，更新换代周期缩短为3年左右。展望未来，可编程序控制器在规模上和功能上将向两大方向发展：一是大型可编程序控制器向高速、大容量和高性能方向发展。如有的机型扫描速度高达0.1ms/k字（0.1μs/步），可处理几万个开关量I/O信号和多个模拟量I/O信号，用户程序存储器达十几兆字节；二是发展简易经济超小型可编程序控制器，以适应单机控制和小型设备自动化的需要。另外，不断增强PLC工业过程控制的功能，研制采用工业标准总线，使同一工业控制系统中能连接不同的控制设备，增强可编程序控制器的联网通信功能，便于分散控制与集中控制的实现，大力开发智能I/O模块，增强可编程序控制器的功能等都是其发展方向。

二、可编程序控制器的用途与特点

(一) 可编程序控制器的用途

PLC 的初期由于其价格高于继电器控制装置，使其应用受到限制。但近几年来由于微处理器芯片及有关元件价格大大下降，使 PLC 成本下降，同时又由于 PLC 的功能大大增强，使 PLC 的应用越来越广泛，广泛应用于钢铁、水泥、石油、化工、采矿、电力、机械制造、汽车、造纸、纺织、环保等行业。PLC 的应用通常可分为五种类型：

(1) 顺序控制　这是 PLC 应用最广泛的领域，用以取代传统的继电器顺序控制。PLC 可应用于单机控制、多机群控、生产自动线控制等。如注塑机、印刷机械、订书机械、切纸机械、组合机床、磨床、装配生产线、电镀流水线及电梯控制等。

(2) 运动控制　PLC 制造商目前已提供了拖动步进电动机或伺服电动机的单轴或多轴位置控制模块。在多数情况下，PLC 把描述目标位置的数据送给模块，其输出移动一轴或数轴到目标位置。每个轴移动时，位置控制模块保持适当的速度和加速度，确保运动平滑。

相对来说，位置控制模块比计算机数值控制 (CNC) 装置体积更小，价格更低，速度更快，操作更方便。

(3) 闭环过程控制　PLC 能控制大量的物理参数，如温度、压力、速度和流量等。PID (Proportional Integral Derivative) 模块的提供使 PLC 具有闭环控制功能，即一个具有 PID 控制能力的 PLC 可用于过程控制。当过程控制中某一个变量出现偏差时，PID 控制算法会计算出正确的输出，把变量保持在设定值上。

(4) 数据处理　在机械加工中，出现了把支持顺序控制的 PLC 和计算机数值控制 (CNC) 设备紧密结合的趋向。著名的日本 FANUC 公司推出的 System10、11、12 系列，已将 CNC 控制功能作为 PLC 的一部分。为了实现 PLC 和 CNC 设备之间内部数据自由传递，该公司采用了窗口软件。通过窗口软件，用户可以独自编程，由 PLC 送至 CNC 设备使用。美国 GE 公司的 CNC 设备新机种也同样使用了具有数据处理的 PLC。东芝的 TOSNUC600 也将 CNC 和 PLC 组合在一起，预计今后几年 CNC 系统将变成以 PLC 为主体的控制和管理系统。

(5) 通信和联网　为了适应国外近几年来兴起的工厂自动化 (FA) 系统、柔性制造系统 (FMS) 及集散控制系统 (DCS) 等发展的需要，必须发展 PLC 之间，PLC 和上级计算机之间的通信功能。作为实时控制系统，不仅 PLC 数据通信速率要求高，而且要考虑出现停电、故障时的对策等。

(二) 可编程序控制器的特点

(1) 抗干扰能力强，可靠性高　继电接触器控制系统虽有较好的抗干扰能力，但使用了大量的机械触头，使设备连线复杂，由于器件的老化、脱焊、触头的抖动及触头在开闭时受电弧的损害大大降低了系统的可靠性。而 PLC 采用微电子技术，大量的开关动作由无触点的电子存储器件来完成，大部分继电器和繁杂的连线被软件程序所取代，故寿命长，可靠性大大提高。

微机虽然具有很强的功能，但抗干扰能力差，工业现场的电磁干扰，电源波动，机械振动，温度和湿度的变化，都可能使一般通用微机不能正常工作。而 PLC 在电子线路、机械结构以及软件结构上都吸取了生产控制经验，主要模块均采用了大规模与超大规模集成电路，I/O 系统设计有完善的通道保护与信号调理电路；在结构上对耐热、防潮、防尘、抗振等都有精确考虑；在硬件上采用隔离、屏蔽、滤波、接地等抗干扰措施；在软件上采用数字滤波等抗干扰和故障诊断措施。所有这些使PLC具有较高的抗干扰能力，目前各生产厂家生产的PLC，平均无故障时间都大大超过了IEC规定的10万小时，有的甚至达到了几十万小时。

（2）控制系统结构简单、通用性强、应用灵活　PLC产品均成系列化生产，品种齐全，外围模块品种也多，可由各种组件灵活组合成各种大小和不同要求的控制系统。在PLC构成的控制系统中，只需在PLC的端子上接入相应的输入、输出信号线即可，不需要诸如继电器之类的物理电子器件和大量而又繁杂的硬接线线路。当控制要求改变，需要变更控制系统功能时，可以用编程器在线或离线修改程序，同一个PLC装置用于不同的控制对象，只是输入、输出组件和应用软件不同而已。

（3）编程方便，易于使用　PLC是面向用户的设备，PLC的设计者充分考虑到现场工程技术人员的技能和习惯，PLC程序的编制，采用梯形图或面向工业控制的简单指令形式。梯形图与继电器原理图相类似，直观易懂，容易掌握，不需要专门的计算机知识和语言，深受现场电气技术人员的欢迎，近年来又发展了面向对象的顺控流程图语言，也称功能图，使编程更加简单方便。

（4）功能完善，扩展能力强　PLC中含有数量巨大的用于开关量处理的继电器类软元件，可轻松地实现大规模的开关量逻辑控制，这是一般的继电器控制所不能实现的。PLC内部具有许多控制功能，能方便地实现D/A、A/D转换及PID运算，实现过程控制、数字控制等功能。PLC具有通信联网功能，它不仅可以控制一台单机，一条生产线，还可以控制一个机群，许多条生产线。它不但可以进行现场控制，还可以用于远程控制。

（5）PLC控制系统设计、安装、调试方便　PLC中相当于继电接触器系统中的中间继电器、时间继电器、计数器等“软元件”数量巨大，硬软件齐全，且为模块化积木式结构，并已商品化，故可按性能、容量（输入、输出点数、内存大小）等选用组装。又由于用软件编程取代了硬接线实现控制功能，使安装接线工作量大大减小，设计人员只要有一台PLC就可进行控制系统的设计并可在实验室进行模拟调试。

（6）维修方便，维修工作量小　PLC具有完善的自诊断，履历情报存储及监视功能。对于其内部工作状态、通信状态、异常状态和I/O点的状态均有显示。工作人员通过它可查出故障原因，便于迅速处理，及时排除。

（7）体积小、重量轻，易于实现机电一体化。

由于PLC具有上述特点，使得PLC获得极为广泛的应用。

三、可编程序控制器的分类

（一）按I/O点数容量分类

一般来说，处理的I/O点数比较多，则控制关系比较复杂，用户要求的程序存储器容量比较大，要求PLC指令及其他功能比较多，指令执行的过程也比较快等。按PLC的输入输出点数可将PLC分为三类。

（1）小型机　小型PLC的功能一般以开关量控制为主，其输入、输出总点数在256点以下，用户程序存储器容量在4KB以下。现在的高性能小型机还具有一定的通信能力和少量的模拟量处理能力。这类PLC价格低廉，体积小，适合于控制单台设备，开发机电一体化产品。

典型的小型机有SIEMENS公司的S7-200系列、OMRON公司的CPM2A系列，MITSUBISH公司的FX系列和AB公司的SLC500系列等整体式PLC等产品。

（2）中型机　中型机 PLC 的输入、输出总点数在 256～2048 点之间，用户程序存储器容量达到 2～8KB。中型 PLC 不仅具有开关量和模拟量的控制功能，还具有更强的数字计算能力，它的通信功能和模拟量处理能力更强大。中型机的指令比小型机更丰富，适用于复杂的逻辑控制系统以及连续生产过程控制场合。

典型的中型机有 SIEMENS 公司的 S7-300 系列、OMRON 公司的 C200H 系列、AB 公司的 SLC500 系列模块式 PLC 等产品。

（3）大型机　大型机 PLC 的输入、输出总点数在 2048 点以上，用户程序存储器容量达到 8～16K 字。大型 PLC 的性能已经与工业控制计算机相当，它具有计算、控制和调节的功能，还具有强大的网络结构和通信联网能力。它的监视系统采用 CRT 显示，能够表示过程的动态流程，记录各种曲线，PID 调节参数选择图；它配备多种智能板，构成一个多功能系统。这种系统还可以和其他型号的 PLC 互联，和上位机相连，组成一个集中分散的生产过程和产品质量控制系统。大型机适用于设备自动化控制、过程自动化控制和过程监控系统。

典型的大型 PLC 有 SIEMENS 公司的 S7-400 系列、OMRON 公司的 CVM1 和 CS1 系列、AB 公司的 SLC5/05 系列等产品。

上述划分没有一个严格的界限，随着 PLC 技术的飞速发展，某些小型 PLC 也具有中型机和大型机的功能，这也是 PLC 的发展趋势。

（二）按结构形式分

按 PLC 物理结构形式的不同，可分为整体式（也称单元式）和组合式（也称模块式）两类。

（1）整体式结构　整体式结构的 PLC 是将中央处理单元（CPU）、存储器、输入单元、输出单元、电源、通信端口、I/O 扩展端口等组装在一个箱体内构成主机。另外还有独立的 I/O 扩展单元等通过扩展电缆与主机上的扩展端口相连，以构成 PLC 不同配置与主机配合使用。整体式结构的 PLC 结构紧凑、体积小、成本低、安装方便。小型机常采用这种结构。整体式 PLC 的组成如图 5-1 所示。

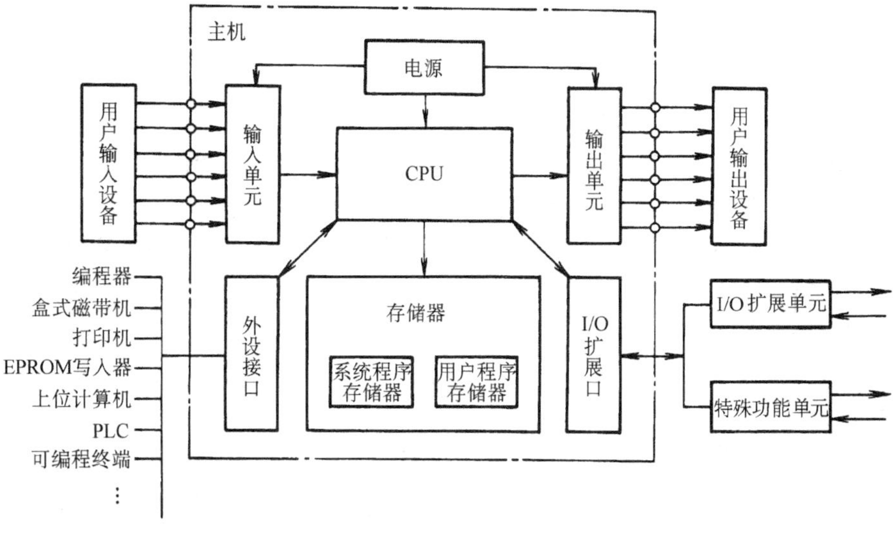

图 5-1　整体式 PLC 组成示意图

（2）组合式结构　这种结构的 PLC 是将 CPU、输入单元、输出单元、电源单元、智能 I/O 单元、通信单元等分别作成相应的电路板或模块，各模块可以插在带有总线的底板上。装有 CPU 的模块称为 CPU 模块，其他称为扩展模块。组合式的特点是配置灵活，输入接点、输出接点的数量可以自由选择，各种功能模块可以依需要灵活配置。大、中型 PLC 常用组合式结构。图 5-2 为组合式 PLC 的组成示意图。

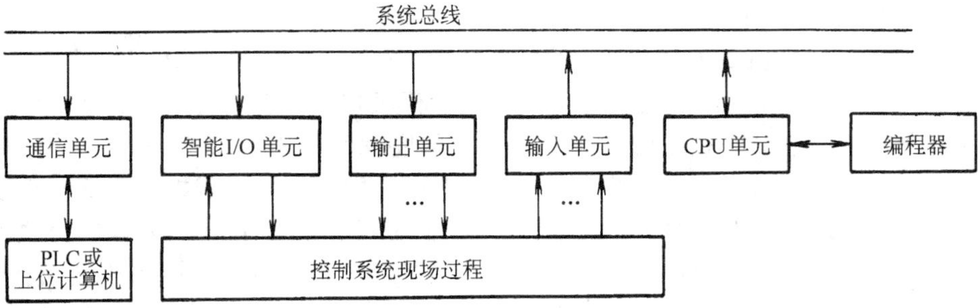

图 5-2　组合式 PLC 组成示意图

第二节　可编程序控制器的硬件组成

可编程序控制器种类繁多，但其基本结构和工作原理基本相同。PLC 的基本结构由中央处理器（CPU），存储器，输入、输出接口，电源，扩展接口，通信接口，编程工具，智能 I/O 接口，智能单元等组成。

一、中央处理器（CPU）

与一般计算机一样，CPU 是 PLC 的核心，它按 PLC 中系统程序赋予的功能指挥 PLC 有条不紊地进行工作，其主要作用有

1）接收并存储从编程器输入的用户程序和数据。

2）诊断 PLC 内部电路的工作故障和编程中的语法错误。

3）用扫描的方式通入 I/O 部件接收现场的状态或数据，并存入输入映像存储器或数据存储器中。

4）PLC 进入运行状态后，从存储器逐条读取用户指令，解释并按指令规定的任务进行数据传送、逻辑或算术运算等；根据运算结果，更新有关标志位的状态和输出映像存储器的内容，再经输出部件实现输出控制、制表打印或数据通信等功能。

不同型号的 PLC 其 CPU 芯片是不同的，有采用通用 CPU 芯片的，有采用厂家自行设计的专用 CPU 芯片的。CPU 芯片的性能关系到 PLC 处理控制信号的能力与速度，CPU 位数越高，系统处理的信息量越大，运算速度也越快。PLC 的功能将随着 CPU 芯片技术的发展而提高。

二、存储器

PLC 的存储器包括系统存储器和用户存储器两部分。

系统存储器用来存放由 PLC 生产厂家编写的系统程序，并固化在只读存储器 ROM 内，用户不能直接更改。他使 PLC 具有基本的功能，能够完成 PLC 设计者规定的各项工作。系统程序内容主要包括三部分。第一部分为系统管理程序，它主要控制 PLC 的运行，使整个

PLC 按部就班地工作。第二部分为用户指令解释程序，通过用户解释程序，将 PLC 的编程语言变为机器语言指令，再由 CPU 执行这些指令。第三部分为标准程序模块与系统调用程序。他包括许多不同功能的子程序及其调用管理程序，如完成输入、输出及特殊运算等的子程序。PLC 的具体工作都是由这部分程序来完成的，这部分程序的多少也决定了 PLC 性能的高低。

用户存储器包括用户程序存储器（程序区）和功能存储器（数据区）两部分。用户程序存储器用来存放用户针对具体控制任务用规定的 PLC 编程语言编写的各种用户程序。用户程序存储器根据所选用的存储器单元类型的不同，可以是随机存储器 RAM（有掉电保护)、可擦可编程序只读存储器 EPROM 或电擦除可编程序只读存储器 EEPROM，其内容可以由用户任意修改或增删。用户功能存储器是用来存放（记忆）用户程序中使用的 ON/OFF 状态、数值数据等，它构成 PLC 的各种内部器件，也称“软元件”。用户存储器容量的大小，关系到用户程序容量的大小和内部器件的多少，是反映 PLC 性能的重要指标之一。

三、输入、输出接口

输入、输出接口是 PLC 与外界连接的接口。输入接口用来接收和采集两种类型的输入信号，一类是由按钮、选择开关、行程开关、继电器触点、接近开关、光电开关、数字拨码开关等的开关量输入信号；另一类是由电位器、测速发电机和各种变换器等传来的模拟量输入信号。输出接口用来连接被控对象中各种执行元件，如接触器、电磁阀、指示灯、调节阀(模拟量)、调速装置（模拟量）等。

输入、输出接口有数字量（包括开关量）输入、输出和模拟量输入、输出两种形式。数字量输入、输出接口的作用是将外部控制现场的数字信号与 PLC 内部信号的电平相互转换；而模拟量输入、输出接口作用是将外部控制现场的模拟信号与 PLC 内部的数字信号相互转换。输入、输出接口一般都具有光电隔离和滤波，其作用是把 PLC 与外部电路隔离开，以提高 PLC 的抗干扰能力。

通常 PLC 的开关量输入接口按使用的电源不同有三种类型：直流 12～24V 输入接口，交流 100～120V 或 200～240V 输入接口与交直流（AC/DC）12～24V 输入接口。输入开关可以是无源触点或传感器的集电极开路的晶体管。PLC 开关量输出接口按输出开关器件种类不同常有三种形式：一是继电器输出型，CPU 输出时接通或断开继电器的线圈，使继电器触点闭合或断开，再去控制外部电路的通断；第二种是晶体管输出型，通过光耦合使开关晶体管截止或饱和导通以控制外部电路；第三种是双向晶闸管输出型，采用的是光触发型双向晶闸管。按照负载使用电源不同，分为直流输出接口、交流输出接口和交直流输出接口。下面简单介绍常见的开关量输入、输出接口电路。

（一）开关量输入接口电路

开关量输入接口是把现场各种开关信号变成 PLC 内部处理的标准信号。

1. 直流输入接口电路

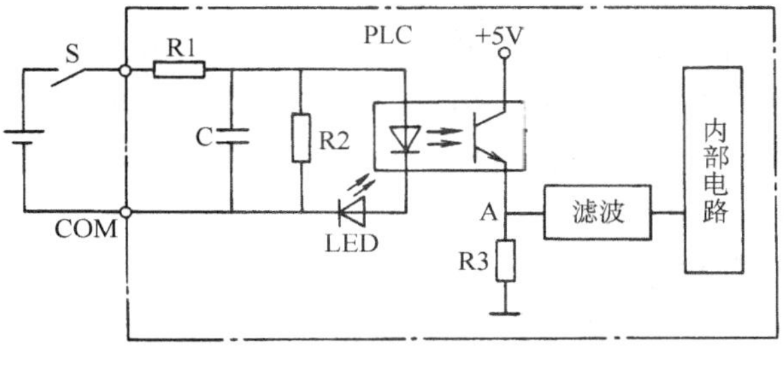

图 5-3　直流输入接口电路

直流输入接口电路如图 5-3 所示。由于各输入端口的输入电路都相同，图中只画出了一个输入端口的输入电路，图中点划线框中的部分为 PLC 内部电路。框外为用户接线，R1、R2 分压，R1 且起限流作用，R2 及 C 构成滤波电路。输入电路采用光耦合实现输入信号与机内电路的耦合，COM 为公共端子。

当输入端的开关接通时，光耦合器导通，直流输入信号转换成 TTL（5V）标准信号送入 PLC 的输入电路，同时 LED 信号灯亮，表示输入端接通。

2. 交流输入接口电路

图 5-4 为交流输入接口电路，为减小高频信号串入，电路中设有隔直电容 C 。

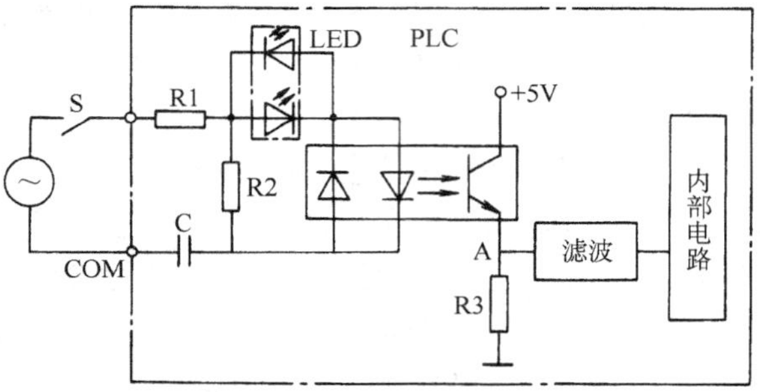

图 5-4 交流输入接口电路

3. 交、直流输入接口电路

图 5-5 为交、直流输入接口电路。其内部电路结构与直流输入接口电路基本相同，所不同的是外接电源除直流电源外，还可用 12 ~ 24V 交流电源。

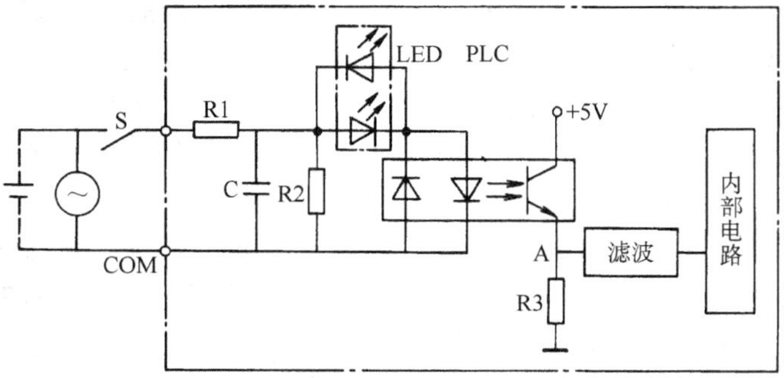

图 5-5 交、直流输入接口电路

（二）开关量输出接口电路

开关量输出接口是把 PLC 的内部信号转换成现场执行机构的各种开关信号。在开关量输出接口中，晶体管输出型的接口只能带直流负载，属于直流输出接口。晶闸管输出型的接口只能带交流负载，属于交流接口。继电器输出型的接口可带直流负载也可带交流负载，属于交直流输出接口。

1. 晶体管输出接口电路（直流输出接口）

图 5-6 为晶体管输出接口电路，图中点划线框中的电路是 PLC 的内部电路，框外是 PLC 输出点的驱动负载电路。图中只画出一个输出端的输出电路，各个输出端所对应的输出电路均相同。在图中，晶体管 V 为输出开关器件，光耦合器为隔离器件。稳压管和熔断器分别用于输出端的过电压保护和短路保护。

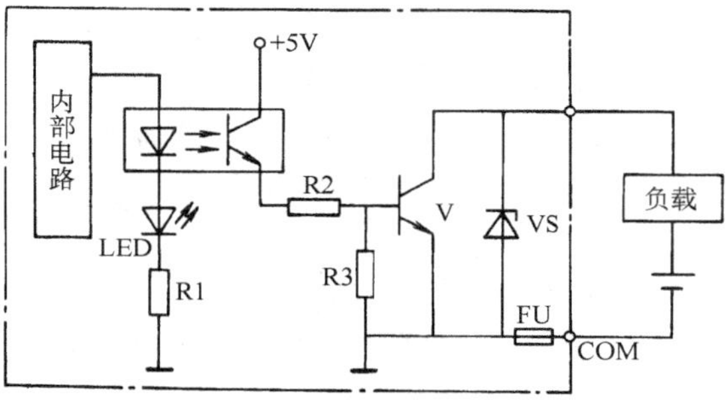

图 5-6 晶体管输出接口电路

PLC 的输出由用户程序决定。当需要某一输出端产生输出时，由 CPU 控制，将输出信号经光耦合器输出，使晶体管导通，相应的负载接通，同时输出指示灯亮，指示该电路输出端有输出，负载所需直流电源由用户提供。

2. 晶闸管输出接口电路（交流输出接口）

图 5-7 为晶闸管输出接口电路，图中只画出了一个输出端的输出电路。图中双向晶闸管为输出开关器件，由它组成的固态继电器（ACSSR）具有光电隔离作用，作为隔离元件。电阻 R2 与电容 C 组成高频滤波电路，减少高频信号干扰。在输出回路中还设有阻容过压保护和浪涌吸收器，可承受严重的瞬时干扰。

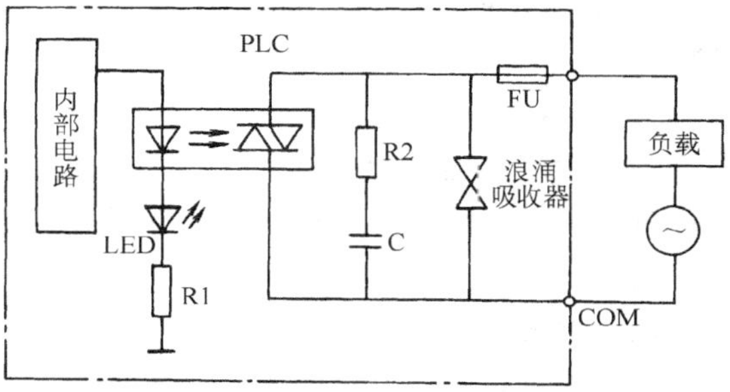

图 5-7　晶闸管输出接口电路

当需要某一输出端产生输出时，由 CPU 控制，将输出信号经光耦合器使输出回路中的双向晶闸管导通，相应的负载接通，同时输出指示灯亮，指示该路输出端有输出。负载所需交流电源由用户提供。

3. 继电器输出接口电路（交、直流输出接口）

图 5-8 为继电器输出接口电路，在图中继电器既是输出开关器件，又是隔离器件，电阻 R1 和指示灯 LED 组成输出状态显示器；电阻 R2 和 C 组成 RC 灭弧电路。当需要某一输出端产生输出时，由 CPU 控制，将输出信号输出，接通输出继电器线圈，输出继电器的触点闭合，使外部负载电路接通，同时输出指示灯亮，指示该路输出端有输出。负载所需交直流电源由用户提供。

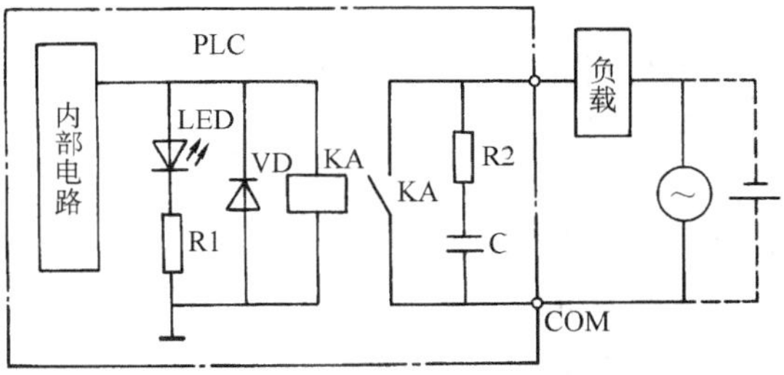

图 5-8　继电器输出接口电路

四、电源

PLC 一般使用 220V 单相交流电源，电源部件将交流电转换成中央处理器、存储器等电路工作所需的直流电，保证 PLC 的正常工作。对于小型整体式可编程序控制器内部有一个开关稳压电源，此电源一方面可为 CPU、I/O 单元及扩展单元提供直流 5V 工作电源，另一方面可为外部输入元件提供直流 24V 电源。

电源部件的位置有多种，对于整体式结构的 PLC，电源通常封装在机箱内部；对于组合式 PLC，有的采用单独电源模块，有的将电源与 CPU 封装到一个模块中。

五、扩展接口

扩展接口用于将扩展单元与基本单元相连，使 PLC 的配置更加灵活，以满足不同控制系统的需求。

六、通信接口

为了实现“人—机”或“机—机”之间的对话，PLC 配有多种通信接口。PLC 通过这些通信接口可以与监视器、打印机及其他的 PLC 或计算机相连。

当 PLC 与打印机相连时，可将过程信息、系统参数等输出打印；当与监视器（CRT）相连时，可将过程图像显示出来；当与其他 PLC 相连时，可以组成多机系统或联成网络，实现更大规模的控制；当与计算机相连时，可以组成多级控制系统，实现控制与管理相结合的综合控制。

七、智能 I/O 接口

为了满足更加复杂控制功能的需要，PLC 配有多种智能 I/O 接口，如满足位置调节需要的位置闭环控制模块，对高速脉冲进行计数和处理的高速计数模块等。这类智能模块都有其自身的处理器系统。

八、编程工具

编程工具是供用户进行程序的编制、编辑、调试和监视用的设备。最常用的是编程器。编程器有简易型和智能型两类。简易型的编程器只能联机编程，且往往是先将梯形图转化为机器语言助记符（指令表）后才能输入。它一般是由简易键盘和发光二极管或其他显示器件组成。智能型编程器又称图形编程器，它可以联机、也可以脱机编程，具有 LCD 或 CRT 图形显示功能，可以直接输入梯形图和通过屏幕对话。

也可以采用微机辅助编程，许多 PLC 厂家为自己的产品设计了计算机辅助编程软件，运用这些软件可以编辑、修改用户程序，监控系统的运行，打印文件，采集和分析数据，在屏幕上显示系统运行状态，对工业现场和系统进行仿真等。若要真接与可编程序控制器通信，还要配有相应的通信电缆。

九、智能单元

各型 PLC 都有一些智能单元，它们一般都有自己的 CPU，具有自己的系统软件，能独立完成一项专门的工作。智能单元通过总线与主机相联，通过通信方式接受主机的管理。常用的智能单元有 A/D 单元、D/A 单元、高速计数单元、定位单元等。

十、其他部件

PLC 还可配有盒式磁带机、EPROM 写入器、存储器卡等其他外围设备。

第三节　可编程序控制器的软件组成

可编程序控制器的软件由系统软件和用户程序两大部分组成。系统软件由 PLC 制造商固化在机内，用以控制可编程序控制器本身的运作；用户程序则是由使用者编制并输入的，用来控制外部对象的运作。

一、系统软件

系统软件主要包括三部分。一部分为系统管理程序，它控制 PLC 的运行，使整个 PLC 按部就班地工作。第二部分为用户指令解释程序，通过用户指令解释程序，将 PLC 的编程语言变为机器语言指令，再由 CPU 执行这些指令。第三部分为标准程序模块与系统调用程序，包括许多不同功能的子程序及其调用管理程序。

（一）系统管理程序

系统管理程序是系统软件中最重要的部分，用以控制可编程序控制器的运作。其作用有三，一是进行运行管理，控制 PLC 何时输入、何时输出、何时计算、何时自检、何时通信等时间上的分配管理；二是存储空间管理，即生成用户环境，规定各种参数、程序的存放地址，将用户使用的数据参数、存储地址化为实际的数据格式及物理存放地址，将有限的资源变为用户很方便的直接使用的元件。例如，它可将有限个数的 CTC 扩展为上百个用户时钟和计数器，通过这部分程序，用户看到的就不是实际机器存储地址和 CTC 地址了，而是按照用户数据结构排列的元件空间和程序存储空间；三是系统自检程序，包括系统出错检验，用户程序语法检验、句法检验、警戒时钟运行等。在系统管理程序的控制下，整个 PLC 能正确、有效的工作。

（二）用户指令解释程序

用户指令解释程序是联系高级程序语言和机器码的桥梁。我们知道，任何计算机最终都是执行机器语言指令的，但用机器语言编程却是非常复杂的事情。可编程序控制器可用梯形图语言编程，把使用者直观易懂的梯形图变成机器易懂的机器语言，这就是解释程序的任务。解释程序将梯形图逐条解释，翻译成相应的机器语言指令，再由 CPU 执行这些指令。

（三）标准程序模块及系统调用程序

标准程序模块及系统调用程序由许多独立的程序块组成，各程序块有不同的功能，有些完成输入、输出处理，有的完成特殊运算等。可编程序控制器的各种具体工作都是由这部分程序来完成的，这部分程序的多少决定了可编程序控制器性能的强弱。

整个系统软件是一个整体，其质量如何很大程度上影响可编程序控制器的性能。往往通过改进系统软件就可在不增加任何设备的条件下大大改善 PLC 的性能，例如，S7-200 系列 PLC 在推出后，西门子公司不断将其系统软件进行完善，使其功能越来越强。

二、用户程序

用户程序即应用程序，是可编程序控制器的使用者针对具体控制对象编制的应用程序。根据不同控制要求编制不同的程序，相当于改变可编程序控制器的用途，也相当于继电接触器控制设备的硬接线线路进行重设计和重接线，这就是所谓的“可编程序”。程序既可由编程器方便地送入 PLC 内部的存储器中，也能通过它方便地读出、检查与修改。

参与 PLC 应用程序编制的是其内部代表编程器件的存储器，俗称“软继电器”，或称编程“软元件”。PLC 中设有大量的编程“软元件”，这些“软元件”依编程功能分为输入继电器、输出继电器、定时器、计数器等。由于“软继电器”实质为存储单元，取用它们的常开、常闭触点实质上为读取存储单元的状态，所以可以认为一个继电器带有无数多个常开、常闭触点。

PLC 为用户提供了完整的编程语言，以适应编制用户程序的需要。PLC 提供的编程语言通常有三种：梯形图（LAD）、指令表（STL）和顺序功能流程图（SFC）。下面以 S7-200 系列 PLC 为例来介绍这三种编程语言。

（一）梯形图（LAD）编程

梯形图（LAD）编程语言是从继电器控制系统原理图的基础上演变而来的。它的许多图形符号与继电器控制系统电路图有对应关系见表 5-1。

表 5-1　符号对照表

项　目	物理继电器	PLC 继电器
线　圈	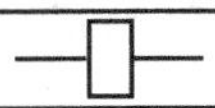	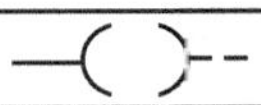
常开触点	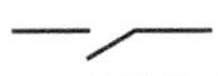	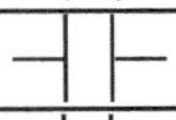
常闭触点	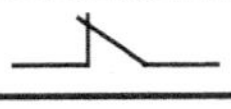	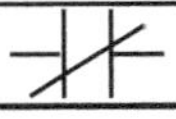

PLC 的梯形图与继电器控制系统电路图的基础思想是一致的，只是 PLC 在编程中使用

的继电器、定时器、计数器等的功能都是由软件实现的。图 5-9 是典型的梯形图示意图。左右两垂直的线称作母线（右母线可省略）。在左右两母线之间是触点的逻辑连接和线圈的输出，这些触点和线圈，都是 PLC 的一定的存储单元，即“软元件”。

PLC 梯形图的一个关键概念是“能流”，是一种假想的“能量流”。图 5-9 中，把左边的母线假设为电源“相线”，而把右边的母线（虚线所示）假想为电源“零线”。如果有“能流”从左至右流向线圈，则线圈被激励。如没有“能流”，则线圈未被激励。

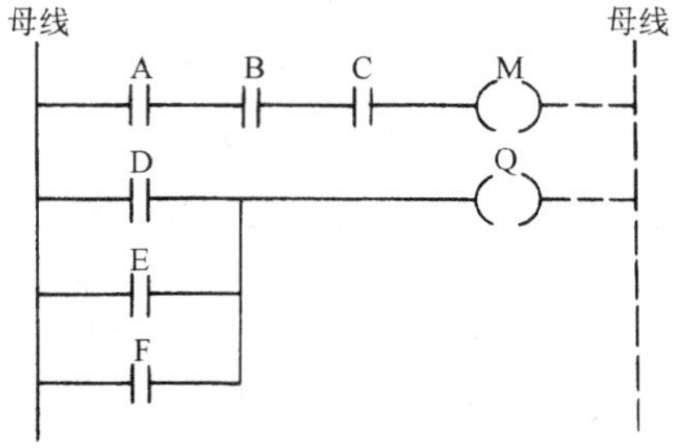

图 5-9　典型梯形图示意图

“能流”可以通过被激励（ON）的常开接点和未被激励（OFF）的常闭接点自左向右流，也可以通过并联接点中的一个接点流向右边。“能流”在任何时候都不会通过接点自右向左流。图 5-9 中，当 A、B、C 接点都接通后，线圈 M 才能接通（被激励），只要一个接点不接通，线圈就不会接通；而 D、E、F 接点中任何一个接通，线圈 Q 就被激励。

要强调的是，引入“能流”概念，仅仅是为了和继电接触器控制系统相比较，告诉人们如何来理解梯形图各输出点的动作，实际上并不存在这种“能流”。

梯形图语言简单明了，易于理解，往往是编程语言的首选。

（二）指令表（STL）编程

指令表（STL）编程语言类似于计算机中的助记符语言，它是可编程序控制器最基础的编程语言。所谓指令表编程，是用一系列的指令表达程序的控制要求。一条典型指令往往由两部分组成：一是几个容易记忆的字符来代表可编程序控制器的某种操作功能，称为助记符；另一部分为操作数或称为操作数的地址。指令还与梯形图有一定的对应关系。不同厂家 PLC 的指令不尽相同。本书将在后续内容中介绍 S7-200 系列与 FX 系列 PLC 的梯形图及指令。

可编程序控制器 S7-200 系列 PLC 的基本指令包括“与”、“或”、“非”以及定时器、计数器等。图 5-10 是指令表编程举例，图 5-10a 是梯形图，图 5-10b 为相应的指令表。图中 LD 指令为常开触点与左侧母线相连接，A 指令为常开触点与其他程序段相串联，0 指令为常开触点与其他程序段相并联，LDN 指令为常闭触点与左侧母线相连接，AN 指令为常闭触点与其他程序段相串联，“ = ”指令为将运算结果输出到某个继电器，I0. 0、I0. 1、I0. 2、I0. 3、I0. 4 中 I 为输入继电器，后面数字为编号，Q0. 1、Q0. 2 中 Q 为输出继电器，后面数字为编号，M0. 1 中 M 为内部标志位，也称位存储区，类似于继电接触器系统中的中间继电器。

（三）状态流程图（功能图）编程

状态流程图（SFC）编程是一种较新的编程方法，它是用“功能图”来表达一个顺序控制过程，是一种图形化的编程方法。图中用功能框表示整个控制过程中一个个“状态”，或称“功能”或称“步”，用线段表示功能块间的关系及功能块间状态转换的条件。图 5-11 为钻孔顺序的状态流程图，框中的数字代表顺序步，每一步对应一个控制任务，每个顺序步执行的功能和步进条件写在功能块的右边。在后续有关章节中将详细介绍这种方法。

国际电工委员会（IEC）于 1988 年公布了“控制系统功能图准备”标准（IEC848）。我

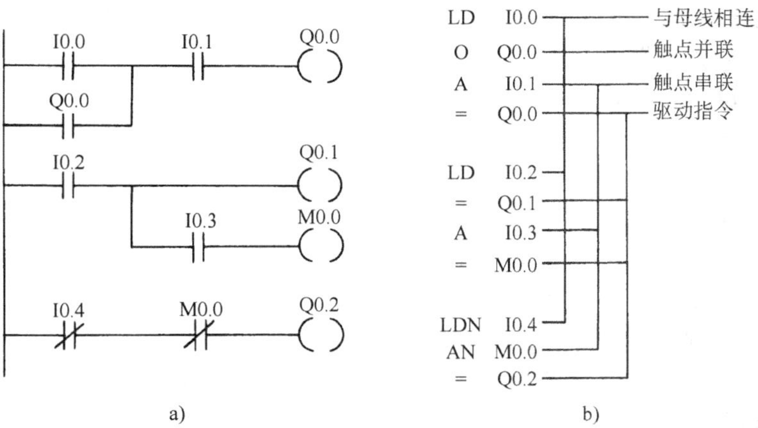

图 5-10 指令表编程举例

a）梯形图 b）指令表

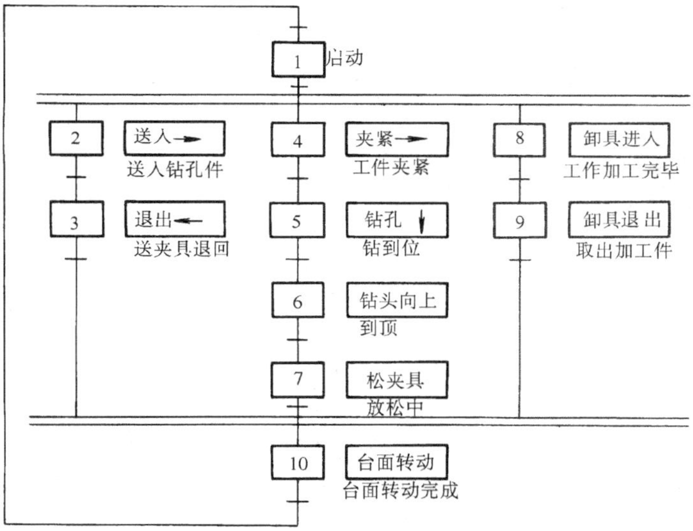

图 5-11 钻孔顺序的状态流程图

国在 1986 年颁布了功能表图的国家标准（GB6988－6－1986）。目前国际电工委员会正在实施并发展这种语言的编程标准。

状态流程图作为一种步进顺控语言，为顺序控制类程序的编制提供了很大的方便。用这种语言可以对一个控制过程进行分解，用多个相对独立的程序段来代替一个长的梯形图程序，还能使用户看到在某个给定时间机器处于什么状态。现在多数 PLC 产品都有专为使用功能图编程所设计的指令，使用起来十分方便。在中小型 PLC 程序设计时，如果采用功能图法，首先根据控制要求设计功能流程图，然后将其转化为梯形图程序。有些大型或中型 PLC 可直接用功能图进行编程。

此外，国际上还流行功能块图（FBD）编程，这也是一种图形编程语言。与梯形图相比，功能块图没有母线、触点及线圈，只有表示指令功能的功能块，功能块间用线段表示功能块间的联系，整个图形则用来表示一定的控制功能。图5-12为功能块图编程举例。

三、可编程序控制器的程序结构

广义上的PLC程序由三个部分构成：用户程序、数据块和参数块。

（一）用户程序

用户程序是程序中的必备项。用户程序在存储器空间中称为组织块，它处于最高层次，可以管理其他块，它是用各种语言（如STL、LAD或FBD等）编写的用户程序。不同机型的CPU，其程序空间容量也不同。

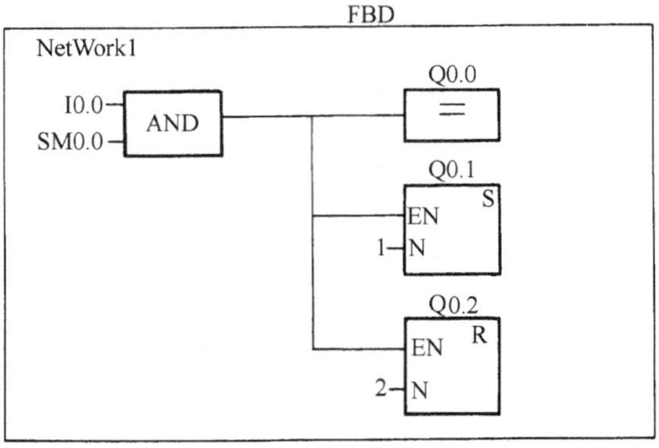

图5-12　功能块图（FBD）编程举例

用户程序的结构比较简单，一个完整的用户控制程序应当包含一个主程序、若干子程序和若干中断程序三大部分，不同编程设备对各程序块的安排方法也不同。

（二）数据块

数据块为可选部分，它主要存放控制程序所需的数据，在数据块中允许以下数据类型：布尔型，表示编程元件的状态；十进位、二进位制或十六进制数；字母、数字和字符型。

（三）参数块

参数块也是可选部分，它存放的是CPU组态数据，如果在编程软件或其他编程工具上未进行CPU组态，则系统默认值进行自动配置。

第四节　可编程序控制器的工作原理

一、可编程序控制器的工作方式与运行框图

众所周知，继电接触器控制系统是一种“硬件逻辑系统”。图5-13为继电接触器控制与PLC控制方式比较图，在图5-13a中，三条支路是同时并行工作的，当按下起动按钮SB2，中间继电器KA线圈通电并自锁，KA的另一对常开触头闭合，使接触器KM1、KM2线圈同时通电吸合动作。所以继电接触器控制系统采用的是并行工作方式。

可编程序控制器是一种工业控制计算机，其工作原理是建立在计算机工作原理基础上的，也就是通过执行反映用户控制要求的用户程序来实现的。CPU以分时操作方式来处理各项任务，计算机在每一瞬间只能做一件事，所以程序的执行是按程序顺序依次完成相应各软电器的动作，成为时间的串行工作。由于运算速度较高，各软电器的动作几乎是同时完成的，但实际的输入—输出的响应是滞后的。在图5-13b中，框表示PLC，框中的梯形图表示PLC中装有的控制程序，将图5-13a与b比较，知道它们的功能是相同的。PLC输入接口上接有按钮SB1、SB2和电池，输出接口上接有接触器KM1、KM2。当SB1没有被按下，SB2被按下时，PLC的继电器I0.0、I0.1接通，PLC内部继电器M10.0工作，并使PLC内的继电器Q0.0及Q0.1工作。但是，M10.0和Q0.0、Q0.1的接通工作不是同时的。以I0.1接通为计时起点，M10.0接通要晚3条指令执行的时间，而Q0.1接通则要晚7条指令执行的时间。

所以，PLC的工作方式是一个不断循环的顺序扫描工作方式，每一次扫描所用的时间

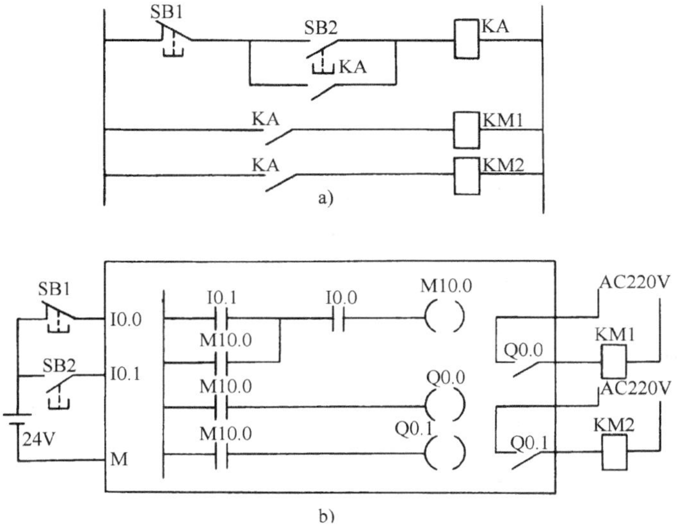

图 5-13　继电接触器控制与 PLC 控制方式的比较

a）继电接触器控制系统控制　b）PLC 控制梯形图

称为扫描周期或工作周期。CPU 从第一条指令开始，按顺序逐条地执行用户程序直到用户程序结束，然后返回第一条指令开始新的一轮扫描。PLC 就是这样周而复始地重复上述循环扫描工作的。

执行用户程序时，需要各种现场信息，将这些现场信息接到 PLC 的输入端，如图 5-13 中的按钮 SB1 及 SB2。PLC 采集现场信息即采集输入信号有两种方式，一种是集中采样输入方式，一种是立即输入方式。

（1）集中采样输入方式　一般在扫描周期的开始或结束将所有输入信号（输入元件的通/断状态）采集并存放到输入映像寄存器（PII）中。执行用户程序所需输入状态均在输入映像寄存器中取用，而不直接到输入端或输入模块上去取用。

（2）立即输入方式　随程序的执行，需要哪一个输入信号就直接从输入端或输出端模块取出这个输入状态，如“立即输入指令”就是这种。此时输入映像寄存器的内容不变，到下一次集中采样输入时才变化。

同样，PLC 对外部的输出控制也有集中输出和立即输出两种方式。集中输出方式在执行用户程序时不是得到一个输出结果就向外输出一个，而是把执行用户程序所得的所有输出结果，先后全部存放到输出映像寄存器（PIQ）中，执行完用户程序后所有输出结果一次性向输出端或输出模块输出，使输出部件动作。立即输出方式是执行用户程序时将该输入结果立即向输出端或输出模块输出，如“立即输出指令”就是这种，此时输出映像寄存器的内容也更新。

PLC 对输入输出信号的传送还有其他方式，如有的 PLC 采用输入、输出刷新指令，在需要的地方设置这类指令，可对此时的全部或部分输入点读入一次，以刷新输入映像寄存器内容，或将此时的输出结果立即向输出端或输出模块输出。又如有的 PLC 上有输入、输出的禁止功能，实际上是关闭了输入、输出的传送服务，此时的输入、输出信号不读入，也不输出。

PLC 工作的全过程可用图 5-14 所示的 PLC 工作过程运行框图来表示。整个过程可分为三部分。

第一部分是上电处理。机器上电后对 PLC 系统进行一次初始化，包括硬件初始化，I/O 模块配置检查、停电保持范围设定及其它初始化处理等。

第二部分是扫描过程。PLC 上电处理完成以后进入扫描工作过程。先完成输入处理，其次完成与其它外设的通信处理，再次进行时钟、特殊寄存器更新。当 CPU 处于 STOP 方式时，转入执行自诊断检查。当 CPU 处于 RUN 方式时，还要完成用户程序的执行和输出处理，再转入执行自诊断检查。

第三部分是出错处理。PLC 每扫描一次，执行一次自诊断检查，确定 PLC 自身的动作是否正常，如 CPU、电池电压、程序存储器、I/O、通信等是否正常或出错。如检查出异常时，CPU 面板上的 LED 及异常继电器会接通，在特殊寄存器中会存入出错代码。当出现致命错误时，CPU 被强制为 STOP 方式，所有的扫描停止。

PLC 运行正常时，扫描周期长短与 CPU 的运算速度、I/O 点的情况、用户应用程序的长短及编程情况等均有关。通常用 PLC 执行 1K 指令所需时间来说明其扫描速度（一般 1 ~ 10ms/K 字节）。值得注意的是，不同指令其执行时间是不同的，从零点几微秒到上百微秒不等，故选用不同指令所用的扫描时间将会不同。若用于高速系统要缩短扫描周期时，可从软硬件两方面兼顾考虑。

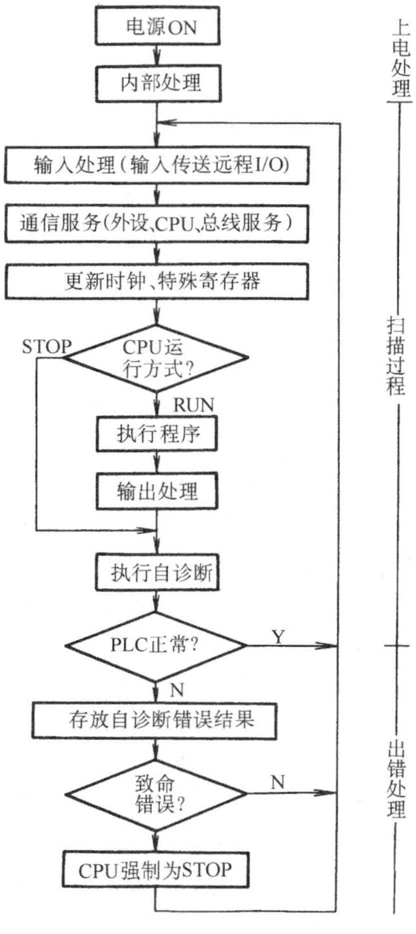

图 5-14　PLC 工作过程

二、可编程序控制器的工作过程

如前所述，PLC 是按图 5-14 所示的运行框图进行工作的。当 PLC 处于正常运行时，它将不断重复图中的扫描过程，不断循环扫描地工作下去。分析上述扫描过程，如果对远程 I/O 特殊模块和其它通信服务暂不考虑，这样扫描过程就只剩下“输入采样”、“程序执行”、“输出刷新”三个阶段了。下面就对这三个阶段进行详细的分析，并形象地用图 5-15 表示 PLC 扫描工作过程（此处 I/O 采用集中输入、集中输出方式）。

（1）输入采样阶段　PLC 在输入采样阶段，首先扫描所有输入端子，并将各输入状态存入内存中各对应的输入映像寄存器中。此时，输入映像寄存器被刷新。接着进入程序执行阶段，在程序执行阶段和输出刷新阶段，输入映像寄存器与外界隔离，无论输入信号如何变化，其内容保持不变，直到下一个扫描周期的输入采样阶段，才重新写入输入端的新内容。

（2）程序执行阶段　根据 PLC 梯形图程序扫描原则，PLC 按先左后右、先上后下的步序逐点扫描。但遇到程序跳转指令，则根据跳转条件是否满足来决定程序的跳转地址。当指

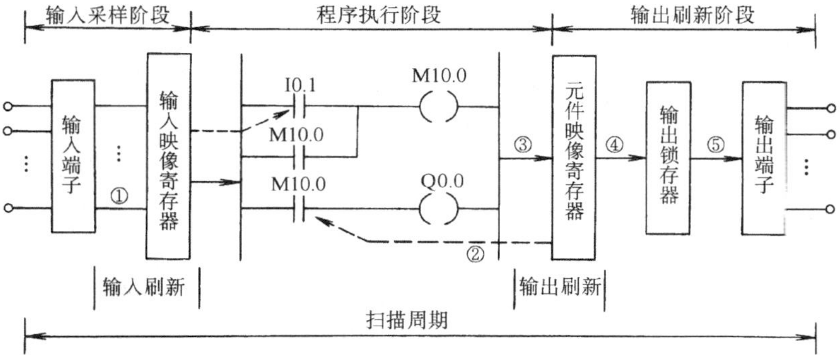

图 5-15　PLC 扫描工作过程

令中涉及输入、输出状态时，PLC 就从输入映像寄存器中“读入”上一阶段采入的对应输入端子的状态，从元件映像寄存器“读入”对应元件（“软继电器”）的当前状态。然后进行相应的运算，运算结果再存入元件映像寄存器中。对元件映像寄存器来说，每一个元件（“软继电器”）的状态会随着程序执行过程而变化。

(3) 输出刷新阶段　在所有指令执行完毕后，元件映像寄存器中所有输出继电器的状态(接通/断开) 在输出刷新阶段转存到输出锁存器中，通过一定方式输出，驱动外部负载。

三、可编程序控制器对输入/输出的处理原则

根据上述可编程序控制器的工作特点，可归纳出 PLC 在输入/输出处理方面的一般原则：

1) 输出映像寄存器的数据取决于输入端子板上各输入点在上一刷新期间的接通和断开状态。

2) 程序执行结果取决于用户所编程序和输入/输出映像寄存器的内容及其它各元件映像寄存器的内容。

3) 输出映像寄存器的数据取决于输出指令的执行结果。

4) 输出锁存器的数据，由上一次输出刷新期间输出映像寄存器中的数据决定。

5) 输出端子的接通和断开状态，由输出锁存器决定。

第五节　可编程序控制器的主要性能指标

一、描述 PLC 性能的几个术语

描述 PLC 性能时，经常用到位、数字、字节及字等术语。

位指二进制的一位，仅有 1、0 两种取值。一个位对应 PLC 一个继电器，某位的状态为 1 或 0，分别对应继电器线圈通电或断电。

4 位二进制数构成一个数字，这个数字可以是 0000～1001（十进制），也可以是 0000～1111（十六进制）。

两个数字或 8 位二进制数构成一个字节。

两个字节构成一个字。在 PLC 术语中，字称为通道。一个字含 16 位，或者说一个通道含 16 个继电器。

二、PLC 的主要性能指标

（一）存储容量

系统程序存放在系统程序存储器中。这里说的存储容量指的是用户程序存储器的容量，用户程序存储器容量决定了 PLC 可以容纳的用户程序的长短，一般以字为单位来计算。每 1024 个字节为 1KB。中、小型 PLC 的存储容量一般在 8KB 以下，大型 PLC 的存储容量可达到 256KB ~ 2MB。也有的 PLC 用存放用户程序的指令条数来表示容量。

（二）输入/输出点数

I/O 点数即 PLC 面板上连接输入、输出信号用的端子的个数，常称为“点数”，用输入点数与输出点数的和来表示。I/O 点数越多，外部可接入的器件和输出的器件就越多，控制规模就越大。因此，I/O 点数是衡量 PLC 性能的重要指标之一。国际上流行将 PLC 的点数作为 PLC 规模分类的标准，I/O 总点数在 256 点以下为小型 PLC，64 点及 64 点以下的为微型 PLC，总点数在 256 ~ 2048 点之间的为中型 PLC，总点数在 2048 点以上的为大型机等。

（三）扫描速度

扫描速度是指 PLC 执行程序的速度，是衡量 PLC 性能的重要指标，一般以执行 1KB 所用的时间来衡量扫描速度。PLC 用户手册一般给出执行各条程序所用的时间，可以通过比较各种 PLC 执行相同操作所用的时间，来衡量扫描速度的快慢。

（四）编程指令的种类和数量

这也是衡量 PLC 能力强弱的主要指标。编程指令种类及条数越多，其功能就越强，即处理能力和控制能力也就越强。

（五）扩展能力

PLC 的扩展能力反映在以下两个方面。大部分 PLC 用 I/O 扩展单元进行 I/O 点数的扩展，有的 PLC 可以使用各种功能模块进行功能的扩展。

（六）智能单元的数量

PLC 不仅能够完成开关量的逻辑控制，而且利用智能单元可以完成模拟量控制、位置和速度控制以及通信联网等功能。智能单元种类的多少和功能的强弱是衡量 PLC 产品水平的一个重要指标。各个生产厂家都非常重视智能单元的开发，近年来智能单元的种类日益增多，功能也越来越强。

习　题

5-1　PLC 具有什么特点？为什么 PLC 具有高可靠性？

5-2　整体式 PLC、组合式 PLC 由哪几部分组成？各有何特点？

5-3　PLC 的硬件由哪几部分组成？各有何作用？

5-4　PLC 的软件由哪几部分组成？各有何作用？

5-5　LPC 主要的编程语言有哪几种？各有什么特点？

5-6　PLC 开关量输出接口按输出开关器件的种类不同，有哪几种型式？各有什么特点？

5-7　PLC 采用什么样的工作方式？有何特点？

5-8　什么是 PLC 的扫描周期？其扫描过程分为哪几个阶段，各阶段完成什么任务？

5-9　PLC 的主要性能指标有哪些？各指标的意义是什么？

5-10　PLC 控制与电器控制相比较，有何不同？

第六章　S7-200 系列可编程序控制器

SIMATIC S7-200 系列可编程序控制器是德国西门子（Siemens）公司生产的具有高性能价格比的微型可编程序控制器。由于它具有结构小巧，运行速度高，价格低廉及多功能多用途等特点，因此在工业企业中得到了广泛的应用。

SIMATIC 系列 PLC 有 S7-400、S7-300 和 S7-200 三种子系列，分别为 S7 系列的大、中、小（微）型 PLC 系统。本章以 S7-200 系列 PLC 为例，介绍小型 PLC 系统的构成，编程用的元器件，寻址方式，I/O 扩展，编程语言，技术规范等 PLC 应用的基础知识。

第一节　S7-200 系列 PLC 的构成

S7-200 系列 PLC 系统由基本单元（主机）、I/O 扩展单元、功能单元和外部设备等组成。S7-200 PLC 基本单元（主机）的结构形式为整体式结构。下面以 S7-200 系列 CPU22X 小型 PLC 为例，介绍 S7-200 系列 PLC 的构成。

一、CPU224 型 PLC 的结构

S7-200 系列 PLC 有 CPU 21X 和 CPU 22X 两代产品，其中 CPU 22X 型 PLC 有 CPU 221、CPU 222、CPU 224 和 CPU 226 四种基本型号。本节以 CPU 224 型 PLC 为重点，分析小型 PLC 的结构特点。

小型 PLC 系统由（主机箱）、I/O 扩展单元、文本、图形显示器、编程器等组成。S7-200CPU 结构外形如图 6-1 所示。

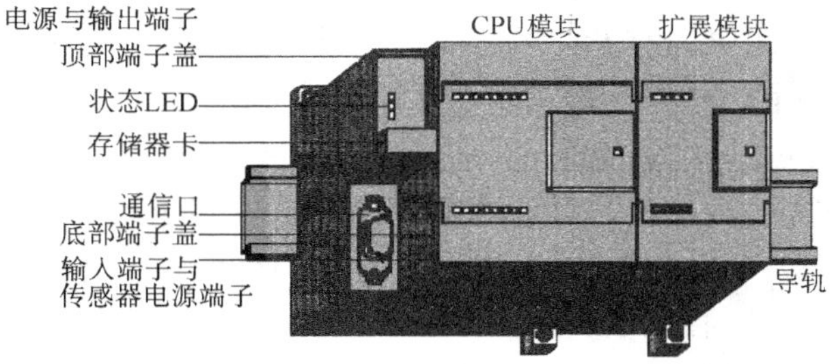

图 6-1　S7-200 CPU 结构外形

CPU 224 主机箱体外部设有 RS-485 通信接口，用以连接编程器（手持式或 PC 机）、文本、图形编程器、PLC 网络等外围设备；还设有工作方式开关，模拟电位器，I/O 扩展接口，工作状态指示灯和用户程序存储卡。I/O 接线端子排及发光指示灯等。

1. 基本单元 I/O

CPU 224 集成 14 输入/10 输出共 24 个数字量 I/O 点，可连成 7 个扩展模块，最大扩展至 168 路数字量 I/O 或 35 路模拟量 I/O 点，13KB 程序和数据存储空间。

CPU 224 主机共有 I0. 0 ~ I0. 7、I1. 0 ~ I1. 5 14 个输入点和 Q0. 0 ~ Q0. 7、Q1. 0 ~ Q1. 1 10 个输出点。CPU 224 输出电路采用了双向光耦合器，24V 直流极性可任意选择，系统设置 1M 为 I0. X 输入端子的公共端，2M 为 I1. X 输入端子的公共端。在晶体管输出电路中采用了 MOSFET 功率驱动器件，并将数字量输出分为两组，每组有一个独立公共端，共有 1L、2L 两个公共端，可接入不同的负载电源。CPU 224 外部电路原理如图 6-2 所示。

S7-200 系列 PLC 的 I/O 接线端子排分为固定式和拆卸式两种结构。可拆卸端子排能在

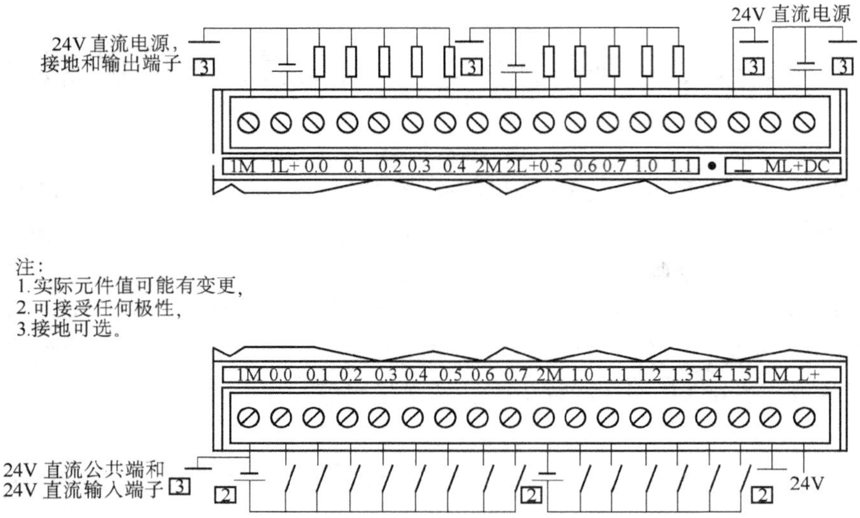

图 6-2　CPU 224 外部电路原理

不改变外部电路硬件接线的前提下，可以方便地拆装，为 PLC 的维护提供了便利。

2. 基本单元 I/O 及扩展

CPU 224 PLC 主机的输入点数为 14 点，输出点数为 10 点，可扩展的模块数目为 7。

3. 高速反应性

CPU 224 PLC 有 6 个高速计数脉冲输入端（I0.0 ~ I0.5），最快的响应速度为 30kHz，用于捕捉比 CPU 扫描周期更快的脉冲信号。

CPU 224 PLC 有两个高速脉冲输出端（Q0.0、Q0.1），输出脉冲频率可达 20kHz。用于 PTO（高速脉冲束）和 PWM（宽度可变脉冲输出）高速脉冲输出。

中断信号允许以极快的速度对过程信号的上升沿做出响应。

4. 存储系统

S7-200 CPU 存储器系统由 RAM 和 EEPROM 两种存储器构成，用以存储用户程序、CPU 配置、程序数据等。当执行程序下载操作时，用户程序、CPU 配置、程序数据等由编程器送入 RAM 存储器区，并自动复制到 EEPROM 区，永久保存。

5. 存储卡

该存储卡可以选择安装扩展卡。扩展卡有 EEPROM 存储卡、电池和时钟卡等模块。EEPROM 存储模块用于用户程序的复制。电池模块，用于长时间保存数据，使用 CPU 224 内部存储电容数据存储时间达 190h，而使用电池模块数据存储时间可达 200 天。

二、CPU22X 主要技术指标

技术性指标是选用 PLC 的依据，S7 – 200 CPU 的主要技术指标见表 6-1。

表 6-1　CPU 22X 主要技术指标

型　号	CPU 221	CPU 222	CPU 224	CPU 226
外形尺寸/mm	90 × 80 × 62	90 × 80 × 62	120.5 × 80 × 62	190 × 80 × 62

（续）

型　号	CPU 221	CPU 222	CPU 224	CPU 226
存储器				
程序/W	2048	2048	4096	4096
用户数据/W	1024	1024	2560	2560
用户存储器类型	EEPROM	EEPROM	EEPROM	EEPROM
数据后备（超级电容）典型值/h	50	50	190	190
输入输出				
本机 I/O 点数	6 入/4 出	8 入/6 出	14 入/10 出	24 入/16 出
扩展模块数量	无	2 个	7 个	7 个
数字量 I/O 映像区大小/bit	256	256	256	256
模拟量 I/O 映像区大小/bit	无	16 入/16 出	32 入/32 出	32 入/32 出
指令				
33MHz 下布尔指令执行速度	0.37μs/指令	0.37μs/指令	0.37μs/指令	0.37μs/指令
FOR/NEXT 循环	有	有	有	有
增数运算	有	有	有	有
实数运算	有	有	有	有
主要内部继电器				
I/O 映像寄存器/bit	128I 和 128Q	128I 和 128Q	128I 和 128Q	128I 和 128Q
内部通用继电器/bit	256	256	256	256
计数器/定时器	256/256	256/256	256/256	256/256
字入/字出	无	16/16	32/32	32/32
顺序控制继电器/bit	256	256	256	256
附加功能				
内置高速计数器（个）	4（30kHz）	4（30kHz）	6（30kHz）	6（30kHz）
模拟量调节电位器（个）	1	1	2	2
脉冲输出（个）	2（20kHz）	2（20kHz）	2（20kHz）	2（20kHz）
通信中断（个）	1 发送器 2 接收器	1 发送器 2 接收器	1 发送器 2 接收器	1 发送器 2 接收器
定时中断（个）	2（1～255ms）	2（1～255ms）	2（1～255ms）	2（1～255ms）
硬件输入中断（个）	4	4	4	4
实时时钟	有（时钟卡）	有（时钟卡）	有（内置）	有（内置）
口令保护	有	有	有	有
通信				
通信口数量（个）	1（RS-485）	1（RS-485）	1（RS-485）	1（RS-485）
支持协议 0 号口 1 号口	PPI. DP/自由口 N/A	PPI. DP/自由口 N/A	PPI. DP/自由口 N/A	PPI. DP/自由口 PPI. DP/T 自由口
PROFIBUS 点到点	NETR/NETW	NETR/NETW	NETR/NETW	NETR/NETW

第二节　S7-200 系列 PLC 内部元器件

本节从元器件的寻址方式、存储空间、功能等角度，介绍各种元器件的使用方法。

一、数据存储类型及寻址方式

PLC 内部元器件的功能是相互独立的，在数据存储区为每一种元器件分配一个存储区域。每一种元器件用一组字母表示器件类型，字母加数字表示数据的存储地址。如 I 表示输入映像寄存器（又称输入继电器）；Q 表示输出映像寄存器（输出继电器）；M 表示内部标志位存储器；SM 表示特殊标志位寄存器；S 表示顺序控制存储器（又称状态继电器）；V 表示变量存储器；L 表示局部变量存储器；T 表示定时器；C 表示计数器；AI 表示模拟量输入映像寄存器；AQ 表示模拟量输出映像寄存器；AC 表示累加器；HC 表示高速计数器等。掌握这些内部器件定义、范围、功能和使用方法是 PLC 程序设计的基础。

1. 数据存储器的分配

S7-200 按元器件的种类将数据存储器分成若干存储区域，每个区域的存储单元按字节编址，每个字节由 8 位组成。可以对存储单元进行位操作，每 1 位都可以看成是有 0、1 状态的逻辑器件。

2. 数值表示方法

（1）数值类型及范围　S7-200 系列在存储单元所存放的数据类型有布尔型（BOOL）、整数型（INT）和实数型（REAL）3 种。表 6-2 给出了数控大小范围及相关整数范围。

布尔型数据指字节型无符号整数。常用的整数型数据包括单字长（16 位）符号整数和双字长（32 位）符号整数两类。实数型数据（浮点数）采用 32 位单精度数表示，数据范围是正数：+1.175 495E-38 ~ +3.402 823E+38；负数：-1.175 495E-38 ~ -3.402 823E+38。

表 6-2　数据大小范围及相关整数范围

数据大小	无符号整数		符号整数	
	十进制	十六进制	十进制	十六进制
B（字节）8 位值	0 ~ 255	0 ~ FF	-128 ~ 127	80 ~ 7F
W（字）16 位值	0 ~ 65 535	0 ~ FFFF	-32 768 ~ 32 767	8000 ~ 7FFF
DW（双字）32 位值	0 ~ 4 294 967 295	0 ~ FFFFFFFF	-2 147 483 648 ~ 2 147 843 647	80000000 ~ 7FFFFFFF

（2）常数　在 S7-200 的许多指令中使用常数，常数值的长度可以是字节、字或双字。CPU 以二进制方式存储常数，可以采用十进制，十六进制，ASCII 码成浮点数形式书写常数。下面是常用格式书写常数的例子：

十进制常数：30 047

十六进制常数：$(4E5)_{16}$

ASCII 码常数：“show”

实数或浮点格式：+1.175 495 -38（正数）

-1.175 495 -38（负数）

二进制格式：　　（1010 0101）

3. S7-200 寻址方式

S7-200 将信息存于不同的存储单元，每个单元都有 1 个惟一的地址，系统允许用户以字节、字、双字为单位存、取信息。提供参与操作的数据地址的方法称为寻址方式。S7-200 数据寻址方式有立即数寻址、直接寻址和间接寻址三大类。立即数寻址的数据在指令中以常数形式出现，直接寻址和间接寻址方式有位、字节、字和双字 4 种寻址格式，下面对直接寻址和间接寻址方式加以说明。

（1）直接寻址方式　直接寻址方式是指在指令中直接使用存储器或寄存器的元件名称和地址编号，直接查找数据。数据直接寻址指的是，在指令中明确指出了存取数据的存储器地址，允许用户程序直接存取信息。数据地址格式如图 6-3 所示。

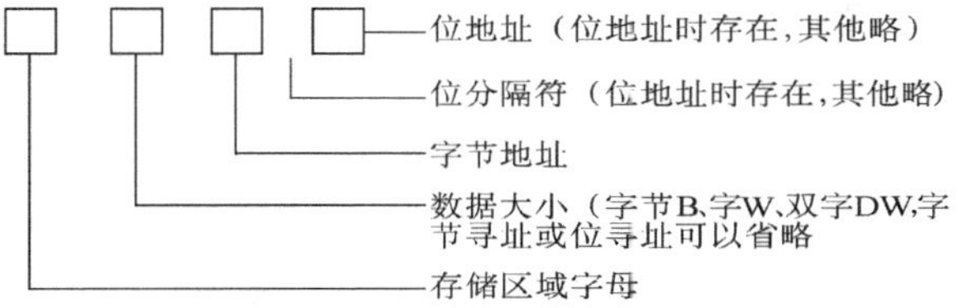

图 6-3　数据地址格式

数据的直接地址包括内存区域标志符，数据大小及该字节的地址或字、双字的起始地址，以及分隔符和位。其中有些参数可以省略，详见图中说明。

位寻址举例如图 6-4 所示，图中 I7.4 表示数据地址为输入映像寄存器的第 7 个字节第 4 位的位地址。可以根据 I7.4 地址对该位进行读写操作。

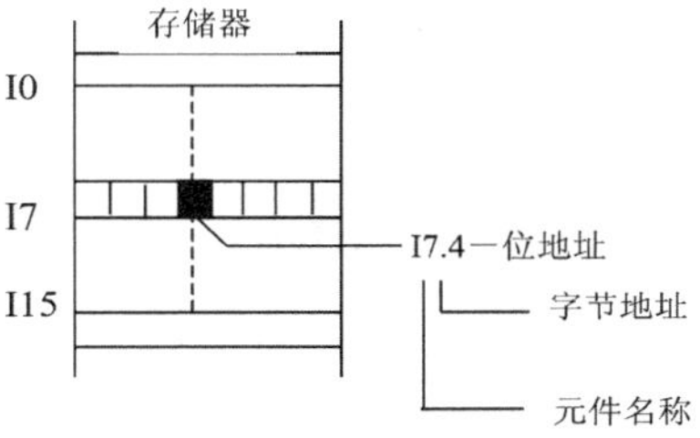

图 6-4　位寻址

可以进行位操作的元器件有：输入映像寄存器（I）、输出映像寄存器（Q）、内部标志位（M）、特殊标志位（SM）、局部变量存储器（L）、变量存储器（V）、状态元件（S）等。

字节、字、双字操作：直接访问字节（8 位）、字（16 位）、双字（32 位）数据时，必须指明数据存储区域、数据长度及起始地址。当数据长度为字或双字时，最高有效字节为起始地址字节。字节、字、双字寻址方式如图 6-5 所示。

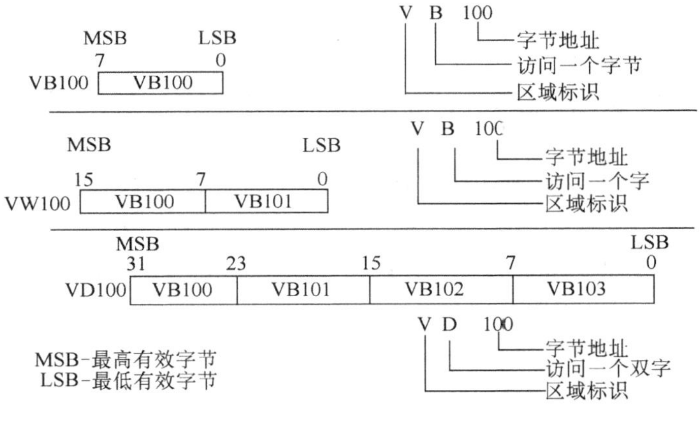

图 6-5　字节、字、双字寻址方式

可按字节（Byte）操作的元器件有：I、Q、M、SM、S、V、L、AC、常数。

可按字（Word）操作的元器件有：I、Q、M、SM、S、T、C、L、AC 常数。

可按双字（Double Word）操作的元器件有：I、Q、M、S、MS、V、L、AC、HC、常数。

（2）间接寻址方式　间接寻址是指使用地址指针来存取存储器中的数据。使用前，首先将数据所在单元的内存地址放入地址指针寄存器中，然后根据此地址存取数据。S7-200 CPU中允许使用指针进行间接寻址的元器件有I、Q、V、M、S、T、C。

建立内存地址的指针为双字长度（32位），故可以使用V、L、AC作为地址指针。必须采用双字传送指令（MOVD）将内存的某个地址移入到指针当中，以生成地址指针。指令中的操作数（内存地址）必须使用“&”符号表示内存某一位置的地址（长度为32位）。

例如：MOVD&VB200，AC1 //将VB200存储器中32位物理地址值送AC1。VB200是直接地址编号，& 为地址符号。将本指令中&VB200改为&VW200或VD200，指令功能不变。

间接寻址（用指针存取数据）：在使用AC1作为内存地址指针，把以AC1中内容为起始地址的内存单元的16位数据送到累加器AC0中。操作过程如图6-6所示。

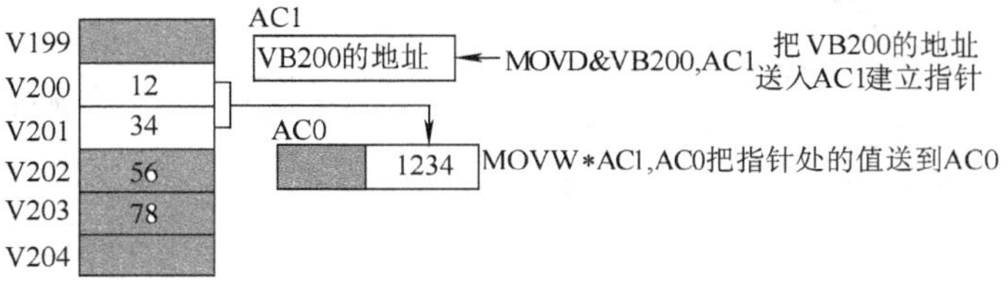

图6-6　使用指针间接寻址

二、S7-200系列PLC数据存储区及元件功能

1. 输入/输出映像寄存器

（1）输入映像寄存器I（又称输入继电器）　输入映像寄存器的示意图如6-7所示，输入继电器线圈只能由外部信号驱动，不能用程序指令驱动，常开触点和常闭触点供用户编程使用。外部信号传感器（如按钮、行程开关、现场设备、热电偶等）用来检测外部信号的变化。它们与PLC或输入模块的输入端相连。

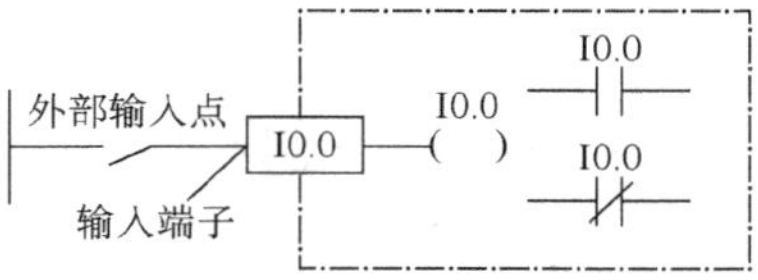

图6-7　输入映像寄存器的示意图

（2）输出映像寄存器Q（又称输出继电器）　输出映像寄存器等效电路示意图如图6-8所示，输出继电器是用来将PLC的输出信号传递给负载，只能用程序指令驱动。

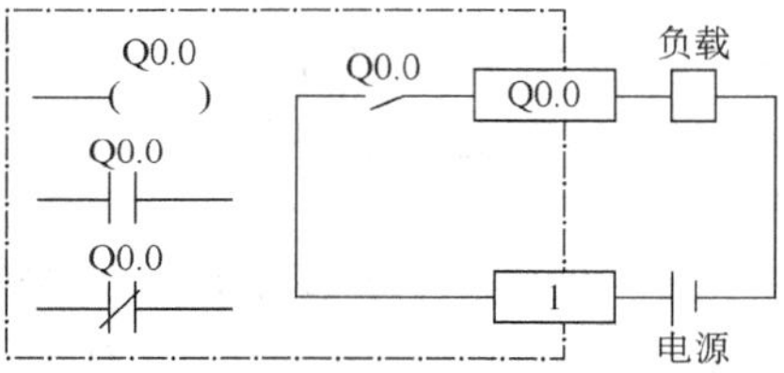

图6-8　输出映像寄存器的等效电路示意图

负载又称执行器（如接触器、电磁阀、LED显示器等），连接到PLC输出模块的输出接线端子，由PLC控制执行器的起动和关闭。

I/O映像寄存器可以按位、字节、字或双字等方式编址。例如：I0.1、Q0.1（位寻址）、IB1、QB5（字节寻址）。

S7-200 CPU输入映像寄存器区域共有I0～I15等16个字节存储单元，能存储128点信息。CPU224主机有I0.0～I0.7，I1.0～I1.5共14个数字量输入接点，其余输入映像寄存器可用于扩展或其他。

S7-200 CPU输出映像寄存器区域共有Q0～Q15等16个字节存储单元，能存储128点信息。CPU 224主机有Q0.0～Q0.7、Q1.0、Q1.1共10个数字量输出端点，其余输出映像寄存器可用于扩展或其他。

2. 变量存储器V

变量存储器V用以存储运算的中间结果，也可以用来保存与工序或任务相关的其他数据，如模拟量控制，数据运算，设置参数等。变量存储器可按位使用，也可按字节、字或双字使用。变量存储器有较大存储空间，如 CPU 224 有 VB0.0 ~ VB5 119.7 的 5KB 存储容量。

3. 位存储器（M）

内部存储器标志位（M0.0 ~ M31.7）可以按位使用，作为控制继电器（又称中间继电器），用来存储中间操作数或其他控制信息。也可以按字节、字或双字来存取存储区的数据。

4. 特殊标志位（SM）存储器

特殊存储器 SM 用于 CPU 与用户之间交换信息，例如 SM0.0 一直为“1”状态，SM0.1 仅在执行用户程序的第一个扫描周期为“1”状态。SM0.4 和 SM0.5 分别提供周期为 1min 和 1s 的时钟脉冲。SM1.0、SM1.1 和 SM1.2 分别为零标志位、溢出标志和负数标志。各特殊存储器的功能见附录中表 C-2。

5. 顺序控制继电器（S）

顺序控制继电器 S 又称状态元件，用来组织机器操作或进入等效程序段工步，以实现顺序控制和步进控制。可以按位、字节、字或双字来取 S 位，编址范围 S0.0 ~ S31.7。

6. 局部存储器（L）

S7-200 有 64 个字节的局部存储器，编址范围为 LB0.0 ~ LB63.7。其中 60 个字节可以用作暂时存储器或者给子程序传递参数。如果用梯形图编程，编程软件保留这些局部存储器的后 4 个字节。如果用语句表编程，可以使用所有的 64 个字节，但建议不要使用最后 4 个字节，最后 4 个字节为系统保留字节。

S7-200 PLC 根据需要分配局部存储器。当主程序执行时，64 个字节的局部存储器分配给主程序；当中断或调用子程序时，将局部存储器重新分配给相应程序。局部存储器在分配时，PLC 不进行初始化，初始值是任意的。

可以用直接寻址方式按字节、字或双字来访问局部存储器，也可以把局部存储器作为间接寻址的指针，但不能作为间接寻址的存储区域。

局部存储器（L）和变量存储器（V）很相似，主要区别在于局部存储器（L）局部有效的，变量存储器（V）则是全局有效。全局有效是指同一个存储器可以被任何程序（如主程序、中断程序或子程序）存取，局部有效是指存储区和特定的程序相关联。

7. 定时器（T）

PLC 中定时器相当于继电器系统中的时间继电器，用于延时控制。S7-200 有三种定时器，它们的时基增量分别为 1ms、10ms 和 100ms，定时器的当前值寄存器是 16 位有符号的整数，用于存储定时器累计的时基增量值（1 ~ 32 767）。

定时器的当前值大于等于设定值时，定时器位被置为 1，梯形图中对应的定时器的常开触点闭合，常闭触点断开。用定时器地址（如 T5）来存取当前值和定时器位，带位操作数的指令存取定时器位，带字操作数的指令存取当前值。

8. 计数器

计数器主要用来累计输入脉冲个数。其结构与定时器相似，其设定值在程序中赋予，CPU 提供了 3 种类型的计数器，各为加计数器、减计数器和加减计数器。计数器的当前值为 16 位有符号整数，用来存放累计的脉冲数（1 ~ 32 767）。当计数器的当前值大于等于设定值时，计数器位被置为 1。用计数器地址（如 C20）来存取当前值和计数器位，带位操作数的指令存取计数器位，带字操作数的指令存取当前值。

9. 模拟量输入/输出映像寄存器（AI/AQ）

S7-200 的模拟量输入电路将外部输入的模拟量（如温度、电压）等转换成 1 个字长（16 位）的数字量，存入模拟量输入映像寄存器区域，可以用区域标志符（AI），数据长度（W）及字节的起始地址来存取这些值。因为模拟量为 1 个字长，起始地址定义为偶数字节地址，如 AIW0、AIW2、…、AIW62，共有 32 个模拟量输入点。模拟量输入值为只读数据。

S7-200 模拟量输出电路将模拟量输出映像寄存器区域的 1 个字长（16 位）数字值转换为模拟电流或电压输出。可以用标识符（AQ）、数据长度（W）及起始字节地址来设置。

因为模拟量输出数据长度为 16 位，起始地址也采用偶数字节地址，AQW0、AQW2、…、AQW62，共有 32 个模拟量输出点。用户程序只能给输出映像寄存器区域置数，而不能读取。

10. 累加器（AC）

累加器是用来暂存数据的寄存器，可以同子程序之间传递参数，以及存储计算结果的中间值。S7-200 CPU 中提供了 4 个 32 位累加器 AC0 ~ AC3。累加器支持以字节（B）、字（W）和双字（DW）的存取。按字节或字为单位存取时，累加器只使用低 8 位或低 16 位，数据存储长度由所用指令决定。

11. 高速计数器（HC）

CPU 224 PLC 提供了 6 个高速计数器（每个计数器最高频率为 30kHz）用来累计比 CPU 扫描速率更快的事件。高速计数器的当前值为双字长的符号整数，且为只读值。高速计数器的地址由符号 HC 和编号组成，如 HC0、HC1、…、HC5。

三、S7-200 系列 PLC 有效编程范围

PLC 的硬件结构是软件编程的基础，S7-200 系列 PLC 各编程器件及操作数的有效编程范围见表 6-3 和表 6-4。

表 6-3　S7-200 系列 PLC 编程元器件的有效范围和特性一览表

描　述	CPU 221	CPU 222	CPU 224	CPU 226
用户程序大小/kW	2	2	4	4
用户数据大小/kW	1	1	2.5	2.5
输入映像寄存器	I0.0 ~ I15.7	I0.0 ~ I15.7	I0.0 ~ I15.7	I0.0 ~ I15.7
输出映像寄存器	Q0.0 ~ Q15.7	Q0.0 ~ Q15.7	Q0.0 ~ Q15.7	Q0.0 ~ Q15.7
模拟量输入（只读）	—	AIW0 ~ AIW30	AIW0 ~ AIW62	AIW0 ~ AIW62
模拟量输出（只读）	—	AQW0 ~ AQW30	AQW0 ~ AQW62	AQW0 ~ AQW62
变量存储器（V）	VB0.0 ~ VB2 047.7	VB0.0 ~ VB2 047.7	VB0.0 ~ VB5119.7	VB0.0 ~ VB5 119.7
局部存储器（L）	LB0.0 ~ LB63.7	LB0.0 ~ LB63.7	LB0.0 ~ LB63.7	LB0.0 ~ LB63.7
位存储器（M）	M0.0 ~ M31.7	M0.0 ~ M31.7	M0.0 ~ M31.7	M0.0 ~ M31.7
特殊存储器（SM）只读	SM0.0 ~ SM179.7 SM0.0 ~ SM29.7	SM0.0 ~ SM179.7 SM0.0 ~ SM29.7	SM0.0 ~ SM179.7 SM0.0 ~ SM29.7	SM0.0 ~ SM179.7 SM0.0 ~ SM29.7
定时器范围	T0 ~ T255	T0 ~ T255	T0 ~ T255	T0 ~ T255
记忆延迟 1ms	T0，T64	T0，T64	T0，T64	T0，T64

（续）

描　述	CPU 221	CPU 222	CPU 224	CPU 226
记忆延迟 10ms	T1 ~ T4，T65 ~ T68	T1 ~ T4，T65 ~ T68	T1 ~ T4，T65 ~ T68	T1 ~ T4，T65 ~ T68
记忆延迟 100ms	T5 ~ T31 T69 ~ T95	T5 ~ T31 T69 ~ T95	T5 ~ T31 T69 ~ T95	T5 ~ T31 T69 ~ T95
接通延迟 1ms	T32，T96	T32，T96	T32，T96	T32，T96
接通延迟 10ms	T33 ~ T36 T97 ~ T100	T33 ~ T36 T97 ~ T100	T33 ~ T36 T97 ~ T100	T33 ~ T36 T97 ~ T100
接通延迟 100ms	T37 ~ T63 T101 ~ T255	T37 ~ T63 T101 ~ T255	T37 ~ T63 T101 ~ T255	T37 ~ T63 T101 ~ T255
计数器	C0 ~ C255	C0 ~ C255	C0 ~ C255	C0 ~ C255
高速计数器	HC0，HC3， HC4，HC5	HC0，HC3， HC4，HC5	HC0 ~ HC5	HC0 ~ HC5
顺序控制继电器	S0. 0 ~ S31. 7	S0. 0 ~ S31. 7	S0. 0 ~ S31. 7	S0. 0 ~ S31. 7
累加寄存器	AC0 ~ AC3	AC0 ~ AC3	AC0 ~ AC3	AC0 ~ AC3
跳转/标号	0 ~ 255	0 ~ 255	0 ~ 255	0 ~ 255
调用/子程序	0 ~ 63	0 ~ 63	0 ~ 63	0 ~ 63
中断时间	0 ~ 127	0 ~ 127	0 ~ 127	0 ~ 127
PID 回路	0 ~ 7	0 ~ 7	0 ~ 7	0 ~ 7
通信端口	Prot 0	Prot 0	Prot 0	Prot 0，Prot 1

表 6-4　S7-200 系列 PLC 操作数有效范围

存取方式	CPU 221	CPU 222	CPU 224、CPU 226
位存取	V　0. 0 ~ 2 047. 7 I　0. 0 ~ 15. 7 Q　0. 0 ~ 15. 7 M　0. 0 ~ 31. 7 SM　0. 0 ~ 179. 7 S　0. 0 ~ 31. 7 T　0 ~ 255 C　0 ~ 255 L　0. 0 ~ 63. 7	V　0. 0 ~ 2047. 7 I　0. 0 ~ 15. 7 Q　0. 0 ~ 15. 7 M　0. 0 ~ 31. 7 SM　0. 0 ~ 179. 7 S　0. 0 ~ 31. 7 T　0 ~ 255 C　0 ~ 255 L　0. 0 ~ 63. 7	V　0. 0 ~ 5 119. 7 I　0. 0 ~ 15. 7 Q　0. 0 ~ 15. 7 M　0. 0 ~ 31. 7 SM　0. 0 ~ 179. 7 S　0. 0 ~ 31. 7 T　0 ~ 255 C　0 ~ 255 L　0. 0 ~ 63. 7
字节存取	VB　0. 0 ~ 2 047 IB　0 ~ 15 QB　0 ~ 15 MB　0 ~ 31 SMB　0 ~ 179 SB　0 ~ 31 LB　0 ~ 63 AC　0 ~ 3 常　数	VB　0. 0 ~ 2 047 IB　0 ~ 15 QB　0 ~ 15 MB　0 ~ 31 SMB　0 ~ 179 SB　0 ~ 31 LB　0 ~ 63 AC　0 ~ 3 常　数	VB　0. 0 ~ 5 119 IB　0 ~ 15 QB　0 ~ 15 MB　0 ~ 31 SMB　0 ~ 179 SB　0 ~ 31 LB　0 ~ 63 AC　0 ~ 3 常　数

（续）

存取方式	CPU 221	CPU 222	CPU 224、CPU 226
字存取	VW 0～2 046 IW 0～14 QW 0～14 MW 0～30 SMW 0～178 SW 0～30 T 0～255 C 0～255 LW 0～62 AC 0～3 常　数	VW 0～2 046 IW 0～14 QW 0～14 MW 0～30 SMW 0～178 SW 0～30 T 0～255 C 0～255 LW 0～62 AC 0～3 常　数	VW 0～5 118 IW 0～14 QW 0～14 MW 0～30 SMW 0～178 SW 0～30 T 0～255 C 0～255 LW 0～62 AC 0～3 常　数
双字存取	VD 0～2 044 ID 0～12 QD 0～12 MD 0～28 SMD 0～176 SWD 0～28 LD 0～60 AC 0～3 HC 0，3，4，5 常　数	VD 0～2 044 ID 0～12 QD 0～12 MD 0～28 SMD 0～176 SWD 0～28 LD 0～60 AC 0～3 HC 0，3，4，5 常　数	VD 0～5 116 ID 0～12 QD 0～12 MD 0～28 SMD 0～176 SWD 0～28 LD 0～60 AC 0～3 HC 0～5 常　数

第三节　S7-200 系列 PLC 的基本指令

S7-200 系列 PLC 的 SIMATIC 指令有梯形图 LAD（Ladder Programming）、语句表 STL（Statement List）和功能图 FBD（Function Block Diagram）3 种编程语言。梯形图 LAD 程序类似于传统的继电器控制系统，直观、易懂；语句表 STL 类似于计算机汇编语言的指令格式。本章以 S7-200 系列 PLC 的 SIMATIC 指令系统为例，主要讲述基本位操作指令和梯形图、语句表的基本编程方法。

基本指令包括基本逻辑指令，算术、逻辑运算指令，数据处理指令，程序控制指令等。基本指令已能满足一般的程序设计要求。

一、基本位操作指令

基本逻辑指令是指构成基本逻辑运算功能指令的集合，包括基本位操作指令、置位/复位指令、边沿触发指令、定时器/计数器指令、比较等逻辑指令。

位操作指令是 PLC 常用的基本指令，梯形图指令有触点和线圈两大类，触点又分为常开和常闭两种形式；语句表指令有与、或以及输出等逻辑关系，位操作指令能够实现基本的位逻辑运算和控制。

（一）指令格式

梯形图指令由触点或线圈符号和直接位地址两部分组成，含有直接位地址的指令又称位操作指令，基本位操作指令操作数寻址范围：I，Q，M. SM，T，C，V，S，L等。

指令格式见表6-5。

表6-5 基本位操作指令格式

LAD	STL	功　能
bit bit bit ─┤├─　─┤/├─　─( )	LD BIT　LDN BIT A BIT　AN BIT O BIT　ON BIT = BIT	用于网络段起始的常开/常闭触点 常开/常闭触点串联，逻辑与/与非指令 常开/常闭触点并联，逻辑或/或非指令 线圈输出，逻辑置位指令

梯形图的触点代表CPU对存储器的读操作，由于计算机系统读操作的次数不受限制，所以用户程序中，常开、常闭触点使用的次数不受限制。梯形图的线圈符号代表CPU对存储器的写操作，由于PLC采用自上而下的扫描方式工作，在用户程序中，每个线圈只能使用一次，使用次数（存储器写入次数）多于一次时，其状态以最后一次为准。

语句表的基本逻辑指令由指令助记符和操作两部分组成，操作数由可以进行位操作的寄存器元件及地址组成，如LD I0.0。常用指令助记符的定义如下所述：

（1）LD（Load）：装载指令，用于常开触点与左母线连接，每一个以常开触点开始的逻辑行都要使用这一指令。

（2）LDN（Load Not）：装载指令，用于常闭触点与左母线连接，每一个以常闭触点开始的逻辑行都要使用这一指令。

（3）A（And）：与操作指令，用于常开触点的串联。

（4）AN（And Not）：与操作指令，用于常闭触点的串联。

（5）O（Or）：或操作指令，用于常开触点的并联。

（6）ON（Or Not）：或操作指令，用于常闭触点的并联。

（7）=（Out）：置位指令，线圈输出。

位操作指令程序的应用如图6-9所示。

梯形图分析：

网络1：当输入点I0.0的状态为1时，线圈M0.0通电，其常开触点闭合自锁，即使I0.0状态为0时，M0.0线圈仍保持通电。当I0.1触点断开时，M0.0线圈断电，电路停止工作。

网络2的工作原理与网络1相似，请自行分析。

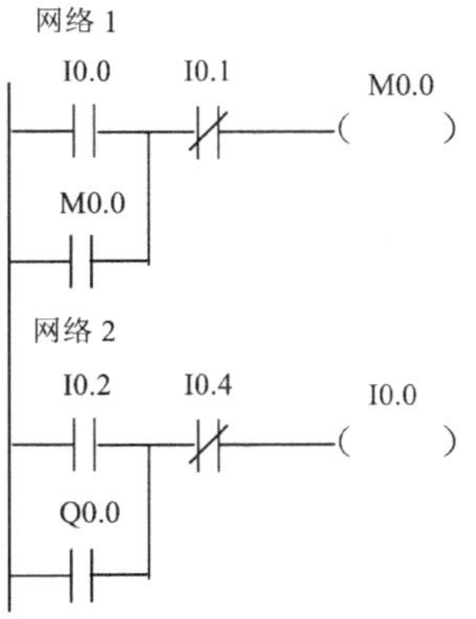

NETWORK 1
LD　I0.0　装入常开触点
O　M0.0　或常开触点
AN　I0.1　与常闭触点
=　M0.0　输出线圈
NETWORK 2
LD　I0.2　装入常开触点
O　Q0.0　或常开触点
AN　I0.4　与常闭触点
=　Q0.0　输出线圈

图6-9 位操作指令程序的应用

（二）STL指令对较复杂梯形图的描述方法

在较复杂梯形图中，触点的串、并联关系不能全部用简单的与、或、非逻辑关系描述。在语句表指令系统中设计了电路块的“与”操作和电路块的“或”操作指令，以及栈操作指令。下面对这类指令进行分析。

1. 块“与”操作指令 ALD

块“与”操作指令，用于两个或两个以上触点并联连接的电路之间的串联，称之为并联电路块的串联连接。

ALD 指令的使用如图 6-10 所示。

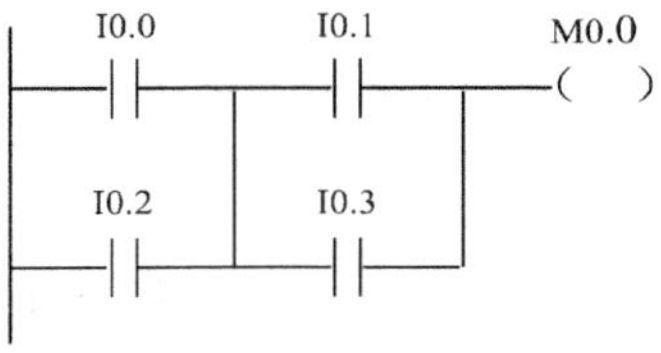

NETWORK 1

LD	I0.0	装入常开触点
O	I0.2	或常开触点
LD	I0.1	装入常开触点
O	I0.3	或常开触点
ALD		块与操作
=	M0.0	输出线圈

图 6-10　ALD 指令的使用

并联电路块与前面的电路串联时，使用 ALD 指令。并联电路块的开始用 LD 或 LDN 指令。并联电路块结束后，使用 ALD 指令与前面的电路串联。

2. 块“或”操作指令 OLD

用于两个或两个以上的触点串联连接的电路之间的并联，称之为串联电路块的并联连接。

OLD 指令的使用如图 6-11 所示。

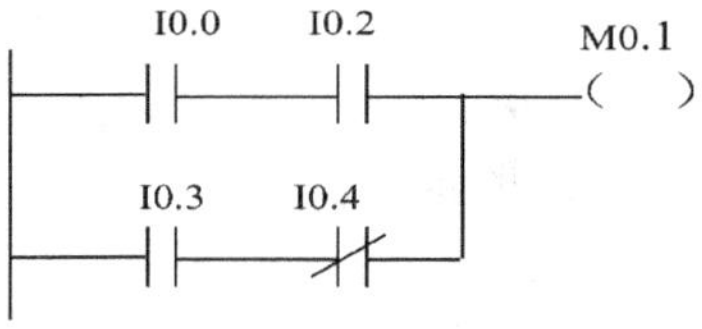

NETWORK1

LD	I0.0	装入常开触点
A	I0.2	与常开触点
LD	I0.3	装入常开触点
AN	I0.4	与常闭触点
OLD		块或操作
=	M0.1	输出线圈

图 6-11　OLD 指令的使用

3. 栈操作指令 LPS、LRD、LPP

LPS：（Logic Push）逻辑堆栈操作指令（无操作元件）。

LRD：（Logic Read）逻辑读栈指令（无操作元件）。

LPP：（Logic Pop）逻辑弹栈指令（无操作元件）。

S7-200 采用模拟栈结构，用来存放逻辑运算结果以及保存断点地址，所以其操作又称为逻辑栈操作。在此，仅讨论断点保护功能的栈操作概念。

堆栈操作时将断点的地址压入栈区，栈区内容自动下移，（栈底内容丢失）。读栈操作时将存储器栈区顶部的内容读入程序的地址指针寄存器，栈区内容保持不变。弹栈操作时，栈的内容依次按照后进先出的原则弹出，将栈顶内容弹入程序的地址指针寄存器，栈的内容依次上移。

逻辑堆栈指令（LPS）可以嵌套使用，最多为 9 层。为保证程序地址指针不发生错误，堆栈和弹栈指令必须成对使用，最后一次读栈操作应使用弹栈指令。栈操作指令的应用程序段如图 6-12 所示。

二、取反和空操作指令

取反和空操作指令格式见表 6-6。

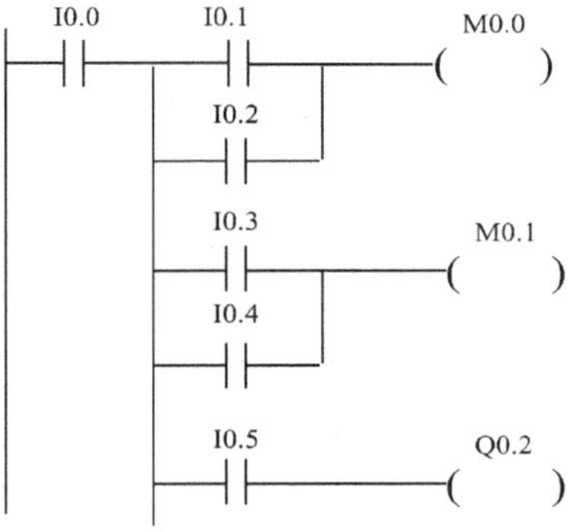


```
LD     I0.0    装入常开触点
LPS            建立栈指针（堆栈）
LD     I0.1    装入常开触点
O      I0.2    或常开触点
ALD            块与操作
=      M0.0    输出线圈
LRD            读栈
LD     I0.3    装入常开触点
O      I0.4    或常开触点
ALD            块与操作
=      M0.1    输出线圈
LPP            弹栈
A      I0.5    与常开触点
=      Q0.2    输出线圈
```

图 6-12　栈操作指令应用程序段

表 6-6　取反和空操作指令格式

LAD	STL	功能
—| NOT |—	NOT	取反
N NOP	NOP N	空操作指令

1. 取反指令（NOT）

取反指令，指将它左边电路的逻辑运算结果取反，运算结果若为 1 则变为 0，为 0 则变为 1，该指令没有操作数。能流到达该触点时停止，若能流末到达该触点，该触点给右侧供给能流。NOT 指令将堆栈顶部的值从 0 改为 1，或从 1 改为 0。

2. 空操作指令（NOP）

空操作指令，起增加程序容量的作用。使能输入有效时，执行空操作指令，将稍微延长扫描期长度，不影响用户程序的执行，不会使能量流输出断开。

操作数 N 为执行空操作指令的次数，N =0 ~ 255。

3. AENO 指令

梯形图的指令盒指令右侧的输出连线为使能输出端 ENO，用于指令盒或输出线圈的串联（与逻辑），不串联元件时，作为指令行的结束。

AENO 指令（And ENO）该指令的作用是和前面的指令盒输出端 ENO 相与。AENO 指令只能在语句表中使用。

STL 指令格式：AENO（无操作数）

取反指令和空操作指令应用如图 6-13 所示。

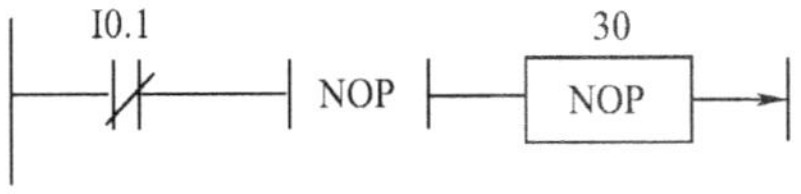


```
LON  I0.1
NOT          // 条件满足时
NOP  20      // 空操作20次
```

图 6-13　取反指令和空操作指令应用

三、置位/复位指令

置位/复位指令则是将线圈设计成置位线圈和复位线圈两大部分，将存储器的置位、复位功能分离开来。置位线圈受到脉冲前沿触发时，线圈通电锁存（存储器位置为 1），复位线圈受到脉冲前沿触发时，线圈断电锁存（存储器位置为 0）下次置位、复位指令将置位和复位的位数扩展为 N 位。指令的格式见表 6-7。

表 6-7　置位/复位指令格式

LAD	STL	功能
S－bit　S－bit ——(S)　——(R) N　N	S　S-BIT，N R　S-BIT，N	从起始位（S-BIT）开始的 N 个元件置 1 从起始位（S-BIT）开始的 N 个元件置 0

操作数 S-BIT 类型：S-BIT、位数 N 寻址范围参见附录 C 中的附表 1。

执行置位（置 1）/复位（置 0）指令时，从数的直接位地址（bit）或输出状态（OUT）指定的地址参数开始的 N 个点（最多 255 个）都被置位/置位。当置位、复位输入同时有效时，复位优先。置位/复位指令的应用程序段如图 6-14 所示。

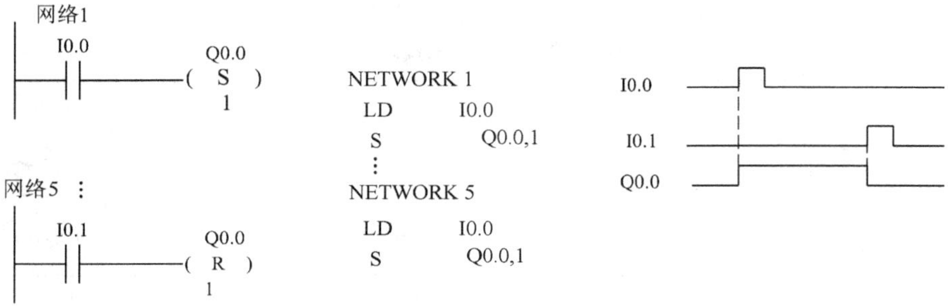

图 6-14　置位/复位指令应用程序段

编程时，置位、复位线圈之间间隔的网络个数可以任意。置位、复位线圈通常成对使用，也可以单独使用或与指令盒配合使用。

四、边沿触发指令

边沿触发是指用边沿触发信号产生一个机器周期的扫描脉冲，通常用作脉冲整形。边沿触发指令分为正跳变触发（上升沿）和负跳变触发（下降沿）两大类。正跳变触发指输入脉冲上升沿使触点闭合（ON）一个扫描周期。负跳变触发指输入脉冲的下降沿使触点闭合（ON）一个扫描周期。边沿触发指令格式见表 6-8。

表 6-8　边沿触发指令格式

LAD	STL	功能、注释
—| P |—	EU（Edge up）	正跳变，无操作元件
—| N |—	ED（Edge Down）	负跳变，无操作元件

边沿触发程序示例如图 6-15 所示。现分析如下：

I0.0 的上跳沿，触点（EU）产生一个扫描周期的时序脉冲，驱动输出线圈 M0.0 通电一个扫描周期，M0.0 常开触点闭合一个扫描周期，使输出线圈 Q0.0 置位有效（Q0.0＝1），并保持。

I0.1 下跳沿，触点（EU）产生一个扫描周期的时钟脉冲，驱动输出线圈 M0.1 通电一个扫描周期，M0.1 常开触点闭合一个扫描周期，使输出线圈 Q0.0 复位有效（Q0.0＝0），

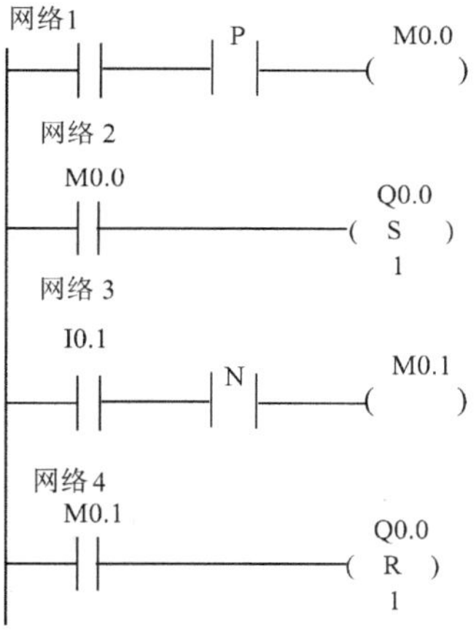


```
NETWORK 1
LD      I0.0           //装入常开触点
EU                     //正跳变
=       M0.0           //输出
NETWORK 2
LD      M0.0           //装入
S       Q0.0, 1        //输出置位
NETWORK 3
LD      I0.1           //装入
ED                     //负跳变
=       M0.1           //输出
NETWORK4
LD      M0.1           //装入
R       Q0.0, 1        //输出复位
```

图 6-15　边沿触发程序示例

并保持，边沿触发时序图如图 6-16 所示。

五、定时器

S7-200 PLC 的定时器为增量型定时器，用于实现时间控制，可以按照工作方式和时间基准（时基）分类，时间基准又称为定时精度和分辨率。

1. 工作方式

按照工作方式，定时器可分为通电延时型（TON）、保持型（又称有记忆的通电延时型）（TONR）、断电延时型（TOF）三种类型。

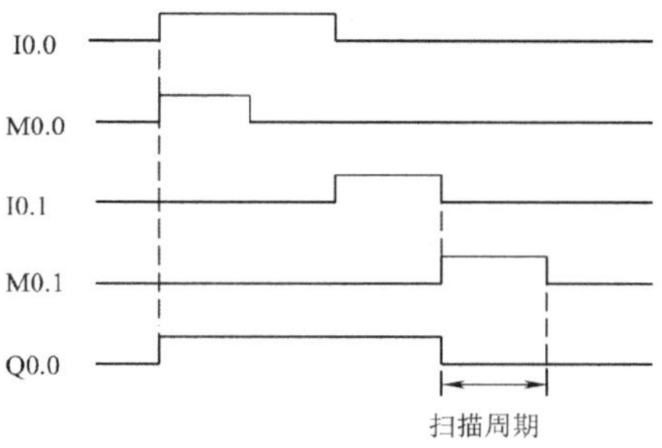

图 6-16　边沿触发时序图

2. 时基标准

按照时基标准，定时器又分为 1ms、10ms、100ms 三种类型，不同的时基标准，定时精度、定时范围和定时器的刷新方式不同。

（1）定时精度　定时器的工作原理是定时器使能输入有效后，当前值寄存器对 PLC 内部的时基脉冲增 1 计数，最小计时单位为时基脉冲的宽度。

（2）延时范围　定时器使能输入有效后，当前值寄存器对时基脉冲递增计数，当计数值大于或等于定时器的设定值后，状态位置 1。从定时器输入有效，到状态位输出有效经过的时间为定时时间。定时时间 T 等于时基乘设定值，时基越大，定时时间越长，但精度越差。

（3）定时器的刷新方式　1ms 定时器每隔 1ms 定时器刷新一次，定时器刷新与扫描周期和程序处理无关。扫描周期较长时，定时器一个周期内可能多次被刷新（多次改变当前值）。

10ms 定时器在每个扫描周期开始时刷新。每个扫描周期之内，当前值不变。

100ms 定时器是定时器指令执行时被刷新，下一条执行的指令即可使用刷新后的结果，但应当注意，如果该定时器的指令不是每个周期都执行（比如条件跳转时），定时器就不能及时刷新，可能会导致出错。

CPU 22X 系列 PLC 的 256 个定时器分属 TON（TOF）和 TONR 工作方式，以及三种时基标准，TOF 与 TON 共享同一组定时器，不能重复使用。定时器的工作方式及类型见表 6-9。

表 6-9 定时器的工作方式及类型

工作方式	分辨率/ms	最大当前值/s	定时器号
TONR	1	32.767	T0，T64
	10	327.67	T1～T4，T65～T68
	100	3276.7	T5～T31，T69～T95
TON/TOF	1	32.767	T32，T96
	10	327.67	T33～T36，T97～T100
	100	3276.7	T37～T63，T101～T255

使用定时器时应参照表 6-9 的时基标准和工作方式合理选择定时器编号，同时要考虑刷新方式对程序执行的影响。

3. 定时器指令格式

定时器指令表格式见表 6-10。

表 6-10 定时器指令格式

LAD	STL	功能、注释
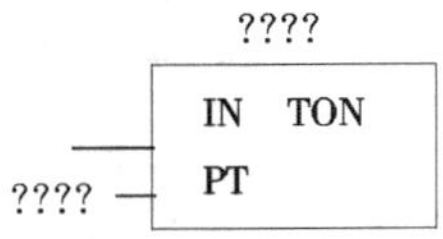	TON	通电延时型
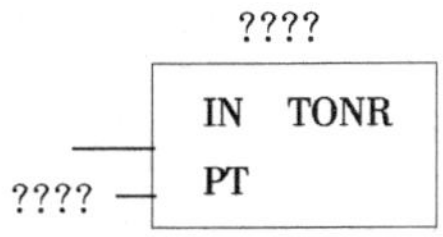	TONR	有记忆通电延时型
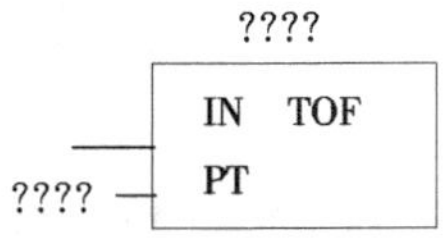	TOF	断电延时型

IN 是使能输入端，编程范围 T0～T255；PT 是设定值输入端，最大预置值 32 767；PT 数据类型：INT。PT 寻址范围参见附录 C 中的附表 1。

下面从原理、应用等方面分别叙述通电延时型（TON）、保持型（TONR）、断电延时型（TOF）等 3 种类型定时器的使用方法。

（1）通电延时型（TON） 当使能端（IN）输入有效时，定时器开始计时，当前值从 0 开始递增，大于或等于设定值（PT）时，定时器输出状态位置为 1，（输出触点有效），当前值的最大值为 32 767。使能端无效（断开）时，定时器复位（当前值清零，输出状态位置为 0）。通电延时型定时器应用程序如图 6-17 所示。

（2）保持型（TONR） 使能端（IN）输入有效时（接通），定时器开始计时，当前值递增，当前值大于或等于设定值（PT）时，输出状态位置为 1，使能端输入无效（断开）

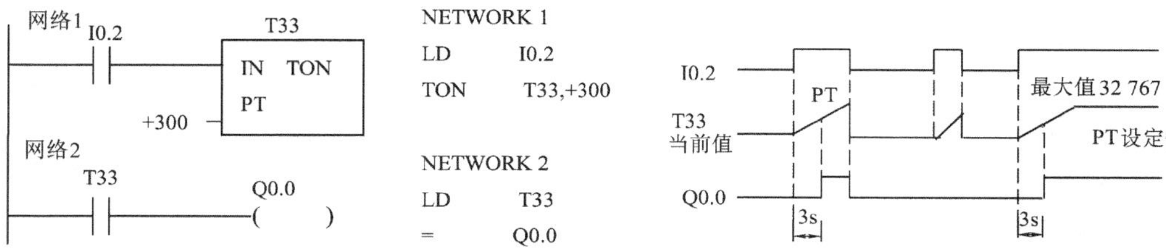

图6-17 通电延时型定时器应用程序

时，当前值保持（记忆），使能端（IN）再次接通有效时，在原记忆值的基础上递增计时。有记忆通电延时型（TONR）定时器采用线圈的复位指令（R）进行复位操作，当复位线圈有效时，定时器当前值清零，输出状态位置为0。

保持型（有记忆通电延时型定时器）应用程序段如图6-18所示。

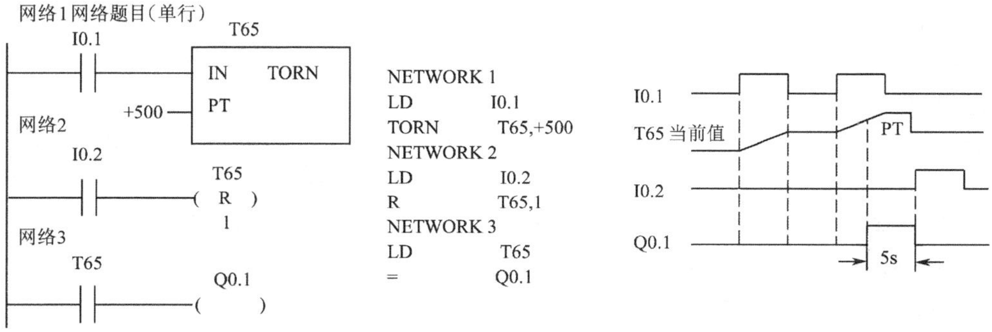

图6-18 保持型（有记忆通电延时型定时器）应用程序段

（3）断电延时型（TOF） 使能端（IN）输入有效时，定时器输出状态位立即置1，当前值复位（为0）。使能端（IN）断开时，开始计时，当前值从0递增，当前值达到预置值时，定时器状态位复位置0，并停止计时，当前值保持。

断电延时型定时器应用程序段如图6-19所示。

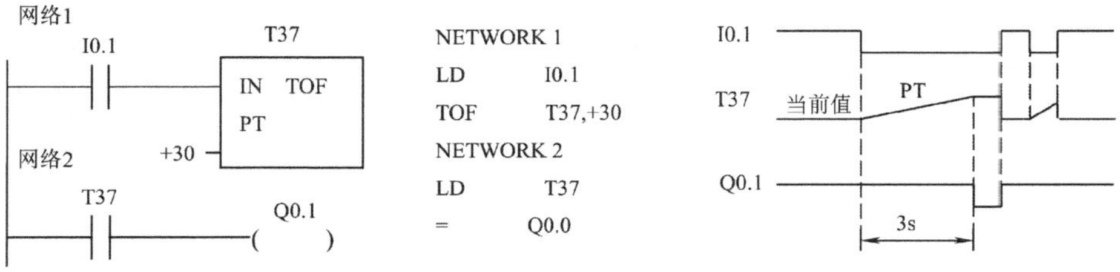

图6-19 断电延时型定时器应用程序段

六、计数器

S7-200系列PLC有加计数器（CTU）、加/减计数器（CTUD）、减计数器（CTD）等3种计数指令。计数器的使用方法和基本结构与定时器基本相同，主要由设定值寄存器、当前值寄存器、状态位等组成。

1. 指令格式

计数器的梯形图指令符号为指令盒形式，计数器指令格式见表6-11。

表 6-11　计数器指令格式

LAD	STL	功　能
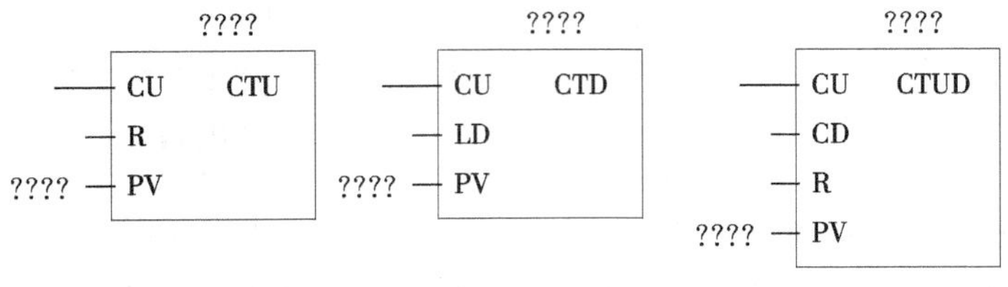	CTU CTD CTUD	(Counter Up) 增计数器 (Counter Down) 减计数器 (Counter Up/ Down) 增/减计数器

梯形图指令符号中 CU 为增 1 计数脉冲输入端；CD 为减 1 计数脉冲输入端；R 为复位脉冲输入端；LD 为减计数器的复位脉冲输入端。编程范围 C0 ~ C255；PV 设定值最大范围 32 767；PV 数据类型：INT，寻址范围参见附录 C 中表 C-1。

2. 工作原理

下面从原理、应用等方面进行分析加计数器（CTU）、加/减计数器（CTUD）、减计数器（CTD）等 6 种类型计数器的应用方法。

（1）加计数指令（CTU）　加计数器在 CU 端输入脉冲上升沿，计数器的当前值增 1 计数。当前值大于或等于设定值（PV）时，计数器状态位置 1。当前值累加的最大值为 32 767。复位输入（R）有效时，计数器状态位复位（置 0），当前计数值为零。加计数器的应用可参照图 6-20 进行分析。

（2）加/减计数器（CTUD）　加/减计数器有两个脉冲输入端，其中 CU 端用于加计数，CD 端用于减计数，执行加/减计数时，CU/CD 端的计数脉冲上升沿加 1/减 1 计数。当前值大于或等于计数器设定值（PV）时，计数器状态位置位。复位输入（R）有效或执行复位指令时，计数器状态位复位，当前值清零。达到计数最大 32 767 后，下一个 CU 输入上升沿将使计数值变为最小值（–32 678）。同样，达到最小值（–32 678）后，下一个 CD 输入上升沿将使计数值变为最大值（32 767）。加/减计数器应用程序段及时序如图 6-20 所示。

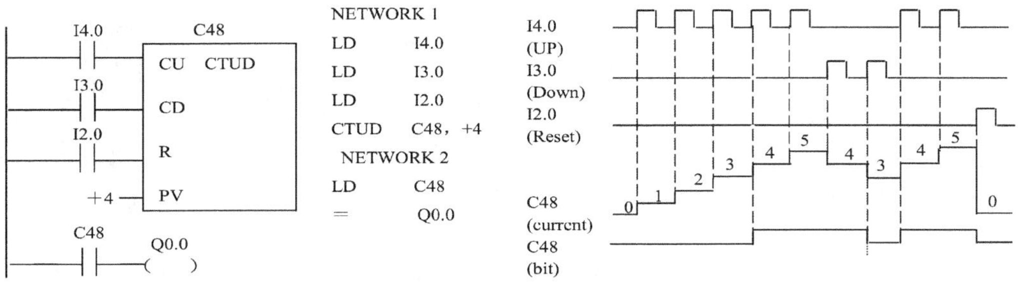

图 6-20　加/减计数器应用程序段及时序

（3）减计数指令（CTD）　复位输入（LD）有效时，计数器把预置值（PV）装入当前值存储器，计数器状态位复位（置 0）。CD 端每一个输入脉冲上升沿，减计数器的当前值从预置值开始递减计数，当前值等于 0 时，计数器状态位置位（置 1），停止计数。减计数器程序及时序如图 6-21 所示。

减计数器在计数脉冲I3.0的上升沿减1计数，当前值从预置值开始减至0时，定时器输出状态位置1，Q0.0通电（置1），在复位脉冲I1.0的上升沿，定时器状态位置0（复位），当前值等于预置值，为下次计数工作做好准备。

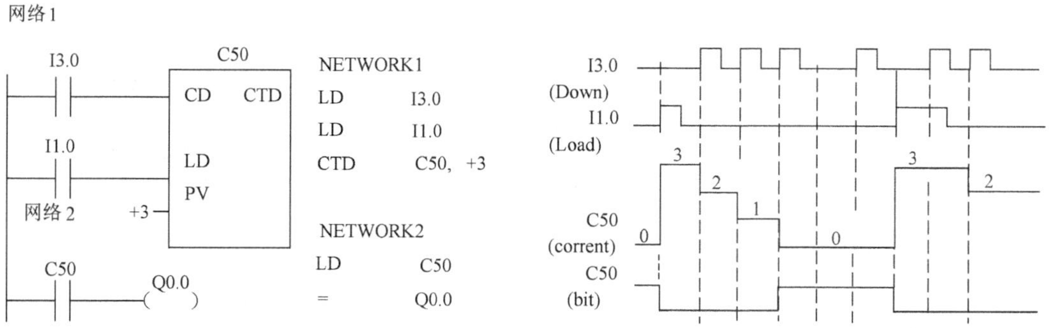

图6-21 减计数器程序及时序

第四节 S7-200系列PLC功能指令

PLC为了实现模拟控制功能，除前面介绍过的基本操作指令外，还具有功能指令。功能指令实质上就是一些功能不同的子程序，合理、正确地使用功能指令，对优化程序结构，提高功能系统的功能，简化对一些复杂问题的处理有着重要的作用。本章主要介绍STEP 7-Micro/WIN 32编程的概念和规约、表功能指令、转换指令、中断指令、时钟指令、PID、高速处理指令、通信指令等的格式和梯形图的编程方法。

一、表功能指令

表功能指令用来建立和存取字类型的数据表。数据表由3部分组成：表地址，由表的首地址指明；表定义：由表地址和第2个字地址所对应的单元分别存放的两个表参数，来定义最大填表数（TL）和实际填表数（EC）；存储数据，从第3个字节地址开始存放数据。表功能指令见表6-12。

表6-12 表功能指令

指　令	描　述
ATT　DATA, TABLE	填　表
FND =　TBL, PATRN, INDX	查　表
FND < >　TBL, PATRN, INDX	查　表
FND <　TBL, PATRN, INDX	查　表
FND >　TBL, PATRN, INDX	查　表
FIFO　TABLE, DATA	先入先出
LIFO　TABLE, DATA	后入先出
FILL　IN, OUT, N	填　充

1. 填表指令（ATT）

填表指令（Add To Table）向表（TBL）中增加一个字（DATA）表内的第一个数是表

的最大长度（TL），第二个数是表内实际的项数（EC）。新数据被放入表内上一次填入的数的后面。每向表内填入一个新的数据，EC 自动加 1。除了 TL 和 EC 外，表最多可以装入 100 个数据。TBL 为 WORD 型，DATA 为 INT 型。填表指令的举例如图 6-22 所示。

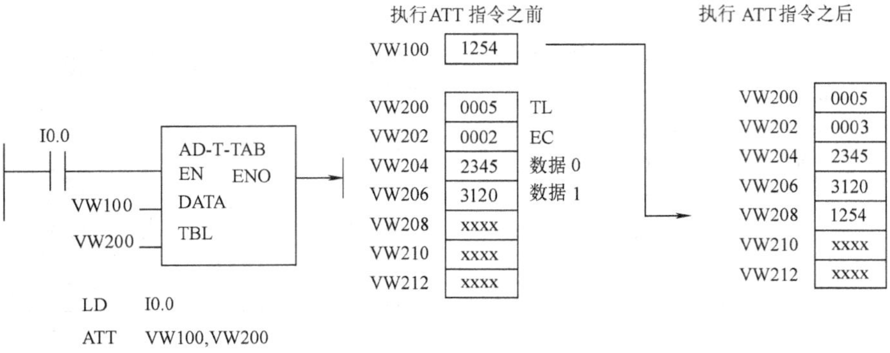

图 6-22 填表指令的举例

使 ENO＝0 的错误条件：SM4.3（运行时间），0006（间接地址），0091（操作数超限）。该指令影响 SM1.4，填入表的数据过多时，SM1.4 将被置 1。

2. 查表指令

查表指令（Table Find）从指针 INDX 所指的地址开始查表 TBL，搜索与数据 PTN 的关系满足 CMD 定义的条件的数据。命令参数 CMD＝1～4，分别代表“＝”、“<>”、“<”和“>”。如果发现了一个符合条件的数据，则 INDX 指向该数据。要查找下一个符合条件的数据，再次启动查表指令之前，应先将 INDX 加 1。如果没有找到，INDX 的数值等于 EC。一个表最多有 100 个填表数据，数据的编号为 0～99。

TBL 和 INDX 为 WORD 型，PTN 为 INT 型，CMD 为字节型。

使 ENO＝0 的错误条件：SM4.3（运行时间），0006（间接地址），0091（操作数超出范围）。

用 FND 指令查找 ATT、LIFO 和 FIFO 指令生成的表时，实际填表数（EC）和输入的数据相对应。查表指令并不需要 ATT、LIFO 和 FIFO 指令中的最大填表数 TL。因此，查表指令的 TBL 操作数应比 ATT、LIFO 或 FIFO 指令的 TBL 操作数高两个字节。

查表指令的操作如图 6-23 所示。当触点 I2.1 接通时，从 EC 地址为 VW202 的表中查找等于（CMD＝1）16#3130 的数。为了从头开始查找，AC1 的初值为 0。查表指令执行后，AC1＝2，找到了满足条件的数据 2。查表中剩余的数据之前，AC1（INDX）应加 1。第 3 次执行后，AC1 等于表中填入的项数 6（EC），表示表已查完，没有找到符合条件的数据。再次查表之前，应将 INDX 清 0。

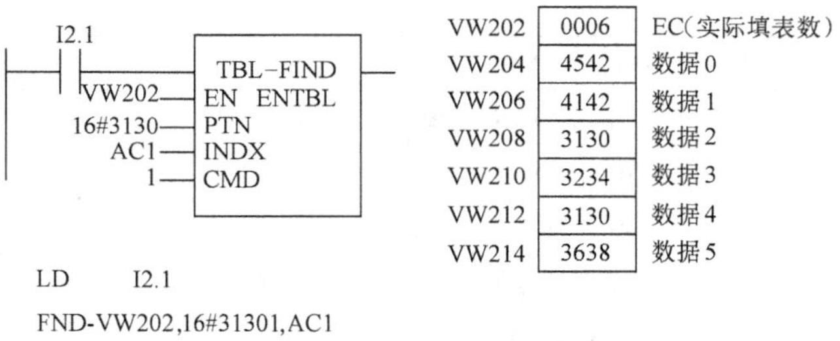

图 6-23 查表指令操作举例

3. 先入先出（FIFO）指令

先入先出（First In First Out）指令从表（TBL）中移走最先放进的第一个数据（数据0），并将它送入DATA指定的地址，表中剩下的各项依次向上移动一个位置。每次执行此指令，表中的项数EC减1。TABLE为INT型，DATA为WORD型。先入先出指令的应用如图6-24所示。

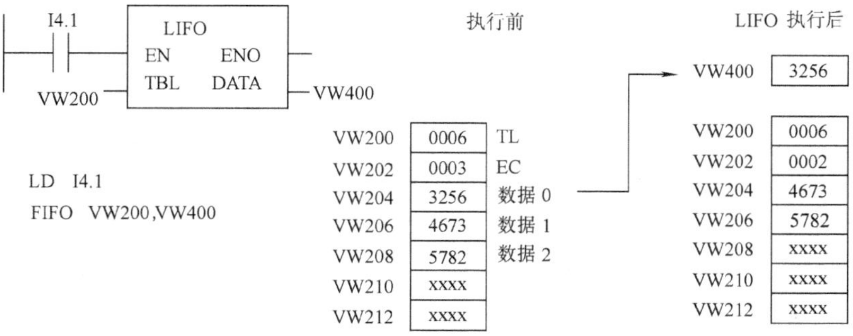

图6-24 先入先出指令举例

使ENO=0的错误条件：SM1.5（空表），SM4.3（运行时间），0006（间接地址），0091（操作数超出范围）。如果试图从空表中移走数据，特殊存储器位SM1.5将被置为1。

4. 后入先出（LIFO）指令

后入先出（Last In First Out）指令从表（TBL）中移走最后放进的数据，并将它送入DATA指定的位置，剩下的各项依次向上移动一个位置。每次执行此指令，表中的项数EC减1。TABLE为INT型，DATA为WORD型。后入先出指令的应用如图6-25所示。

该指令使ENO=0的错误条件和受影响的特殊存储器位同FIFO指令。

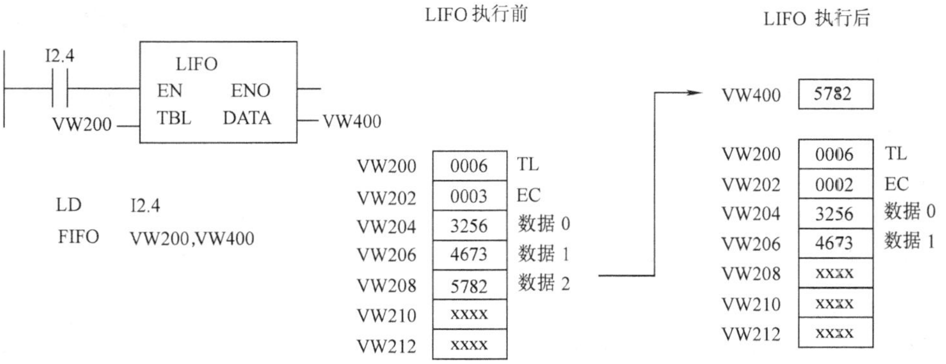

图6-25 后入先出指令的应用举例

5. 存储器填充指令

存储器填充指令FILL（Memory Fill）用输入值（IN）填充从输出OUT开始的N个字，字节型整数N=1～255。图6-26中的FILL指令将0填入VW200～VW219，IN和OUT为WORD型。使ENO=0的错误条件：SM4.3（运行时间），0006（间接地址），0091（操作数超出范围）。

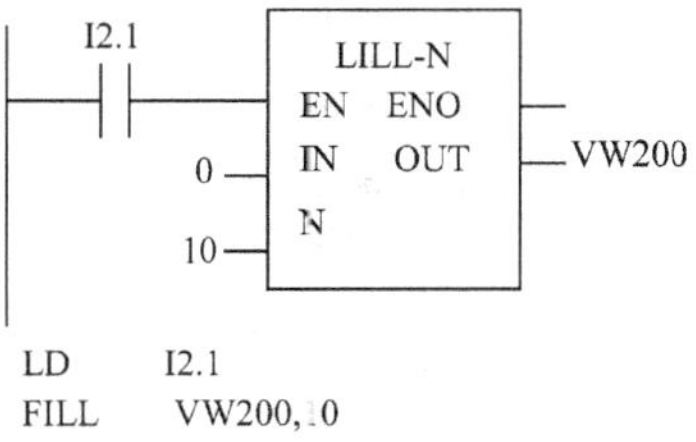

图6-26 填充指令

6. 读写实时时钟指令

读写实时时钟指令TODR（Time of Day Read）从时时钟

读取当前时间和日期，并把它们装入以 T 为起始地址的 8 个字节缓冲区，依次存放年、月、日、时、分、秒、0 和星期、时间和日期的数据类型为字节型如图 6-27 所示。

使 ENO = 0 的错误条件：SM4.3（运行时间），0006（间接地址），0007（TOD 数据错误），000C（没有时钟模块）。

使 ENO = 0 的错误条件：SM4.3（运行时间），0006（间接地址），0007（TOD 数据错误），000C（没有时钟模块）。

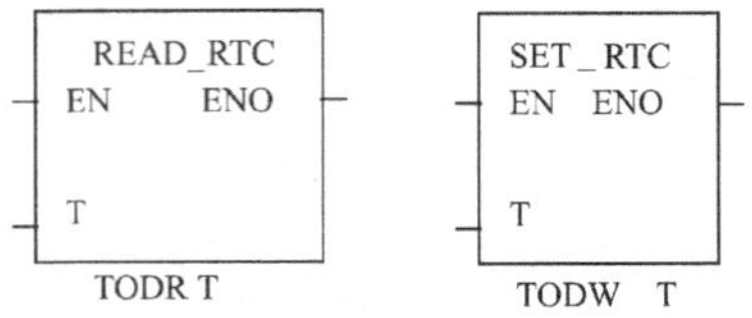

图 6-27　时钟指令

S7-200 中的实时时钟只用年的最低两位有效数字，例如 2000 年表示为 00 年。编程时日期和时间数值应用 BCD 格式，例如 16#97 表示 1997 年。星期的取值范围为 0 ~ 7，1 表示星期日，2 表示星期 1，为 0 时将禁用星期（保持为 0）。S7-200CPU 不根据日期检查核实星期几是否正确，可能接收无效日期，例如 2 月 30 日。

不要同时在主程序和中断程序中使用 TODR 或 TODW 指令。若两条指令 同时访问时钟，SM4.3 将被置 1（非致命错误 0007）。

二、转换指令

转换指令是对操作数的类型进行转换，并输出到指定的目标地址中去。转换指令包括数据的类型转换、数据的编码和译码指令以及字符串类型转换指令。转换指令如表 6-13 和图 6-28 ~ 图 6-31 所示。

1. BCD 码与整数之间的转换

BCD_I 指令将输入的 BCD 码（IN）转换成整数，并将结果送入 OUT 指定的变量中。输入 IN 的范围是 BCD 码 0 ~ 9 999。

I-BCD 指令将输入的整数（IN）转换为 BCD 码，并将结果送入 OUT 指定的变量中。IN 的范围是整数 0 ~ 9 999。

使 ENO = 0 的错误条件：0006（间接地址）。SM1.6（BCD 错误），SM4.3（运行时间）。这些指令影响 SM1.6（非法 BCD）。

2. 双字整数转换为实数

DTR（DI-R）指令将 32 位有符号整数（IN）转换成 32 位实数，并将结果送入 OUT 指定的变量中。使 ENO = 0 错误条件：0006（间接地址），SM4.3（运行时间）。

3. 四舍五入取整指令

ROUND 指令将实数（IN）转换成整数后送入 OUT 指定的变量中。如果小数部分大于等于 0.5，整数部分加 1。

使 ENO = 0 的错误条件：（间接地址），SM1.1（溢出），SM4.3（运行时间）。该指令影响 SM1.1（溢出）。

4. 截位取整指令

TRUNC 指令将 32 位实数（IN）转换成 32 位带符号整数后送入 OUT 指定的变量中，只有实数的整数部分被转换，小数部分被舍去。

使 ENO = 0 的错误条件：0006（间接地址），SM1.1（溢出），SM4.3（运行时间）。该指令影响 SM1.1（溢出）。

5. 整数与双整数的转换

表 6-13　转换指令

指　令		描　述
IBCD	OUT	整数转换成 BCD 码
BCDI	OUT	BCD 码转换成整数
BTI	N，OUT	字节转换成整数
ITB	IN，OUT	整数转换成字节
ITD	IN，OUT	整数转换成双整数
DTI	IN，OUT	双整数转换成整数
DTR	IN，OUT	双数转换成实数
TRUNC	IN，OUT	实数四舍五入为双整数
ROUND	IN，OUT	实数截位取整为双整数
ATH	IN，OUT，LEN	ASCII 码→十六进制数
HTA	IN，OUT，LEN	16 进制数→ASCII 码
ITA	IN，OUT，FMT	整数→ASCII 码
DTA	IN，OUT，FMT	双整数→ASCII 码
RTA	IN，OUT，FMT	实数数→ASCII 码
DECO	IN，OUT	译　码
ENCO	IN，OUT	编　码
SEC	IN，OUT	7 段译码

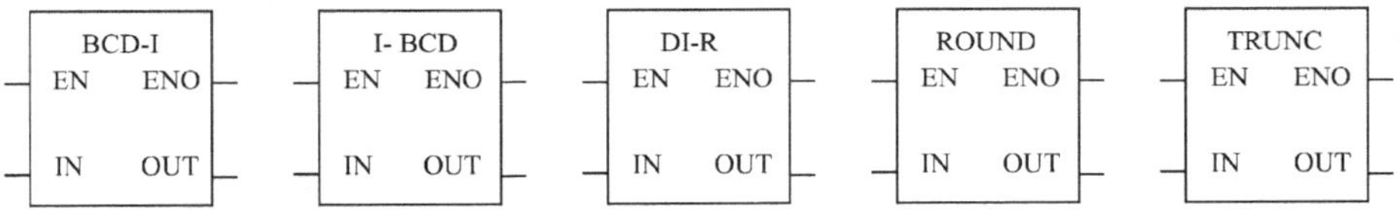

图 6-28　转换指令

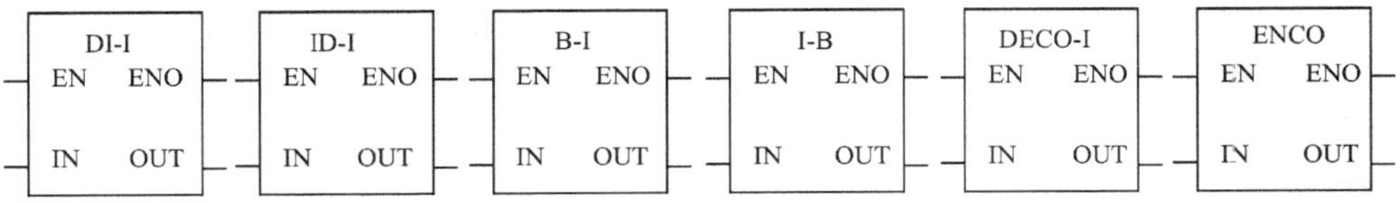

图 6-29　转换指令

DTI（DI-I）指令将双整数（IN）转换成整数后送入 OUT 指定的变量中。如果要转换的数值过大，输出无法表示，则置溢出位 SM1.1 为 1，输出不受影响。使 ENO = 0 的错误条件：0006（间接地址），SM1.1（溢出），SM4.3（运行时间）。

整数转换为双整数指令 FTD（I-DI）将整数（IN）转换成双整数后送入 OUT 指定的变量中，符号被扩展。使 ENO = 0 的错误条件：0006（间接地址），SM4.3（运行时间）。

6. 字节与整数的转换指令

BTI（B-I）指令将字节数（IN）转换成整数，并将结果存入 OUT 指定的变量中。因为字节是无符号的，所以没有扩展符号。

使 ENO =0 的错误条件：0006（间接地址），SM4.3（运行时间）。

整数转换为字节指令 ITB（L-B）将字（IN）转换为字节存入 OUT 指定的变量中。输入数为 0～255，其他数值将会产生溢出，但输出不受影响。

使 ENO =0 的错误条件：0006（间接地址），SM1.1（溢出），SM4.3（运行时间）。这些指令影响 SM1.1（溢出位）。

在控制系统中，有时需要进行单位互换，例如把 in 转换成 cm，C10 的值为当前的 in 计数值，1in =2.54cm，（VD4） =2.54。转换指令的应用如图 6-30 所示。

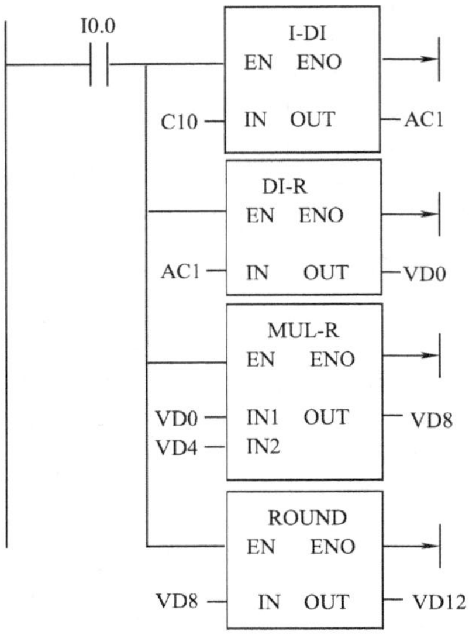


```
LD     I0.0
ITD    C10,  AC1    // 清累加器1，将计数器
                       值装入AC1(in值)
DTR    AC1,  VD0    // 转换为实数
MOVR   VD0,  VD8    // 乘以2.54转移为cm
*R     VD4,  VD8
ROUND  VD8,  VD12   //再转换为整数
```

图 6-30　转换指令的应用

7. 译码指令

译码（Decode）指令 DECO 根据输入字节（IN）的低 4 位表示的位号，将输出字（OUT）相应的位置 1，输出字的其他位均为 0。

使 ENO =0 的错误条件：0006（间接地址），SM4.3（运行时间）。

设 AC2 中包含错误码 3，用译码指令“DECO AC2，VW40”，可将 VW40 的第 3 位置 1，VW40 中的二进制数为 2#0000 0000 0000 1000。

8. 段译码指令

段（Segment）译码指令 SEG 根据输入字节（IN）低 4 位确定的十六进制数（16#0～F）产生点亮七段显示器各段的代码，并送到输出字节 OUT。图 6-31 中七段显示器的 D0～D6 段分别对应于输出字节的最低位（第 0 位～第 6 位），某段应亮时输出字节中对应的位为 1，反之为 0。例如显示数字“1”时，仅 D1 和 D2 为 1，其余位为 0，输出值为 6。

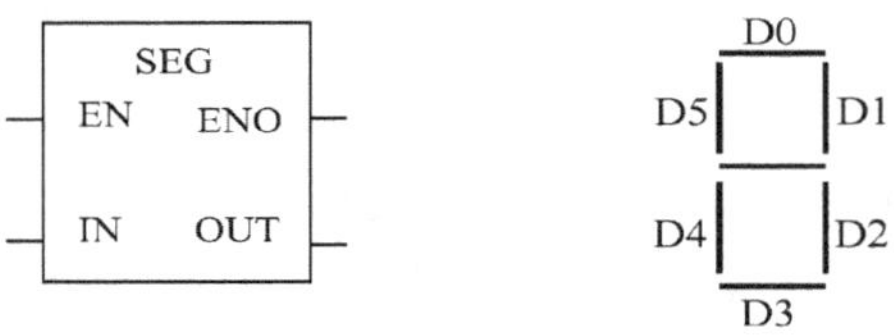

图 6-31　段译码指令

使 ENO =0 的错误条件：0006（间接地址），SM4.3（运行时间）。

编写实现用七段码显示数字 5 段代码的程序如图 6-32 所示。

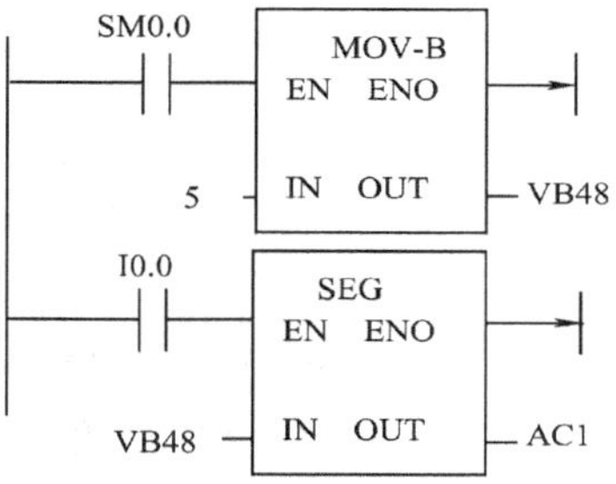


```
LD      SM0.0        // 当 PLC 处于 RUN 模式时
MOVB    5,VB48       // 将常数 5 送到 VB48

LD      I0.0         // 当转换命令有效时 I0.0=1
SEG     VB48,AC1     // 将VB48 转换成七段显示码
```

图 6-32 七段码显示数字 5 段代码的程序

三、中断指令

中断是计算机在实时处理和实时控制中不可缺少的一项技术。所谓中断，是当前控制系统执行正常程序时，系统中出现了某些急需处理的异常情况或特殊请求。这时系统暂时中断现行程序，去对随机发生的更紧迫事件进行处理。当该事件处理完毕后，系统自动回到原来被中断的程序继续执行。

中断事件的发生具有随机性，中断在 PLC 应用系统中的人机联系、实时处理、通信处理和网络中非常重要。与中断相关操作有：中断服务和中断控制。

（一）中断源

1. 中断源

中断源是能够向 PLC 发出中断请求的中断事件。S7-200 CPU 最多有 34 个中断源。每个中断源都分配一个编号用于识别，称为中断事件号。这些中断源大致分为三大类：通信中断；输入、输出中断和时间中断。

（1）通信中断　PLC 的自由通信模式下，通信口的状态可由程序来控制。用户可以通过编程来设置通信协议、波特率和奇偶校验。

（2）I/O 中断　I/O 中断包括外部输入中断、高速计数器中断和脉冲串输出中断。外部输入中断是系统利用 I0.0～I0.3 的上升或下降沿产生中断。这些输入点可被用作连接某些一旦发生必须引起注意的外部事件；高速计数器中断可以响应当前值等于预置值、计数方向的改变、计数器外部复位等事件所引起的中断；脉冲串输出中断可以用来响应给定数量的脉冲输出完成所引起的中断。

（3）时间中断　时间中断包括定时中断和定时器中断。定时中断可用来支持一个周期性的活动。周期时间以 1ms 为单位，周期设定时间 5～255ms，对于定时中断 0，把周期时间值写入 SMB34；对定时中断 1，把周期时间值写入 SMB35。每当达到定时时间值，相关定时器溢出，执行中断处理程序。定时中断可以用来以固定的时间间隔作为采样周期，对模拟量输入进行采样，也可以用来执行一个 PID 控制回路。

定时器中断，就是利用定时器来对一个指定的时间段产生中断。这类中断只能使用 1ms 通电和断电延时定时器 T32 和 T96。当所用的当前值等于预置值时，在主机正常的定时刷新中，执行中断程序。

2. 中断优先级

在 PLC 应用系统中通常有多个中断源。当多个中断源同时向 CPU 申请中断时，要求 CPU 能将全部中断源按中断性质和处理的轻重缓急进行排队，并给予优先权。

详细内容请查阅 SIEMENS 公司的有关技术规定。

3. CPU 响应中断的顺序

PLC 中，CPU 响应中断的顺序可以分以下三种情况：

1）当不同的优先级的中断源同时申请中断时，CPU 响应中断请求的顺序为从优先级高的中断源到优先级低的中断源。

2）当相同优先级的中断源申请中断时，CPU 按先来先服务的原则响应中断请求。

3）当 CPU 正在处理某中断，又有中断源提出中断请求时，新出现的中断请求按优先级排队等候处理，当前中断服务程序不会被其他甚至更优先级的中断程序打断。任何时刻 CPU 只执行一个中断程序。

（二）中断控制

经过中断判优后，将优先级最高的中断请求送给 CPU，CPU 响应中断后自动保存逻辑堆栈、累加器和某些特殊标志寄存器位，即保护现场。中断处理完成后，又自动恢复这些单元保存起来的数据，即恢复现场。中断控制指令有 4 条，见表 6-14。

表 6-14　中断指令

CRETI	从中断程序有条件返回
ENI DISI	允许中断 禁止中断
ATCH INT，EVENT DTCH EVENT	给事件分配中断程序 解除中断事件

说明：

1）当前进入正常运行 RUN 模式时，CPU 禁止所有中断，但可以在 RUN 模式下执行中断允许指令 ENI，允许有中断。

2）多个中断事件可以调用一个中断程序，但一个中断事件不能同时连接调用多个中断程序。

3）中断分离指令 DTCH 禁止中断事件和中断程序之间的联系，它仅禁止某中断事件；全局中断禁止指令 DISI，禁止所有中断。

4）操作数

INT　　中断程序号　　0～127（为常数）

EVENT　　中断事件号　　0～32（为常数）

中断指令如图 6-33 所示。

编写一段中断事件 0 的初始化程序，主程序如图 6-34 所示。中断事件 0 是 I0. 0 上升沿产生的中断事件。当 I0. 0 有效时，开中断，系统可以对中断 0 进行响应，执行中断服务程序 INT0。

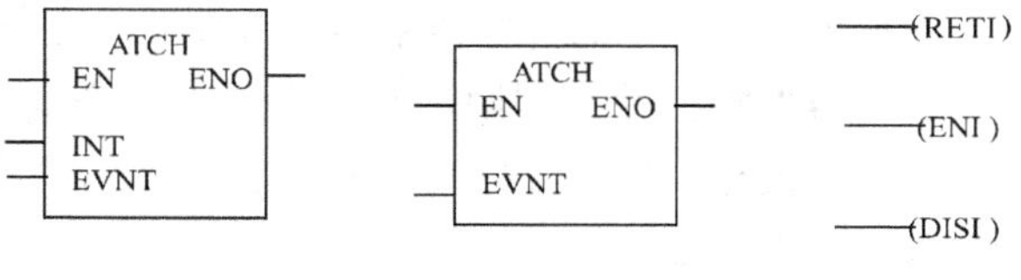

图 6-33　中断指令

（三）中断程序

中断程序又称为中断服务程序，是用户为处理中断事件而事先编制的程序，编程时可以

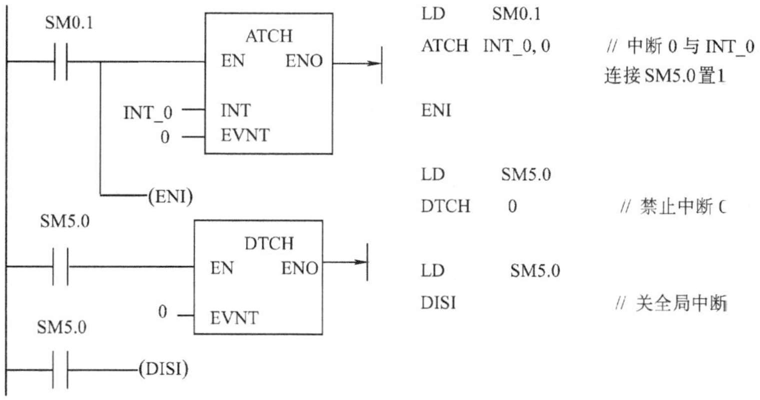

图6-34 主程序

用中断程序入口的中断程序号来识别每一个中断程序。中断服务程序由中断程序号开始，以无条件返回指令结束。在中断程序中，用户也可根据前面逻辑条件使用条件返回指令，返回主程序。PLC 系统中的中断指令与计算机原理中的中断不同，它不允许嵌套。

中断服务程序中禁止使用以下指令：DISI、ENI、CALL、HDEF、FOR/NEXT、LSCR、SCRE、SCRT、END。

四、高速处理指令

高速处理指令有三种，即高速计数指令、高速脉冲输出和立即类指令。

（一）高速计数指令

高速计数器 HSC（High Speed Counter）在现代自动控制的精确定位控制领域有重要的应用价值。高速计数器用来累计比 PLC 扫描频率高得多的脉冲输入（30kHz），利用产生的中断事件完成预定的操作。

1. S7-200 系列的高速计数器

不同型号的 PLC 主机，高速计数器的数量不同，使用时每个高速计数器都有地址编号（HC n，非正式程序中有时也用 HSC n）。HC（或 HSC）表示该编程元件是高速计数器，n 为地址编号。每个高速计数器包含有两方面的信息；计数器位和计数器当前值。高速计数器的当前值为双字长的符号整数，且为只读值。

CPU 224 的高速计数器可用 HSC 数量为 6，HSC 地址为 HSC0 ~ HSC5。

2. 中断事件类型

高速计数器的计数和动作可采用中断方式进行控制。各种型号的 CPU 采用高速计数器的中断事件大致分为三种方式：当前值等于预设值中断、输入方向改变中断和外部复位中断。所有高速计数器都支持当前值等于预设值中断。但并不是所有的高速计数器都支持三种方式。高速计数器产生的中断事件有 14 个。中断源优先级等详细情况可查阅有关技术手册。

3. 高速计数器的工作模式和输入线的连接

（1）高速计数器的工作模式　每种高速计数器都有多种功能不相同的工作模式。高速计数器的工作模式与中断事件密切相关。使用一个高速计数器，首先要定义高速计数器的工作模式。可用 HDEF 指令来进行设置。

高速计数器最多有 12 种工作模式。不同的高速计数器有不同的工作模式。

高速计数器HSC0、HSC4、有模式0、1、3、4、6、7、9、10

HSC1 有模式0、1、2、3、4、5、6、7、8、9、10、11

HSC2 有模式0、1、2、3、4、5、6、7、8、9、10、11

HSC3、HSC5 只有模式0

（2）输入线的连接　在正确使用一个高速计数器时，除了要定义它的操作模式外，还必须注意它的输入端连接系统为它定义了固定的输入点。高速计数器与输入的对应关系见表6-15。

表6-15　高速计数器与输入的对应关系

高速计数器	使用的输入端
HSC0	I0.0、I0.1、I0.2
HSC1	I0.6、I0.7、I1.0、I1.1
HSC2	I1.2、I1.3、I1.4、I1.5
HSC3	I0.1
HSC4	I0.3、I0.4、I0.5
HSC5	I0.4

使用时必须注意，高速计数器输入点、输入输出中断的输入点都包括在一般数字量输入点的编号范围内。同一个输入点只能有一种功能。如果程序定义了某些输入点由高速计数器使用，只有高速计数器不用的输入点才可以用来作为输入输出中断或一般数字量的输入点。

4. 高速计数指令

高速计数器定义指令（HDEF，见图6-35）为指定的高速计数器（HSC）设置一种工作模式（MODE）。每个高速计数器只能用一条HDEF指令。可以用首次扫描存储器位SM0.1，在第一个扫描周期用包含HDEF指令的子程序来定义高速计数器。高速计数器指令（HSC）用于启动编号为N的高速计数器。HSC与MODE为字节型常数，N为字型常数。

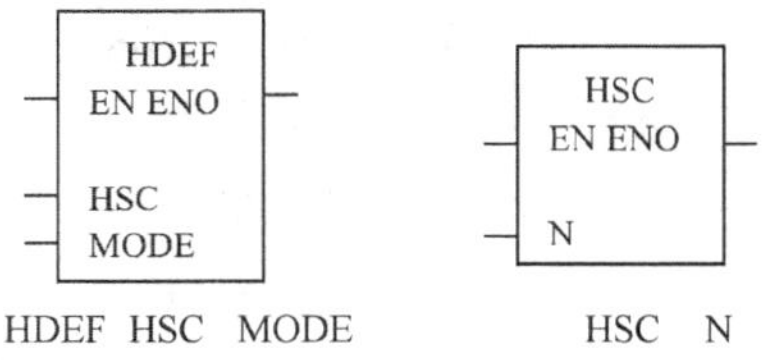

图6-35　高速计数器有关的指令

1）操作数类型

HSC：高速计数器编号　　字节型0~5的常数

MODE：工作模式　　字节型0~11的常数

N：高速计数器编号　　字型0~5的常数

2）使HDEF指令出错（ENO=0）的错误条件SM4.3（运行时间），0003（输入点冲突），0004（中断中的非法指令），000A（HSC重复定义）。0001（在HDEF之前使用HSC），0005（同时操作HSC/PLS）。

3）每个高速计数器都有固定的特殊功能存储器与之配合，完成计数功能。这些特殊功能存储器包括状态字节、控制字节、当前值双字、预设值双字。

应用举例。将HSC1定义为工作模式11，控制字节（SMB47）=$(F8)_{16}$，预置值（SMD52）=50，当前值（CV）等于预置值（PV），响应中断事件。因此用中断事件13，连接中断服务程序INT_0。初始化程序如图6-36所示。

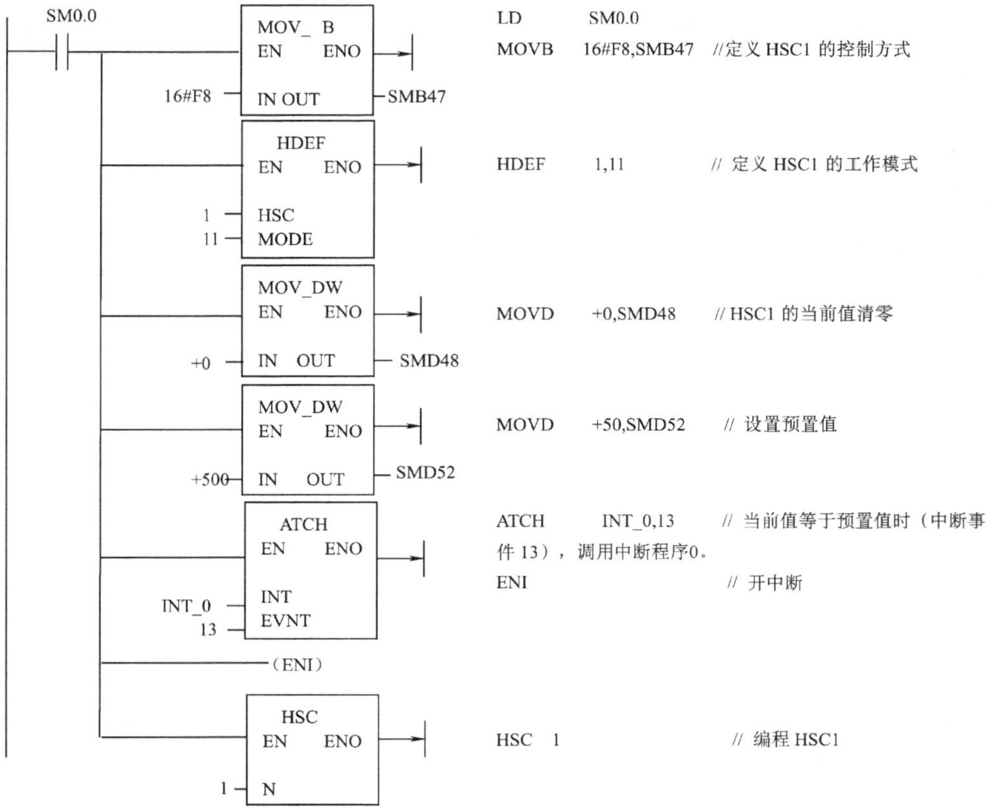

图 6-36　初始化程序

（二）高速脉冲输出

高速脉冲输出功能是指在 PLC 的某些输出端产生高速脉冲，用来驱动负载，实现高速输出和精确控制。

1. 高速脉冲输出的方式和输出端子的连接

（1）高速脉冲输出的形式　高速脉冲输出有高速脉冲输出 PTO 和宽度可调脉冲输出 PWM 两种形式。

高速脉冲串输出 PTO 主要是用来输出指定数量的方波（占空比 50%），用户可以控制方波的周期和脉冲数。

高速脉冲串的周期以 μs 或 ms 为单位，它是一个 16 位无符号数据，周期变化范围 50 ~ 655535 μs 或 2 ~65 535ms，编程时周期值一般设置成偶数。脉冲串的个数，用双字长无符号数表示，脉冲数取值范围是 1 ~4 294 967 295 之间。

宽度可调脉冲输出 PWM 主要是用来输出占空比可调的高速脉冲串，用户可以控制脉冲的周期和脉冲宽度。

宽度可调脉冲 PWM 的周期或脉冲宽度以 μs 或 ms 为单位，是一个 16 位无符号数据，周期变化范围同高速脉冲串 PTO。

（2）输出端子的连接　每个 CPU 有两个 PTO /PWM 发生器产生高速脉冲串和脉冲宽度可调的波形，一个发生器分配在数字输出端 Q0. 0，另一个分配在 Q0. 1。

PTO/PWM 发生器和输出映像寄存器共同使用 Q0.0 和 Q0.1，当 Q0.0 或 Q0.1 设定为 PTO 或 PWM 功能时，PTO/PWM 发生器控制输出，在输出点禁止使用通用功能。输出映像寄存器的状态、强制输出、立即输出等指令的执行都不影响输出波形，当不使用 PTO/PWM 发生器时，输出点恢复为原通用功能状态，输出点的波形由输出映像寄存器来控制。

2. 相关的特殊寄存器

每个 PTO/PWM 发生器都有 1 个控制字节、16 位无符号的周期时间值和脉宽值各一个、32 位无符号的脉冲计数值 1 个。这些字都占有一个指定的特殊功能寄存器，一旦这些特殊功能寄存器的值被设置为所需的操作，可通过执行脉冲指令 PLS 来执行这些功能。

3. 脉冲输出指令

脉冲输出指令可以输出两种类型的方波信号，在精确位置控制中有很重要的应用。脉冲输出指令如图 6-37 所示。

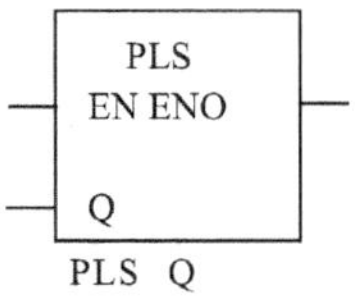

图 6-37　脉冲输出

当使能端输入有效时，检测用程序设置的特殊功能寄存器位，激活由控制位定义的脉冲操作。从 Q0.0 或 Q0.1 输出高速脉冲。

高速脉冲输出 PTO 和宽度可调脉冲输出都由 PLS 指令来激活输出。

操作数 Q 为字型常数 0 或 1。

高速脉冲串输出 PTO 可采用中断方式进行控制，而宽度可调脉冲输出 PWM 只能由指令 PLS 来激活。

图 6-38 为编写实现脉冲调制 PWM 的程序。根据要求控制字节 SMB77 = $(DB)_{16}$ 设定周期为 10 000ms，脉冲宽度为 1000ms，通过 Q0.1 输出。

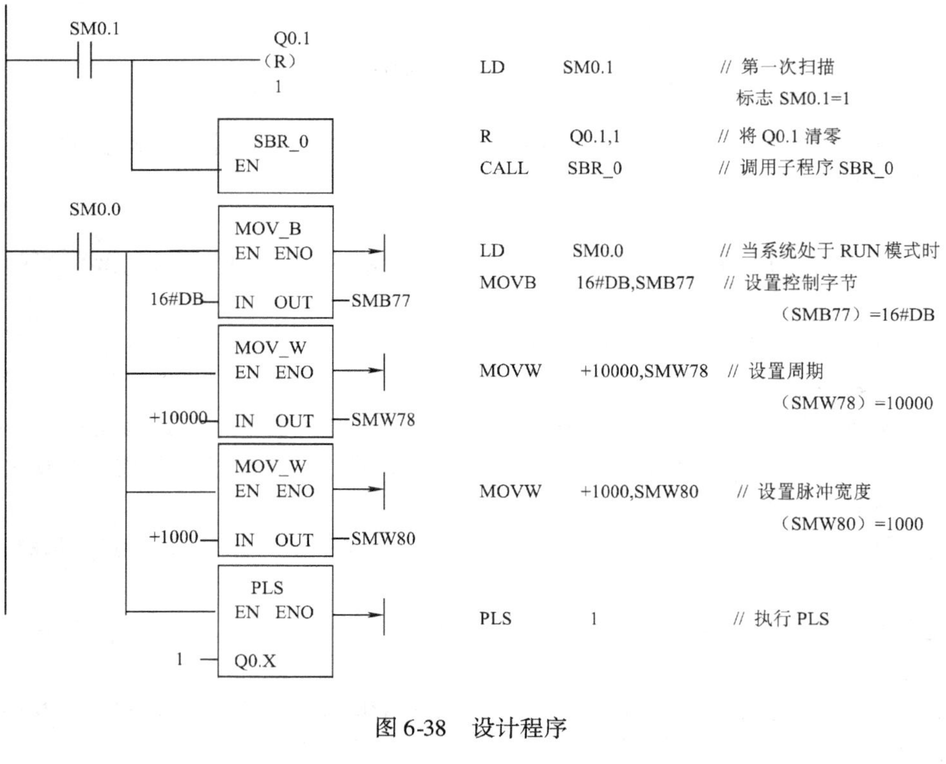

图 6-38　设计程序

（三）立即类指令

立即类指令允许对输入和输出点进行直接读、写操作。立即类指令操作分为两种情况，即立即触点指令和立即输出指令。

1. 立即触点指令

立即触点指令只能对输入继电器进行操作，当用此类指令读取输入点的状态时，立即把输入点的值读到栈顶，但不刷新相应的输入映象寄存器的值。这类指令有 LDI、LDNI、AI、ANI、OI、ONI 六条。该类指令的格式、功能与标准触点指令类似。

2. 立即输出指令

立即输出指令分为立即复位、立即置位和立即输出 3 种情况。

用立即输出指令访问输出点时，把栈顶程序当前值立即复制到指令所指示的物理输出点，并同时刷新输出映像寄存器的内容。

这类指令包括 I、SI、RI 3 条指令，其指令格式、功能与通用输出、复位、置位指令一样。

为缩短程序的响应时间，特别是在某些特殊场合下，应尽可能采用新的输入点信息，执行程序后，应尽可能快地将运算结果送到输出端子。

习　　题

6-1　写出图 6-39 所示梯形图的语句表程序。

6-2　写出图 6-40 所示梯形图的语句表程序。

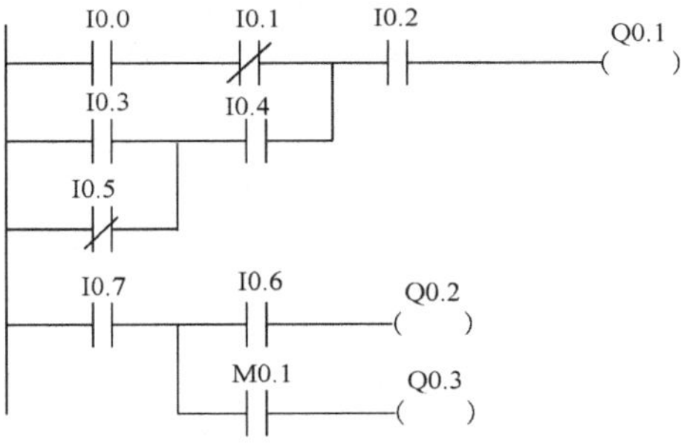

图 6-39　题 6-1 图

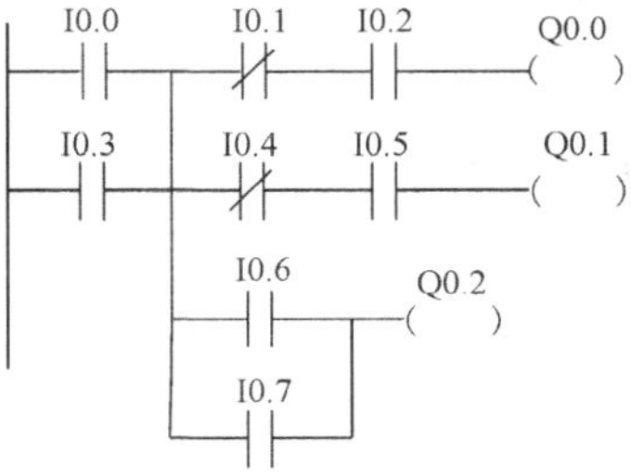

图 6-40　题 6-2 图

6-3　根据下列指令表程序，写出梯形图程序。

LD	I0. 0	A	I0. 5	LPP	
AN	I0. 1	OLD		A	I0. 7
LD	I0. 2	LSP		=	Q0. 2
A	I0. 3	A	I0. 6	A	I1. 1
O	I0. 4	=	Q0. 1	=	Q0. 3

6-4　根据下列指令表程序，写出梯形图程序。

LD	I0. 1	A	I0. 5
A	I0. 0	=	M3. 7
LPS		LPP	
AN	I0. 1	AN	I0. 4

=	Q2. 1	=	Q0. 3
LRD		=	Q0. 4

6-5 用接在 I0. 0 输入端的光电开关检测传送带上通过的产品，有产品通过时 I0. 0 接通，如果在 10s 内没有产品通过，由 Q0. 0 发出报警信号，用 I0. 1 输入端外接的开关解除报警信号。画出梯形图，并写出对应的指令表程序。

6-6 使用置位、复位指令，编写两台电动机的控制程序，控制要求如下：

（1）起动时，电动机 M1 先起动，M2 电动机方可起动，停止时，电动机 M1、M2 同时停止。

（2）起动时，电动机 M1、M2 同时起动，停止时，只有在电动机 M2 停止后，电动机 M1 才能停止。

6-7 在按钮 I0. 0 按下后 Q0. 0 接通并自保持，如图 6-41 所示。当 I0. 1 输入 3 个脉冲后（用 C1 计数），T37 开始定时，5s 后 Q0. 0 断开，同时 C1 复位，在可编程序控制器刚开始执行用户程序时，C1 也被复位，试设计梯形图程序。

6-8 画出图 6-42 中 Q0. 1 的波形图。

6-9 画出图 6-43 中 M0. 1 的波形图。

6-10 指出图 6-44 中的错误。

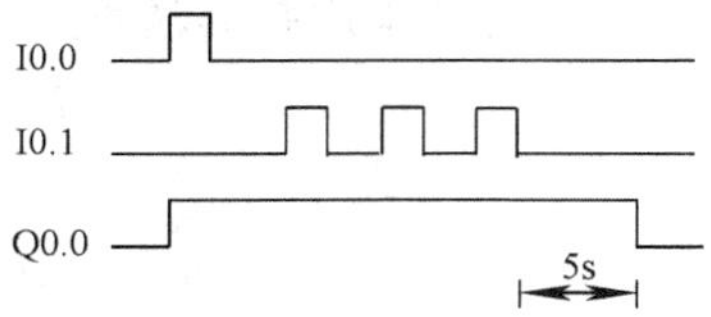

图 6-41 题 6-7 图

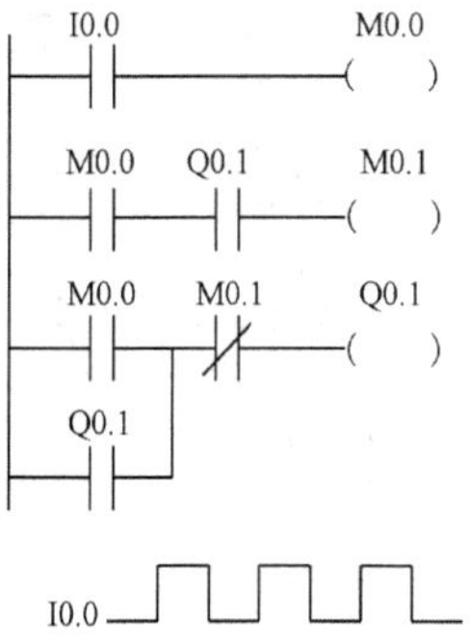

图 6-42 题 6-8 图

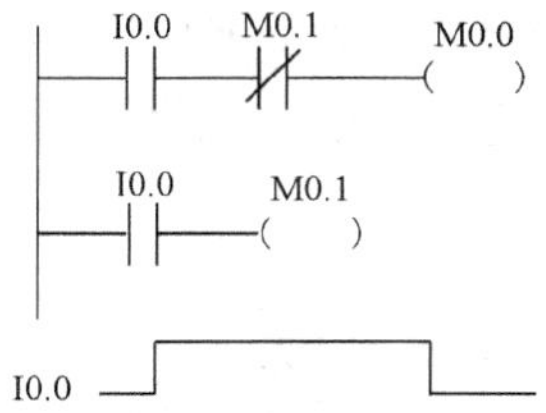

图 6-43 题 6-9 图

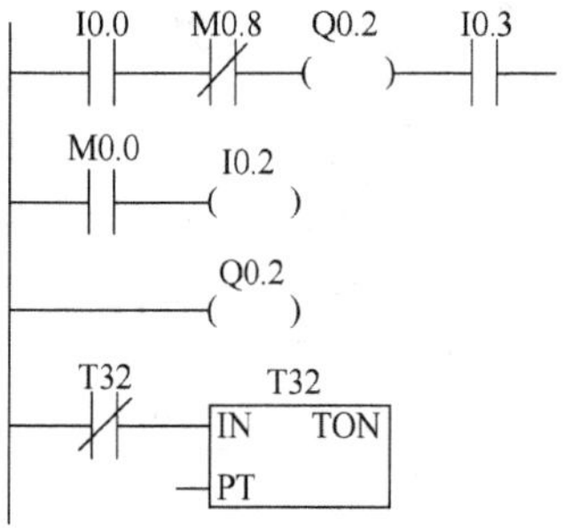

图 6-44 题 6-10 图

第七章　FX 系列可编程序控制器

第一节　FX 系列 PLC 的内部软继电器的功能及编号

FX 系列 PLC 是日本三菱公司后期的产品。三菱公司的可编程序控制器分为 F、F_1、F_2、FX_2、FX_0、FX_{0N}、FX_{2C}、FX_{1N}和 FX_{2N}几个系列。其系统配置灵活多便，它具有各种点数及各种输出类型（继电器、晶体管、晶闸管）的扩展单元及扩展模块，要与基本单元自由混合配置，使系统有极高的灵活程度。

FX 系列可编程序控制器的命名如下：

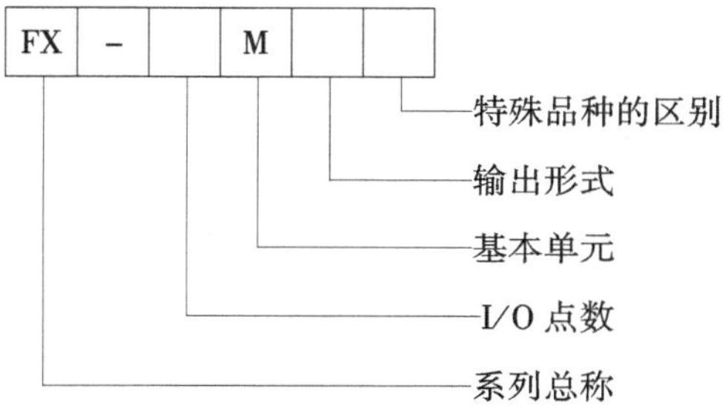

其中，系列总称有：0、2、0N、1N、2N、2C，如 FX_0、FX_2、FX_{1N}、FX_{2N}、FX_{2C}。

I/O 总点数：14 ~256。

单元类型：M—基本单元

E—输入输出混合扩展单元及扩展模块

EX—输入专用扩展模块

EY—输出扩展模块

输出形式：R—继电器输出

T—晶体管输出

S—晶闸管输出

特殊品种区别：D—DC 电源、直流输入

AI—AC 电源、交流输入

H—大电流输出扩展模块（1A）

V—立式端子排的扩展模块

C—接插口输入/输出方式

F—输入滤波 1ms 的扩展模块

L—TTL 输入型扩展模块

S—独立端子（无公共端）扩展模块

在 FX 系列 PLC 中，对每种软继电器都用一定的字母来表示，如 X 表示输入继电器；Y 表示输出继电器；M 表示辅助继电器；D 表示数据寄存器；T 表示定时器；S 表示状态继电器等，并对这些软继电器给予一定编号，以便区别，编号采用八进制数表示。

一、输入继电器 X

输入继电器是 PLC 用来接收用户输入设备发来的输入信号。其状态由外部控制现场的信号驱动，不受 PLC 程序的控制，编程时使用次数不限。

二、输出继电器 Y

输出继电器是 PLC 用来将输出信号传给负载（用户输出设备）。外部信号无法直接驱动输出继电器，它只能在程序内部用指令驱动。

FX_{2N}系列 PLC 输入/输出继电器编号见表 7-1。

表 7-1　FX_{2N}系列 PLC 输入/输出继电器编号

型　号	FX_{2N} - 16M	FX_{2N} - 32M	FX_{2N} - 48M	FX_{2N} - 64M	FX_{2N} - 80M	FX_{2N} - 128M	扩展单元
输入 继电器 X	X000 ~ X007 8 点	X000 ~ X017 16 点	X000 ~ X027 24 点	X000 ~ X037 32 点	X000 ~ X047 40 点	X000 ~ X77 64 点	X000 ~ X267 184 点
输出 继电器 Y	Y000 ~ 0007 8 点	Y000 ~ 0017 16 点	Y000 ~ 0027 24 点	Y000 ~ 0037 32 点	Y000 ~ 0047 40 点	Y000 ~ 0077 64 点	Y000 ~ 0267 184 点

三、内部辅助继电器 M

PLC 内有很多辅助继电器，这类辅助继电器的线圈与输出继电器一样，也是只能由程序驱动。每个辅助继电器都有无限多对常开常闭触点，供编程使用。但是，该触点不能驱动外部负载。其作用相当于继电器控制系统中的中间继电器。

辅助继电器可分为普通型、断电保持型和特殊用途三种类型。

1. 普通型辅助继电器

FX_{2N}系列 PLC 的通用辅助继电器编号为：M0 ~ M499 共 500 点。

2. 断电保持型辅助继电器

断电保持型辅助继电器的编号为：M500 ~ M1023 共 524 点。断电保持继电器由后备锂电池供电，所以在电源中断时能够保持它们原来的状态不变，可用于要求保持断电前状态的控制系统。

3. 特殊辅助继电器

特殊辅助继电器是指具有专门功能的一些辅助继电器，FX_{0N} - 60M 型 PLC 的特殊辅助继电器有：M8000 ~ M8254，共 255 点。下面说明几个主要特殊继电器的用途。

M8000：运行监视继电器，当 PLC 运行时，M8000 自动处于接通状态；当 PLC 停止运行时，M8000 处于断开状态。因此可以利用 M8000 的触点经输出继电器 Y，在外部显示程序是否运行，达到运行监视的作用。M8000 是常开触点。

M8001：运行监视继电器，是常闭触点。

M8002：初始化脉冲继电器，当 PLC 一开始运行时，M8002 就接通，自动发出宽度为一个扫描周期的单窄脉冲信号。M8002 常用作计数器和保持继电器的初始化信号等。M8002 是初始化脉冲继电器常开触点。

M8003：初始化脉冲继电器，是常闭触点。

M8011：10ms 时钟脉冲发生器。

M8012：100ms 时钟脉冲发生器。

M8013：1s 时钟脉冲发生器。

M8014：1min 时钟脉冲发生器。

M8034：禁止所有输出继电器。

M8040～M8047：步进顺控继电器。

M8050～M8059：中断继电器。

在程序执行时，一旦 M8034 接通，则所有输出继电器的输出自动断开，PLC 没有输出，但这并不影响 PLC 程序的执行。所以 M8034 常用于在系统发生故障时切断输出，而保留 PLC 程序的正常执行，有利于系统故障的检查和排除。

以上特殊辅助继电器的常开、常闭触点在 PLC 编程时都可以无限次数使用。

四、状态继电器 S

状态继电器是使用步进指令的基本元件，它可分为初始化用、通用和保持用三种类型。其编号为：

初始化用：S0～S9，共 10 点。

通用：S10～S127 共 118 点。

保持用：所有点均有断电保持（S0～S127）。

这 128 点状态继电器的常开触点供 PLC 编程使用，且使用次数不限。不用步进指令时，状态继电器 S 可以作为辅助继电器在程序中使用。

五、定时器 T

定时器相当于继电器控制中的时间继电器。它能提供若干个常开、常闭延时触点供用户编程使用。定时器的工作时间通过编程设定。定时器的编号：100ms 的定时器有 T0～T199 共 200 点，设定值范围为 0.1～3276.7s。10ms 的定时器有 T200～T245，共 46 点，设定值范围为 0.01～327.67s。1ms 定时器有 T246～T249，共 4 点，积算型执行中断电池备用。设定值范围为 0.001～32.767s，100ms 累计型有 T250～T255 共 6 点，电池后备，定时值范围为 0.1～3276.7s。

六、计数器 C

计数器分为通用计数器和高速计数器。计数器主要用来记录脉冲的个数或根据脉冲个数设定某一时间。计数器的计数值，通过编程来设定。每个计数器均设有后备电池，当电源因故中断时，当前的计数值能保存下来。

16 位增计数通用计数器的编号范围为：C0～C99，共 100 点；C100～C199，共 100 点，供断电保持用。

32 位可逆计数器的编号范围为：C200～C219，共 20 点；C220～C234，共 15 点，供断电保持用。

32 位高速可逆计数器的编号范围为：C246～C250，共 5 点，是 1 相 2 输入。C251～C255，共 5 点，是 2 相 2 输入。

高速计数器的计数输入端不可以任意选用，适用高速计数器输入端的有 4 点，即 X000～X003。

七、常数（K/H）

常数也作为器件对待，它在存储器中占有一定的空间，十进制常数用 K 表示，如 18，表示为 K18；十六进制常数用 H 表示，如 18 表示为 H18。

八、数据寄存器 D

在进行输入输出处理、模拟量控制、位置控制时，需要许多数据寄存器存储数据和参数。数据寄存器为 16 位，最高位为符号位，可用两个数据寄存器合并起来存放 32 位数据，最高位仍为符号位。数据寄存器分为以下几类：

1. D0 ~ D199 通用数据寄存器，共 200 点

当 PLC 由运行到停止时，该类数据寄存器均为零；但是当特殊的辅助继电器 M8031 闭合时，PLC 由运行转为停止，该数据寄存器可以保持。

2. D200 ~ D511 供断电保持用寄存器，共 312 点

只要不改写，该寄存器中的原有数据不会丢失。不论电源是否接通，PLC 是否运行，都不会改变该寄存器的内容。

3. D512 ~ D7999 供断电保持专用寄存器（供滤波器用）共 7488 点

电池备用区域（供断电保持用）固定（可利用 RST，ZRST 指令清除内容）。

4. D8000 ~ D8195 特殊用途寄存器，共 196 点

这些数据寄存器用来监视 PLC 的器件运行方式，未定义的特殊数据寄存器，用户不能选用。

5. V0（V） ~ V7，Z0（Z） ~ Z7 变址用寄存器，共 16 点

变址用寄存器常用于修改器件的地址编号。V 和 Z 都是 16 位的寄存器，可进行数据的读与写；当进行 32 位操作时，将 V、Z 合并使用，指定 Z 为低位。

其编号范围为非电池备用区域固定，不可改变区域特性。

第二节　FX 系列 PLC 的基本指令

FX 系列 PLC 共有 20 条基本指令，两条步进指令，近百条功能指令。本节以 FX_{2N} - 40MR 为例介绍其基本指令及编程方法。

一、逻辑取和输出线圈指令 LD、LDI、OUT

LD（Load），取指令。用于常开触点与母线的连接指令。每一个以常开触点开始的逻辑行都要使用这一指令。

LDI，取反指令。用于常闭触点与左母线连接，每一个以常闭触点开始的逻辑行都要使用这一指令。

OUT，线圈驱动指令，也叫输出指令。

LD、LDI、OUT 指令的使用说明如图 7-1 所示。

LD、LDI、OUT 指令使用说明：

1）LD、LDI 这两条指令的目标元件是 X、Y、M、S、T、C，用于将触点接到母线上。也可以与后述的 ANB 指令、ORB 指令配合使用，用于分支回路开头。

2）OUT 是驱动线圈的输出指令，它的目标元件是 Y、M、S、T、C。对输入继电器 X 不能使用。OUT 指令可以连续使用多次。OUT 指令的目标元件是定时器 T 和计数器 C 时，必须设置常数 K。

二、触点串联指令 AND、ANI

AND，与指令。用于单个常开触点的串联，完成逻辑“与”运算。

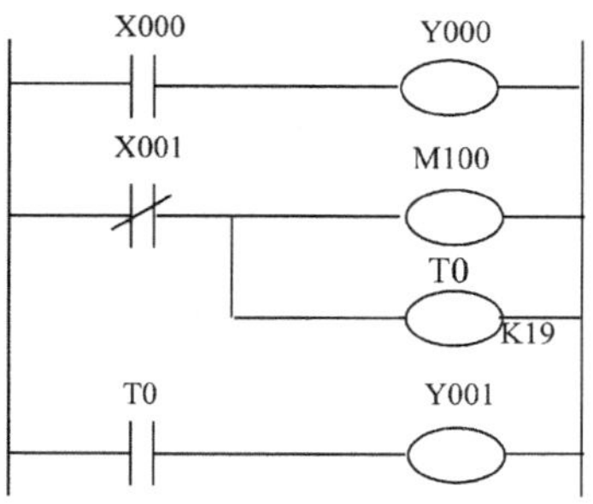

0 LD X000←与母线相连
1 OUT Y000←驱动指令
2 LDI X001←与母线相连
3 OUT M100←驱动指令
4 OUT T0←驱动（定时器）指令
SP K19←设定常数，SP 为空格键，自动设置程序步
7 LD T0←与母线相连
8 OUT Y001←驱动指令

图 7-1 LD、LDI、OUT 指令的使用说明

ANI，与非指令。用于单个常闭触点的串联，完成逻辑“与非”运算。

AND、ANI 指令的使用说明如图 7-2 所示。

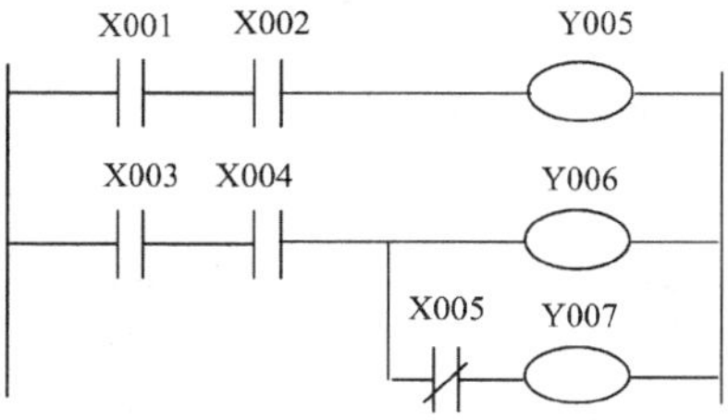

0 LD X001
1 AND X002←串联常开触点
2 OUT Y005
3 LD X003
4 AND X004←串联常闭触点
5 OUT Y006
6 ANI X005
7 OUT Y007

图 7-2 AND、ANI 指令的使用说明

AND、ANI 指令使用说明：

1）AND、ANI 是单个触点串联连接指令，串联的次数没有限制，该指令可多次重复使用。

2）AND、ANI 指令的目标元件为 X、Y、M、S、T、C。

三、触点并联指令 OR、ORI

OR，或指令，用于单个常开触点的并联，完成逻辑“或”运算。

ORI，或非指令，用于单个常闭触点的并联，完成逻辑“或非”运算。

OR、ORI 指令的使用说明如图 7-3 所示。

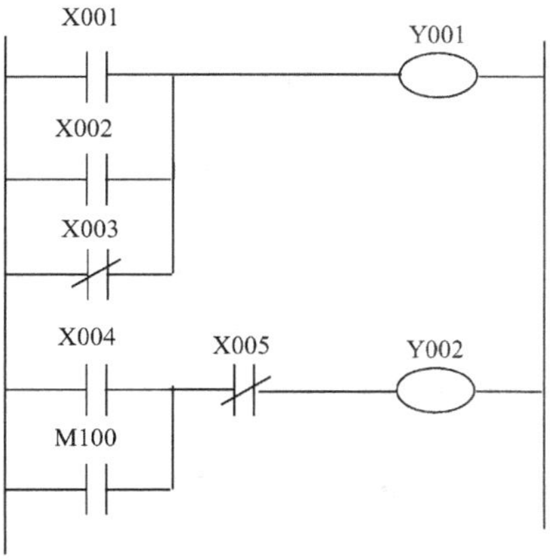

0 LD X001
1 OR X002
2 ORI X003
3 OUT Y001
4 LD X004
5 OR M100
6 ANI X005
7 OUT Y002

图 7-3 OR、ORI 指令的使用说明

OR、ORI 指令使用说明：

1）OR 与 ORI 指令都是一个程序步指令，它的目标元件是 X、Y、M、S、T、C。这两条指令都是并联一个触点。

2）OR、ORI 是从该指令的当前步开始，对前面 LD、

LDI 指令并联连接。并联的次数无限制。

四、串联电路块的并联指令 ORB

ORB，块或指令。用于两个或两个以上的触点串联连接的电路之间的并联，称之为串联电路块的并联连接。

ORB 指令的使用说明如图 7-4 所示。

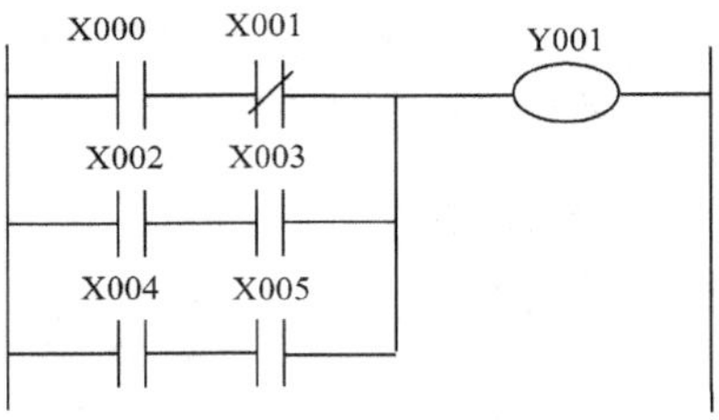

0 LD X000
1 ANI X001
2 LD X002
3 AND X003
4 ORB ← 串联电路块的并联连接。
5 LD X004
6 AND X005
7 ORB ← 串联电路块的并联连接
8 OUT Y001

图 7-4 ORB 指令使用说明

ORB 指令使用说明：

1）几个串联电路块并联连接时，串联电路块开始用 LD 或 LDI 指令，结束用 ORB 指令。

2）如要将多个串联电路块并联，若在并联的每个串联电路块后加 ORB 指令，则并联电路块的个数没有限制。

五、并联电路块的串联指令 ANB

ANB，块与指令。用于两个或两个以上触点并联连接的电路之间的串联，称之为并联电路块的串联连接。ANB 指令的使用说明如图 7-5 所示。

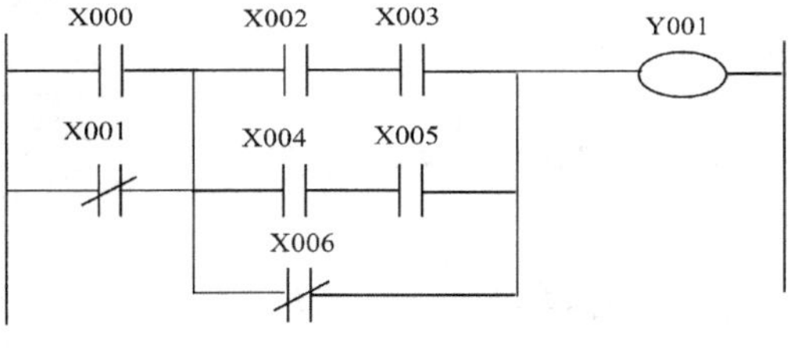

0	LD	X000	5	AND	X005
1	ORI	X001	6	ORB	
2	LD	X002	7	ORI	X006
3	AND	X003	8	ANB	
4	LD	X004	9	OUT	Y001

图 7-5 ANB 指令使用说明

ANB 指令使用说明：

1）并联电路块与前面电路串联连接时，使用 ANB 指令。并联电路块的开始用 LD、LDI 指令，并联电路块结束后，使用 ANB 指令与前面电路串联。

2）如果有多个并联电路块串联，依次以 ANB 指令与前面支路连接，支路数量没有限制。

六、栈指令 MPS、MRD、MPP

MPS、MRD、MPP 这三组指令分别为进栈、读栈、出栈指令，用于多重输出电路。可将连接点先存储，用于连接后面的电路。

FX 系列 PLC 中有 11 个存储中间运算结果的存储区域，被称为栈存储器。使用进栈指令 MPS 时，是将当时的运算结果压入栈的第一层，栈中原来的数据依次向下一层推移；使用出栈指令 MPP 时，各层的数据依次向上移动一次。MRD 是最上层所存数据的读出专用指令。MPS、MRD、MPP 指令的使用说明如图 7-6 所示。

使用时应注意，这三条指令均无操作数。MPS、MPP 指令必须成对使用，而且连续使用应少于 11 次。

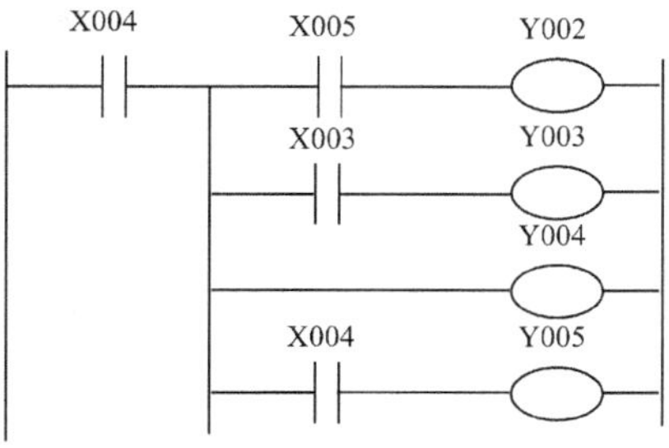


```
0  LD   X004      6  OUT  Y003
1  MPS            7  MRD
2  AND  X005      8  OUT  Y004
3  OUT  Y002      9  MPP
4  MRD            10 AND  X004
5  AND  X003      11 OUT  Y005
```

图 7-6　栈存储器与输出指令的使用说明

七、主控及主控复位指令 MC、MCR

MC/MCR，主控/主控复位指令。MC 用于公共串联触点的连接，MCR 为 MC 的复位指令。

在编程时，经常遇到多个线圈同时受一个或一组触点的控制。如果在每个线圈的控制电路中都串入同样的触点，将多占用存储单元，应用主控指令可解决这一问题。使用主控指令的触点称为主控触点，它在梯形图中与一般的触点垂直。它们是与母线相连的常开触点，是控制一组电路的总开关。MC、MCR 指令的使用说明如图 7-7 所示。

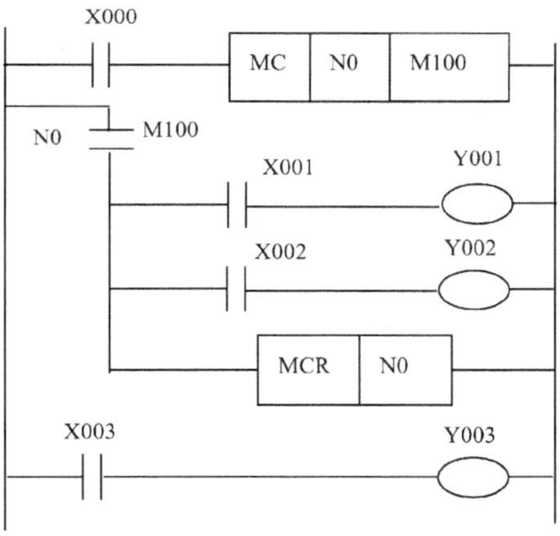


```
0  LD   X000
1  MC   N0
   SP   M100
4  LD   X001
5  OUT  Y001
6  LD   X002
7  OUT  Y002
8  MCR  N0
10 LD   X003
11 OUT  Y003
```

图 7-7　MC、MCR 指令的使用说明之一

MC 指令是 3 程序步，MCR 指令是 2 程序步，两条指令的操作目标元件是 Y、M，但不允许使用特殊继电器 M。

当图 7-7 中的 X000 接通时，执行 MC 与 MCR 之间的指令；当输入条件断开时，不执行 MC 与 MCR 之间的指令。非积算定时器，用 OUT 指令驱动的元件复位，积算定时器、计数器、用 SET/RST 指令驱动的元件保持原来的状态。

使用 MC/MCR 指令说明：

1）与主控指令 MC 相连的触点必须用 LD 或 LDI 指令，使用 MC 指令后，母线移到主控触点的后面，MCR 使母线回到原来的位置。

2）在 MC 指令内在使用 MC 指令时，嵌套级 N 的编号（0～7）顺次增大，返回用 MCR 指令，从大的嵌套级开始解除，如图 7-8 所示。特殊辅助继电器不能用作 MC 的操作。

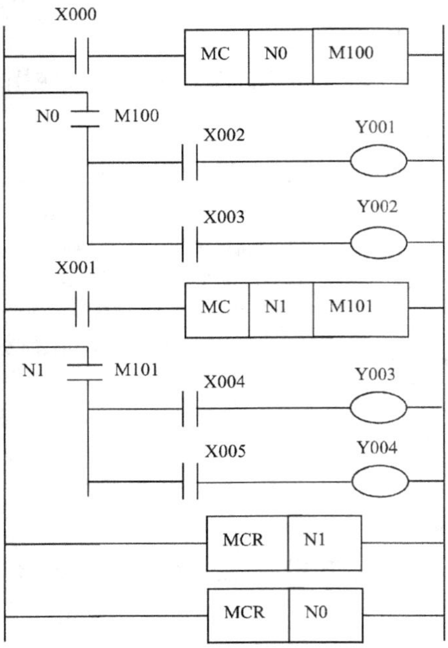

0	LD	X000
1	MC	N0
	SP	M100
4	LD	X002
5	OUT	Y001
6	LD	X003
7	OUT	Y002
8	LD	X001
9	MC	N1
	SP	M101
12	LD	X004
13	OUT	Y003
14	LD	X005
15	OUT	Y004
16	MCR	N1
17	MCR	N0

图 7-8　MC、MCR 指令的使用说明之二

八、置位与复位指令 SET、RST

SET，置位指令，是动作保持；

RST，复位指令，使操作保持复位；

SET、RST 指令的说明如图 7-9 所示。

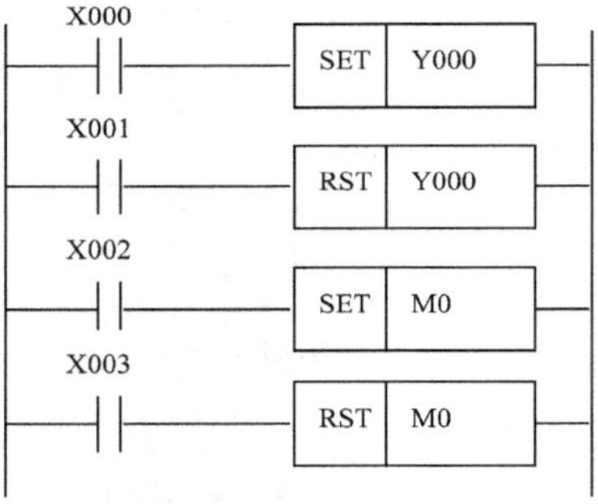

a)

0	LD	X000
1	SET	Y000
2	LD	X001
3	RST	Y000
4	LD	X002
5	SET	M0
6	LD	X003
7	RST	M0

b)

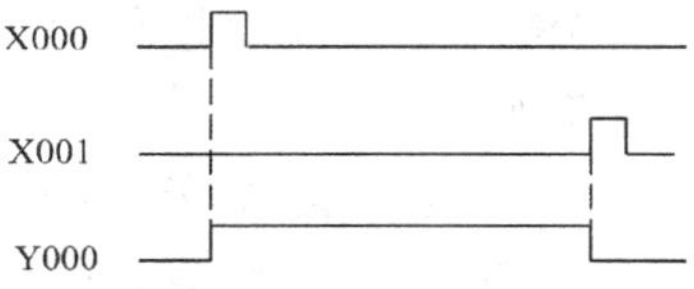

c)

图 7-9　SET、RST 指令的使用说明

a）梯形图　b）语句表　c）波形图

由波形图可知，当 X000 接通后，即使在变成断开，Y000 也保持接通。X001 接通后，即使再变成断开，Y000 也将保持断开。SET 指令的操作目标元件为 Y、M、S。而 RST 指令的操作元件为 Y、M、S、V、Z、T、C。这两条指令是 1 ~ 3 个程序步。用 RST 指令可以对定时器、计数器、数据寄存器，变址寄存器的内容清零。RST 复位指令对计数器的使用说明如图 7-10 所示。

当 X000 接通时，计数器 C0 的触点断开，输出继电器 Y000 断电，同时计数器恢复到设

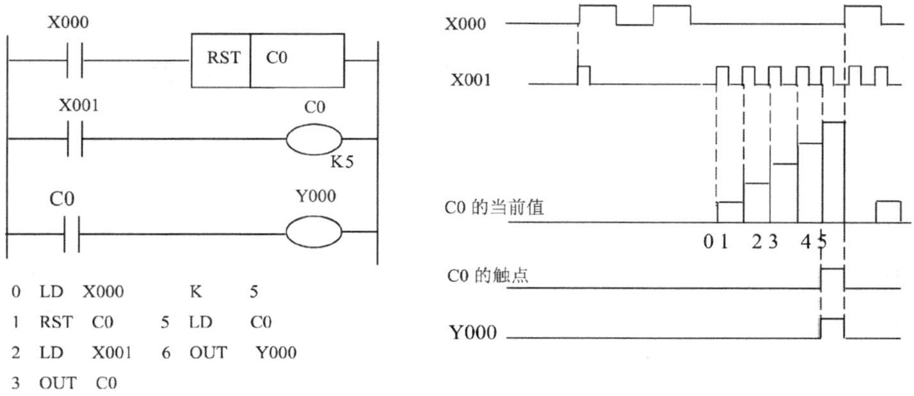

图 7-10 RST 复位指令对计数器的使用说明

定值。

当输入触点 X001 接通期间，C0 开始计数，计到 5 时，Y000 动作。

RST 指令使用说明：

1）RST 指令既可用于计数器复位，使其当前值恢复至设定值，也可用于复位移位寄存器，清除当前内容。

2）在任何情况下，RST 指令优先。当 RST 输入有效时，不接受计数器和移位寄存器的输入信号。

3）因复位回路的程序与计数器的计数回路的程序是相互独立的，因此程序的执行顺序可任意安排，而且可分开编程。

九、脉冲输出指令 PIS、PLF

PLS 指令在输入信号上升沿产生脉冲输出，而 PLF 在输入信号下降沿产生脉冲输出，这两条指令都是 2 程序步，它的目标元件是 Y 和 M，但特殊辅助继电器不能作目标元件。

PLS、PLF 指令的使用说明如图 7-11 所示。

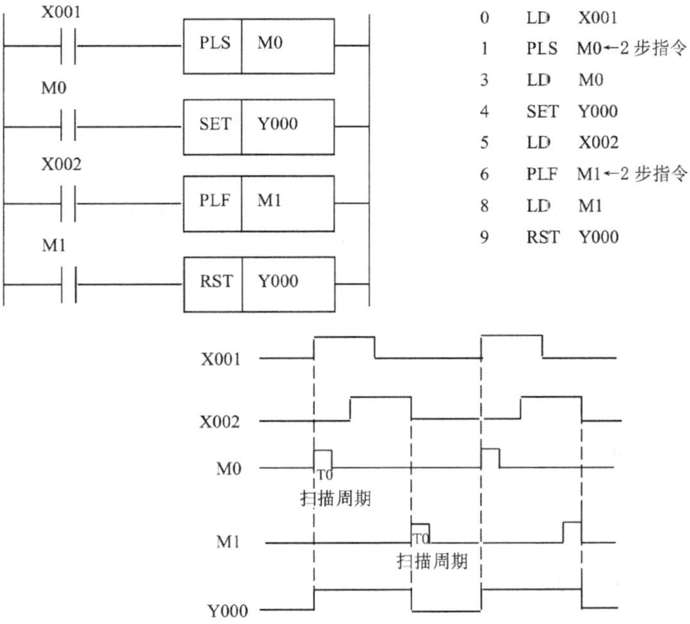

图 7-11 PLS、PLF 指令的使用说明

使用 PLS、PLF 指令说明：

1）使用 PLS 指令，元件 Y、M 仅在驱动输入接通后的一个扫描周期内动作（置 1）。

2）使用 PLF 指令，元

件仅在驱动输入断开后的一个扫描周期内动作。

3）特殊继电器不能用作 PLS 或 PLF 的操作元件。

4）使用这两条指令时，要特别注意目标元件。例如，在满足执行条件（X001 = ON），PLC 由运行→停机→运行时，此时 PLS M0 动作，但是 PLS M600 不动作。这是因为 M600 是特殊保持继电器，即使在断电停机时其动作也能保持。

十、空操作指令 NOP

NOP（No Operation）：空操作指令。

NOP 指令是一条无动作、无目标元件的一程序步指令。NOP 指令的作用有两个，一个作用是在 PLC 的执行程序全部清除后，用 NOP 显示；另一个作用是用于修改程序。其具体的操作是：在编程的过程中，预先在程序中插入 NOP 指令，则修改程序时，可以使步序号的更改减少到最少。此外，可以用 NOP 来取代已写入原指令，从而修改电路。NOP 指令的使用说明如图 7-12 所示。

空操作指令使该步序作空操作。用 NOP 指令替代已写入指令，可以改变电路。

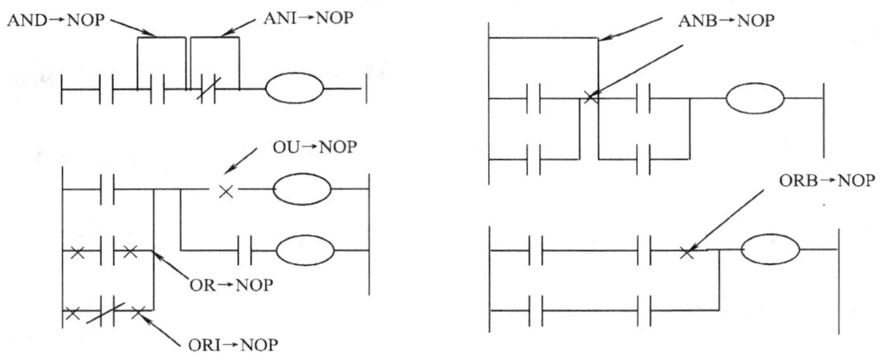

图 7-12　NOP 指令的使用说明

十一、程序结束指令 END

END，程序结束指令。用于程序的结束，是一条无目标元件的 1 程序步指令。在程序调试过程中，按段插入 END 指令，可以顺序扩大对各种程序动作的检查。

第三节　步进指令及编程方法

FX 系列 PLC 除了梯形图以外，还采用了 SFC（Sequential Function Chart）——顺序功能图语言，用于编制复杂的顺序控制程序。利用这种编程方法能够较容易地编出复杂的顺序控制程序，从而提高了工作效率，对于程序调试也极为方便。

FX 系列 PLC 除了基本指令之外，还有两条简单的步进指令，同时还有大量的状态继电器，这样就可以用类似于 SFC 语言的功能图方式编程。本节介绍步进指令及编程方法。

一、功能图

功能图是一种用于描述顺序控制系统控制过程的一种图形。它具有简单、直观等特点，是设计 PLC 顺序控制程序的一种有力工具。它由步、转换条件及有向连线组成。

1. 步

将系统的工作过程可以分为若干个阶段，这些阶段称为“步”。“步”是控制过程中的一个特定状态。步又分为初始步和工作步，在每一步中要完成一个或多个特定的动作。初始步表示一个控制系统的初始状态，所以，一个控制系统必须有一个初始步，初始步可以没有具体要完成的动作。

2. 转换条件

步与步之间用“有向连线”连接，在有向连线上用一个或多个小短线表示一个或多个转换条件。当条件得到满足时，转换得以实现。即上一步的动作结束而下一步的动作开始，因此不会出现步的动作重叠。当系统正处于某一步时，把该步称为“活动步”。为了确保控制严格的按照顺序执行，步与步之间必须要有转换条件分隔。

状态继电器是构成功能图的重要元件。FX_{2N}系列 PLC 的状态继电器元件有 1000 点。其中 S0 ~ S9 为初始状态继电器，用于初始步。

以图 7-13 为例说明功能图。步用框表示，框内是步的元件号或步的名称，步与步之间要用有向线段连接。其中从上到下和从左到右的箭头可以省去不画，有向线段上的垂直短线和它旁边的圆圈或框是该步期间的输出信号，如需要也可以对输出元件进行置位或复位。当步 S30 有效时，输出 Y010、Y011 接通（在这里 Y010 是用 OUT 指令驱动，Y011 是用 SET 指令置位，未复位前 Y011 一直保持接通），程序等待转换条件 X020 动作。当 X020 满足，步就由 S030 转到 S031，这时 Y010 断开，Y012 接通，Y011 仍保持接通。

3. 功能图的结构

根据步与步之间进展的不同情况，功能图有三种结构：

1）单序列，反映按顺序排列的步相继激活这样一种基本的进展情况，如图 7-14 所示。

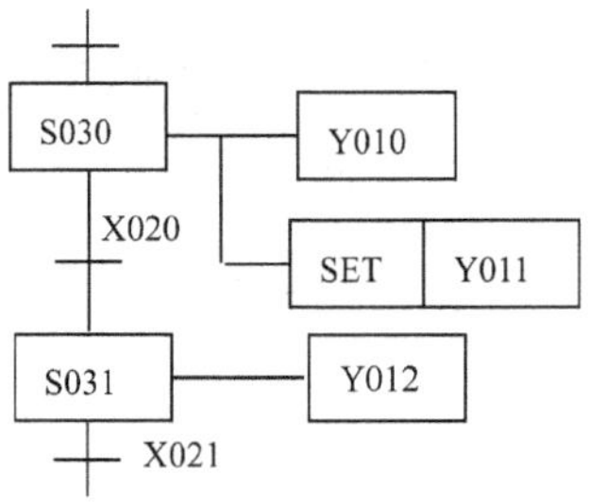

图 7-13　功能图

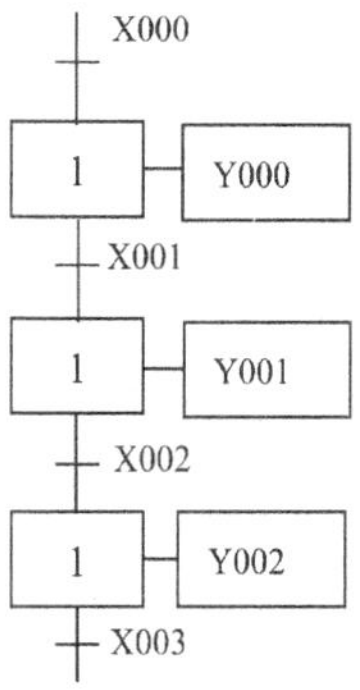

图 7-14　单序列

2）选择序列，一个活动步之后，紧接着有几个后续步可供选择的结构形式称为选择序列。如图 7-15 所示，选择序列的各个分支都有各自的转换条件。

3）并行序列，当转换的实现导致几个分支同时激活时，采用并行序列。其有向连线的水平部分用双线表示。如图 7-16 所示。

4）跳步、重复和循环序列。在实际系统中经常使用跳步、重复和循环序列。这些序列实际上都是选择序列的特殊形式。如图 7-17a 所示为跳步序列。当步 3 为活动步时，若转换条件 X005 成立，则跳过步 4 和步 5 直接进入步 6。

图 7-17b 所示为重复序列。当步 6 为活动步时，若转换条件 X004 不成立而 X005 成立，

则重新返回步5，重复执行步5和步6。直到转换条件X004成立，重复结束，转入步7。

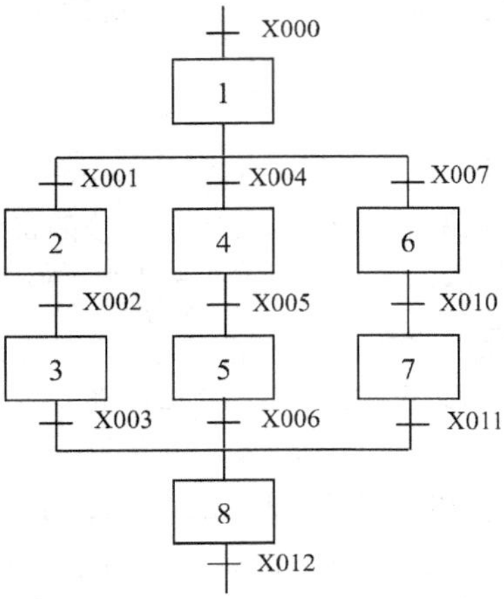

图7-15　选择序列

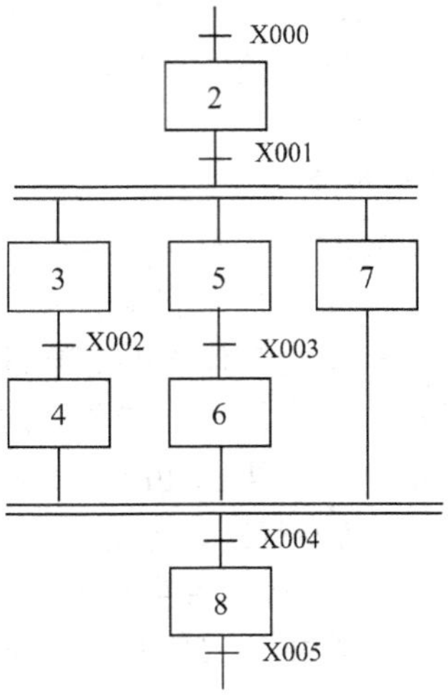

图7-16　并行序列

图7-17c所示为循环序列，即在序列结束后，用重复的方式直接返回初始步0，形成序列的循环。

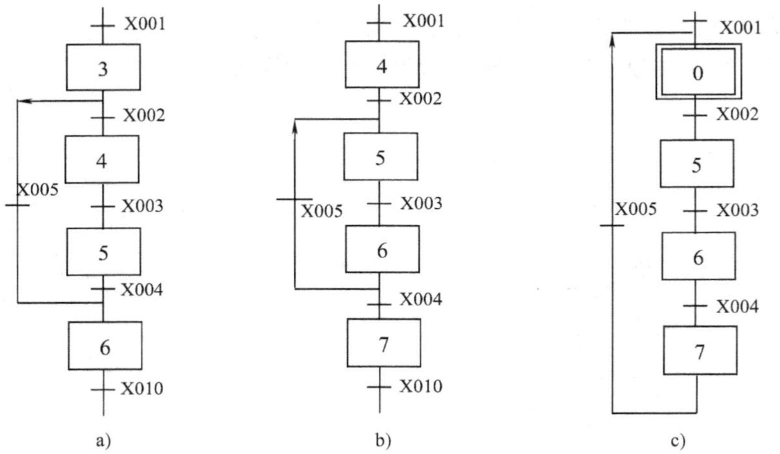

图7-17　跳步、重复和循环序列

a）跳步序列　b）重复序列　c）循环序列

二、步进指令

步进指令又称STL指令。在FX系列PLC中还有一条使STL复位的RET指令。利用这两条指令就可以很方便地对顺序控制系统的功能图进行编程。步进指令STL只有与状态继电器S配合时，才具有步进功能。使用STL指令的状态继电器常开触点，称为STL触点，没有常闭的STL触点。从图7－18中可以看出功能图和梯形图之间的关系，用状态继电器代表功能图的各步，每一步都具有三种功能：负载的驱动处理、指定转换条件和指定转换目标。

STL指令与功能图如图7-18所示，当步S20为活动步时，S20的STL触点接通时负载

Y000 接通。当转换条件 X001 成立时，下一步的 S21 将被置位，同时 PLC 自动将 S20 断开（复位），Y000 也断开。

STL 触点是与左母线相连的常开触点，类似于主控触点，并且同一状态继电器的 STL 触点只能使用一次（并行序列的合并除外）。

与 STL 触点相连的触点应使用 LD 或 LDI 指令，使用过 STL 指令后，应用 RET 指令使 LD 点返回左母线。

梯形图中同一元件的线圈可以被不同的 STL 触点驱动，即使用 STL 指令时，允许双线圈输出。

STL 触点之后不能使用 MC/MCR 指令。

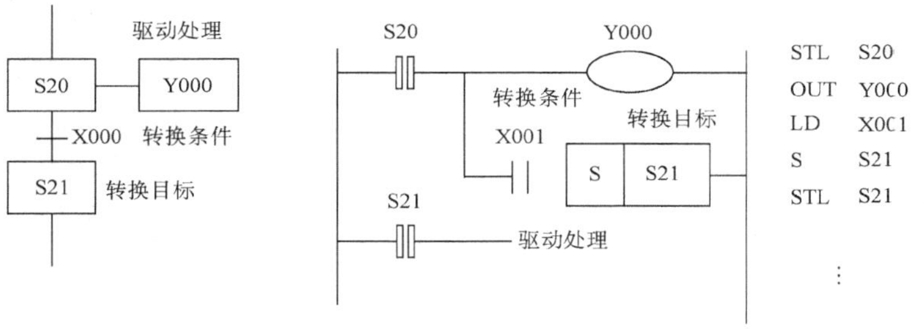

图 7-18 STL 指令与功能图

三、STL 功能图与梯形图的转换

采用步进指令进行程序设计时，首先要设计系统的功能图，然后再将功能图转换成梯形图，写出相应的指令表程序。某液压动力滑台系统使用步进指令编程的功能图和梯形图如图 7-19 所示。图中的双矩形块表示初始步，初始步的激活是由循环最后一步完成后激活，但是，在刚开始工作时初始步的激活是在开始时加一个短信号，专门激活初始步。如图中的特殊继电器 M8002。

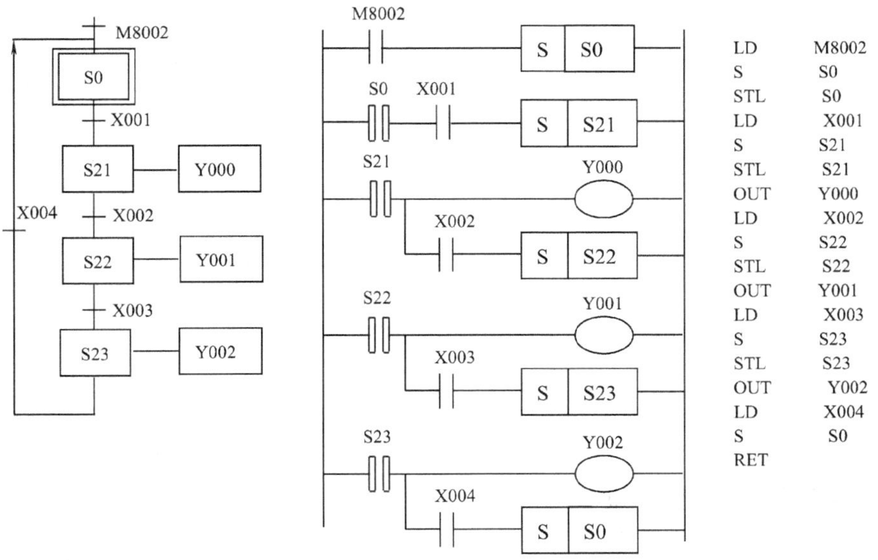

图 7-19 STL 功能图与梯形图的转换

四、多流程步进控制的编程方法

在顺序控制系统中，经常遇到选择序列、并行序列和跳转、循环序列以及它们三者的组合，这些情况统称为多流程步进控制。

1. 选择序列分支与合并的步进编程

图 7-20 为选择序列的功能图及步进梯形图。功能图中 X002 和 X005 为选择条件，当步 S22 为活动步时，且转换条件 X002 或 X005 成立，由状态继电器代表的步 S23 或步 S25 被置位，同时步 S22 将自动复位。如果是步 S23 置位，将执行步 S23 起始的步进过程；如果是步 S25 置位，执行步 S25 起始的步进过程。步 S27 是由步 S24 或步 S26 及相应转换条件进行置位。用步进指令编制的梯形图如图 7-20b 所示。

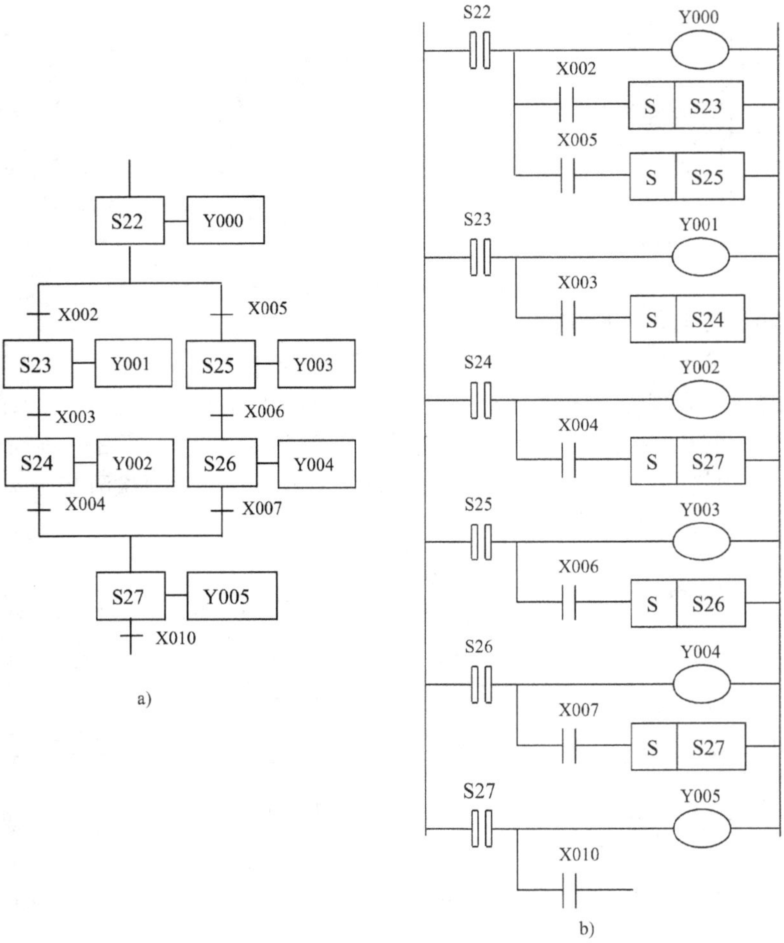

图 7-20　选择序列的功能图与步进梯形图

a）功能图　b）梯形图

图 7-20 对应的指令表程序如下：

STL	S22	S	S24	STL	S26
OUT	Y000	STL	S24	OUT	Y004
LD	X002	OUT	Y002	LD	X007

S	S23	LD	X004	S	S27
LD	X005	S	S27	STL	S27
S	S25	STL	S25	OUT	Y005
STL	S23	OUT	Y003	LD	S010
OUT	Y001	LD	X006		
LD	X003	S	S26		

2. 并行序列分支与合并的步进编程

图 7-21 所示为并行序列步进过程的功能图和梯形图。当步 S23 为活动步且转换条件 X001 接通，则步 S24 和步 S26 同时置位，步 S23 自动复位；当步 S25 和步 S27 都为活动步且 X004 接通，步 S28 才被置位，并且步 S25 和步 S27 都将自动复位。

用步进指令编制的梯形图如图 7-21b 所示。图中连续两次使用 STL 指令，（步进触点 STLS25 与 STL S27 串联)，但要注意连续使用的次数不能超过 8 次，也就是说采用步进指令编程时，并行序列的支路不能超过 8 个。另外，在梯形图中步进触点 STL S25 和 STL S27 都出现两次，这是并行序列中的特殊情况。

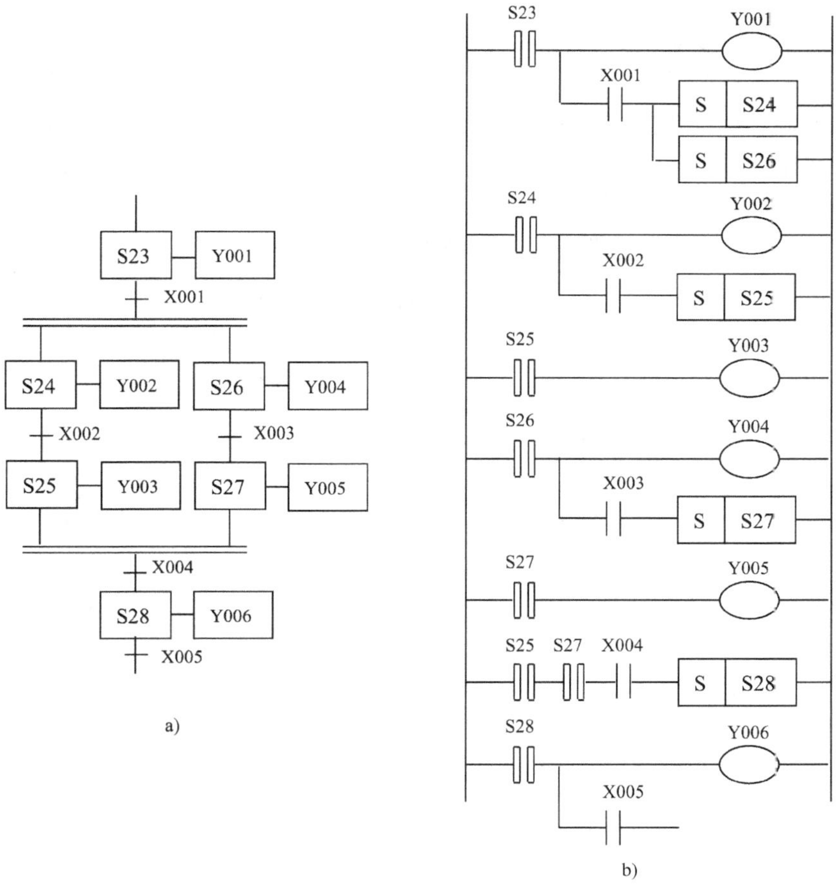

图 7-21　并行序列步进过程的功能图和梯形图
a）功能图　b）梯形图

图 7-21 对应的指令表程序如下：

STL	S23	S	S25	OUT	Y005
OUT	Y001	STL	S25	STL	S25
LD	X001	OUT	Y003	STL	S27
S	S24	STL	S26	LD	X004
S	S26	OUT	Y004	S	S28
STL	S24	LD	X003	STL	S28
OUT	Y002	S	S27	OUT	Y006
LD	X002	STL	S27	LD	X005

第四节　FX 系列 PLC 的功能指令及编程方法

可编程序控制器是为工业控制而设计的专用计算机，不仅有基本指令和步进指令，还有 80 多条功能指令。使用这些功能指令可以扩大可编程序控制器的应用范围。FX 系列 PLC 的常用功能指令有条件跳转、传送、比较、中断、四则运算、循环和移位等。

一、功能指令的基本格式

功能指令和基本逻辑指令的形式不同，基本逻辑指令用助记符或逻辑操作符表示，其梯形图就是继电器触点、线圈的连接图，直观易懂。功能指令用功能符号表示，FX_{2N}系列 PLC 功能指令用功能编号 FNC00 ~ FNC□□□指定。各指令给出表示其内容的符号（助记符）。表 7-2 为 FX 系列 PLC 的部分功能指令，其他功能指令详见附录中表 D-2。

表 7-2　FX 系列 PLC 的部分功能指令

指令代码与助记符	指令含义	指令代码与助记符	指令含义	指令代码与助记符	指令含义
00 CJ	条件转移	08 * FOR	循环区起点	19 BIN	BCD→BIN 数制转换
03 * IRET	中断返回	09 * NEXT	循环区结束	20 ADD	BIN 加
04 * EI	中断元件	10 * CMP	比较	21 SUB	BIN 减
05 * DI	禁止中断	11 * ZCP	区间比较	22 MUL	BIN 乘
06 * FEND	主程序结束	12 MOV	数据传送	23 DIV	BIN 除
07 * WDT	警戒时钟	18 BCD	BIN→BCD 数制转换	60 IST	置初始状态

* 标记的指令可以不通过触点驱动直接执行。

1. 功能指令的表示形式

功能指令的基本形式如图 7-22 所示。图中的前一部分表示指令的代码和助记符，后一部分（S）表示源操作数，当源操作数不止一个时，可以用（S1）、（S2）表示；（D）表示目的操作数，当目的操作数不止一个时，可以用（D1）、（D2）表示。

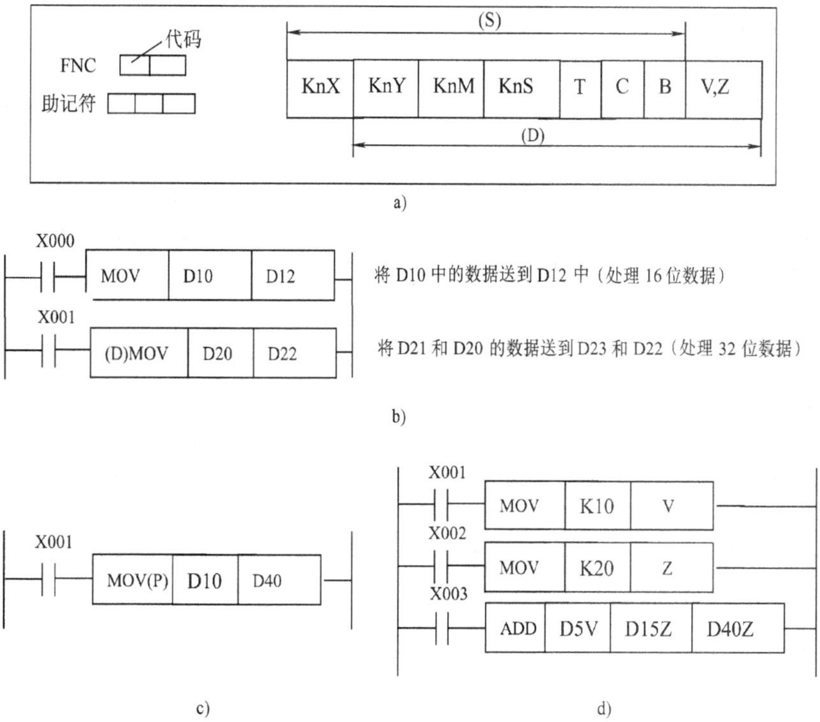

图 7-22　功能指令的基本形式

a）基本格式　b）数据传送指令的使用　c）脉冲执行方式

d）V 和 Z 变址寄存器的使用

2. 数据长度和指令类型

功能指令可以处理 16 位数据和 32 位数据。例如图 7-22b 为数据传送指令的使用，图中 MOV 为指令的助记符，表示数据传送功能指令，指令的代码是 12（用编程器编程时输入代码“12”而非“MOV”）。功能指令中有符号（D）表示处理 32 位数据。处理 32 位数据时，用元件号相邻的两个元件组成元件对。元件对的首位地址用奇数、偶数均可以（建议元件对首位地址统一用偶数编号）。

3. 指令类型

FX 系列 PLC 的功能指令有连续执行型和脉冲执行型两种形式。

图 7-22b 梯形图程序为连续执行方式。当 X000 和 X001 为 ON 状态时，图中的指令在每个扫描周期都被重新执行。

图 7-22c 梯形图程序为脉冲执行方式。助记符后附的（P）符号表示脉冲执行。（P）和（D）可以重复使用，如（D）MOV（P）。图 7 - 22c 中脉冲执行指令仅在 X001 由 OFF 转变为 ON 时有效。在不需要每个扫描周期都执行时，用脉冲方式可以缩短程序处理时间。

4. 指令的操作数

有些功能指令要求在助记符的后面提供 1 ~4 个操作数，这些操作数的形式如下：

1）位元件 X、Y、M、和 S；

2）常数 K、H 或指针 P；

3）字元件 T、C、D、V、Z（T、C 分别表示定时器和计数器的当前值寄存器）；

4）由位元件 X、Y、M 和 S 的位指定组成字元件。

其中，只处理 ON/OFF 状态的元件称为位元件。例如，X、Y、M 和 S。处理数据的元件称为字元件。例如，T、C 和 D 等。但由位元件也可以组成字元件进行数据处理，位元件组合由 Kn 加首元件号来表示。

位元件的组合：4 个位元件为一组，组合成单元。KnM0 中的 n 是组数。16 位数据时为 K1 ~ K4，32 位数操作时为 K1 ~ K8。例如，K2M0 表示由 M0 ~ M7 组成的 8 位数据；K4M10 表示由 M10 ~ M25 组成的 16 位数据，M10 是最低位。

5. 变址寄存器 V、Z

变址寄存器在传送、比较指令中用来修改操作对象的元件号，其操作方式与普通数据寄存器一样。在图 7-22a 中的源操作数和目的操作数可以表示为〔S·〕和〔D·〕，其中的〔·〕表示使用变址功能，称为变址寄存器。对 32 位指令，V 作高 16 位，Z 为低 16 位。32 位指令中用到变址寄存器时只需指定 Z，这时 Z 就代表了 V 和 Z。在 32 位指令中，V、Z 自动组对使用。

图 7-22d 为 V 和 Z 变址寄存器的使用，图中的 MOV 指令执行将 K10 送到 V，K20 送到 Z，所以 V、Z 的内容分别为 10、20。当执行 D5V + D15Z，即为 D15 + D35→D60。

V 和 Z 变址寄存器的使用将使编程简单化。

二、功能指令

1. 条件跳转指令

CJ 和 CJ（P）为条件跳转指令，在某种条件下需要跳过一部分程序时，采用跳转指令，这样可以减少扫描时间，提高程序执行速度。条件跳转指令的使用如图 7 – 23 所示，满足跳转条件 X000 = ON 时，程序跳到标号处，执行下面的程序；如果 X000 = OFF 时，跳转不执行，按原顺序执行程序。在图 7 – 23b 中，如果 X000 = ON，第一条跳转指令生效，从这一步跳转到标号 P9 处。如果 X000 = OFF，X001 = ON，则第二条跳转指令生效，程序由此处开始跳到标号 P9 处。

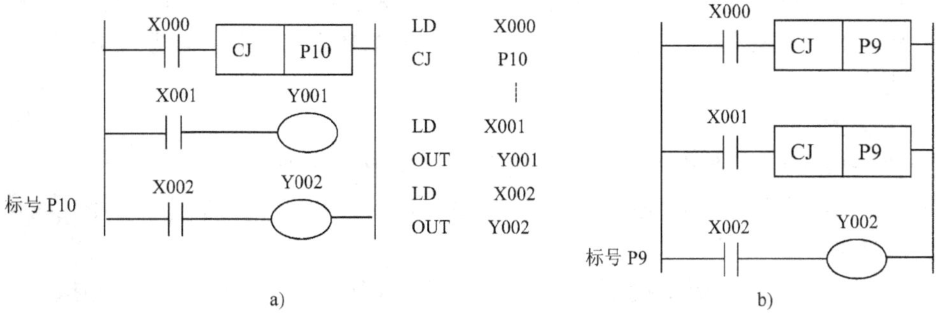

图 7-23　CJ 指令的使用

CJ 条件跳转指令使用说明：

1）指针允许重复使用，但标号不允许重复使用，如图 7－23b 所示，两次都可以跳到相同处，但是在程序中不允许使用标号 P9，若出现多于一次的使用，则程序执行会出错。

2）包含在跳过程序中的 Y、M、S 线圈，一旦被 OUT、SET、RST 指令驱动，即使在跳转过程中输入发生变化，但仍能保持跳转前的状态。若定时器、计数器在发生跳转时正在计时、计数，则立即中断工作，直至跳转结束后再继续进行计时、计数。但是正在工作的高速计数器不管有无跳转仍然工作。

3）在跳转指令之前的执行条件若用 M8000 时，则称为无条件跳转，因为 PLC 运行时 M8000 总是 ON。

2. 中断指令（EI/DI）

允许中断指令 EI 与禁止中断指令 DI 之间的程序段为允许中断区间。当程序处理到允许中断的区间，出现中断信号时，则停止执行主程序，去执行相应的中断子程序。处理到中断返回指令 IRET 时再返回断点，继续执行主程序。

EI/DI 中断指令的使用如图 7-24 所示，图中程序处理到允许中断区间时，出现 X000 或 X001 为 ON 状态，则转而处理相应的中断子程序（1）或（2）。中断标号的含义：

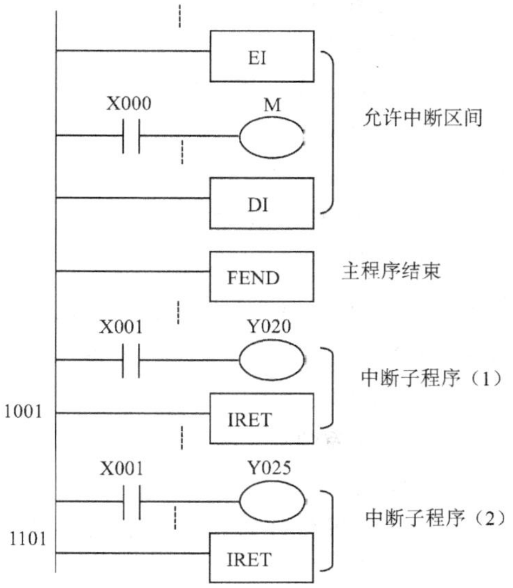

图 7-24　中断指令的使用图

I　0　◇　□
→0 ～ 5 对应输入 X000 ～ X005
→1 为上升沿中断，0 为下降沿中断
→常置为 0

FX 系列 PLC 可设置 9 个中断点，中断点信号从 X000～X005 输入，有的定时器也可以作中断源。

中断指令使用说明：

1）有关的特殊辅助继电器为 ON 状态，响应的中断子程序不能执行。例如图 7－24 中的 M 若为 M8050、M8051、M8052 或 M8053 中的任意一个辅助继电器，则相应的中断程序不能执行。因为这 4 个特殊的辅助继电器具有禁止中断的功能。

2）一个中断程序执行时，其他中断被禁止。但是在中断程序中编入 EI 和 DI 指令时，可实现中断嵌套。多个中断信号产生的顺序，遵照中断指针号较低的有优先权的规定。

3）中断信号的脉宽必须大于 200μs（FX_{2N}－40M 型 PLC 的脉宽要求大于 100μs）。

4）如果中断信号产生禁止中断区间（DI～EI 之间），这个中断信号被存储，并在 EI 指令后执行。

3. 主程序结束指令（FEND）

FEND 指令表示主程序结束。程序执行到 FEND 时，进行输出处理、输入处理、监视定时器和计数器刷新，全部完成以后返回到程序的第 00 步。

FEND 主程序结束指令使用时应注意，子程序和中断子程序必须写在主程序结束指令 FEND 和 END 指令之间。FEND 主程序结束指令使用如图 7-25 所示。

4. 比较和传送指令

(1) 比较指令（CMP） 比较指令是将源操作数 S1、S2 的数据，按照代数规则进行大小比较，并将比较结果送到目的操作数 D 中，它的使用如图 7-26a 所示。

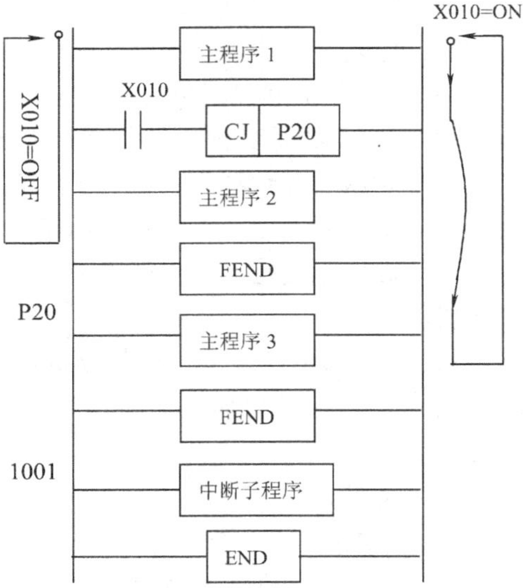

图 7-25 FEND 指令的使用

在图 7-26a 中，X000 为比较指令的执行条件。当 X000 = OFF 时，比较指令不执行，此时 M0、M1、M2 的状态保持不变。当 X000 = ON 时进行比较，由比较结果决定 M0、M1、M2 的状态。比较结果有 3 种情况：当 K100 > C20 的当前值时，M0 闭合；当 K100 = C20 的当前值时，M1 闭合；当 K100 < C20 的当前值时，M2 闭合。

比较指令使用说明：

1）比较指令中的所有的源操作数据都按二进制数值处理。

2）对于多个比较指令，其目标操作数 D 也可以指定为同一个元件；但每执行一次比较指令其 D 的内容随之而变化。

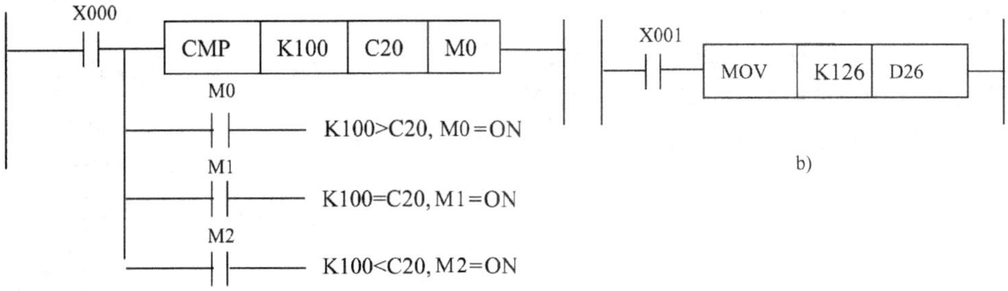

a) b)

图 7-26 CMP、MOV 指令的使用
a）CMP 指令 b）MOV 指令

(2) 传送指令（MOV） MOV 传送指令是将源操作数送到指定的目的操作数去，即 S→D。MOV 指令的使用如图 7-26b 所示。当 X001 = ON 时源操作数 S 中的数据 K126 被传送到目标操作地址 D26 中。当指令执行时，常数 K126 自动转换成二进制数。当 X001 = OFF 时，指令不执行，数据保持不变。

5. 警戒时钟指令（WDT）

警戒时钟指令用于控制程序中的监视定时器刷新。在程序的执行过程中，如果扫描的时间（从第 0 步到 END 或 FEND 语句）超过了 200ms，则 PLC 将停止运行。在这种情况下，使用 WDT 指令可以刷新监视定时器，使程序执行到 END 或 FEND。

WDT 警戒指令的使用如图 7-27a 所示。图中将一个 240ms 的程序分成了两个扫描时间为 120ms 的程序，在两个程序之间输入一条 WDT 指令。

如果希望执行程序的每次扫描时间均能超过 200ms，可以将限定值写入特殊数据寄存器 D8000 中，如图 7-27b 所示，这里采用数据传送指令实现。用此方法可以将警戒时钟值改成很大的数值。

6. 循环指令

FOR、NEXT 为循环开始和循环结束指令。循环指令的使用如图 7-28a 所示，在程序运行时，位于 FOR ~ NEXT 之间的程序可循环执行 n 次后，再执行 NEXT 指令后的程序。循环次数 n 由操作数指定，循环次数设定范围为 1 ~ 32 767。

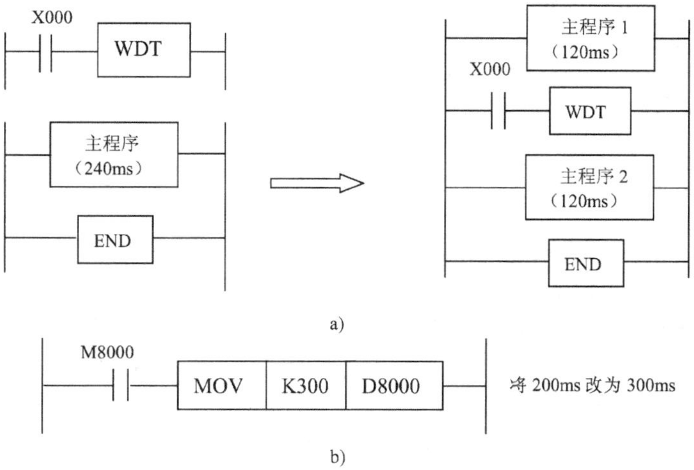

图 7-27　WDT 指令的使用

FOR、NEXT 指令内允许加嵌套使用。如图 7 - 28b 所示。图中程序 A 的循环次数为 4，程序 B 的循环次数由 D0 中的数据决定。假如 D0 中的数据是 5，则程序 A 每执行一次，程序 B 要执行 5 次，则程序 B 一共要执行 20 次。

循环指令使用说明：

1）FX 系列 PLC 的循环指令最多允许 5 级嵌套。

2）FOR、NEXT 在成对使用。要求 FOR 在前，NEXT 在后。

3）NEXT 指令不允许写在 END、FEND 指令的后面。

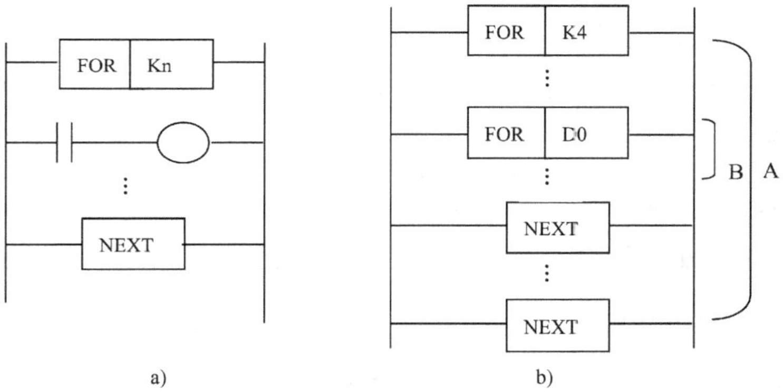

图 7-28　FOR、NEXT 指令的使用
a）FOR、NEXT 指令　b）2 级嵌套

7. 数制变换指令

（1）BCD 变换指令　BCD 变换指令是将源地址中的二进制数转换成 BCD 码送到目标地址中去。BCD 变换指令的使用如图 7-29a 所示，X000 是指令的执行条件。当 X000 = ON 时，源地址 D12 中的二进制数转换成 BCD 码送到 Y000 ~ Y007 的目标地址去；X000 = OFF 的指令不执行。

BCD 指令使用说明：

①BCD 转换的结果超过 0 ~ 9 999（16 位运算）或 0 ~ 99 999 999（32 位运算）时，则出错；

②BCD 变换指令用于将 PLC 中的二进制数据变换成 BCD 码输出，用于驱动七段显示。

（2）BIN 变换指令　BIN 变换指令是将源地址中的 BCD 数据变换成二进制数据送到目标地址去。BIN 变换指令的作用如图 7-29b 所示，图中的 X000 是执行条件。当 X000 = ON 时，将 D12 中的 BCD 数据变换成二进制数据，送到 Y000 ~ Y007 目标地址去。

BIN 指令常用于将 BCD 数字开关串的设定值输入到 PLC 中。常数 K 不能作为本指令的操作元件，因为在任何处理之前它会被转换成二进制数。

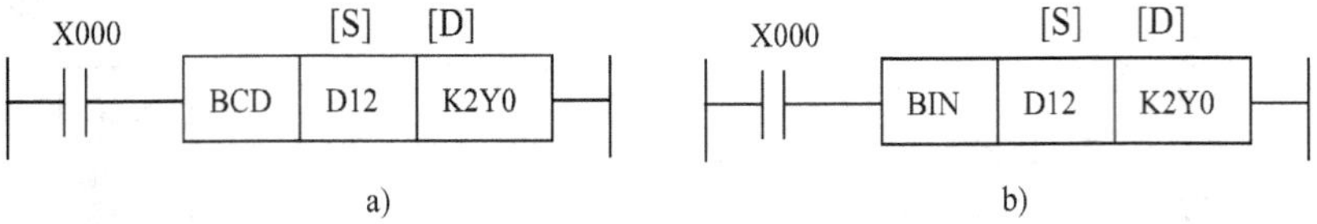

图 7-29　数值变换指令的使用

a）BCD 指令　b）BIN 指令

8. 四则运算指令

（1）加法指令 ADD　ADD 指令是将指定源地址中的二进制数相加，其结果送到指定目的地址去。ADD 加法指令的使用如图 7-30a 所示，图中的操作可表示为

（S1）＋（S2）→（D）即（D10）＋（D12）→（D14）

加法指令使用说明：

1）每个数据的最高位作为符号位，0 表示为正，1 表示为负。ADD 为二进制代数法运算，例如，5＋（－8）＝－3，5－（－8）＝13

2）当执行条件 X000＝OFF 时，不执行运算，（D）中的内容不变。

3）设有 3 个操作数标志：M8020 为零标志；M8021 为借位标志；M8022 为进位标志。运算结果为 0 时，则零标志 M8020 闭合；如果运算结果超过 32 767（十六进制运算）或 2 147 483 647（32 位运算），则进位标志 M8022 闭合；如果运算结果小于－32 767（十六进制运算）或－2 147 483 647（32 位运算），则借位标志 M8021 闭合。

（2）减法指令 SUB SUB 减法指令有两个源操作数，当执行条件 X000＝ON 时，SUB 指令执行，将（S1）指定的源地址中的数减去（S2）指定的源地址中数，结果送到（D）指定的目的地址中去。SUB 减法指令析使用说明如图 7－30b 所示，图中操作可表示为

（S1）－（S2）→（D）即（D10）－（D12）＝（D14）

SUB 指令是执行二进制代数法运算，例如 5－（－8）＝13。

SUB 减法指令的操作标志和加法指令的操作标志的说明相同，这里不再叙述。

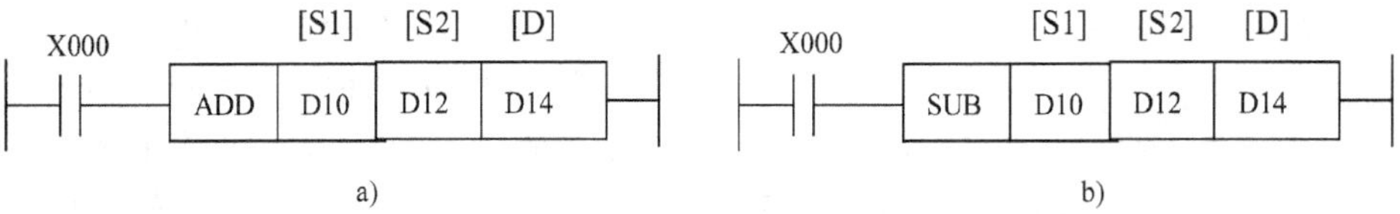

图 7-30　ADD、SUB 指令的使用

a）ADD 指令　b）SUB 指令

（3）乘法指令 MUL　16 位乘法运算如图 7-31a 所示，X000 为乘法执行条件，满足执行条件则将两个源地址（S1）、（S2）中的数相乘，并以 32 位的形式送到指定目标数据寄存器（D）。32 位数据结果的低 16 位存放在指定目的地址（D4），高 16 位存放在相连的下一个目标元件（D5）中。若（D0）＝5，（D2）＝7，则相乘的结果 35 存入（D5，D4），最高位是符号位（0 表示正、1 表示负）。

（4）除法运算 DIV　16 位除法运算如图 7-31b 所示，X000 为除法执行条件，在（S1）中存放的是被除数，（S2）中存放的是除数，商存放于（D）中，余数存放于紧靠（D）的下一地址号的元件中。若位组合指定元件为（D），则余数就会被丢失。当除数为 0 时，则运

算出错，且不执行运算。

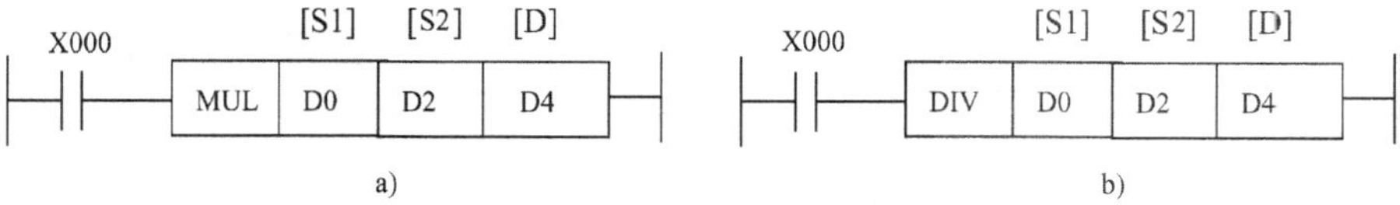

图 7-31 MUL、DIV 指令的使用
a）MUL 乘法指令 b）DIV 除法指令

9. 初始状态指令 IST

该指令的名称、助记符、指令代码和操作数见表 7-3。

表 7-3 初始状态指令表

指令名称	助记符	指令代码	操作数		
			S	D1	D2
初始状态指令	IST	FNC60	X、Y、M、S 用 8 个连号元件	S [D1] < [D2] [D1]：S20 ~ S899 [D2]：S20 ~ S899	

初始状态指令 IST 用于自动设置初始状态和特殊辅助继电器。该指令的使用如图 7-32 所示。

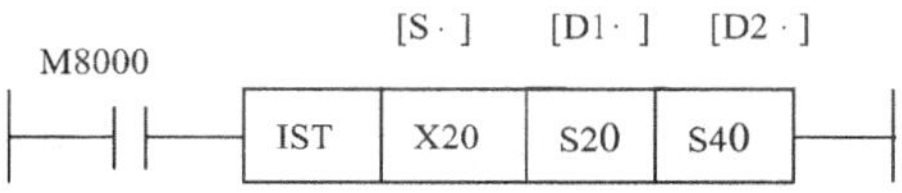

图 7-32 IST 指令的使用

[S] 指定操作方式输入的首元件，一共是 8 个连号的元件。这些元件可以是 X、Y、M 和 S。本例中 8 个连号的元件是：

X020：手动　　X021：回原点

X022：单步运行　　X023：一个周期运行（半自动）

X024：全自动运行　　X025：回原点起动

X026：全自动运行起动　　X027：停止

为了使 X020 ~ X024 不会同时接通，应采用选择开关。

[D1] 指定在自动操作中实际用到的最小状态号。

[D2] 指定在自动操作中实际用到的最大状态号。

当 M8000 由 OFF→ON 时，下列元件自动受控；若其后执行条件 M8000 变为 OFF，这些元件的状态仍然保持不变。

S0：手动操作初始状态

S1：回原点初始状态

S2：自动操作初始状态

M8040：禁止转移

M8041：转移开始

M8042：启动脉冲

M8047：STL 步进指令，监控有效

IST 指令在程序中只能使用一次，放在步进指令 STL 之前编程。

由初始状态指令 IST 自动指定的初始状态 S0 ~ S2，根据运行方式的切换，按照图 7-33 的形式进行。

根据置初始状态 IST 指令自动动作的特殊辅助继电器 M8040 ~ M8042 和 M8047 的动作内容可用图 7-34 所示的梯形图来说明。

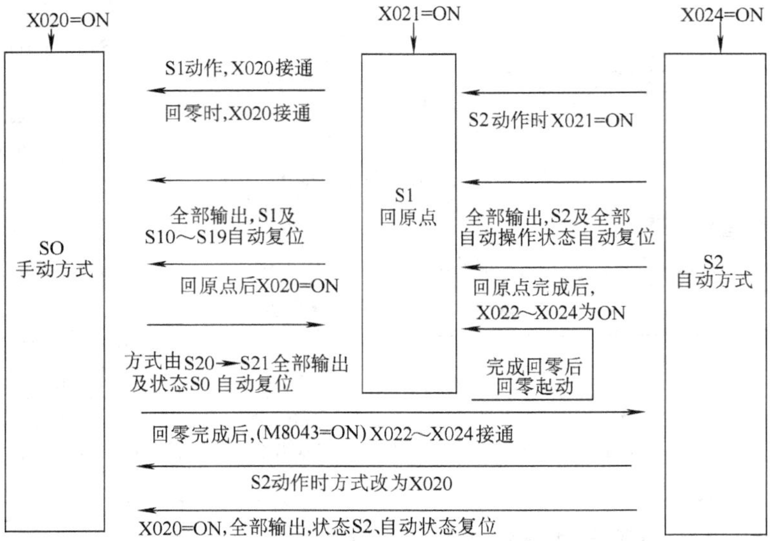

图 7-33 IST 自动指定的初始状态 S0～S2 的切换

M8040 是禁止转移用辅助继电器，当 M8040 = ON 时，就禁止所有状态转移。手动状态下，M8040 总是接通的。在回原点、单周期运行时，按下停止按钮后一直到再按启动按钮期间，M8040 一直保持为 ON。单步执行时，M8040 常通，但是在按下启动按钮时，M8040 = OFF，使状态可以顺序转移一步。其他，当 PLC 由 STOP→RUN 切换时，M8040 保持 ON，按下启动按钮后 M8040 = OFF。

转移开始辅助继电器 M8040，是从初始状态 S2 向另一状态转移的转移条件辅助继电器。手动回原点 M8041 不动作；步进、单周期时，仅在按下起动按钮时动作，自动时，按起动按钮后保持为 M8041 = ON，按停止按钮后 M8041 = OFF。

起动脉冲辅助继电器 M8042，是在按下起动按钮的瞬间接通。

特殊辅助继电器 M8044 是原点条件，M8043 是回原点结束，这两个原点由用户程序控制。

在图7-34中，当M8047 = ON时，状

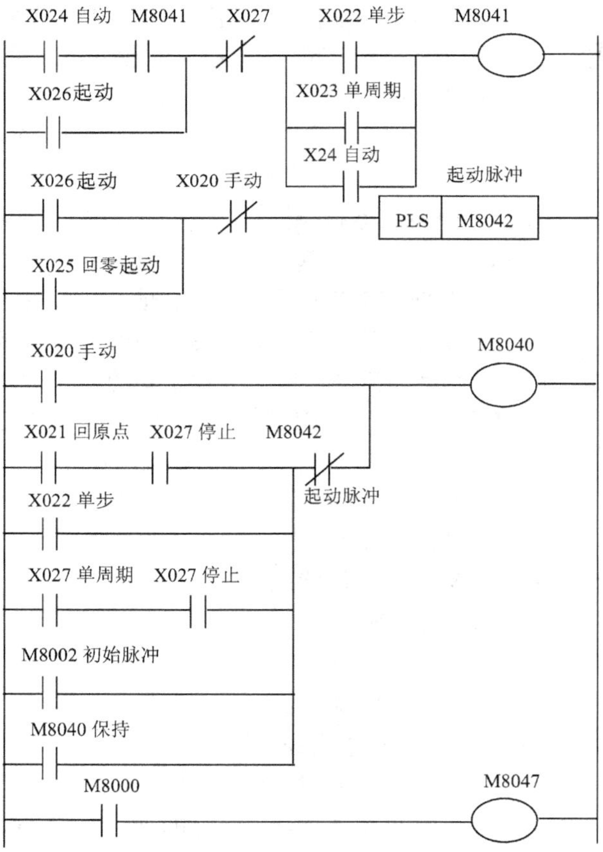

图 7-34 单步自动梯形图

态 S0～S899 中正在动作的继电器从最低号开始顺序存入特殊数据寄存器 D8040～D8047，最多可存 8 个状态。

若选择开关在回原点完成辅助继电器 M8043 未置 1 之前改变运行方式，则所有输出将变为 OFF 状态。

习　　题

7-1　写出图 7-35 所示梯形图的语句表程序。

7-2　写出图 7-36 所示的梯形图的语句表程序。

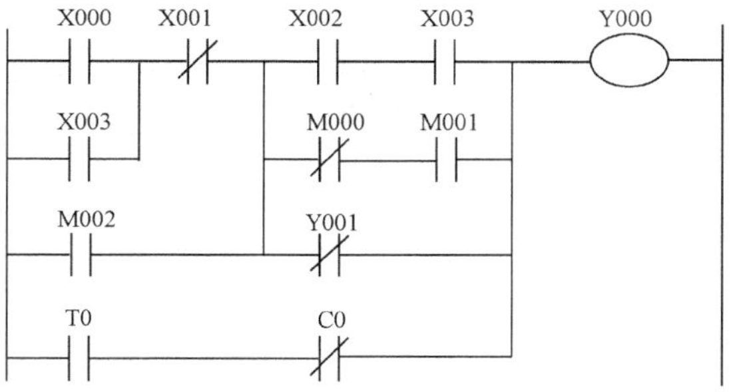

图 7-35　题 7-1 图

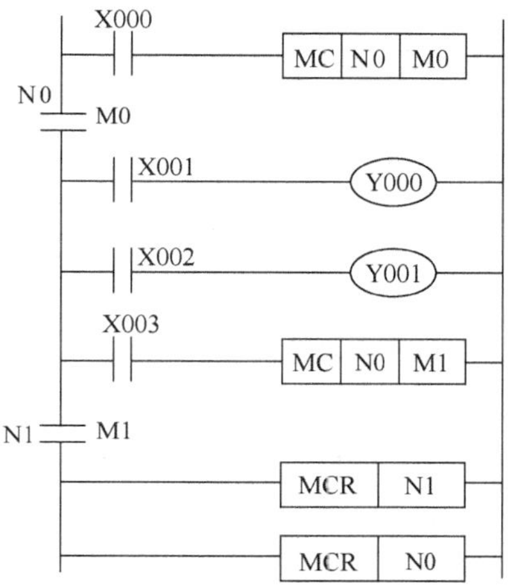

图 7-36　题 7-2 图

7-3　画出与下列语句表程序所对应的梯形图。

LD	X000	AND	X004	END
OR	X001	OR	M3	
ANI	X002	ANB		
OR	M0	ORI	M1	
LD	X003	OUT	Y001	

7-4　画出与下列语句表程序所对应的梯形图。

LD	X000	ORB		AND	X007	ORB	
AND	X001	LD	X004	ORB		AND	M2
LD	X002	AND	X005	LD	M0	OUT	Y002
ANI	X003	LD	X006	AND	M1	END	

7-5　根据图 7-37 所示的波形图设计梯形图，并写出语句表程序。

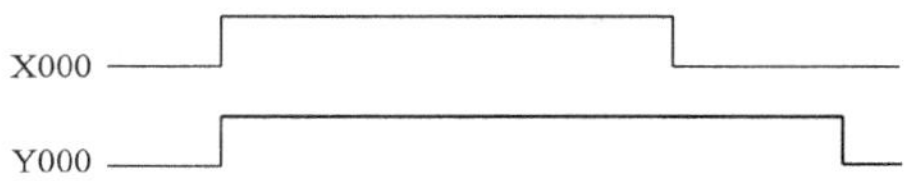

图 7-37　题 7-5 图

7-6　试设计满足题图 7-38 所示波形图的梯形图。

7-7　小车在初始位置时限位开关 X000 接通，按下起动按钮 X003，小车按图 7-39 所示顺序运动，最后返回并停止在初始位置。试绘出功能图。

7-8　用两个定时器设计一个定时电路，在 X007 接通 1200s 后将 Y000 接通。

7-9　用两个计数器设计一个定时电路，在 X002 接通 1h 后将 Y000 接通。

7-10　功能指令由哪几部分组成？其基本格式是什么？

7-11 试设计一段程序，用于实现在输入条件满足时，依次将计数器 C0 ~ C9 的当前值转换成 BCD 码并送到输出元件 K4 Y0 中，并画出梯形图。

提示：用一个变址寄存器 Z，首先 0→（Z），每次（C0Z）→（K4Y0），（Z） +1→（Z），当（Z） = 9 时，（Z）复位，从头开始。

7-12 图 7-40 所示程序是按先入先出原则输出要取出的产品编号。试写出此梯形图所对应的语句表程序。

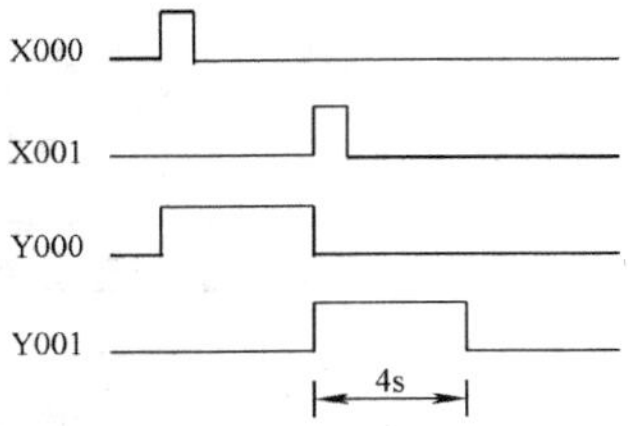

图 7-38 题 7-6 图

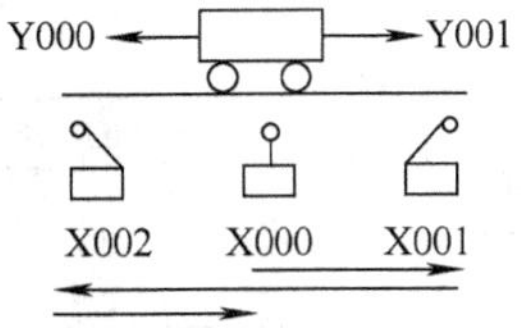

图 7-39 题 7-7 图

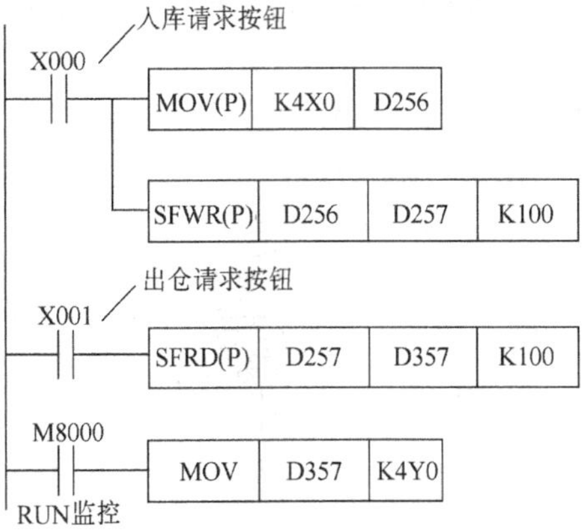

图 7-40 题 7-12 图

第八章　可编程序控制器的程序设计

PLC 的编程语言尽管多种多样，但绝大多数 PLC 都将梯形图语言作为自己的编程语言，本章在可编程序控制器指令系统的基础上，介绍可编程序控制器程序设计的方法、原则和技巧，并且列举一些典型程序应用实例。

第一节　梯形图的特点及绘制原则

梯形图直观易懂，与继电器控制电路图在结构形式、元件符号及逻辑功能等方面是相类似的，但它们又有很多不同之处。梯形图具有自己的特点及设计规则。

一、梯形图的特点

1）梯形图按自上而下、从左到右的顺序排列。每个继电器线圈为一个逻辑行，即一层阶梯。每一个逻辑行起于左母线，然后是触点的连接，最后终止于继电器线圈或右母线。

注意：左母线与线圈之间一定要有触点，而线圈与右母线之间不能有任何触点，应直接连接。

2）一般情况下，在梯形图中某个编号继电器线圈只能出现一次，而继电器触点（常开或常闭）可无限次引用。

有些 PLC，在含有跳转指令或步进指令的梯形图中允许双线圈输出。

3）在每一逻辑行中，串联触点多的支路应放在上方。如果将串联触点多的支路放在下方，则语句增多，程序变长，如图 8-1 所示。

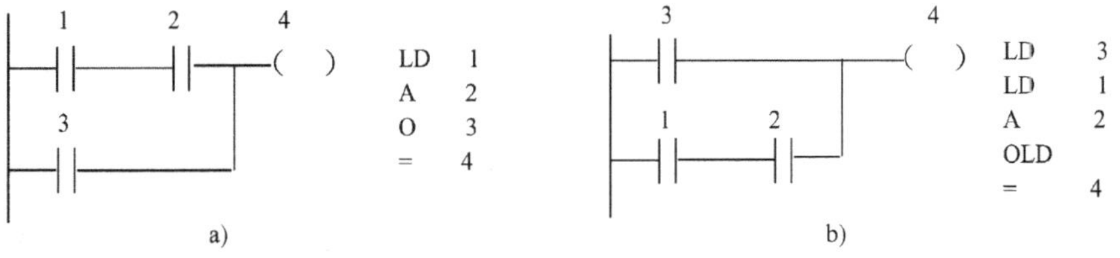

图 8-1　梯形图之一

a）合理　b）不合理

4）在每一个逻辑行中，并联触点多的支路应放在左边。如果将并联触点多的电路放在右边，则语句增多、程序变长，如图 8-2 所示。

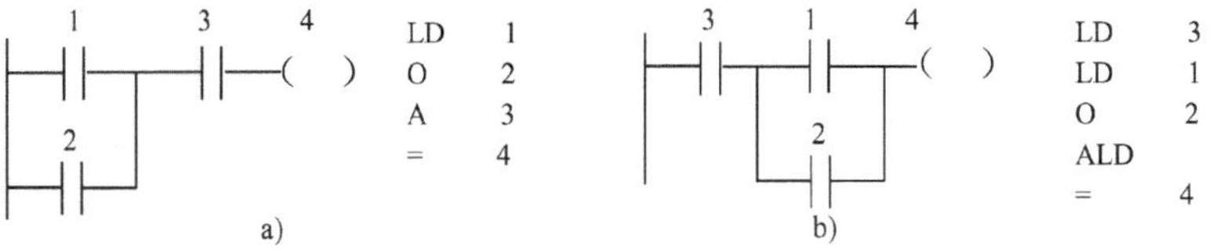

图 8-2　梯形图之二

a）合理　b）不合理

5）梯形图中，不允许一个触点上有双向“电流”通过。如图 8-3a 所示，触点 5 上有双向“电流”通过，该梯形图不能编程，这是不允许的。对于这样的梯形图，应根据其逻辑功能作适当的等效变换，如图 8-3b 所示。

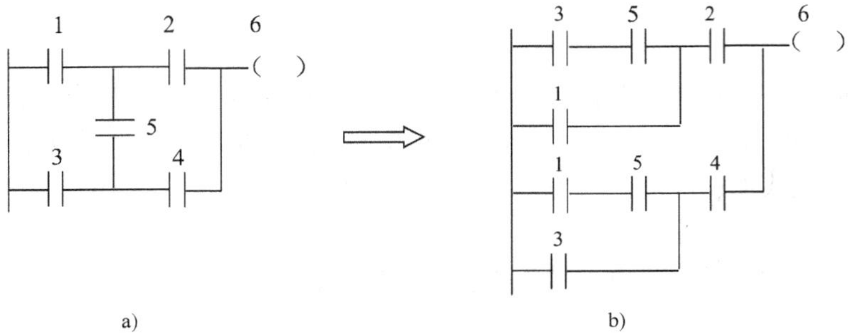

图 8-3　梯形图之三

6）梯形图中，当多个逻辑行都具有相同条件时，为了节省语句数量，常将这些逻辑行合并。如图 8-4a 所示，并联触点 1、2 是各个逻辑行所共有的相同条件。可合并成图 8-4b 所示的梯形图，利用主控指令或分支指令来编程。

当相同条件复杂时，可节约许多存储空间，这对存储容量小的 PLC 很有意义。

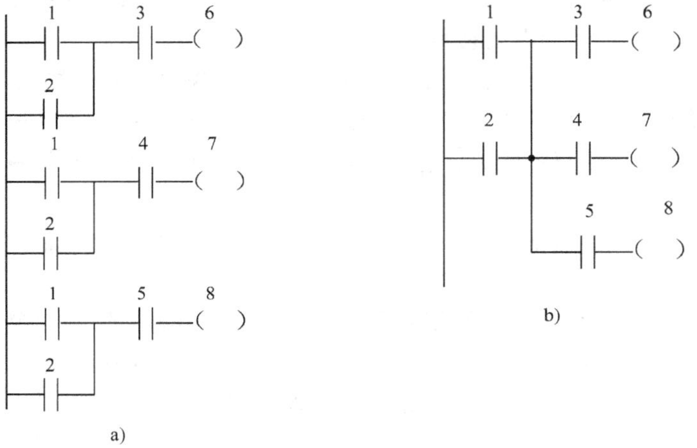

图 8-4　梯形图之四
a）不合理　b）合理

7）设计梯形图时，输入继电器的触点状态全部按相应的输入设备为常开状态进行设计更为合适，不易出错。因此，也建议尽可能用输入设备的常开触点与 PLC 输入端连接。如果某些信号只能用常闭触点输入，可先按输入设备全部为常开来设计，然后将梯形图中对应的输入继电器触点取反（即常开改为常闭，常闭改为常开）。

二、典型单元梯形图分析

任何一个复杂的梯形图程序，总是由一系列简单的典型单元梯形图组成的。因此，熟悉一些典型单元电路，理解和掌握这些单元梯形图程序，对今后编制复杂梯形图程序有很大帮助。

1. 起动保持和停止电路

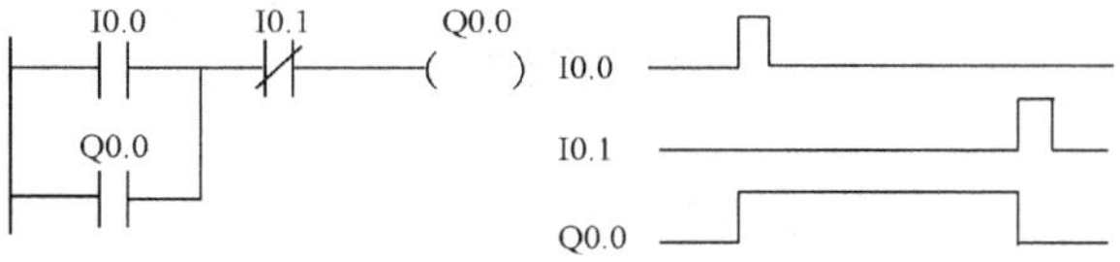

图 8-5　起保停电路

在第二章中已经介绍过电动机起动、保持和停止电路（简称为起保停电路）由于该电路在梯形图中应用很广，所以现将它重画在图 8-5 中。图中起动信号 I0. 0 和停止信号 I0. 1（例如起动按钮和停止按钮提供的信号）接通的时间一般很短，这种信号称为短信号。起保停电路最主要的特点是具有“记忆”功能，按下起动按钮，I0.0 的常开触点接通，如果这时未按停止按钮，I0.1 的常闭触点接通，Q0.0 的线圈“通电”，它的常开触点同时接通。松开起动按钮，I0.0 的常开触点断开，“能流”经 Q0.0 的常开触点和 I0.1 的常闭触点流过 Q0.0 的线圈，Q0.0 仍为接通状态，这就是所谓的“自锁”或“自保持”功能。按下停止按钮，I0.1 的常闭触点断开，使 Q0.0 的线圈断电，其常开触点断开，以后即使松开停止按钮，I0.1 的常闭触点恢复接通状态，Q0.0 的线圈仍然“断电”。这种功能也可以用 S 和 R 指令来实现。

2. 电动机正反转控制电路

图 8-6a 所示为 PLC 的外部硬件接线图。其中 SB1 为停止按钮，SB2 为正转起动按钮，SB3 为反转起动按钮，KM1 为正转接触器，KM2 为反转接触器。实现电动机正反转功能的梯形图如图 8-6b 所示。该梯形图是由两个起动、保持、停止的梯形图，再加上两者之间的互锁触点构成。

应该注意的是：图 8-6 虽然在梯形图中已经有了内部软继电器的互锁触点（I0.0 与 I0.1、Q0.0 与 Q0.1），但在外部硬件输出电路中还必须使用 KM1、KM2 的常闭触点进行互锁。因为 PLC 内部软继电器互锁只相差一个扫描周期，而外部硬件接触器触点的断开时间往往大于扫描周期，来不及响应。例如 Q0.0 虽然断开，可能 KM1 的触点还未断开，在没有外部硬件互锁的情况下，KM2 的触点可能接通，引起主电路短路。因此必须采用软硬件双重互锁。

采用了双重互锁，同时也避免因接触器 KM1 或 KM2 的主触点熔焊引起电动机主电路短路。

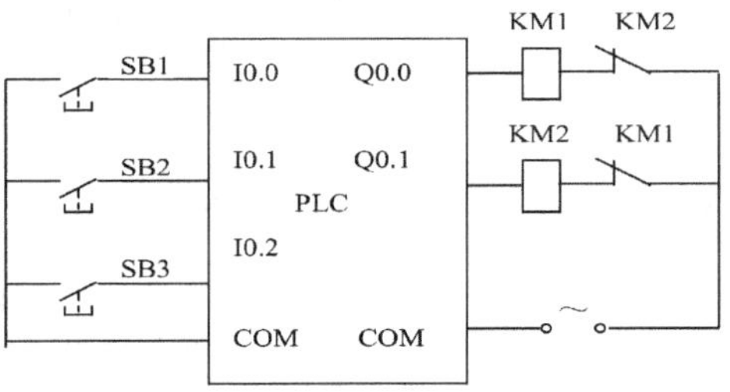

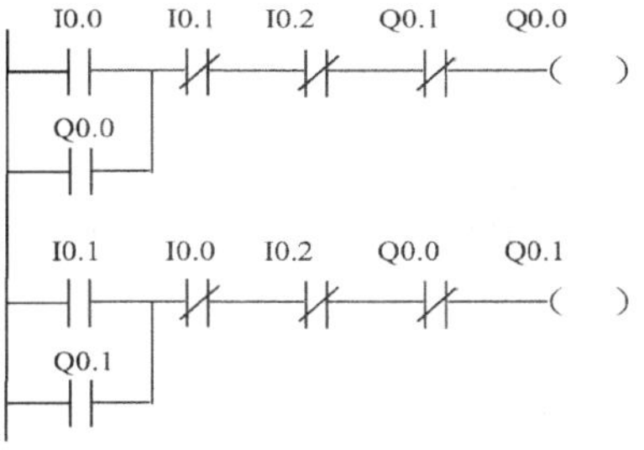

图 8-6 电动机正反转控制电路

a）PLC 的外部接线图 b）梯形图

3. 延时接通/断开电路

图 8-7 是延时接通/断开电路。图中 I0.0 为输入信号，控制输出继电器 Q0.1，当 I0.0 的常开触点闭合时，定时器 T37 开始定时，9s 后 T37 的常开触点闭合，使 Q0.1 有输出（即 Q0.1 为 ON），当 I0.0 为 ON 时，I0.0 的常闭触点断开，使 T38 复位。

当 I0.0 变为 OFF 时，T38 开始定时，6s 后 T38 的常闭触点断开，使 Q0.1 断电，T38 复位。

4. 定时范围的扩展

大多数 PLC 定时器的延时时间都比较短，如 S7-200 定时器的最长定时时间为 3 276.7s，因此无法适应较长延时的需要。为了解决这个问题，常采用定时器和计数器组合进行扩展延时。如图 8-8 所示。

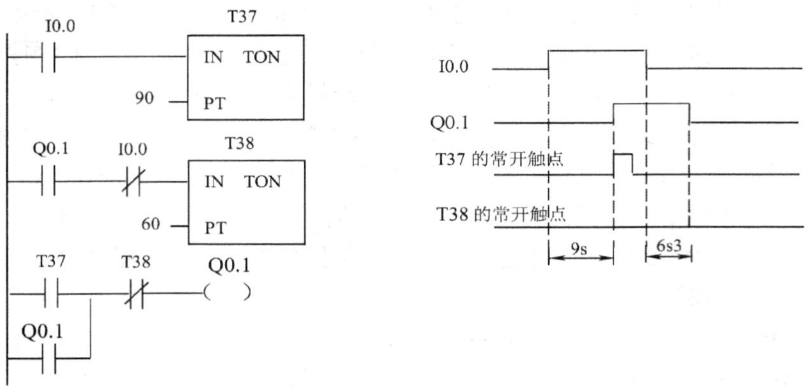

图 8-7　延时接通/断开电路

当 I0.2 触点断开时，100ms 定时器 T37 和计数器 C4 处于复位状态，它们不能工作。当 I0.2 接通时，其常开触点闭合，T37 开始定时，60s 后 T37 的定时时间到，其当前值等于设定值，它的常闭触点断开，使它自己复位，复位后 T37 的当前值变为 0，同时它的常闭触点接通，使它自己的线圈重新“通电”又开始定时，T37 将这样周而复始地工作，直到 I0.2 触点断开。从上面的分析可知，图 8-8 中最上面一行电路是一个脉冲信号发生器，脉冲周期等于 T37 的设定值（60s）。

T37 产生的脉冲送给 C4 计数，计满 60 个数，（即 1h）后，C4 的当前值等于设定值 60，它的常开触点闭合，使 Q0.0 有输出。从 I0.2 触点闭合到 Q0.0 线圈有输出，这段时间为定时时间。设 T37 和 C4 的设定值分别为 K_T 和 K_C，对于 100ms 定时器总的定时时间（s）为

$$T=0.1K_TK_C$$

5. 闪烁电路

图 8-9 为闪烁电路。当输入 I0.0 的常开触点接通时，T37 的 IN 输入端为 1 状态，T37

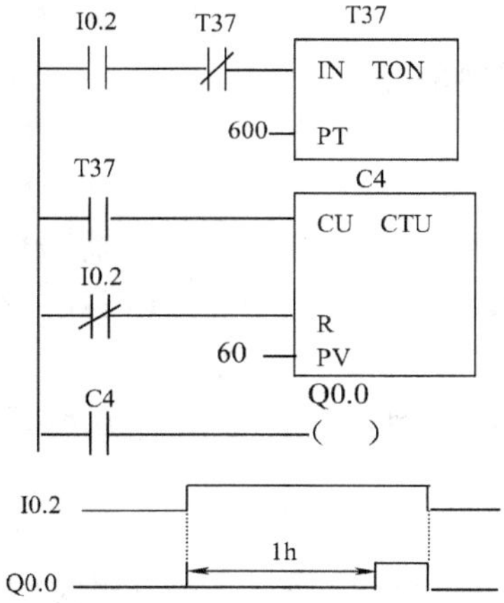

图 8-8　定时范围的扩展

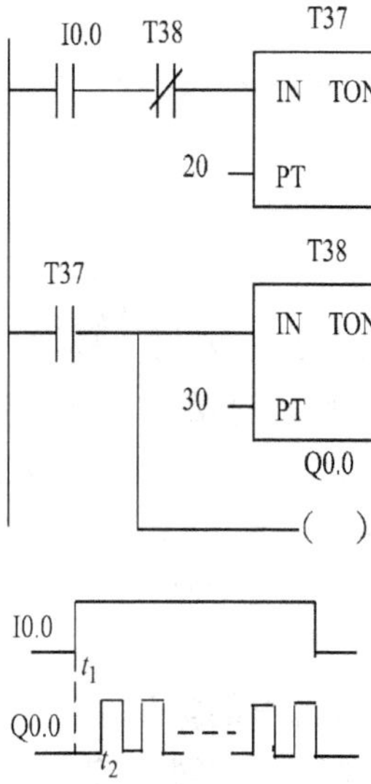

图 8-9　闪烁电路

开始定时。2s 后定时时间到，T37 的常开触点接通，使线圈 Q0.0 通电。同时 T38 开始定时。3s 后 T38 的定时时间到，它的常闭触点断开，使 T37 的 IN 输入端变为 0 状态，T37 的常开触点断开，使线圈 Q0.0 断电，同时使 T38 的 IN 输入端变为 0 状态，其常闭触点接通，T37 又开始定时，以后 Q0.0 的线圈将这样周期性地“通电”和“断电”，直到输入 I0.0 断开为止。Q0.0 线圈“通电”和“断电”的时间分别等于 T38 和 T37 的设定值。

闪烁电路实际上是一个具有正反馈的振荡电路，T37 和 T38 的输出信号通过它们的触点分别控制对方的线圈，形成了正反馈。

特殊存储器位 SM0.5 的常开触点可提供周期为 1s、占空比为 0.5 的脉冲信号，可以用它来驱动需要闪烁的指示灯。

6. 报警电路

当控制系统出现故障时，执行此程序能及时报警发出声和光，以通知操作人员采取相应的措施，排除故障。

图 8-10a 所示电路为一个报警电路梯形图，图 8-10b 为时序图。故障信号传来时，输入 I0.0 接通，输出 Q0.0 通电，使与此相连的报警蜂鸣器发声报警；同时，特殊存储器 SM0.5（1s 时钟脉冲）周期性的通、断导通，使输出 Q0.1 也跟着周期性的通、断，使与此相连的报警指示灯发光闪烁。待工作人员发现后，按下蜂鸣器复位按钮 I0.1，使位存储器 M0.1 接通，其常开触点闭合自锁，另一常开触点闭合，使 Q0.1 持续接通，报警指示灯停止闪烁持续发光。待排除故障后去掉故障信号使 I0.0 断开，报警指示灯熄灭。

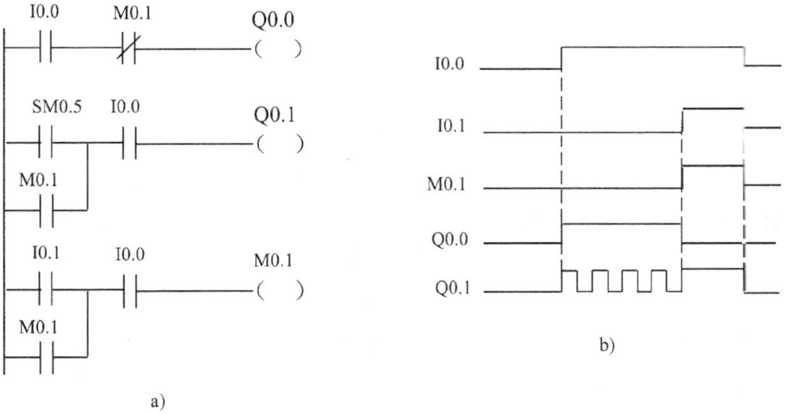

图 8-10　报警电路

a）梯形图　b）时序图

第二节　PLC 程序设计方法

PLC 在控制系统的应用中，外部硬件接线部分较为简单，对被控对象的控制作用，都体现在 PLC 的程序上。因此，PLC 程序设计得好坏，直接影响控制系统的性能。

PLC 在逻辑控制系统中的程序设计方法主要有经验设计法、顺序设计法和继电器控制线路移植法三种。

本节主要介绍经验设计法与顺序设计法。

一、经验设计法

经验设计法实际上是沿用了传统继电器系统电气原理图的设计方法，即在一些典型单元电路（梯形图）的基础上，根据被控对象对控制系统的具体要求，不断地修改和完善梯形图。有时需要多次反复调试和修改梯形图，增加很多辅助触点和中间编程元件，最后才能得到一个较为满意的结果。这种设计方法没有规律可遵循，具有很大的试探性和随意性，最后的结果因人而异，不是惟一的。设计所用的时间、设计质量与设计者的经验有很大关系，所以称之为经验设计法。一般可用于较简单的梯形图程序设计。

下面通过一个简单的例子来说明这种设计方法的基本思路。

图 8-11a 所示为运料小车系统示意图及 PLC 接线图。图中 SQ1、SQ2 为运料小车左右终点的行程开关。运料小车在 SQ1 处装料，20s 后装料结束，开始右行。当碰到 SQ2 后停下来卸料，15s 后左行，碰到 SQ1 后又停下来装料。这样不停地循环工作，直到按下停止按钮 SB3。按钮 SB1 和 SB2 分别是小车右行和左行的起动按钮。

小车控制系统的输入、输出设备与 PLC 的 I/O 端对应连接关系如图 8－11b 所示。

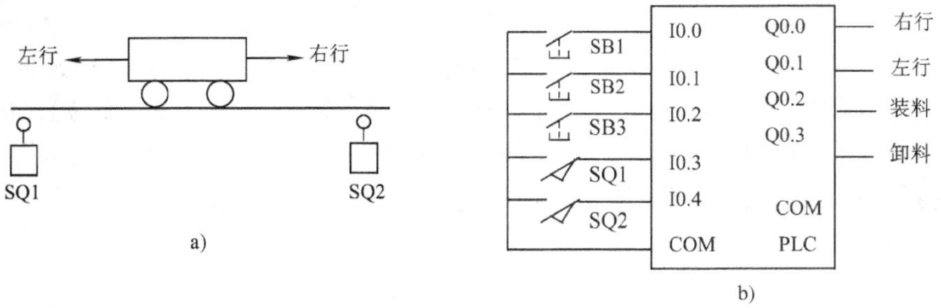

图 8-11　运料小车系统示意图及 PLC 接线图

a）运料小车系统示意图　b）PLC 接线图

采用经验设计法对小车控制系统梯形图程序的设计过程是：由于小车右行和左行互为连锁关系，不能同时进行，与电动机正反转控制梯形图一样，因此利用正反转梯形图先画出控制小车左、右行的梯形图。另外用两个位置开关 SQ1（I0.3）、SQ2（I0.4）的常开触点分别接通装料、卸料输出（Q0.2、Q0.3）及装料、卸料时间的定时器（T37 、T38），如图 8-12a 所示。在此基础上为了使小车到达装料、卸料位置能自动停止左行、右行，将 I0.3 和 I0.4 的常闭触点分别串入 Q0.1（左行）和 Q0.0（右行）的线圈电路中 ；为了使小车在装料、卸料结束后能自行起动右行、左行，将控制装、卸料时间的定时器 T37 和 T38 的常开触点分别与手动起动右行和左行的 I0.0 和 I0.1 的常开触点并联。最后可得出如图 8-12b 所示的梯形图。

从以上设计过程可知，经验设计法设计比较麻烦，设计周期长且设计出的梯形图可读性差。所以这种方法只能用来设计一些简单的程序或复杂系统的某一局部程序（如手动程序等）。

二、顺序控制设计法与顺序功能图的绘制

（一）顺序控制设计法

由以上分析可知，用经验设计法设计梯形图时，没有一套固定的方法和步骤可以遵循，具有很大的试探性和随意性，对于不同的控制系统，没有一种通用的容易掌握的设计方法。在设计系统的梯形图时，往往用大量的中间单元来完成记忆、连锁和互锁等功能，由于需要

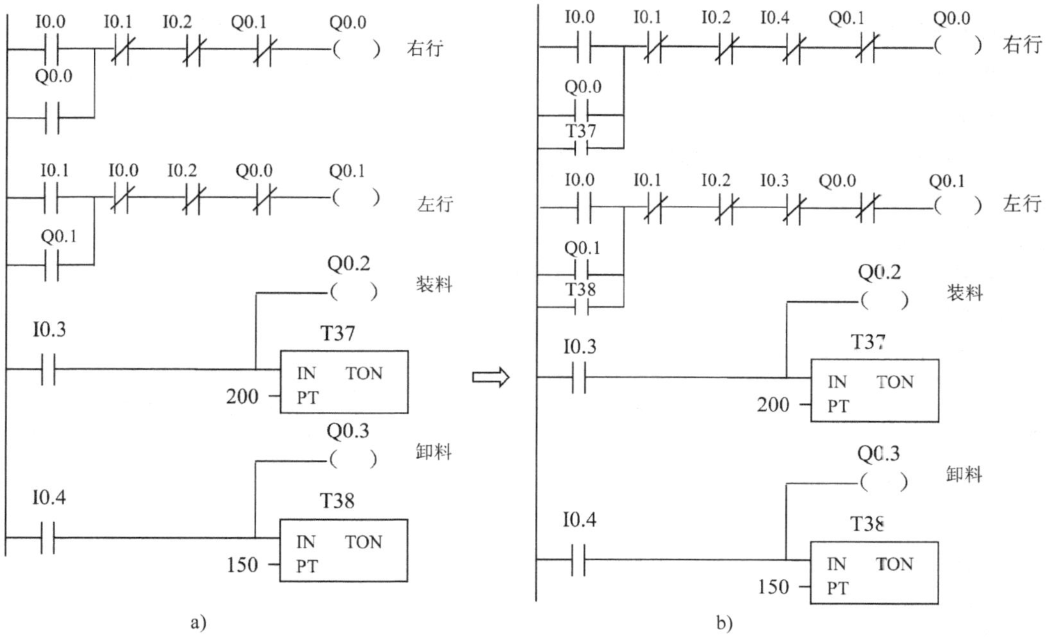

图 8-12 运料小车控制系统的梯形图程序

a）不完整的梯形图 b）完整的梯形图

考虑的因素很多，它们往往又交织在一起，分析起来非常困难，并且很容易遗漏一些应该考虑的问题。当修改某一局部电路时，很可能会“牵一发而动全身”。对系统的其他部分产生意想不到的影响，因此梯形图的修改也很麻烦，往往花了很长时间还得不到一个满意的结果。因此在复杂的控制系统中一般采用顺序设计法设计。

所谓顺序控制设计法，就是按照生产工艺预先规定的顺序，在各个输入信号的作用下，根据内部状态和时间的顺序，在生产过程中各个执行机构自动地有秩序地进行操作。使用顺序控制设计法时首先根据系统的工艺过程，画出顺序功能图，然后根据顺序功能图画出梯形图。

顺序设计法最基本的思想是将系统的一个工作周期划分为若干个顺序相连的阶段，这些阶段称为步（Step），并用编程元件（例如位存储器 M 和顺序控制继电器 S）来代表各步。步是根据输出量的状态变化来划分的。在任何一步之内，各输出量 ON/OFF 状态不变，但是相邻两步输出量的状态是不同的，如图 8-13 所示。步的这种划分方法使代表各步的编程元件的状态与各输出量的状态之间有着极为简单的逻辑关系。

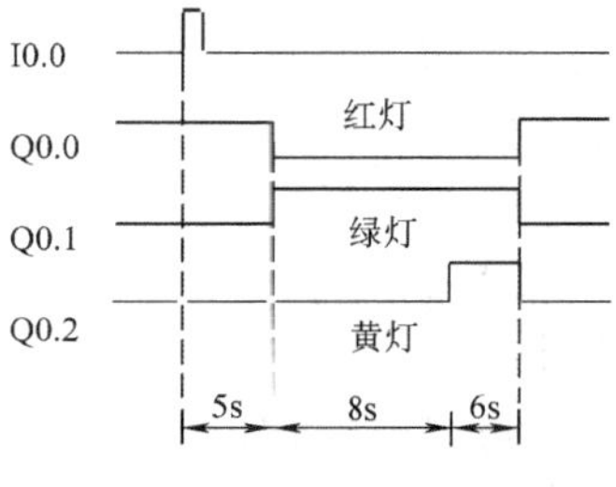

图 8-13 步的划分

使系统由当前步进入下一步的信号称为转换条件，转换条件可以是外部的输入信号，如按钮、主令开关、限位开关的接通/断开等；也可以是可编程序控制器内部产生的信号，如定时器、计数器常开触点的接通等。转换条件还可能是若干个信号的与、或、非逻辑组合。

顺序控制设计法用转换条件控制代表各步的编程元件，让它们的状态按一定的顺序变化，然后用代表各步的编程元件去控制可编程序控制器的各输出位。

(二) 顺序控制功能图的绘制

顺序功能图（Sequential Function Chart）又称流程图。它是描述控制系统的控制过程、功能和特性的一种图形，顺序功能图并不涉及所描述的控制功能的具体技术，它是一种通用的技术语言。可供不同专业的人员进行技术交流。

顺序控制功能图的组成、绘制方法和基本结构见第七章第三节。

三、顺序功能图中转换实现的基本规则

1. 顺序功能图中转换的实现

在顺序功能图中，步与步之间实现转换的应同时具备两个条件：

1）该转换的前级步必须是“活动步”；

2）相应的转换条件得到满足。

当同时具备以上两个条件时，才能实现步的转换。如果转换的前级步或后续步不止一个，转换的实现称为同步实现，为了强调同步实现，有向连线的水平部分用双线表示（见图7-16）。

2. 转换实现应完成的操作

转换的实现应完成以下两个操作：

1）使所有由有向连线与相应转换条件相连的后续步都变为活动步。

2）使所有由有向连线与相应转换条件相连的前级步都变为不活动步。

以上规则可以用于任意结构中的转换，其区别如下：

在单序列中，一个转换仅有一个前级步和一个后续步；在并行序列的分支处，转换有几个后续步（见图7-16），在转换实现时应同时将它们对应的编程元件置位。在并行序列的合并处，转换有几个前级步，它们均为活动步时才能实现转换，当转换实现时应将它们对应的编程元件全部复位；在选择序列的分支与合并处，一个转换实现上只有一个前级步和一个后续步，但是一个步可能有多个前级步或多个后续步。

在功能图中，用编程元件如M或S代表各步，当某步为活动步时，该步对应的编程元件为ON。当该步之后的转换满足时，转换条件的触点或电路接通，因此可以将该触点或电路与代表所有前级步的编程元件的常开触点串联，作为与转换实现的两个条件同时满足对应的电路。

3. 绘制顺序功能图时的注意事项

针对绘制顺序功能图时常见的错误提出以下注意事项：

1）步与步之间不能直接相连，必须用一个转换条件将它们隔开。

2）转换条件与转换条件之间也不能直接相连，必须用一个步将它们隔开。

3）顺序功能图中的初始步一般对应于系统等待启动的初始状态，这一步可能没有输出，只是做好预备状态，因此初学者在画顺序功能图时很容易遗漏这一步。初始步是必不可少的，如果没有该步，系统将无法返回停止状态。

4）自动控制系统应能多次重复执行同一工艺过程，因此在顺序功能图中一般应有由步和有向连线组成的闭环，即在完成一次工艺过程的全部操作之后，应从最后一步退回初始步，系统停止在初始状态，如图8-14所示的循环序列。

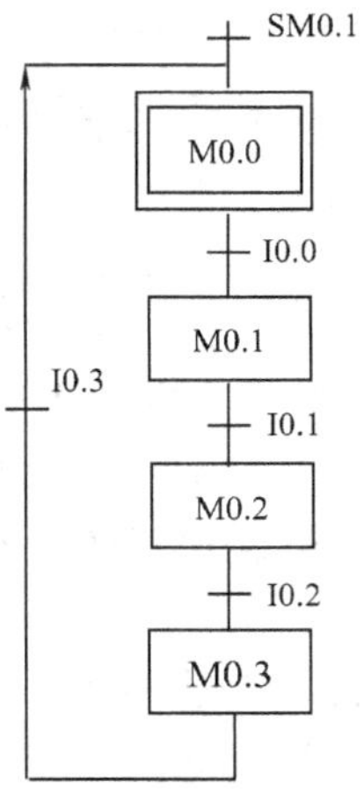

图8-14　循环序列功能图

5）在顺序功能图中，只有当某一步的前级步是活动步时，该步才有可能变成活动步。若用没有断电保持功能的编程元件代表各步，进 RUN 工作方式时，它们均处于 OFF 状态，必须用初始化脉冲 SM0.1 的常开触点作为转换条件，将初始步预置为活动步，如图 8-14 所示。否则因顺序功能图中没有活动步系统将无法工作。若系统有自动、手动两种工作方式，顺序功能图是用来描述自动工作过程的，这时还应在系统中由手动工作方式进入自动工作方式时，用一个适当的信号将初始步置为活动步。

第三节　顺序控制设计方法中梯形图的编程方式

本节将重点介绍根据绘制的功能图来设计 PLC 梯形图程序的方法，即编程方式。常用的编程方式有：使用通用的逻辑指令（即起保停电路）的编程方式、以转换条件为中心的编程方式和顺序控制继电器的编程方式。

一、使用通用逻辑指令的编程方式

所谓通用逻辑指令是指 PLC 最基本的与触点和线圈有关的指令，如 LD、A、O、=等。任何一种可编程序控制器的指令系统都有这一类指令，因此这是一种通用的编程方法，可以用于任意型号的可编程序控制器。

根据顺序功能图设计梯形图时，可以用位存储器 M 来代表各步。某一步为活动步时，对应的位存储器为 1，某一转换条件实现时，该转换的后续步变为活动步，前级步变为不活动步。很多转换条件都是短信号，即它存在的时间比它激活的后续步为活动步的时间短，因此应使用有记忆功能的电路或指令（如起保停电路和置位、复位指令）来控制代表步的位存储器。

1. 单序列的编程方法

图 8-15 中的波形图给出了控制锅炉的鼓风机和引风机的要求。按下起动按钮 I0.0 后，应先开引风机，延时 5s 后再开鼓风机。按下停止按钮 I0.1 后，应先停鼓风机，5s 后再停引风机。

根据 Q0.0 和 Q0.1 接通/断开状态的变化，显然工作期间可以分为 3 步，分别用 M0.1、M0.2、M0.3 来代表这 3 步，用 M0.0 来代表等待启动的初始步。起动按钮 I0.0、停止按钮 I0.1 的常开触点、定时器延时接通的常开触点是各步之间的转换条件。顺序功能图如图 8-15b 所示，图中有两个 T37，它们的意义完全不同。与 M0.1 步相连的动作框中的 T37 表示 T37 的 IN 输入端在 M0.1 步应为 1 状态，在梯形图中，T37 的 IN 输入端与 M0.1 的线圈左侧相连。转换旁边的 T37 表示 T37 延时接通的常开触点，用来作为 M0.1 和 M0.2 之间的转换条件。

设计起、保、停电路的关键是找出它的起动条件和停止条件。根据转换实现的基本规则，转换实现的条件是它的前级步为活动步并且满足相应的转换条件。步 M0.1 变为活动步的条件是步 M0.0 为活动步，且二者之间的转换条件 I0.0 = 1。在起保停电路中，则应将代表前级步的 M0.0 的常开触点和代表转换条件的 I0.0 的常开触点串联后，作为控制 M0.1 的起动电路。

当 M0.1 和 T37 的常开触点均闭合时，步 M0.2 变为活动步，这时步 M0.1 应变为不活动步，因此可以将 M0.2 = 1 作为使位存储器 M0.1 变为断开的条件，即将 M0.2 的常闭触

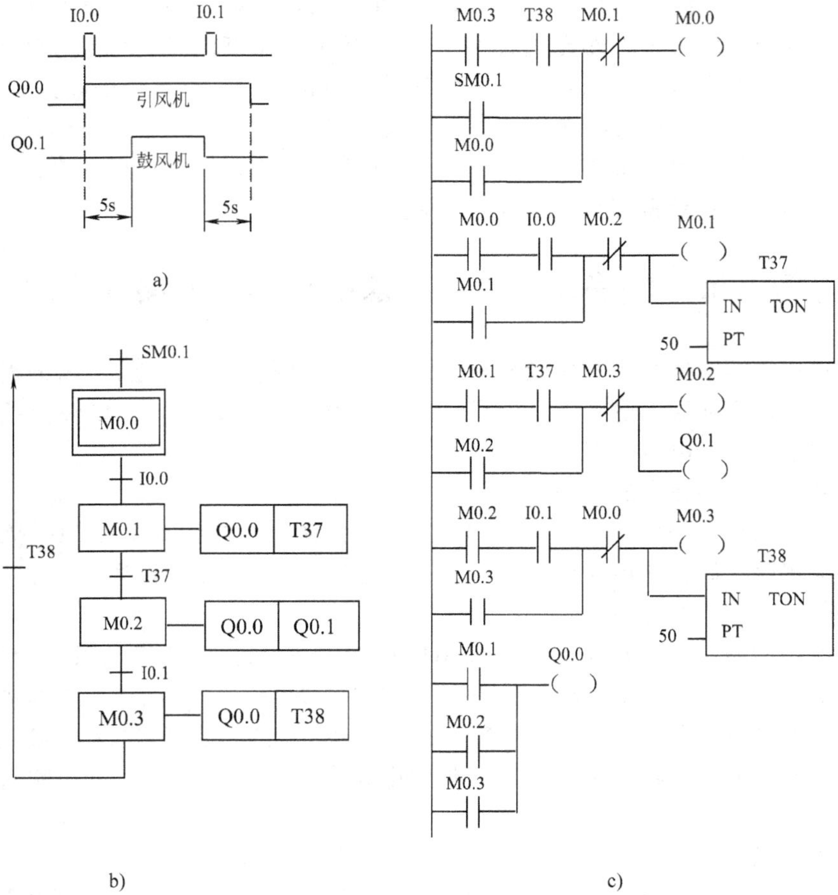

图 8-15　鼓风机和引风机的顺序功能图和梯形图

a）波形图　b）顺序功能图　c）梯形图

点与M0.1 的线圈串联。上述的逻辑关系可以用逻辑代数式表示为

$$M0.1=(M0.0\cdot I0.0+M0.1)\cdot\overline{M0.2}$$

在这个例子中，可以用 T37 的常闭触点代替 M0.2 的常闭触点。但是当转换条件由多个信号经“与、或、非”逻辑运算组合而成时，需将它的逻辑表达式求反，再将对应的触点串并联电路作为起保停电路的停止电路，这样做不如使用后续步对应的常闭触点简单方便。

根据上述的编程方法和顺序功能图，很容易画出梯形图。以初始步 M0.0 为例，由顺序功能图可知，M0.3 是它的前级步，二者之间的转换条件为 T38 的常开触点。所以应将 M0.3 和 T38 的常开触点串联，作为 M0.0 的起动电路。可编程序控制器开始运行时应将 M0.0 置为1，否则系统无法工作，所以将 PLC 的特殊存储器 SM0.1（仅在第一个扫描周期接通）常开触点与激活 M0.0 的条件并联。为了保证活动状态能持续到下一步活动为止，还加上 M0.0 的自保持触点。后续步 M0.1 的常闭触点与 M0.0 的线圈串联，M0.1 为 1 时，M0.0 的线圈“断电”，初始步变为不活动步。M0.1、M0.2、M0.3 的电路也是一样，请自行分析。

下面介绍设计梯形图的输出电路部分方法。由于步是根据输出变量的状态变化来划分的，它们之间的关系极为简单，可以分为两种情况来处理：

当某一输出量仅在某一步中为接通状态，例如图 8-15 中的 Q0.1 就属于这种情况，可以将它的线圈与对应步的位存储器 M0.2 的线圈并联。

有的人也许会认为，既然如此，不如用这些输出来代表该步，例如用 Q0.1 代替 M0.2，当然这样做可以节省一些编程元件，但是位存储器 M 是完全够用的，多用一些不会增加硬件费用，在设计和输入程序时也多花不了多少时间。全部用位存储器来代表步具有概念清楚、编程规范、梯形图易于阅读和查错的优点。

当某一输出在几步中都为接通状态，应将代表各有关步的位存储器的常开触点并联后，驱动该输出的线圈。图 8-15 中 Q0.0 在 M0.1 ~ M0.3 这 3 步中均应工作，所以用 M0.1 ~ M0.3 的常开触点组成的并联电路来驱动 Q0.0 的线圈。

2. 选择序列的编程方法

（1）选择序列的分支的编程方法　图 8-16中，步 M0.0 之后有一个选择序列的分支，设 M0.0 为活动步，当它的后续步 M0.1 或 M0.2 变为活动步时，它都应变为不活动步（M0.0 变为 0 状态），所以应将 M0.1 和 M0.2 的常闭触点与 M0.0 的线圈串联。如果某一步的后面有一个由 *N* 条分支组成的选择序列，该步可能转换到不同的 *N* 步去，则应将这 *N* 条后续步对应的位存储器的常闭触点与该步的线圈串联，作为结束该步的条件。

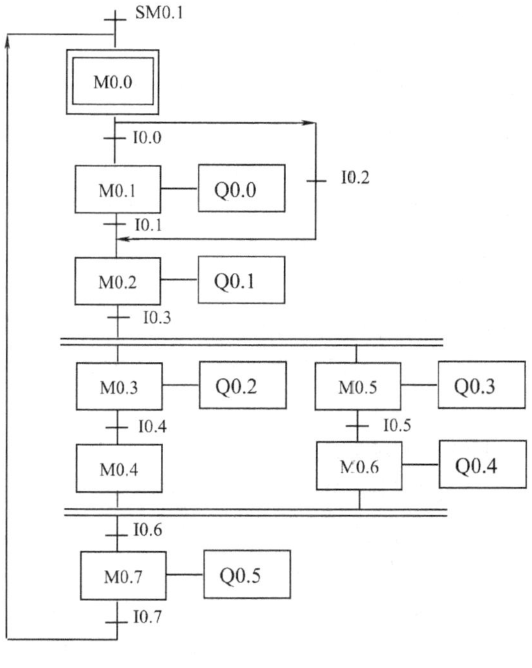

图 8-16　选择序列与并行序列

（2）选择序列的合并的编程方法　图 8-16 中，步 M0.2 之前有一个选择序列的合并，当步 M0.1 为活动步（M0.1 为 1）并且转换条件 I0.1 满足，或步 M0.0 为活动步并且转换条件 I0.2 满足，步 M0.2 都应变为活动步，即代表该步的位存储器 M0.2 的起动条件应 M0.1 · I0.1 + M0 对应的起动电路由两条并联支路组成，每条支路分别由 M0.1 和 M0.0、I0.2 的常开触点串联而成，如图 8-17 所示。

对于选择序列的合并，如果某一步之前有 *N* 条支路转换（即有 *N* 条分支进入该步），则代表该步的位存储器的起动电路由 *N* 条支路并联而成，各支路由某一前级步对应的位存储器的常开触点与相应转换条件对应的触点或电路串联而成。

3. 并行序列的编程方法

（1）并行序列的分支的编程方法　图 8-16 中的步 M0.2 之后有一个并行序列的分支，当步 M0.2 是活动步并且转换条件 I0.3 满足时，步 M0.3 与步 M0.5 应同时变为活动步，这是用 M0.2 和 I0.3 的常开组成的串联电路分别作为 M0.3 和 M0.5 的起动电路来实现，与此同时，步 M0.2 应变为不活动步。由于步 M0.3 和 M0.5 是同时变为活动步的，所以只需将 M0.3 或 M0.5 的常闭触点与 M0.2 的线圈串联即可。

（2）并行序列的合并的编程方法　步 M0.7 之前有一个并行序列的合并，该转换实现的条件是所有的前级步（即步 M0.4 和 M0.6）都是活动步和转换条件 I0.6 满足。由此可知，应将 M0.4、M0.6 和 I0.6 的常开触点串联，作为控制 M0.7 的起保停电路的起动电路。

任何复杂的顺序功能图都是由单序列、选择序列和并行序列组成的，掌握了单序列的编程方法和选择序列、并行序列的分支、合并的编程方法，就不难迅速地设计出任意复杂的用顺序功能图描述的开关量控制系统的梯形图。

4. 仅有两步的闭环的处理

如果在顺序功能图中存在仅由两步组成的小闭环（如图 8-18a 所示），用起保停电路设计的梯形图时不能正常工作。例如 M0.2 和 I0.2 均为 1 时，M0.3 的起动电路接通，但是这时与 M0.3 的线圈串联的 M0.2 的常闭触点却是断开的，所以 M0.3 的线圈不能“通电”。出现上述问题的根本原因在于步 M0.2 既是步 M0.3 的前级步，又是它的后续步，其梯形图如图 8-18c 所示。如果在小闭环中增设一步就可以解决这一问题（如图 8-18b 所示），这一步只起延时作用，延时时间可以取得很短（如 0.1s），对系统的运行不会有什么影响。

二、以转换条件为中心的编程方法

1. 单序列的编程方法

图 8-19 为某组合机床的动力头控制系统顺序功能图。若实现图中 M0.0 对应的转换需要同时应满足两个条件，即该转换的前级步 M0.1 是活动步和转换条件 I0.0 满足。在梯形图中，就可以用 M0.0 和 I0.0 的常开触点组成的串联电路来表示上述条件。该电路接通时，两个条件同时满足，此时应将该转换的后续步变为活动步（用 S M0.1，1 指令将 M0.1 置位）和将该转换的前级步变为不活动步（用 R M0.0，1 指令将 M0.0 复位），这种编程方法与转换实现的基本原则之间有着严格的对应关系，用它编制复杂的顺序功能图的梯形图时，更能显示出它的优越性。

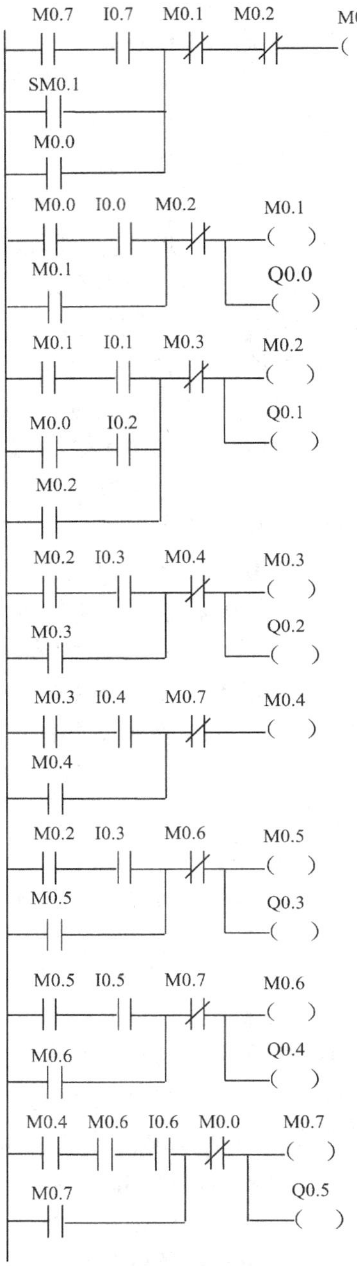

图 8-17　梯形图

例如某组合机床的动力头在初始状态时停在左边，限位开关 I0.3 为 1 状态，按下起动按钮 I0.0，动力头的进给运动如图 8-19a 所示，工作一个循环后，返回并停在初始位置，控制电磁阀的 Q0.0 ~ Q0.2 在各工步的状态如图 8-19b 的顺序功能图所示。

在顺序功能图中，如果某一转换所有的前级步都是活动步并且相应的转换条件满足，则转换实现。即所有由有向连线与相应转换符号相连的后续步都变为活动步，而所有由有向连线与相应转换条件相连的前级步都变为不活动步。在以转换条件为中心的编程方法中，用该

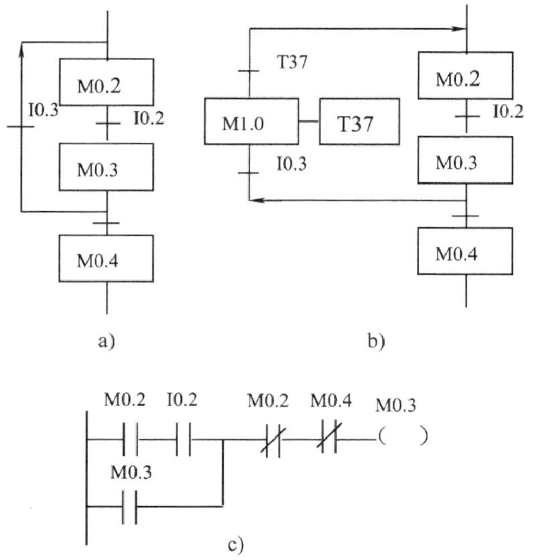

图 8-18　仅有两步闭环的处理

转换所有前级步对应的位存储器的常开触点与转换对应的触点或电路串联（即起保停电路中的起动电路），作为使所有后续步对应的位存储器置位（使用置位指令）和使所有前级步对应的位存储器复位（使用复位指令）的条件。在任何情况下，代表步的位存储器的控制电路都可以用这一原则来设计，每一个转换对应一个这样的控制置位和复位的电路块，有多少个转换就有多少个这样的电路块。这种设计法特别有规律。在设计复杂的顺序功能图的梯形图时既容易掌握，又不容易出错。

使用这种编程方法时，不能将输出位的线圈与置位指令和复位指令并联，这是因为图 8-19 中前级步和转换条件对应的串联电路接通的时间是相当短的（只有一个扫描周期），转换条件满足后前级步马上被复位，该串联电路断开，而输出位的线圈至少应该在某一步对应的全部时间内被接通。所以应根据顺序功能图，用代表步的位存储器的常开触点或它们的并联电路来驱动输出位的线圈。

2. 选择序列的编程方法

如果某一转换与并行序列的分支、合并无关，它的前级步和后续步都只有一个，需要复位、置位的位存储器也只有一个，因此对选择序列的分支与合并的编程方法实际上与对单序列的编程方法完全相同。

图 8-16 所示的顺序功能图中，除了 I0.3 与 I0.6 对应的转换以外，其余的转换均与并行序列无关，I0.0～I0.2 对应的转换与选择序列的分支、合并有关，它们都只有一个前级步和一个后续步。与并行序列无关的转换对应的梯形图是非常标准的，每一个控制置位、复位的电路块都由前级步对应的位存储器和转换条件对应的触点组成的串联电路，一条置位指令和一条复位指令组成。图 8-20 是对应于图 8-16 以转换条件为中心的编程方式的梯形图。

3. 并行序列的编程方法

图 8-16 中步 M0.2 之后有一个并行序列的分支，当 M0.2 是活动步，并且转换条件 I0.3 满足时，步 M0.3 与步 M0.5 应同时变为活动步，这是用 M0.2 和 I0.3 的常开触点组成的串联电路使 M0.3 和 M0.5 同时置位来实现的；与此同时，步 M0.2 应变为不活动步，这

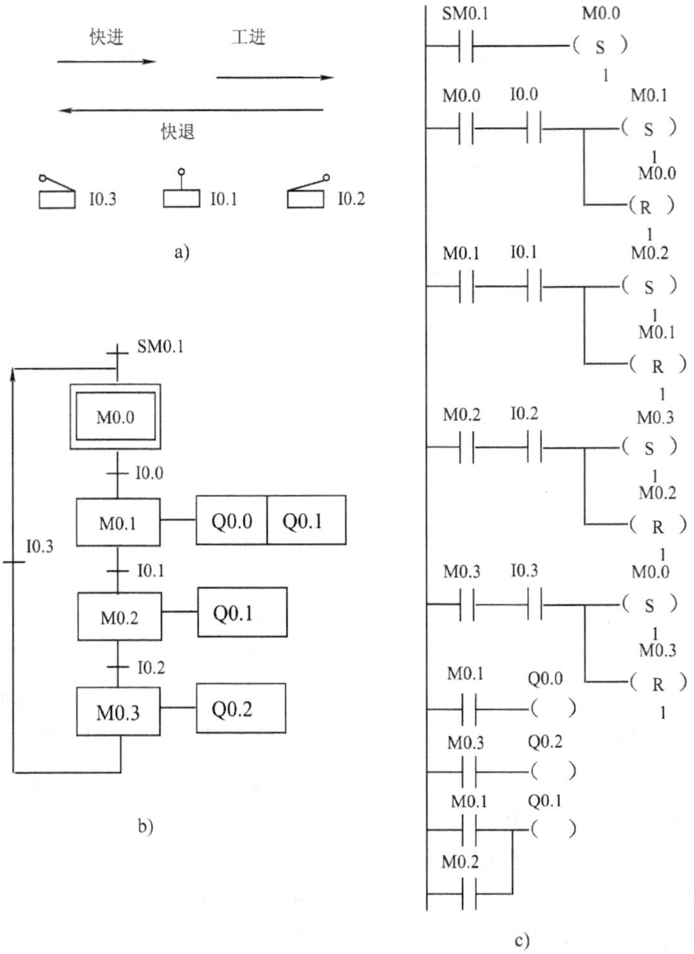

图 8-19　某组合机床动力头控制系统的顺序功能图与梯形图

a）流程图　b）功能图　c）梯形图

是复位指令来实现的。

I0.6 对应的转换之前有一个并行序列的合并，该转换实现的条件是所有的前级步（即步 M0.4 和 M0.6）都是活动步和转换条件 I0.6 满足。由此可知，应将 M0.4、M0.6 和 I0.6 的常开触点串联，作为使 M0.7 置位和使 M0.4、M0.6 复位和条件。

图 8-21 中转换的上面是并行序列的合并，转换的下面是并行序列的分支，该转换实现的条件是所有的前级步（即步 M1.0 和 M1.1）都是活动步和转换条件 $\overline{I0.1}+I0.3$ 满足，因此应将 M1.0、M1.1、I0.3 的常开触点与 I0.1 的常闭触点组成的串并联电路，作为使 M1.2、M1.3 置位和使 M1.0、M1.1 复位的条件。

三、使用 SCR 指令的编程方法

1. 顺序控制继电器指令

S7－200 中的顺序控制继电器 S 专门用于顺序控制程序。顺序控制程序被顺序控制继电器指令 SCR 划分为 LSCR 与 SCRE 指令之间的若干个 SCR 段，一个 SCR 段对应于顺序功能图中的一步。

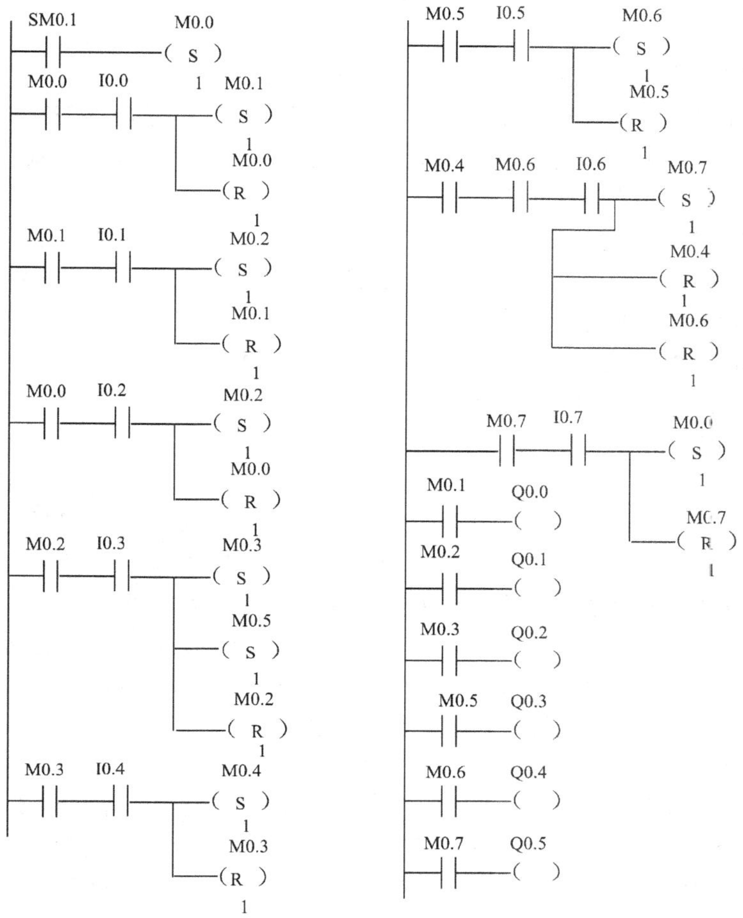

图 8-20　选择序列与并行序列梯形图

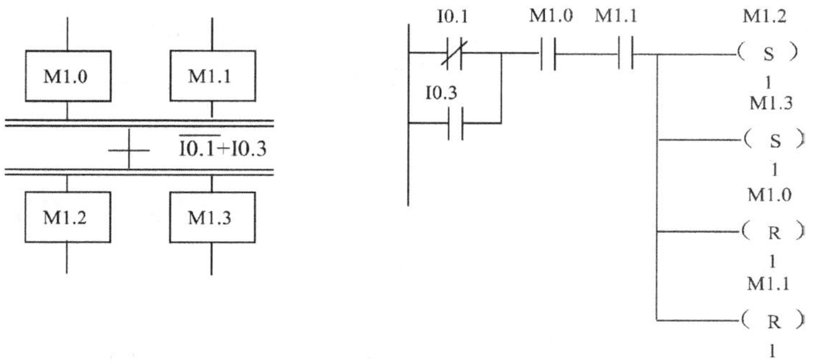

图 8-21　转换的同步实现

装载顺序控制继电器（Load Control Relay）指令 LSCR n 用来表示一个 SCR 段即顺序功能图中的步的开始。指令中的操作数 n 为顺序控制继电器 S（BOOL 型）地址，顺序控制继电器为 1 状态时，对应的 SCR 段中程序被执行，反之则不被执行。

顺序控制继电器结束（Sequence Control Relay End）指令 SCRE 用来表示 SCR 段的结束。

顺序控制继电器转换（Sequence Control Relay Transition）指令 SCRT n 用来表示 SCR 段之间的转换，即步的活动状态的转换。当 SCRT 线圈“得电”时，SCRT 中指定的顺序功能图中的后续步对应的顺序控制继电器 n 变为 1 状态，同时当前活动步对应的顺序控制继电器变为 0 状态，当前步变为不活动步。

LSCR 指令中的 n 指定的顺序控制继电器（S）被放入 SCR 堆栈的栈顶，SCR 堆栈中 S 位的状态决定对应的 SCR 段是否执行。由于逻辑堆栈栈顶的值装入了 S 位的值，所以能将 SCR 指令和它后面的线圈直接连接到左侧母线上。

使用 SCR 时有如下的限制：不能在不同的程序中使用相同的 S 位；不能在 SCR 段中使用 JMP 及 LBL 指令，即不允许用跳转的方法跳入或跳出 SCR 段；不能在 SCR 段中使用 FOR、NEXT 和 END 指令。

2. 单序列的编程方法

图 8-22 为小车运动的示意图、顺序功能图和梯形图。设小车在初始位置时停在左边，限位开关 I0.2 为 1 状态。当按下起动按钮 I0.0 后，小车向右运行，运动到位压下限位开关 I0.1 后，停在该处，3s 后开始左行，左行到位压下限位开关 I0.2 后返回初始步，停止运行。根据 Q0.0 和 Q0.1 状态的变化，显然一个工作周期可以分为左行、暂停和右行三步，另外还应设置等待起动的初始步，并分别用 S0.0 ~ S0.3 来代表这四步。起动按钮 I0.0 和限位开关的常开触点，T37 延时接通的常开触点是各步之间的转换条件。

首次扫描时 SM0.1 的常开触点接通一个扫描周期，使顺序控制继电器 S0.0 置位，初始步变为活动步。按下起动按钮 I0.0，SCRT S0.1 指令的线圈得电，使 S0.1 变为 1 状态，S0.0 变为 0 状态，系统从初始步转换到右行步，转为执行 S0.1 对应的 SCR 段。在该段中，因为 SM0.0 一直为 1 状态，其常开触点闭合，Q0.0 的线圈得电，小车右行。当压下右限位开关时，I0.1 的常开触点闭合，将实现右行步 S0.1 到暂停步的转换。定时器 T37 用来使暂停步持续到 3s。延时时间到时 T37 的常开触点接通，使系统由暂停步转换到左行步 S0.3，直到返回初始步。

在设计梯形图时，用 LSCR 和 SCRE 指令作为 SCR 段的开始和结束指令。在 SCR 段中用 SM0.0 的常开触点来驱动在该步中应为 1 状态的输出点（Q）的线圈，并用转换条件对应的触点或电路来驱动转到后续步的 SCRT 指令。

3. 选择序列的编程方法

（1）选择序列分支的编程方法　图 8-23a 中步 S0.0 之后有一个选择序列的分支，当它为活动步，并且转换条件 I0.0 得到满足时，后续步 S0.1 将变为活动步，S0.0 变为不活动步。

当 S0.0 为 1 时，它对应的 SCR 段被执行，此时若转换条件 I0.0 为 1，该程序段的指令 SCRT S0.1 被执行，将转换到步 S0.1。若 I0.2 的常开触点闭合，将执行指令 SCRT S0.2，转换到步 S0.2。

（2）选择序列的合并的编程方法　图 8-23a 中，步 S0.3 之前有一个选择序列的合并，当步 S0.1 为活动步，并且转换条件 I0.1 满足，或步 S0.2 为活动步，转移条件 I0.3 满足，则步 S0.3 都应变为活动步。在步 S0.1 和步 S0.2 对应的 SCR 段中，分别用 I0.1 和 I0.3 的

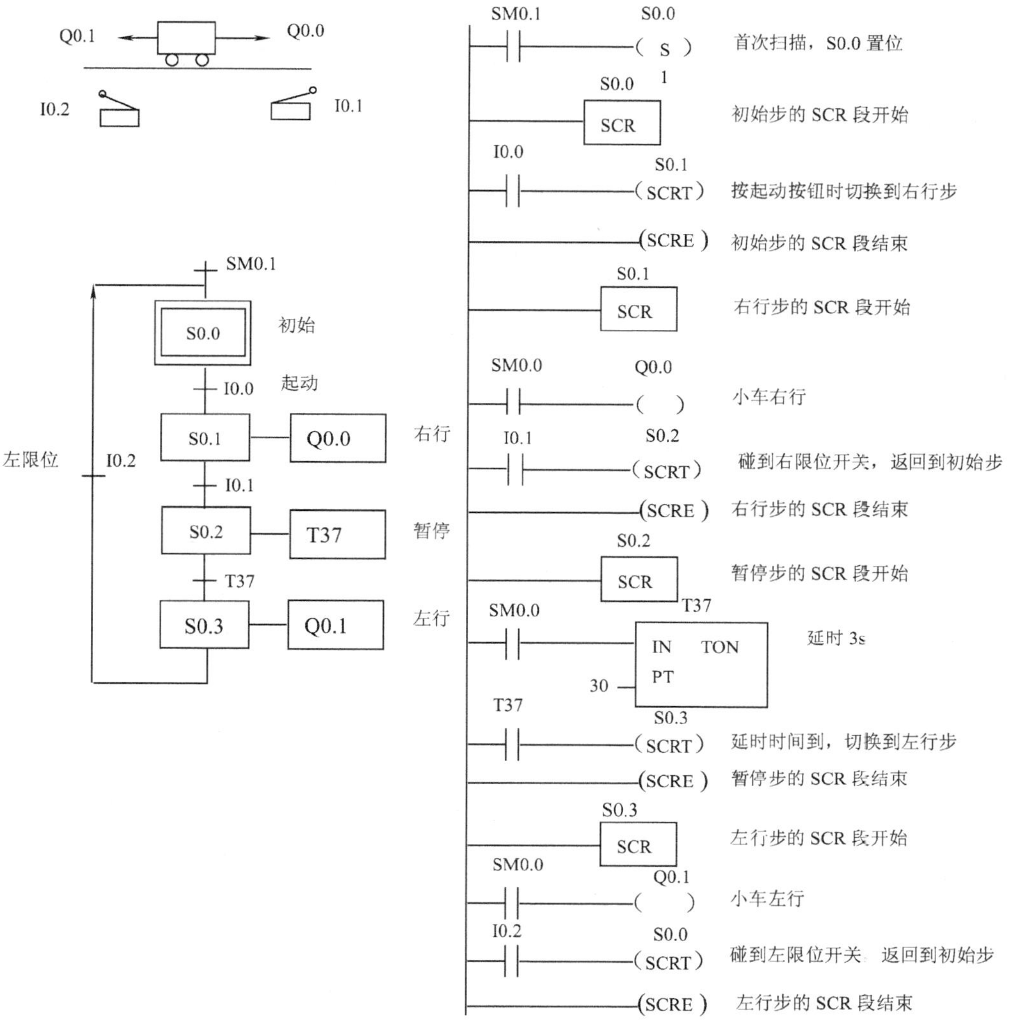

图 8-22　小车运动示意图、顺序功能图和梯形图

常开触点驱动 SCRT S0. 3 指令。

四、并行序列的编程方法

1. 并行序列的分支的编程方法

图 8-23a 中步 S0. 3 之后有一个并行序列的分支，当步 S0. 3 是活动步，转换条件 I0. 4 满足，步 S0. 4 与步 S0. 6 应同时变为活动步，这是用 S0. 3 对应的 SCR 段中 I0. 4 的常开触点同时驱动指令 SCRT S0. 4 和 SCRT S0. 6 对应的线圈来实现的。与此同时，S0. 3 被自动复位，步 S0. 3 变为不活动步。

2. 并行序列的合并的编程方法

步 S1. 0 之前有一个并行序列的合并，I0. 7 对应的转换条件是所有的前级步（即步 S0. 5 和 S0. 7）都是活动步和转换条件 I0. 7 满足。由此可知，应使用以转换条件为中心的编程方法，将 S0. 5、S0. 7 和 I0. 7 的常开触点串联，来控制 S1. 0 的置位和 S0. 5、S0. 7 的复位，从而使步 S1. 0 变为活动步，步 S0. 5 和 S0. 7 变为不活动步。

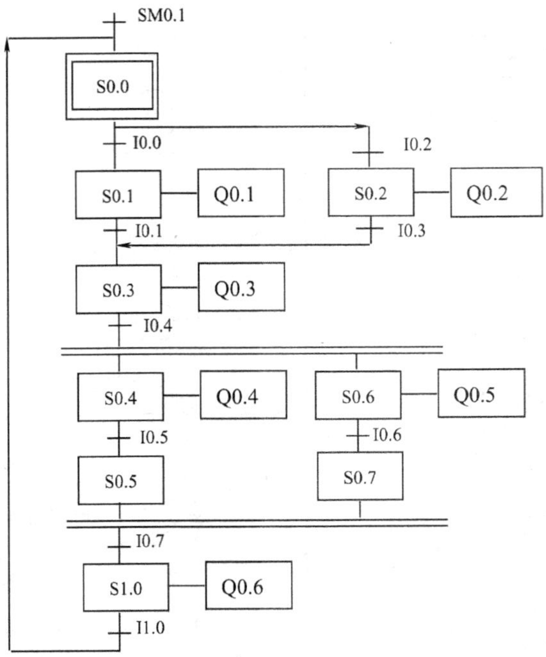

a)

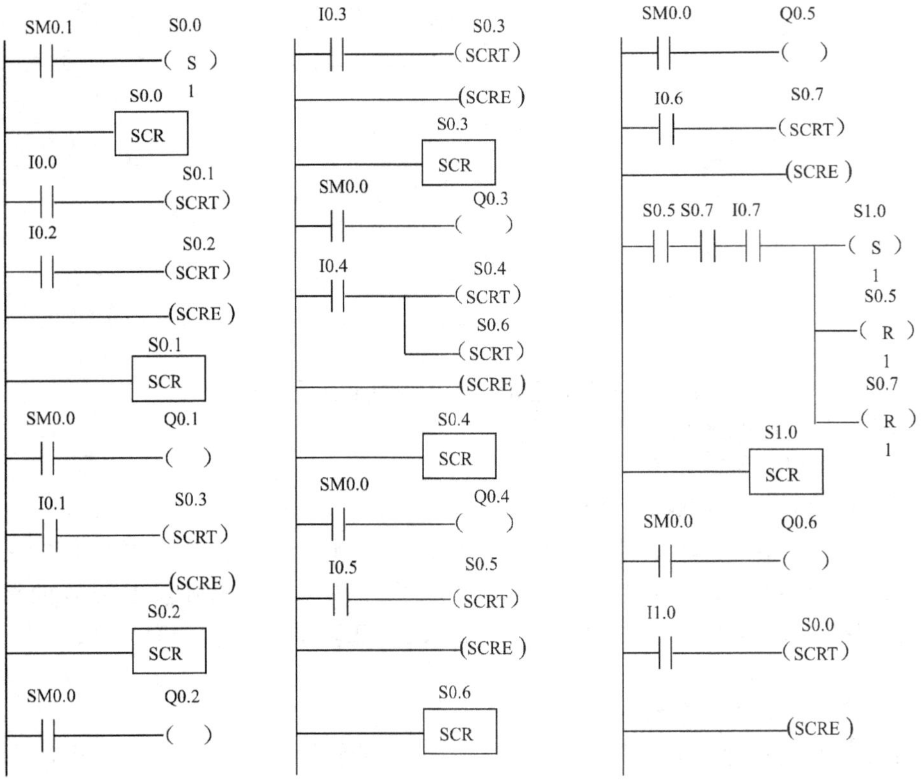

b)

图 8-23　选择序列与并行序列的功能图和梯形图

a）功能图　b）选择序列与并行序列的顺序梯形图

习 题

8-1 在哪些情况下允许双线圈输出？

8-2 设计出图 8-24 所示的顺序功能图的梯形图程序，T37 的设定值为 6s。

8-3 用 SCR 指令设计图 8-25 所示的顺序功能图的梯形图程序。

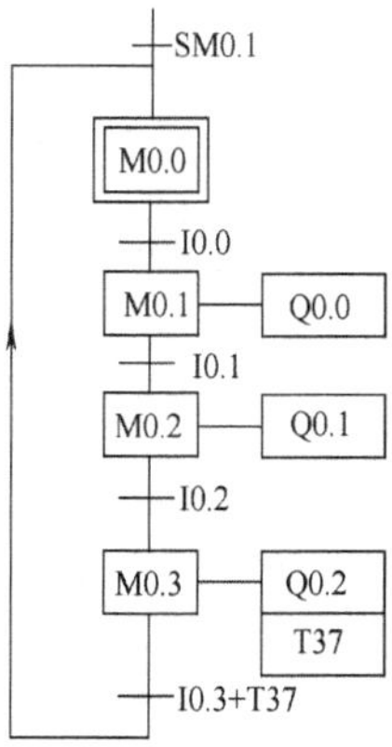

图 8-24 题 8-2 图

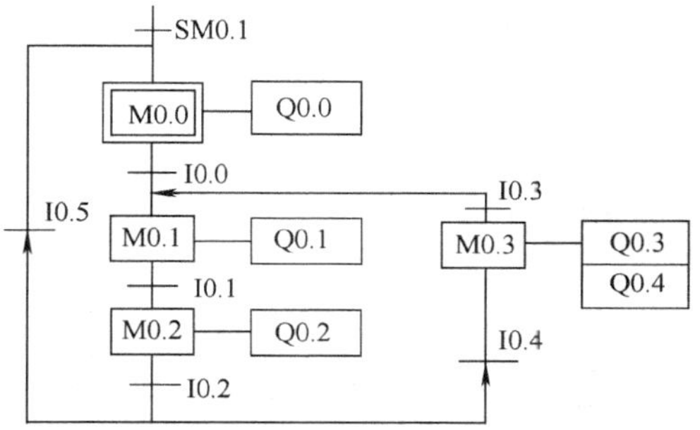

图 8-25 题 8-3 图

8-4 图 8-26 中的三条运输带顺序相连，按下起动按钮，3 号运输带开始运行，5s 后 2 号运输带自动起动。再过 5s 后 1 号自动起动。停机的顺序与起动的顺序刚好相反，间隔时间仍然为 5s。画出顺序功能图，并设计出梯形图程序。

8-5 初始状态时，图 8-27 中的压钳和剪刀在上限位置，I0.0 和 I0.1 接通。按下起动按钮 I1.0，工作过程如下，首先板料右行（Q0.0 接通）至 I0.3 接通，然后压钳下行（Q0.1 接通并保持）。压紧板料后，压力继电器 I0.4 接通，压钳保持压紧，剪刀开始下行（Q0.2 接通）。剪断板料后，I0.5 接通，压钳和剪刀同时上行（Q0.3 和 Q0.4 接通，Q0.1 断开），它们分别碰到 I0.0 和 I0.1 后，分别停止上行，均停止后，又开始下一周期的工作，剪完 10 块料后停止工作并停在初始状态。试画出系统的功能图，并设计出梯形图。

8-6 液体混合装置如图 8-28 所示，SLH、SLI 和 SLL 是液面传感器，它们被液体淹没时为“1”状态，YV1 ~ YV3 为电磁阀。开始时容器是空的，各阀门均为关闭，各传感器均为“0”状态。按下起动按钮后，YV1 打开，液体 A 流入容器，SLI 为“1”状态时，关闭 YV1，打开 YV2，液体 B 流入容器。当液面到达 SLH 时，关闭 YV2，电动机 M 开始运行，搅动液体，60s 后停止搅动，打开 YV3，放出混合体。当液面降至 SLL 之后再过 2s，容器放空，关闭 YV3，开始下一周期的操作。按下停止按钮，在当前的混合操作结束后，才停止操作（停在初始状态）。给各输入/输出变量分配元件号，画出系统的功能图，并设计出梯形图程序。

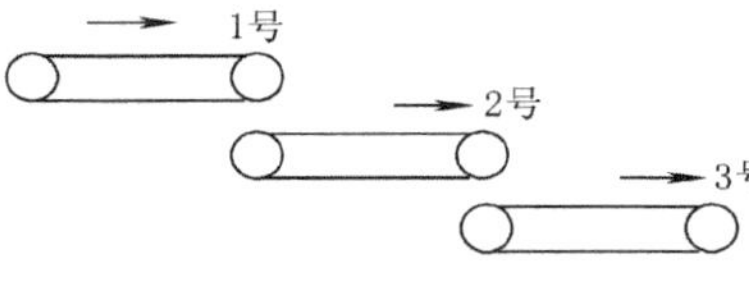

图 8-26 题 8-4 图

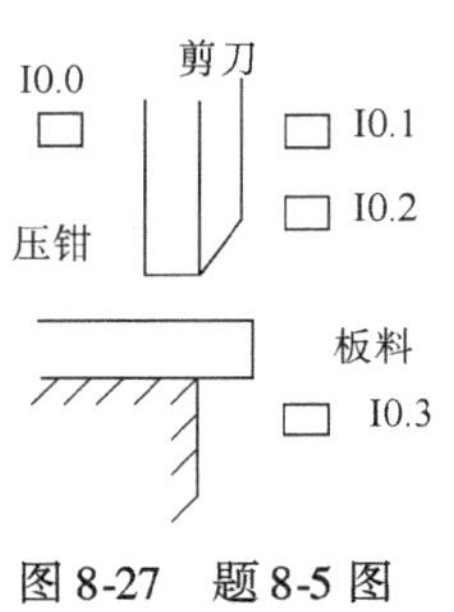

图 8-27 题 8-5 图

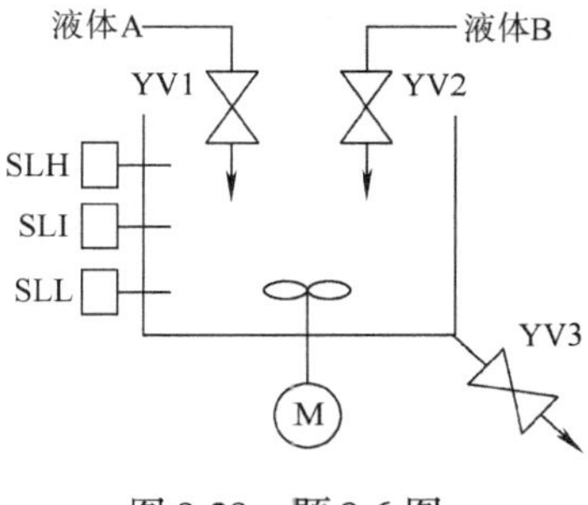

图 8-28 题 8-6 图

8-7　设计出图 8-29 所示的顺序功能图的梯形图程序。

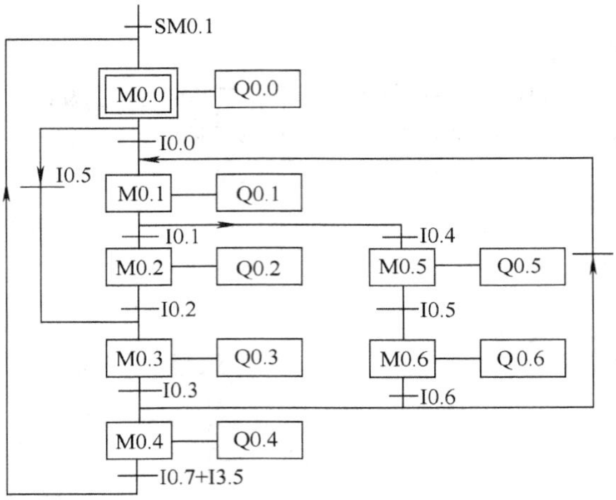

图 8-29　题 8-7 图

8-8　设计出图 8-30 所示的顺序功能图的梯形图程序。

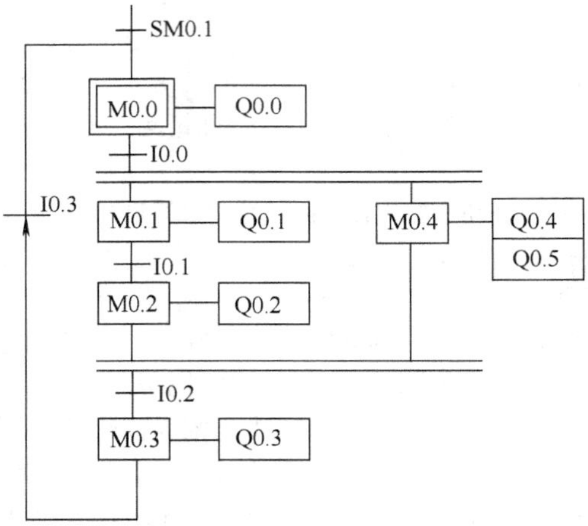

图 8-30　题 8-8 图

8-9　用 S、R 指令设计出图 8-29 所对应的梯形图。

8-10　用 FX 系列 PLC 中的 STL 指令设计图 8-30 所对应的梯形图，将 M0.0～M0.4 改为 S0 和 S200～S203。

第九章　可编程序控制器应用系统设计

随着 PLC 的普及和推广，其应用领域越来越广泛。特别是在许多新建项目和设备的技术改造中，常常采用 PLC 作为控制装置。本章主要介绍 PLC 控制系统设计的步骤和内容、PLC 的选择方法、PLC 在使用中应注意的问题以及 PLC 在控制系统中的应用实例。

第一节　PLC 应用系统设计的内容和步骤

一、PLC 控制系统设计的基本原则

任何一种电气控制系统都是为了实现生产设备或生产过程的控制要求和工艺需要，从而提高产品质量和生产效率。因此，在设计 PLC 应用系统时，应遵循以下基本原则：

1）充分发挥 PLC 功能，最大限度地满足被控对象的控制要求。

2）在满足控制要求的前提下，力求使控制系统简单、经济、使用及维修方便。

3）保证控制系统安全可靠。

4）应考虑生产的发展和工艺的改进，在选择 PLC 的型号、I/O 点数和存储器容量等内容时，应留有适当的余量，以利于系统的调整和扩充。

二、PLC 控制系统设计的一般步骤

设计 PLC 应用系统时，首先是进行 PLC 应用系统的功能设计，即根据被控对象的功能和工艺要求，明确系统必须要做的工作和因此必备的条件。然后是进行 PLC 应用系统的功能分析，即通过分析系统功能，提出 PLC 控制系统的结构形式、控制信号的种类、数量，系统的规模、布局。最后根据系统分析的结果，具体的确定 PLC 的机型和系统的具体配置。

PLC 控制系统设计可以按以下步骤进行。

1. 熟悉被控对象，制定控制方案

分析被控对象的工艺过程及工作特点，了解被控对象机、电、液之间的配合，确定被控对象对 PLC 控制系统的控制要求。

2. 确定 I/O 设备

根据系统的控制要求，确定用户所需的输入（如按钮、位置开关、转换开关等）和输出设备（如接触器、电磁阀、信号指示灯等)，据此确定 PLC 的 I/O 点数。

3. 选择 PLC

包括 PLC 的机型、容量、I/O 模块、电源的选择。

4. 分配 PLC 的 I/O 地址

根据生产设备现场需要，确定控制按钮、选择开关、接触器、电磁阀、信号指示灯等各种输入输出设备的型号、规格、数量；根据所选的 PLC 的型号，列出输入/输出设备与 PLC 输入输出端子的对照表，以便绘制 PLC 外部 I/O 接线图和编制程序。

5. 设计软件及硬件

进行 PLC 程序设计，进行控制柜（台）等硬件的设计及现场施工。由于程序与硬件设

计可同时进行，因此PLC控制系统的设计周期可大大缩短，而对于继电器系统必须先设计出全部的电气控制线路后才能进行施工设计。

其中，PLC程序设计的一般步骤如下：

1）对于较复杂系统，需要绘制系统的功能图；对于简单的控制系统也可省去这一步。

2）设计梯形图程序。

3）根据梯形图编写指令表程序。

4）对程序进行模拟调试及修改，直到满足控制要求为止。调试过程中，可采用分段调试的方法，并利用编程器的监控功能。

其中，硬件设计及现场施工的步骤如下：

1）设计控制柜及操作面板电器布置图及安装接线图。

2）控制系统各部分的电气互连图。

3）根据图样进行现场接线，并检查。

6. 联机调试

联机调试是指将模拟调试通过的程序进行在线统调。开始时，先带上输出设备（接触器线圈、信号指示灯等），不带负载进行调试。利用编程器的监控功能，采用分段调试的方法进行。各部分都调试正常后，再带上实际负载运行。如不符合要求，则对硬件和程序作调整。通常只需修改部分程序即可。

全部调试完毕后，交付试运行。经过一段时间运行，如果工作正常、程序不需要修改应将程序固化到EPROM中，以防程序丢失。

7. 整理技术文件

包括设计说明书、电气安装图、电气元件明细表及使用说明书等。

第二节　PLC的选择

随着PLC技术的发展，PLC产品的种类也越来越多，而且功能也日趋完善。近年来，从美国、日本、德国等引进的PLC产品和国内厂家组装自行开发的产品，已有几十个、上百种型号。PLC的品种繁多，其结构形式、性能、容量、指令系统、编程方式、价格等各有不同，适用的场合也各有侧重。因此，合理选择PLC，对于提高PLC控制系统技术经济指标有着重要意义。

下面从PLC的机型选择、容量选择、I/O模块选择、电源模块选择等方面分别加以介绍。

一、PLC的机型选择

机型选择的基本原则是在满足功能要求及保证可靠、维护方便的前提下，力争最佳的性能价格比。

（一）合理的结构型式

整体式PLC的每一个I/O点的平均价格比模块式的便宜，且体积相对较小，所以一般用于系统工艺过程较为固定的小型控制系统中；而模块式PLC的功能扩展灵活方便，I/O点数量、输入点数与输出点数的比例、I/O模块的种类等方面，选择余地较大。维修时只要更换模块，判断故障的范围也很方便。因此，模块式PLC一般适用于较复杂系统和环境差

（维修量大）的场合。

（二）安装方式的选择

根据 PLC 的安装方式，系统分为集中式、远程 I/O 式和多台 PLC 联网的分布式。集中式不需要设置驱动远程 I/O 硬件，系统反应快、成本低。大型系统经常采用远程 I/O 式，因为它们的装置分布范围很广，远程 I/O 可以分散安装在 I/O 装置附近，I/O 连线比集中式的短，但需要增设驱动器和远程 I/O 电源。多台联网的分布式适用于多台设备分别独立控制，又要相互联系的场合，可以选用小型 PLC，但必须要附加通信模块。

（三）相当的功能要求

一般小型（低档）PLC 具有逻辑运算、定时、计数等功能，对于只需要开关量控制的设备都可满足。

对于以开关量控制为主，带少量模拟量控制的系统，可选用能带 A/D 和 D/A 单元、具有加减算术运算、数据传送功能的增强型低档 PLC。

对于控制较复杂，要求实现 PID 运算、闭环控制、通信联网等功能，可视控制规模大小及复杂程度，选用中档或高档 PLC。但是中、高档 PLC 价格较贵，一般大型机主要用于大规模过程控制和集散控制系统等场合。

（四）响应速度的要求

PLC 的扫描工作方式引起的延迟可达 2～3 个扫描周期。对于大多数应用场合来说，PLC 的响应速度都可以满足要求，不是主要问题。然而对于某些个别场合，则要求考虑 PLC 的响应速度。为了减少 PLC 的 I/O 响应的延迟时间，可以选用扫描速度高的 PLC，或选用具有高速 I/O 处理功能指令的 PLC，或选用具有快速响应模块和中断输入模块的 PLC 等。

（五）系统可靠性的要求

对于一般系统 PLC 的可靠性均能满足。对可靠性要求很高的系统，应考虑是否采用冗余控制系统或热备用系统。

（六）机型统一

一个企业，应尽量做到 PLC 的机型统一。主要考虑以下三个方面的问题：

1）同一机型的 PLC，其模块可互为备用，便于备品备件的采购和管理。

2）同一机型的 PLC，其编程方法相同，有利于技术力量的培训和技术水平的提高。

3）同一机型的 PLC，其外围设备通用，资源可共享，易于联网通信，配上位计算机后易于形成一个多级分布式控制系统。

二、PLC 的容量选择

PLC 的容量包括 I/O 点数和用户存储容量两个方面。

（一）I/O 点数

PLC 的 I/O 点的价格还比较高，因此应该合理选用 PLC 的 I/O 点的数量，在满足控制要求的前提下力争使用 I/O 点最少，但必须留有一定的备用量。

通常 I/O 点数是根据被控对象的输入、输出信号的实际需要，再加上 10%～15% 的备用量来确定。

（二）用户存储容量

用户存储容量是指 PLC 用于存储用户程序的存储器容量。需要的用户存储容量的大小由用户程序的长短决定。

一般可按下式估算，再按实际需要留适当的余量（20%～30%）来选择。

存储容量 = 开关量 I/O 点总数 ×10 + 模拟量通道数 ×100

绝大部分 PLC 均能满足上式要求。应当要注意的是：当控制系统较复杂、数据处理量较大时，可能会出现存储容量不够的问题，这时应特殊对待。

三、I/O 模块的选择

一般 I/O 模块的价格占 PLC 价格的一半以上。不同的 I/O 模块，其电路及功能也不同，直接影响 PLC 的应用范围和价格。

下面仅介绍有关开关量 I/O 模块的选择。

（一）开关量输入模块的选择

PLC 的输入模块是用来检测接收现场输入设备的信号，并将输入的信号转换为 PLC 内部接受的低电压信号。

1. 输入信号的类型及电压等级的选择

常用的开关量输入模块的信号类型有三种：直流输入、交流输入和交流/直流输入。选择时一般根据现场输入信号及周围环境来考虑。

交流输入模块接触可靠，适合于有油雾、粉尘的恶劣环境下使用；直流输入模块的延迟时间较短，还可以直接与接近开关、光电开关等电子输入设备连接。

PLC 的开关量输入模块按输入信号的电压大小分类有：直流 5V、24V、48V、60V 等；交流 110V、220V 等。选择时应根据现场输入设备与输入模块之间的距离来考虑。

一般 5V、12V、24V 用于传输距离较近场合。如：5V 的输入模块最远不得超过 10m 距离，较远的应选用电压等级较高的模块。

2. 输入接线方式选择

按输入电路接线方式的不同，开关量输入模块可分为汇点式输入和分组式输入两种，如图 9-1 所示。

汇点式输入模块的所有输入点只共用一个公共端；而分组式输入模块是将输入点分成若干组，每一组（几个输入点）共用一个公共端 COM，各组之间是分隔的。分组式输入的每点平均价格较高。如果输入信号之间不需要分开，应选用汇点式。

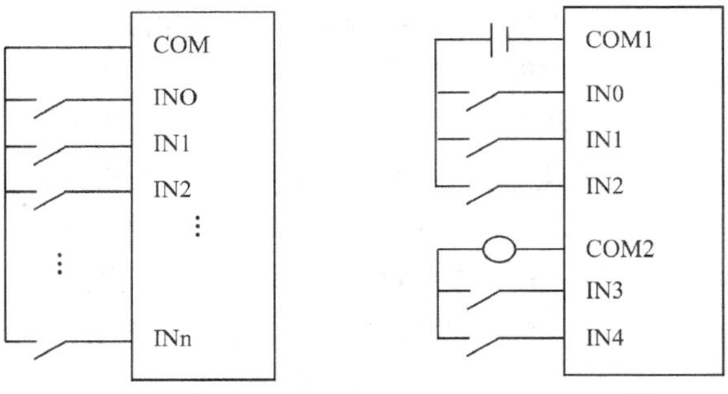

a)　　b)

图 9-1　输入的接线方式

a）汇点式输入　b）分组式输入

3. 注意同时接通的输入点数量

对于选用高密度的输入模块（如 32 点、48 点等），应考虑该模块同时接通的点数一般不要超过输入点数的 60%。

（二）开关量输出模块的选择

输出模块是将 PLC 内部低电压信号转换为外部输出设备所需的驱动信号。选择时主要应考虑负载电压的种类和大小、系统对延迟时间的要求、负载状态变化是否频繁等。

1. 输出方式的选择

开关量输出模块有三种输出方式：继电器输出、晶闸管输出和晶体管输出。

继电器输出的价格便宜，既可以用于驱动交流负载，又可用于直流负载，而且适用的电压大小范围较宽、导通压降小，同时承受瞬时过电压和过电流的能力较强。但它属于有触点元件，其动作速度较慢、寿命短，可靠性较差，因此只能适用于不频繁通断的场合。当用于驱动感性负载时，其触点动作频率不超过 1Hz。

对于频繁通断的负载，应该选用双向晶闸管输出或晶体管输出，它们属于无触点元件。但双向晶闸管输出只能用于交流负载，而晶体管输出只能用于直流负载。

2. 输出接线方式的选择

按 PLC 的输出接线方式的不同，一般有分组式输出和分隔式输出两种，如图 9-2 所示。

分组式输出是几个输出点为一组，共用一个公共端，各组之间是分隔的，可分别使用不同的电源。而分隔式输出的每一个输出点有一个公共端，各输出点之间相互隔离，每个输出点可使用不同的电源。主要应根据系统负载的电源种类的多少而定。一般整体式 PLC 既有分组式输出，也有分隔式输出。

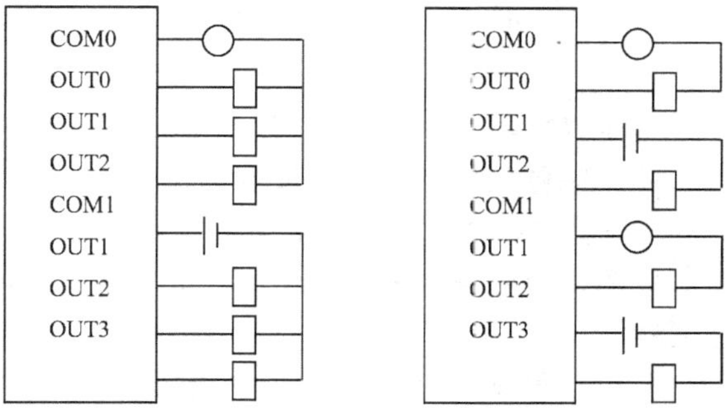

a)　　　　b)

图 9-2　输出的接线方式

a）分组式输出　b）分隔式输出

3. 输出电流的选择

输出模块的输出电流（驱动能力）必须大于负载的额定电流。用户应根据实际负载电流的大小选择模块的输出电流。如果实际负载电流较大，输出模块无法直接驱动，可增加中间放大环节。

4. 注意同时接通的输出点数量

选择输出模块时，还应考虑能同时接通的输出点数量。同时接通输出的累计电流值必须小于公共端所允许通过的电流值。如一个 220V/2A 的 8 点输出模块，每个输出点可以通过 2A 的电流，但输出公共端允许通过的电流不是 16A（8×2），通常要比此值小得多。一般来说，同时接通的点数不要超出同一公共端输出点数的 60%。

5. 输出的最大负载电流与负载类型、环境温度等因素有关

表 9-1 为 FX_{2N} 系列 PLC 的输出技术指标，它与不同的负载密切相关。另外，双向晶闸管的最大输出电流随环境温度升高会降低，在实际使用中也应注意。

表 9-1　FX_{2N} 系列 PLC 的输出技术指标

项目		继电器输出	双向晶闸管输出①	晶体管输出
最大负载	电阻负载	2A/1 点　8A/4 点 COM	0.3A/1 点　0.8A/4 点	②0.5A/1 点 0.8A/4 点 1.6A/6 点 ③0.5A/1 点　1.6A/16 点 ④1A/1 点　2A/4 点
	感性负载	80VA	15VA/AC100V 30VA/AC200V	②12W/DC24V ③7.2W/DC24V ④24W/DC24V
	灯负载	100W	30W	②1.5W/DC24V ③1W/DC24V ④3W/DC24V

（续）

项目		继电器输出	双向晶闸管输出①	晶体管输出
开路漏电流		—	1mA/AC100V 2mA/AC200V	0.1mA/DC30V
最小负载		DC5V　2mA（参考值）	0.4VA/AC100V 1.6VA/AC200V	—
响应时间	OFF→ON	约 10ms	1ms 以下	0.2ms 以下
	ON→OFF	约 10ms	10ms 以下	0.2ms 以下

① 双向晶闸管输出的详细情况请参考 FX_{2N} 使用手册。

四、电源模块及其他外设的选择

1. 电源模块的选择

电源模块的选择较为简单，只需考虑电源的额定输出电流。电源模块的额定电流必须大于 CPU 模块、I/O 模块及其他模块的总消耗电流。电源模块选择仅对于模块式结构的 PLC 而言，对于整体式 PLC 不存在电源的选择。

2. 编程器的选择

对于小型控制系统或不需要在线编程的 PLC 系统，一般选用价格便宜的简易编程器。对于由中、高档 PLC 构成的复杂系统或需要在线编程的 PLC 系统，可以选配功能强、编程方便的智能编程器，但智能编程器价格较贵。如果有现成的个人计算机，可以选用 PLC 的编程软件包，在个人计算机上实现编程器的功能。

3. 写入器的选择

为了防止因干扰、锂电池电压变化等原因破坏 RAM 中的用户和程序，可选用 EPROM 写入器，通过它将用户程序固化在 EPROM 中。现在有些 PLC 或其编程器本身就具有 EPROM 写入器的功能。

第三节　节省 PLC 输入输出点数的方法

PLC 在实际应用中经常会碰到两个问题：一是 PLC 的输入或输出点数不够，需要扩展，然而 PLC 的每个输入或输出点平均价格在数十元以上，增加扩展单元将提高成本；二是选定的 PLC 可扩展输入或输出点数有限，无法再增加。因此，在满足系统控制要求的前提下，合理使用 I/O 点数，尽量减少所需的 I/O 点数是很有意义的。不仅可以降低系统硬件成本，还可以解决已使用的 PLC 进行再扩展时 I/O 点数不够的问题。

一、减少输入点数的方法

从表面上看，PLC 的输入点数是按系统的输入设备或输入信号的数量来确定。但实际应用中，经常通过以下方法，可达到减少 PLC 输入点数的目的。

1. 分时分组输入

一般控制系统都存在多种工作方式，但各种工作方式又不可能同时运行。所以可将这几种工作方式分别使用的输入信号分成若干组，PLC 运行时只会用到其中的一组信号。因此，各组输入可共用 PLC 的输入点，这样就使所需的 PLC 输入点数减少。

如图 9-3 所示，系统有“自动”和“手动”两种工作方式。将这两种工作方式分别使用的输入信号分成两组："自动输入信号 S1～S8"、"手动"输入信号 Q1～Q8 两组输入信号共用 PLC 输入点 I0.0～I0.7（如 S1 与 Q1 共用 PLC 输入点 I0.0）。用"工作方式"选择开关 SA 来切换"自动"和"手动"信号输入电路，并通过 I1.0 让 PLC 识别是"自动"信号，还是"手动"信号，从而执行自动程序或手动程序。

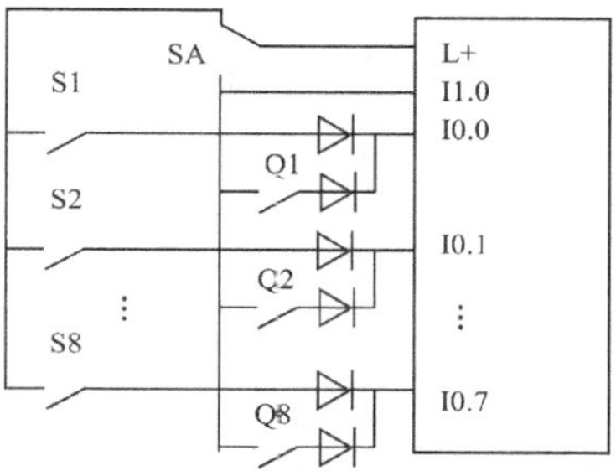

图 9-3 分时分组输入

图中的二极管是为了防止出现寄生电路，产生错误输入信号而设置的。假设图中没有这些二极管，当系统处于"自动"状态，若 Q1、Q2、S1 闭合，S2 断开，这时电流从 L+端子流出，经 S1、Q1、Q2 形成寄生回路流入 I0.1 端子，使输入继电器 I0.1 错误地接通。因此，必须串入二极管切断寄生回路，避免错误输入信号的产生。

2. 输入触点的合并

将某些功能相同的开关量输入设备合并输入。如果是常闭触点则串联输入；如果是常开触点则并联输入。这样就只占用 PLC 的一个输入点。一些保护电路和报警电路就常常采用这种输入方法。

例如某负载可在多处起动和停止，可以将三个起动信号并联，将三个停止信号串联，分别送给 PLC 的两个输入点，如图 9-4 所示。与每一个起动信号和停止信号占用一个输入点的方法相比，不仅节省了输入点，还简化了梯形图电路。

3. 将信号设置在 PLC 外部

系统中的某些输入信号功能简单、涉及面很窄，如手动操作按钮、电动机过载保护的热继电器触点等，有时就没有必要作为 PLC 输入，将它们放在外部电路中同样可以满足要求。如果外部硬件连锁电路过于复杂，则应考虑仍将有关信号送入 PLC 中，用梯形图实现连锁，如图 9-5 所示。

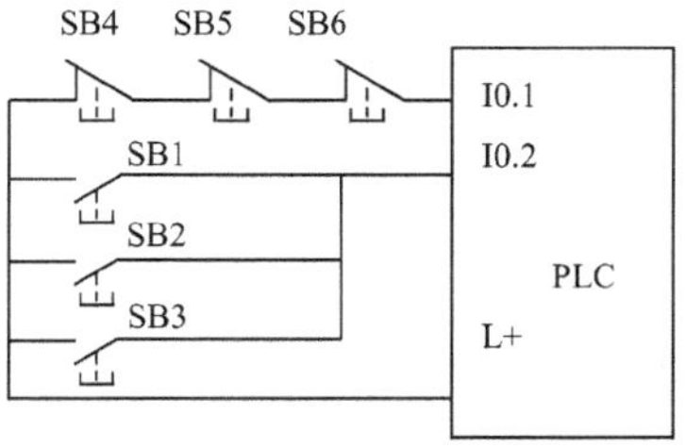

图 9-4 输入触点的合并

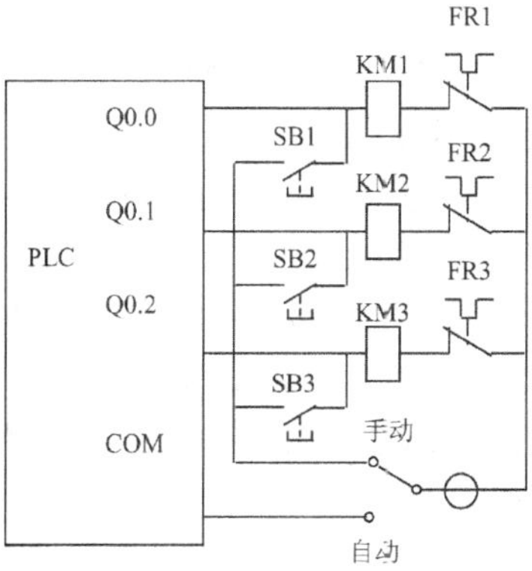

图 9-5 输入信号设在 PLC 外部

二、减少输出点数的方法

（一）矩阵输出

图 9-6 中采用 8 个输出组成 4×4 矩阵，可接 16 个输出设备。要使某个负载接通工作，只要控制它所在的行与列对应的输出继电器接通即可。要使负载 KM1 得电，必须控制 Q0.0 和Q0.4 输出接通。因此，在程序中要使某一负载工作均要使其对应的行与列输出继

电器都要接通。这样用8个输出点就可控制16个不同控制要求的负载。

应该特别注意：当只有某一行对应的输出继电器接通，各列对应的输出继电器才可任意接通；或者当只有某一列对应的输出继电器接通，各行对应的输出继电器才可任意接通的。否则将会出现错误接通负载。因此，采用矩阵输出时，必须要将同一时间段接通的负载安排在同一行或同一列中，否则无法控制。

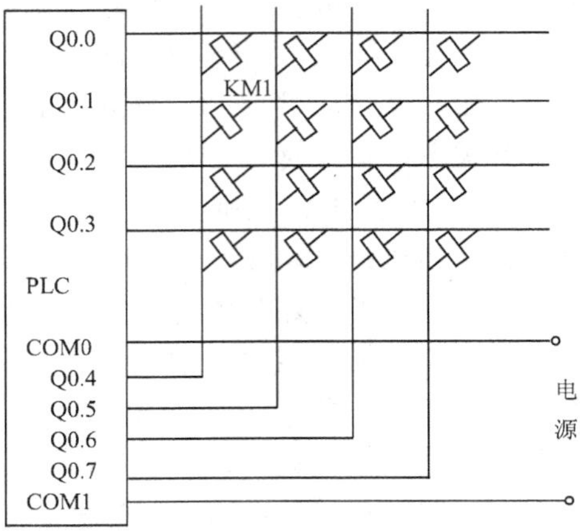

图9-6　矩阵输出

（二）分组输出

当两组负载不会同时工作，可通过外部转换开关或通过受PLC控制的电器触点进行切换，这样PLC的每个输出点可以控制两个不同时工作的负载，如图9-7所示。KM1、KM3、KM5，KM2、KM4、KM6这两个组不会同时接通，可用外部转换开关SA进行切换。

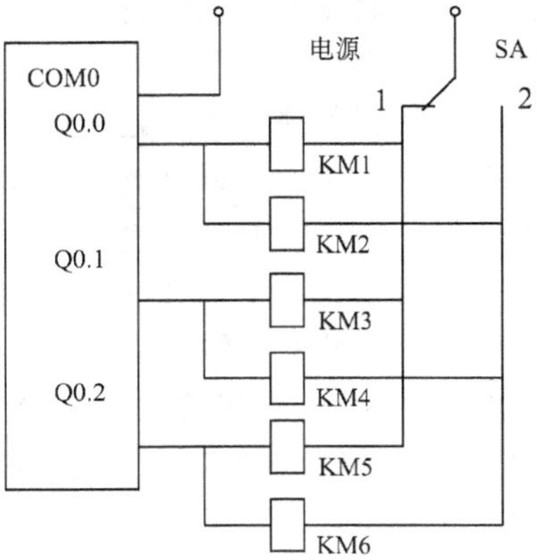

图9-7　分组输出

（三）并联输出

当两个通断状态完全相同的负载，可并联后共用PLC的一个输出点。但要注意PLC输出点同时驱动多个负载时，应考虑PLC点的驱动能力是否足够。

（四）负载多功能化

一个负载实现多种用途。例如在传统的继电器电路中，一个指示灯只指示一种状态。而在PLC系统中，利用PLC编程功能，很容易实现用一个输出点控制指示灯的常亮和闪烁，这样一个指示灯就可表示两种不同的信息，从而节省了输出点数。

（五）某些输出设备可不用PLC控制

系统中某些相对独立、比较简单的部分可考虑直接用继电器电路控制。

以上只是一些常用的减少PLC输入输出点数的方法，可供读者参考。

三、PLC应用中的若干问题

（一）对PLC的某些输入信号的处理

1）如果PLC输入设备采用两线式传感器（如接近开关等）时，它们的漏电流较大，可能会出现错误的输入信号。为了避免这种现象，可在输入端并联旁路电阻R，如图9-8所示。

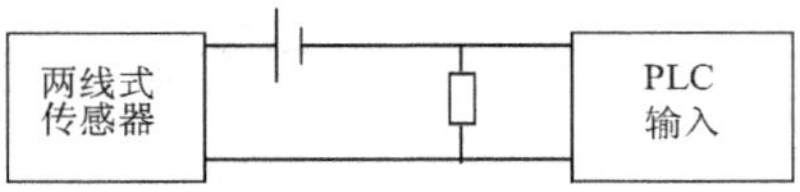

图9-8　两线式传感器输入的处理

2）如果PLC输入信号由晶体管提供，则要求晶体管的截止电阻应大于10kΩ，导通电阻应小于800Ω。

（二）PLC的安全保护

1. 短路保护

当 PLC 输出控制的负载短路时，为了避免 PLC 内部的输出元件损坏，应该在 PLC 输出的负载回路中加装熔断器，进行短路保护。

2. 感性输入/输出的处理

PLC 的输入端和输出端常常接有感性元件。如果是直流感性元件，应在其两端并联续流二极管；如果是交流元件，应在其两端并联阻容电路，从而抑制电路断开时产生的电弧对 PLC 内部输入、输出元件的影响，如图 9-9 所示。图中的电阻值可取 50 ~ 120Ω；电容值可取 0.1 ~ 0.47μF，电容的额定电压应大于电源的峰值电压；续流二极管可选用额定电流为 1A、额定电压大于电源电压的 3 倍。

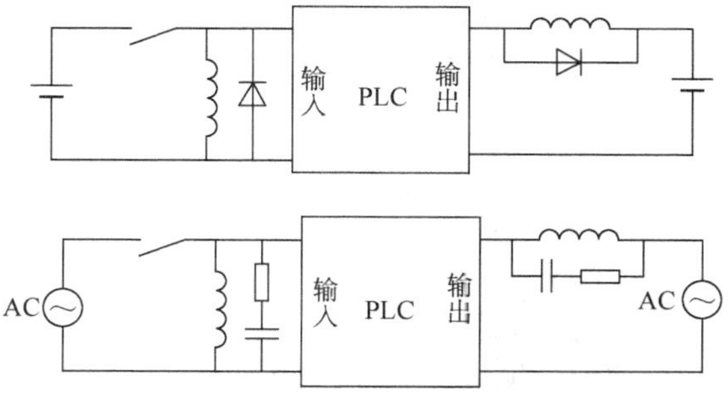

图 9-9　感性输入/输出的处理

（三）PLC 系统的接地要求

良好的接地是 PLC 安全可靠运行的重要条件。PLC 一般最好单独接地，与其他设备分别使用各自的接地装置，如图 9-10a 所示；也可以采用公共接地，如图 9-10b 所示；但禁止使用图 9-10c 所示的串联接地方式。另外，PLC 的接地线应尽量短，使接地点尽量靠近 PLC。同时，接地线的截面应大于 $2mm^2$。

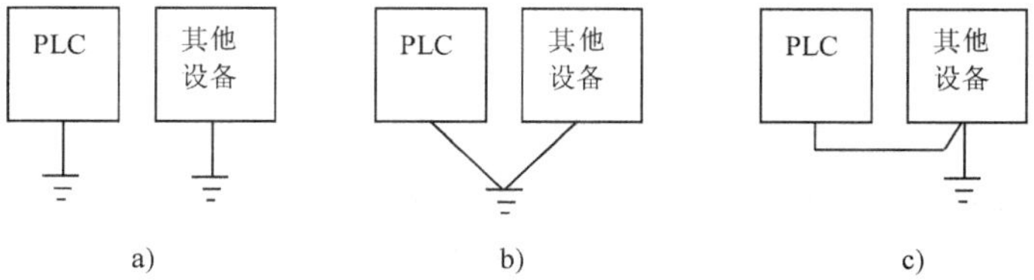

图 9-10　PLC 接地
a）分别接地　b）公共接地　c）串联接地

第四节　可编程序控制器在逻辑控制系统中的应用实例

由于可编程序控制器具有可靠性高和应用的简便性，故在国内外迅速普及和应用。复杂设备的电气控制柜正在被可编程序控制器所占领，PLC 从替代继电器的局部范围进入到过程控制、位置控制、通信网络等领域。

本节结合典型的实例来介绍 PLC 在逻辑控制系统中的应用。

一、PLC 在机床中的应用

（一）T68 镗床控制系统

1. 电气控制任务

T68 镗床的电气设备及控制要求在前面已详述，已知双速电动机 M1 作为主轴及进给的驱动，电动机 M2 为进给快速移动的驱动。对 M1 的具体控制要求是：①正反转点动控制及反接制动；②正反转连续运转及反接制动；③高、低速的转换控制。

2. 输入输出点的分配

输入输出设备和 PLC 的输入输出端子分配见表 9-2，输入输出设备与 PLC 的接线如图 9-11 所示。

表 9-2　输入输出设备与 PLC 输入输出端子分配一览表

输入端		输出端	
输入设备	PLC 输入端子号	输出设备	PLC 输出端子号
M1 的停止按钮 SB6	X000	M1 正转接触器 KM1	Y000
M1 的正转按钮 SB1	X001	M1 反转接触器 KM2	Y001
M1 的反转按钮 SB2	X002	限流电阻接触器 KM3	Y002
M1 的正转点动按钮 SB3	X003	M2 正转接触器 KM4	Y003
M1 的反转点动按钮 SB4	X004	M2 反转接触器 KM5	Y004
高低速转换行程开关 SQ	X005	M1 低速（三角形）接触器 KM6	Y005
主轴变速行程开关 SQ1	X006	M1 高速（双星形）接触器 KM7	Y006
主轴变速行程开关 SQ2	X007	M1 高速（双星形）接触器 KM8	Y007
进给变速行程开关 SQ3	X010		
进给变速行程开关 SQ4	X011		
工作台或主轴箱机动进给限位 SQ5	X012		
主轴或花盘刀架机动进给限位 SQ6	X013		
快速 M2 电动机正转限位 SQ7	X014		
快速 M2 电动机反转限位 SQ8	X015		
M1 热继电器触点 FR	X016		
速度继电器正转触点 KS1	X017		
速度继电器反转触点 KS2	X020		

3. 绘制梯形图

（1）M1 正反转控制的梯形图　用 PLC 来完成对 M1 的正反转控制，需要 PLC 内部继电器 M101 和 M102 作为正反转控制的辅助继电器，为了可靠地保证正反转的切换，要用定时器 T1 和 T2 来完成 0.5s 的转换延时，图 9-12 为 M1 的正反转控制梯形图。

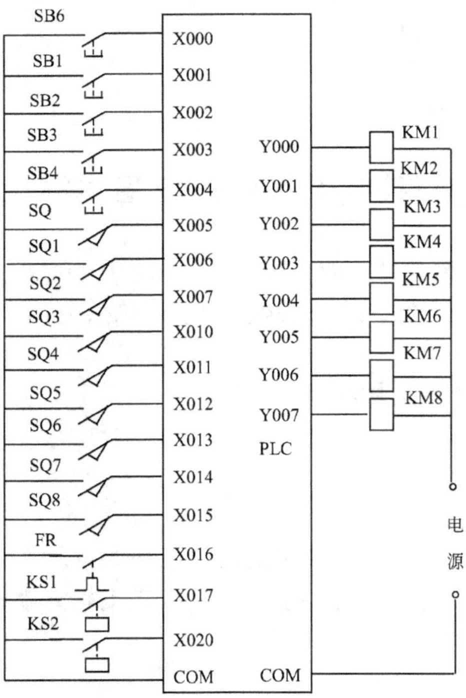

图 9-11　输入输出设备与 PLC 的接线

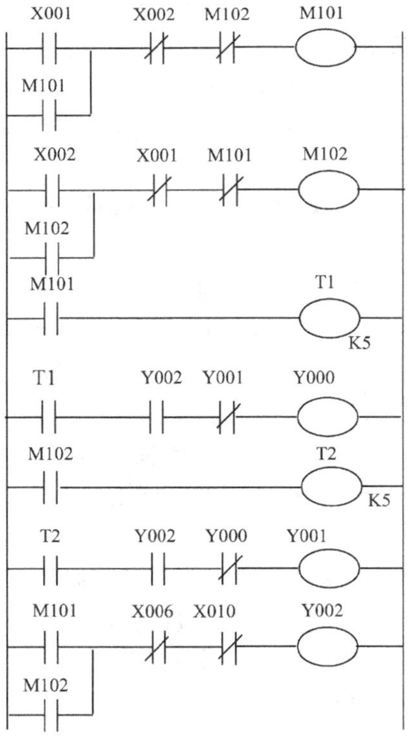

图 9-12　M1 正反转控制梯形图

（2）M1 反接控制的梯形图　速度继电器 KS 有两对独立的常开触点 KS1 和 KS2。当电动机 M1 正转时 KS1 闭合，而反转时 KS2 闭合。KS1 串接在反转电路中，KS2 串接在正转电路中。当电动机正转时，通过自锁使反转电路不能得电。当按下停止按钮 SB6，X000 动作，使正转电路断电，与此同时反转电路通电，进行反接制动。当速度低到速度继电器触点 KS 断开时，反转电路断电，制动结束，如图 9-13 所示。

（3）高低速转换控制的梯形图　SQ 为高、低速选择开关，当将操作手柄推向高速位置时，SQ 被压下，X005 接通，经过定时器 T3 延时后，其常闭触点将低速接触器 KM6 断电；其常开触点将高速接触器 KM7、KM8 通电，此时电动机 M1 绕组为双星形连接，进入高速运行，如图 9-14 所示。

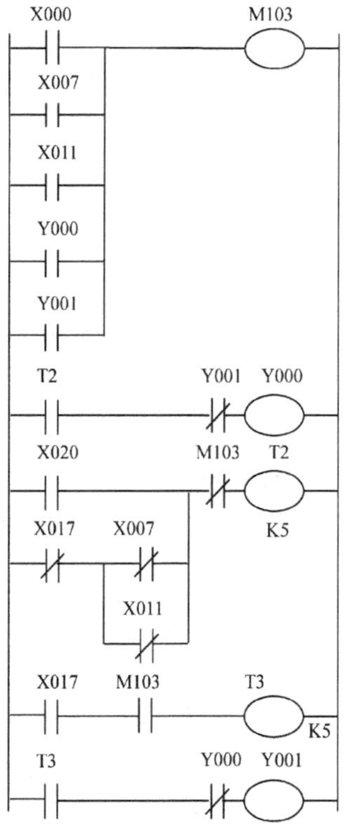

图 9-13　M1 反接控制的梯形图

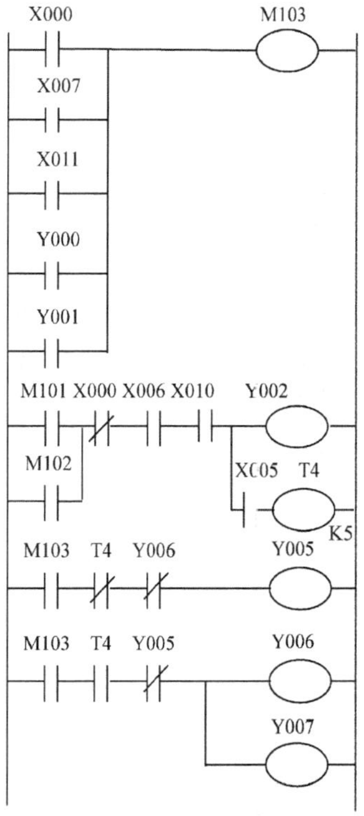

图 9-14　M1 高低速转换控制梯形图

在上述梯形图的基础上进行合并整理，适当增加一些程序并去掉多余的程序，最后设计出 T68 普通镗床 PLC 控制梯形图，如图 9-15 所示。

4. 编写指令表程序

T68 普通镗床 PLC 控制指令表程序（略）。

（二）Z3040 型摇臂钻床的电气控制系统

1. 电气控制任务

Z3040 型摇臂钻床是一个多台电动机拖动系统，采用 PLC 控制时，也必须实现如下控制要求：①主轴电动机 M1 的正反转运动（如加工螺纹要求电动机正、反转）；②摇臂升降电动机 M2 正、反转运动；③摇臂夹紧、放松液压泵电动机 M3 的正反转运动；④完成各种

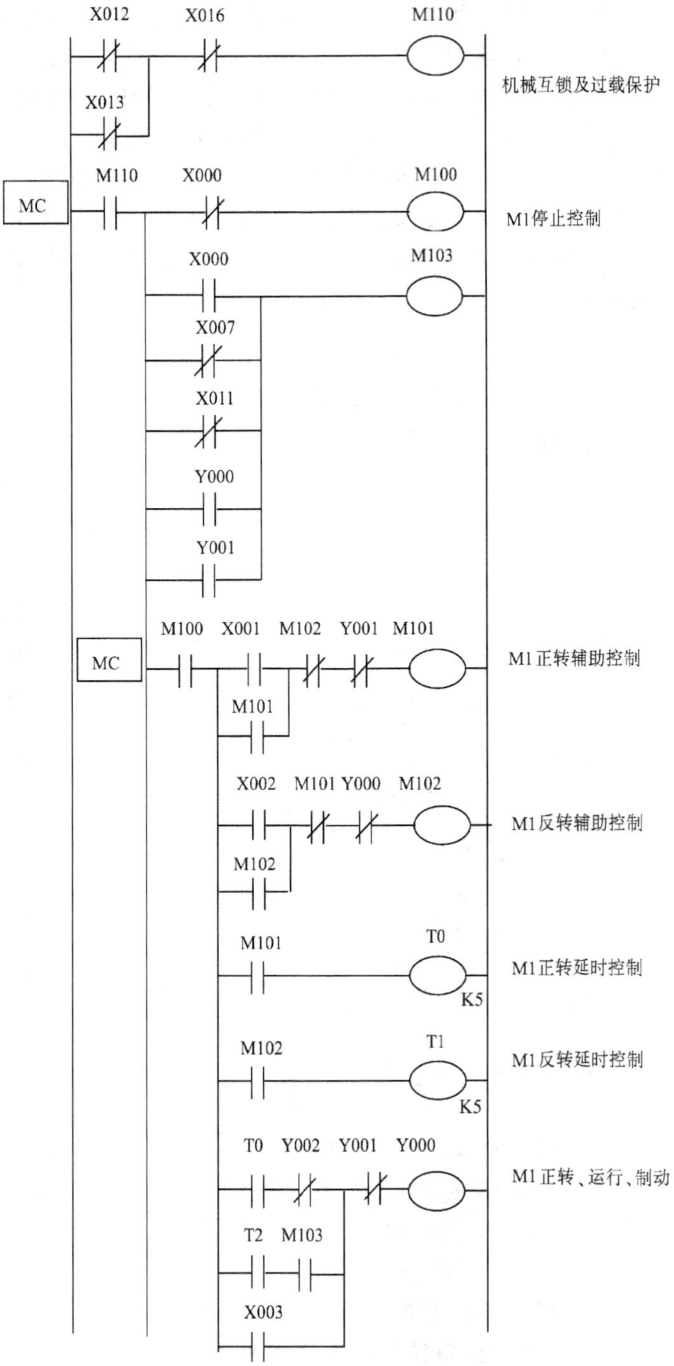

a)

图 9-15　T68 普通镗床

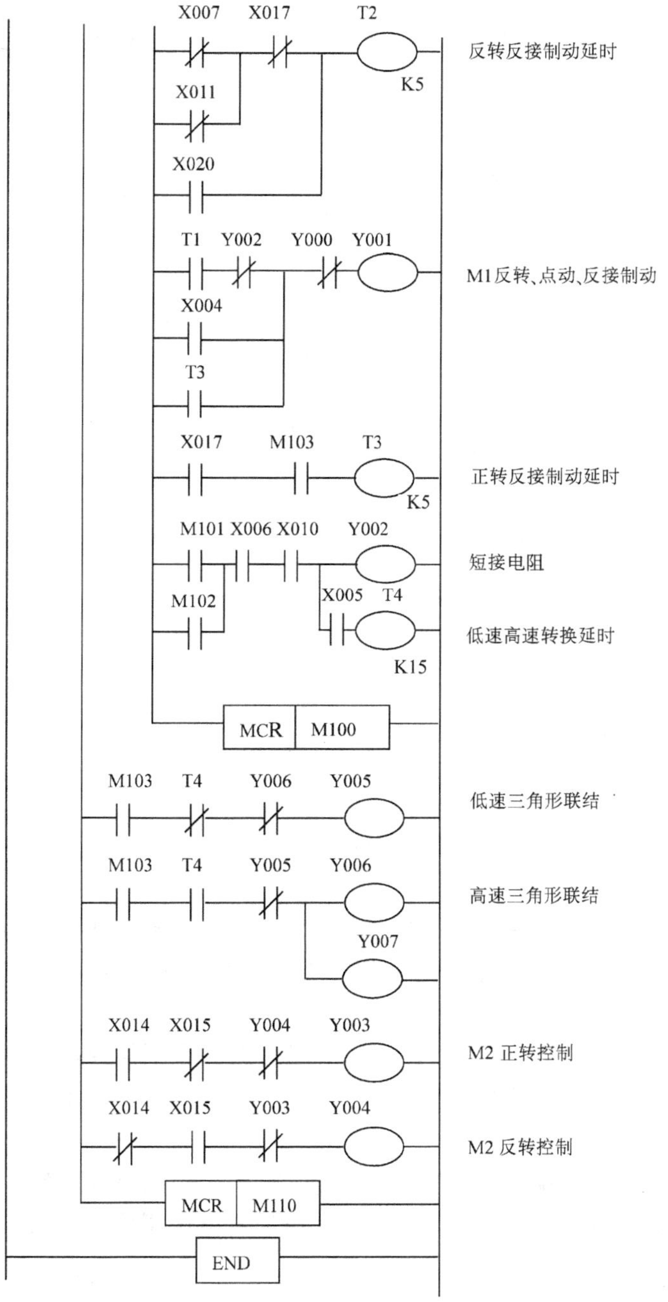
X007 X017 T2
反转反接制动延时
X011
K5
X020
T1 Y002 Y000 Y001
M1反转、点动、反接制动
X004
T3
X017 M103 T3
正转反接制动延时
K5
M101 X006 X010 Y002
短接电阻
X005 T4
M102
低速高速转换延时
K15
MCR M100
M103 T4 Y006 Y005
低速三角形联结
M103 T4 Y005 Y006
高速三角形联结
Y007
X014 X015 Y004 Y003
M2 正转控制
X014 X015 Y003 Y004
M2 反转控制
MCR M110
END

b)

PLC 控制梯形图

操作之间的互锁控制及延时控制。冷却根据加工任务来选用，冷却泵电动机控制简单，故采用手动控制。

2. 输入输出点的分配

输入输出设备与 PLC 输入输出端子分配见表 9-3，输入输出设备与 PLC 接线如图 9-16 所示。

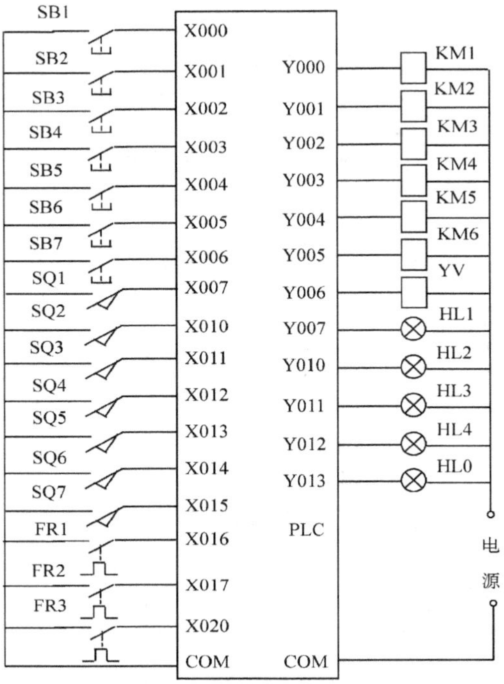

图 9-16 输入输出设备与 PLC 接线图

3. 绘制梯形图

Z3040 型摇臂钻床主要是电动机正反转控制和限位控制，相对比较简单。根据控制要求，并参考电气控制线路图，可直接画出 PLC 控制的梯形图。在设计中要考虑 PLC 控制与继电接触器控制的不同，主要注意以下几点：

1）在继电接触器控制系统中，停止按钮与热继电器均用常闭触点，为了与继电接触器控制电路一致，在 PLC 梯形图中同样也要用常闭触点，这样一来，与输入端子相接的停止按钮和热继电器触点，就必须用常开触点。

2）根据 PLC 的工作原理可知，当输入端接常闭触点，若输入端的常闭触点未动作，相对应的输入继电器线圈得电。若此输入继电器的常闭触点与输出继电器线圈串联，则输出继电器不能得电。

3）对同一台电动机进行正反转切换控制，必须采用 PLC 内部的时间继电器进行延时控制，否则会造成正反转接触器同时接通引起电源短路，这是因为 PLC 执行程序的速度要比接触器动作速度快得多。Z3040 型摇臂钻床的 PLC 控制梯形图如图 9-17 所示。

4. 编写指令表程序

Z3040 型摇臂钻床 PLC 控制指令表程序（略）。

表 9-3　输入输出设备与 PLC 输入输出端子分配一览表

输入端		输出端	
输入设备	输入端子	输出设备	输出端子
M1 停止按钮 SB1	X000	M1 正转接触器 KM1	Y000
M1 正转按钮 SB2	X001	M1 反转接触器 KM2	Y001
M1 反转按钮 SB3	X002	M2 正转接触器 KM3	Y002
M2 正转按钮 SB4	X003	M2 反转接触器 KM4	Y003
M2 反转按钮 SB5	X004	M3 正转接触器 KM5	Y004
M3 正转按钮 SB6	X005	M3 反转接触器 KM6	Y005
M3 反转按钮 SB7	X006	电磁阀 YV 驱动	Y006
摇臂上升限位 SQ1	X007	摇臂夹紧指示灯 HL1	Y007
摇臂放松限位 SQ2	X010	摇臂放松指示灯 HL2	Y010
摇臂夹紧限位 SQ3	X011	立柱及主轴箱夹紧指示灯 HL3	Y011
立柱及主轴箱放松限位 SQ4	X012	立柱及主轴箱放松指示灯 HL4	Y012
立柱及主轴箱夹紧限位 SQ5	X013	M1 运行指示灯 HL0	Y013
摇臂下降限位 SQ6	X014		
主轴箱关合限位 SQ7	X015		
M1 热继电器 FR1 触点	X016		
M2 热继电器 FR2 触点	X017		
M3 热继电器 FR2 触点	X020		

二、PLC 在工业自动生产线中的应用

目前 PLC 越来越广泛地应用于各种各样的自动生产线上。下面以某工厂的一个自动送料、加盖、穿钉、喷漆与烘干、检测及装库控制系统为例，来介绍 PLC 在自动生产线中的应用。

该系统是一套光、机、电、气一体化柔性系统，它涵盖了计算机、数控、组态编程、工业总线、检测与控制技术，是目前较为先进的自动控制系统。由于此控制系统较大，我们只介绍其中的送料装置单元和加盖单元的 PLC 控制。

(一) 送料装置单元

1. 控制要求

1）工件托盘到位后，工作指示灯亮，显示机械开始工作，2s 后送料电动机起动。

2）主体工件靠自重下落到托盘后，电容传感器检测工件确实到位后直流电磁吸铁通电放行，同时第二站必须是预备工作状态，即做好准备才可将工件放行，然后继续工作。

3）直流电磁吸铁放行后，托盘沿传送带下行，工作指示灯灭，同时进行 3s 延时，3s 后复位，该站恢复预备工作状态。

若托盘到位后，下料电动机起动，同步带转动一周，下料箱内并无工件，此时装在开关盒内的报警器报警，需加入工件。

2. 输入输出点的分配

送料单元输入输出设备与 PLC 输入输出端子分配见表 9-4，输入输出设备与 PLC 接线如图 9-18 所示。

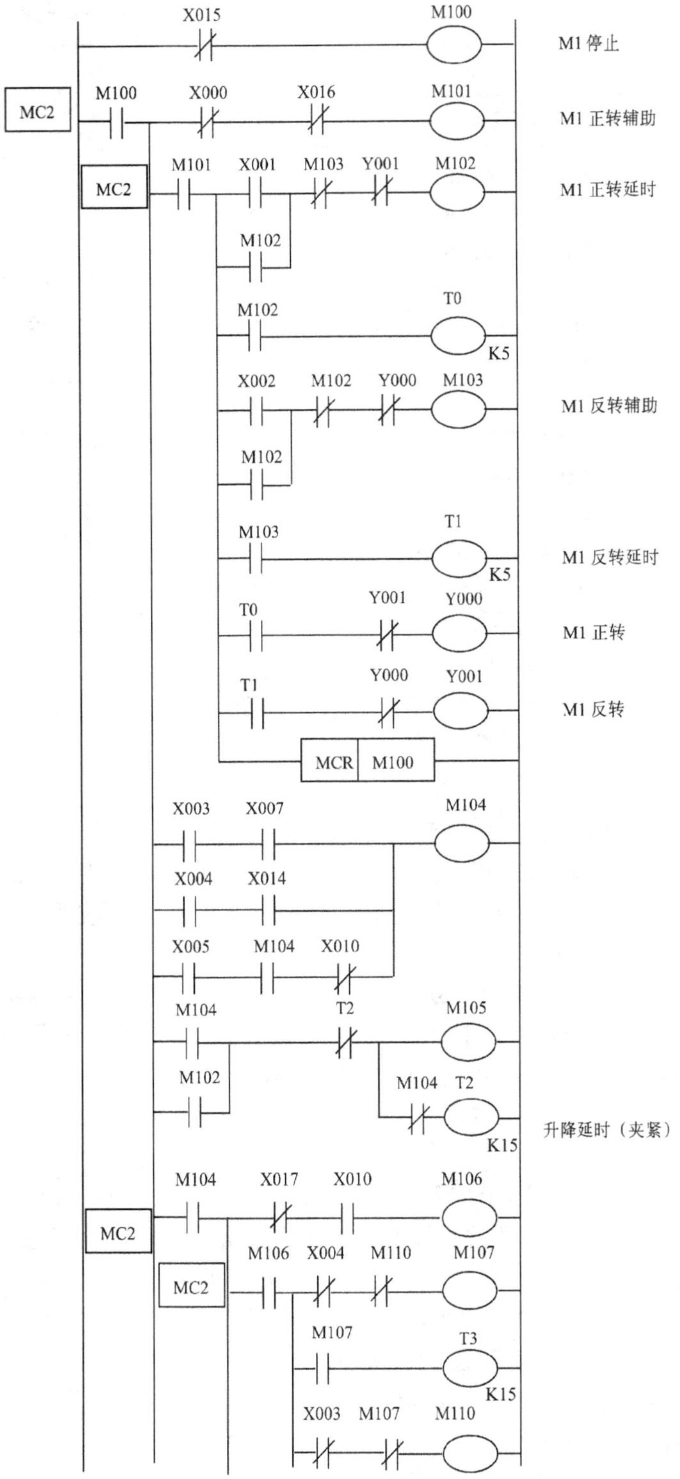

a)

图 9-17　Z3040 型摇臂钻床

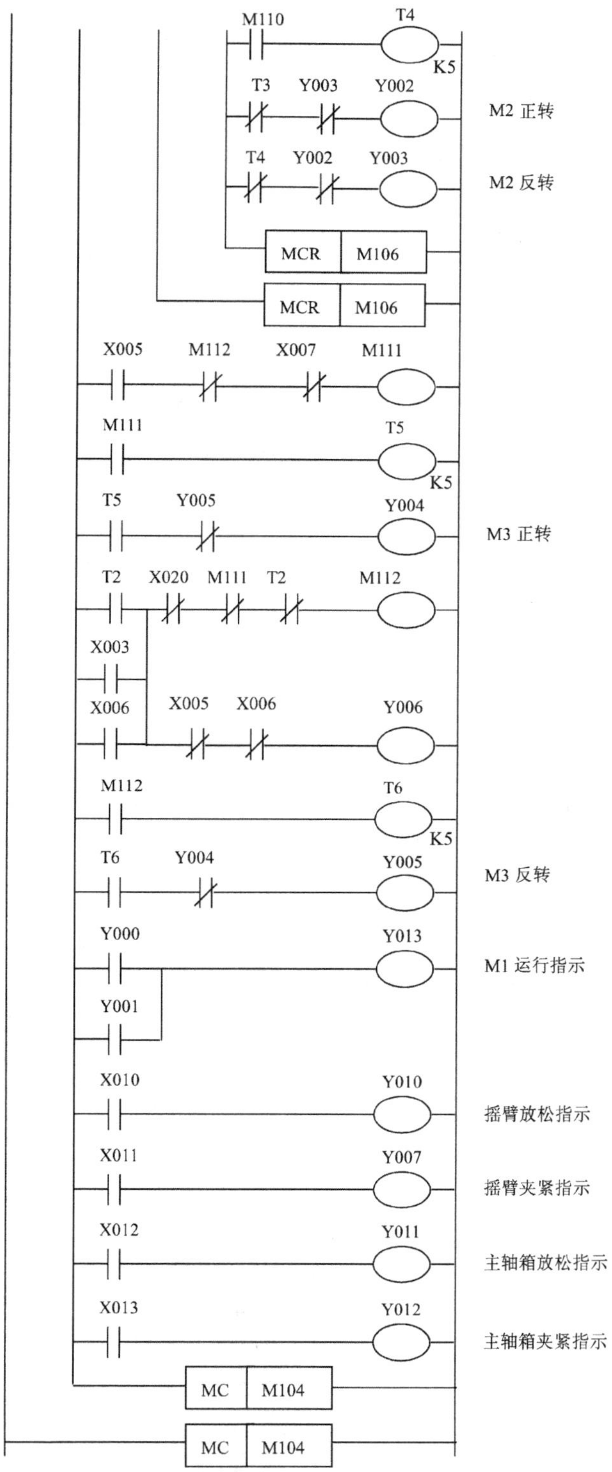
M110
T4
K5
T3
Y003
Y002
M2 正转
T4
Y002
Y003
M2 反转
MCR
M106
MCR
M106
X005
M112
X007
M111
M111
T5
K5
T5
Y005
Y004
M3 正转
T2
X020
M111
T2
M112
X003
X006
X005
X006
Y006
M112
T6
K5
T6
Y004
Y005
M3 反转
Y000
Y013
M1 运行指示
Y001
X010
Y010
摇臂放松指示
X011
Y007
摇臂夹紧指示
X012
Y011
主轴箱放松指示
X013
Y012
主轴箱夹紧指示
MC
M104
MC
M104

b)

的 PLC 控制梯形图

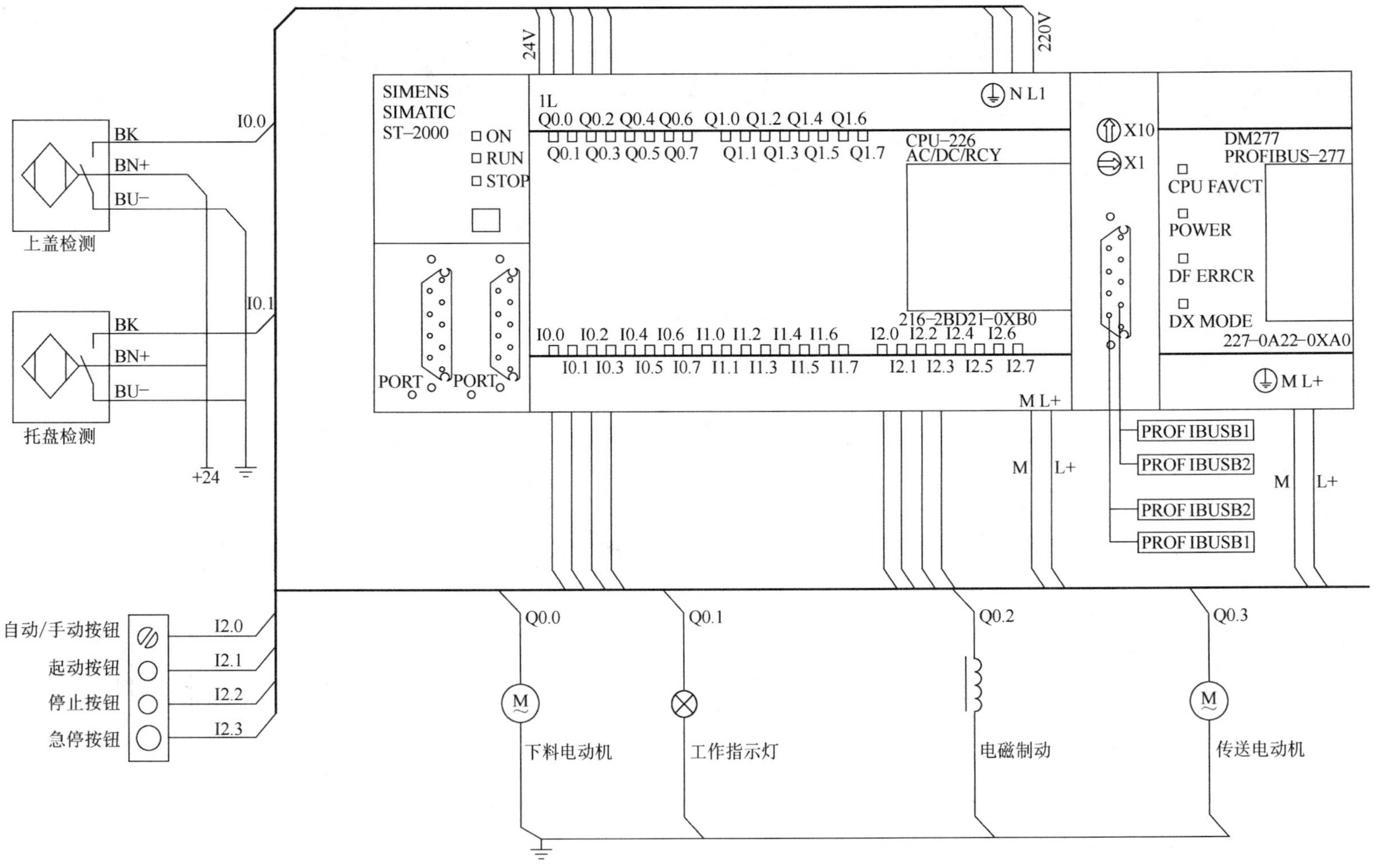

图 9-18　送料单元输入输出设备与 PLC 端子接线图

表 9-4　送料单元输入输出设备与 PLC 输入输出端子分配一览表

输入设备	输入端子	主、从对应	与上位机对应	输出设备	输出端子	主、从对应	与上位机对应
工件检测	I0.0	V3.1	I3.1	下料电动机	Q0.0	V3.2	I3.2
托盘检测	I0.1	V3.0	I3.0				
起动按钮	I2.1			工作指示灯	Q0.1		
停止按钮	I2.2						
手动/自动按钮	I2.0			直流电磁吸铁	Q0.2	V3.3	I3.3
急停按钮	I2.3			传送电动机	Q0.3	V3.4	I3.4

3. 绘制梯形图

为了满足控制要求，在设计时用了许多内部辅助继电器和定时器。送料装置单元的梯形图如图 9-19 所示。

（二）加盖单元

1. 控制要求

1）当托盘从一站下行到此站，二站托盘检测到位，且携带工件主体，同时上盖检测无信号输出时（即无上盖时），起动取件电机，本站工作指示灯亮。

2）PLC 通过两个继电器控制电动机正反转，电动机带动减速机使摆臂动作，主摆臂从料槽中取出上盖，翻转 180°，当碰到放件控制板时复位弹簧松开，此时摆臂碰到限位开关后停止，上盖靠自重落入工件主体内。

3）工件加盖后，摆臂回到初始状态。

4）当上盖检测传感器检测到上盖放好后，延时 2s，直流电磁吸铁放行，至下一站，工作灯灭，直流电磁吸铁复位，该站恢复到预备工作状态。

摆臂取盖往复三次，若还没有取到上盖时，此时报警器发出警报，示意应在料槽内加入上盖。

2. 输入输出点的分配

加盖单元输入输出设备与 PLC 输入输出端子分配见表 9-5，输入输出设备与 PLC 接线如图 9-20 所示。

表 9-5　加盖单元输入输出设备与 PLC 输入输出端子分配一览表

输入设备	输入端子	主、从对应	与上位机对应	输出设备	输出端子	主、从对应	与上位机对应
上盖检测 2	I0.0	V3.1	I5.1	下料电动机取件 2	Q0.0	V3.2	I5.2
托盘检测 2	I0.1	V3.2	I5.0				
外限位 2	I0.2			下料电动机放件 2	Q0.1	V3.3	I5.3
内限位 2	I0.3						
起动按钮 2	I2.1		M5.4	工作指示灯 2	Q0.2		
停止按钮	I2.2		M5.5	直流电磁吸铁 2	Q0.3	V3.4	I5.4
手动/自动按钮 2	I2.0		M5.6				
急停按钮 2	I2.3		M5.7	传送电动机 2	Q0.4	V3.5	I5.5

3. 绘制梯形图

根据加盖单元的控制要求和所用的输入输出设备，可绘出的梯形图如图 9-21 所示。

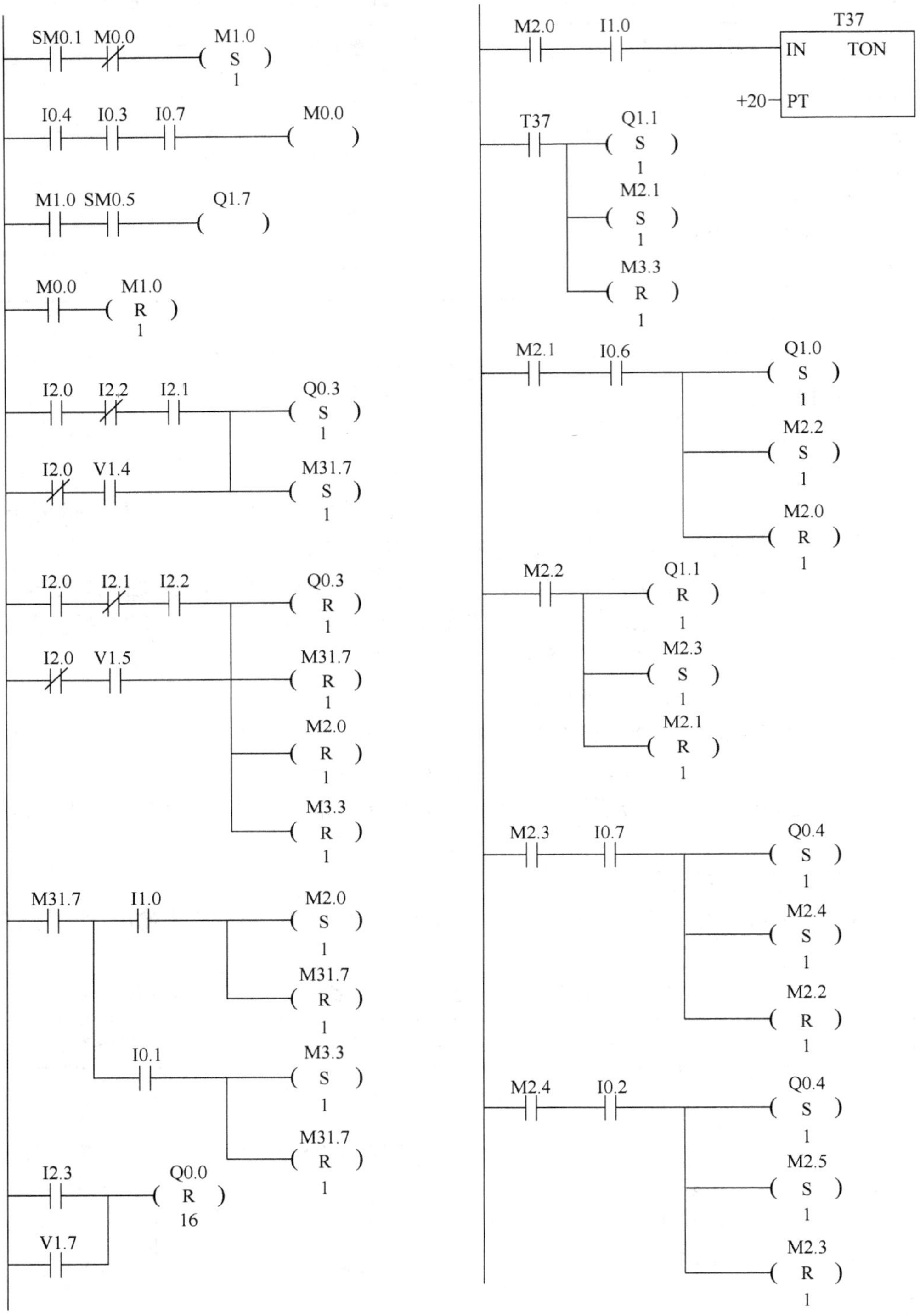

SM0.1
M0.0
M1.0
S
1
I0.4
I0.3
I0.7
M0.0
M1.0
SM0.5
Q1.7
M0.0
M1.0
R
1
I2.0
I2.2
I2.1
Q0.3
S
1
I2.0
V1.4
M31.7
S
1
I2.0
I2.1
I2.2
Q0.3
R
1
I2.0
V1.5
M31.7
R
1
M2.0
R
1
M3.3
R
1
M31.7
I1.0
M2.0
S
1
M31.7
R
1
I0.1
M3.3
S
1
M31.7
R
1
I2.3
Q0.0
R
16
V1.7
M2.0
I1.0
T37
IN
TON
+20
PT
T37
Q1.1
S
1
M2.1
S
1
M3.3
R
1
M2.1
I0.6
Q1.0
S
1
M2.2
S
1
M2.0
R
1
M2.2
Q1.1
R
1
M2.3
S
1
M2.1
R
1
M2.3
I0.7
Q0.4
S
1
M2.4
S
1
M2.2
R
1
M2.4
I0.2
Q0.4
S
1
M2.5
S
1
M2.3
R
1

a)

图 9-19　送料装置

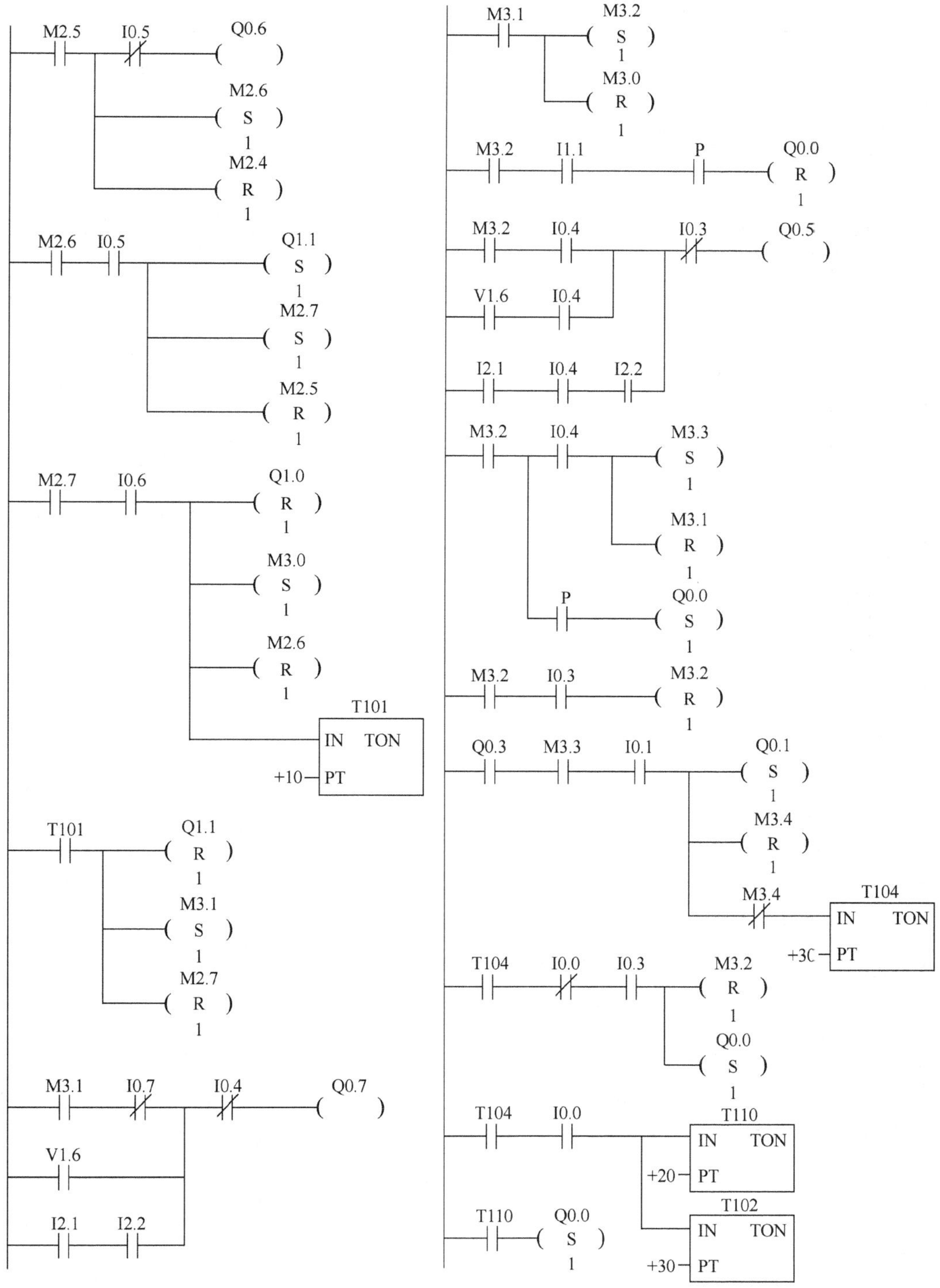
M2.5
I0.5
Q0.6
M2.6
S
1
M2.4
R
1
M2.6
I0.5
Q1.1
S
1
M2.7
S
1
M2.5
R
1
M2.7
I0.6
Q1.0
R
1
M3.0
S
1
M2.6
R
1
T101
IN TON
+10
PT
T101
Q1.1
R
1
M3.1
S
1
M2.7
R
1
M3.1
I0.7
I0.4
Q0.7
V1.6
I2.1
I2.2
M3.1
M3.2
S
1
M3.0
R
1
M3.2
I1.1
P
Q0.0
R
1
M3.2
I0.4
I0.3
Q0.5
V1.6
I0.4
I2.1
I0.4
I2.2
M3.2
I0.4
M3.3
S
1
M3.1
R
1
P
Q0.0
S
1
M3.2
I0.3
M3.2
R
1
Q0.3
M3.3
I0.1
Q0.1
S
1
M3.4
R
1
M3.4
T104
IN TON
+3C
PT
T104
I0.0
I0.3
M3.2
R
1
Q0.0
S
1
T104
I0.0
T110
IN TON
+20
PT
T102
IN TON
+30
PT
T110
Q0.0
S
1

b)

单元的梯形图

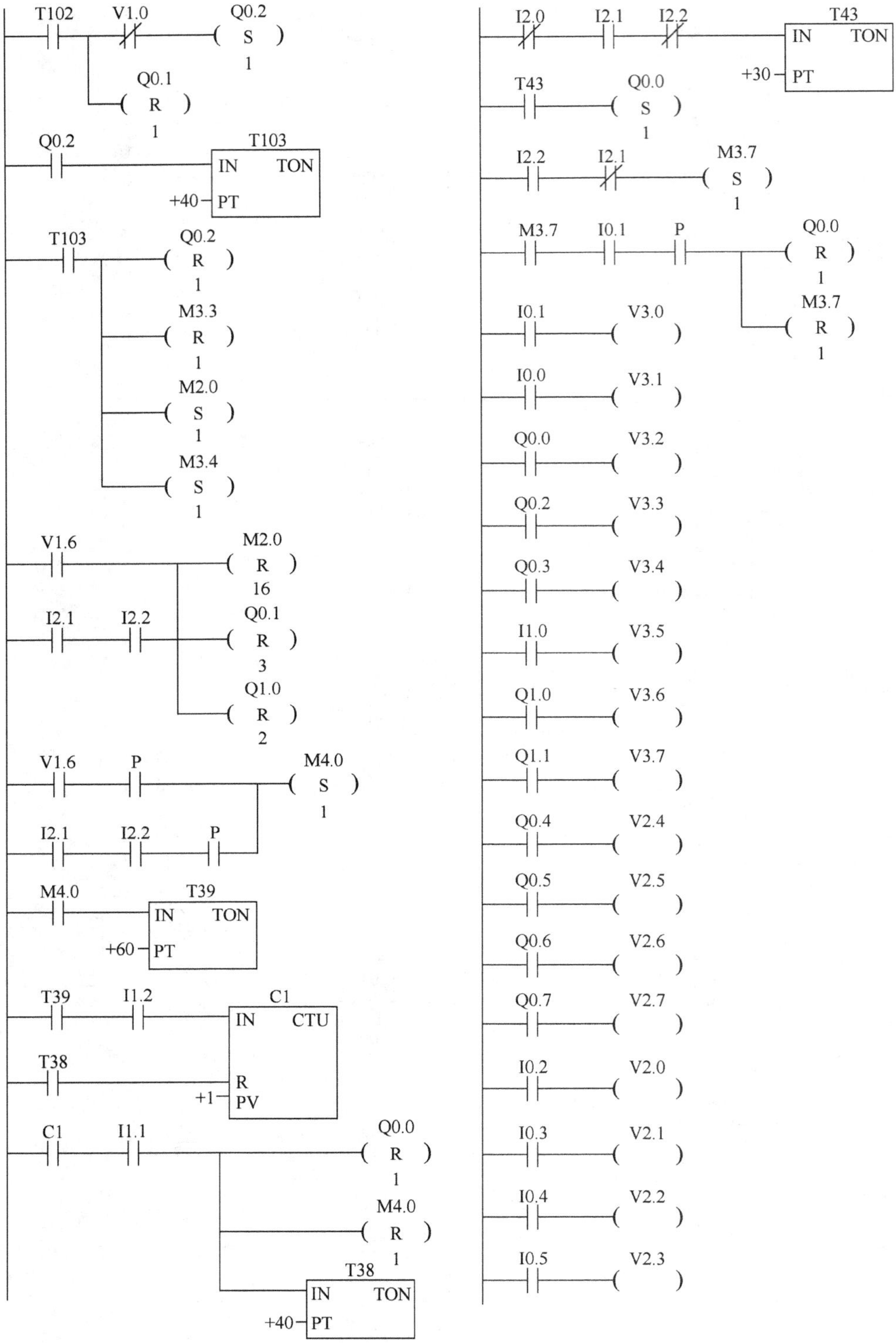

c)

图 9-19　送料装置单元的梯形图（续）

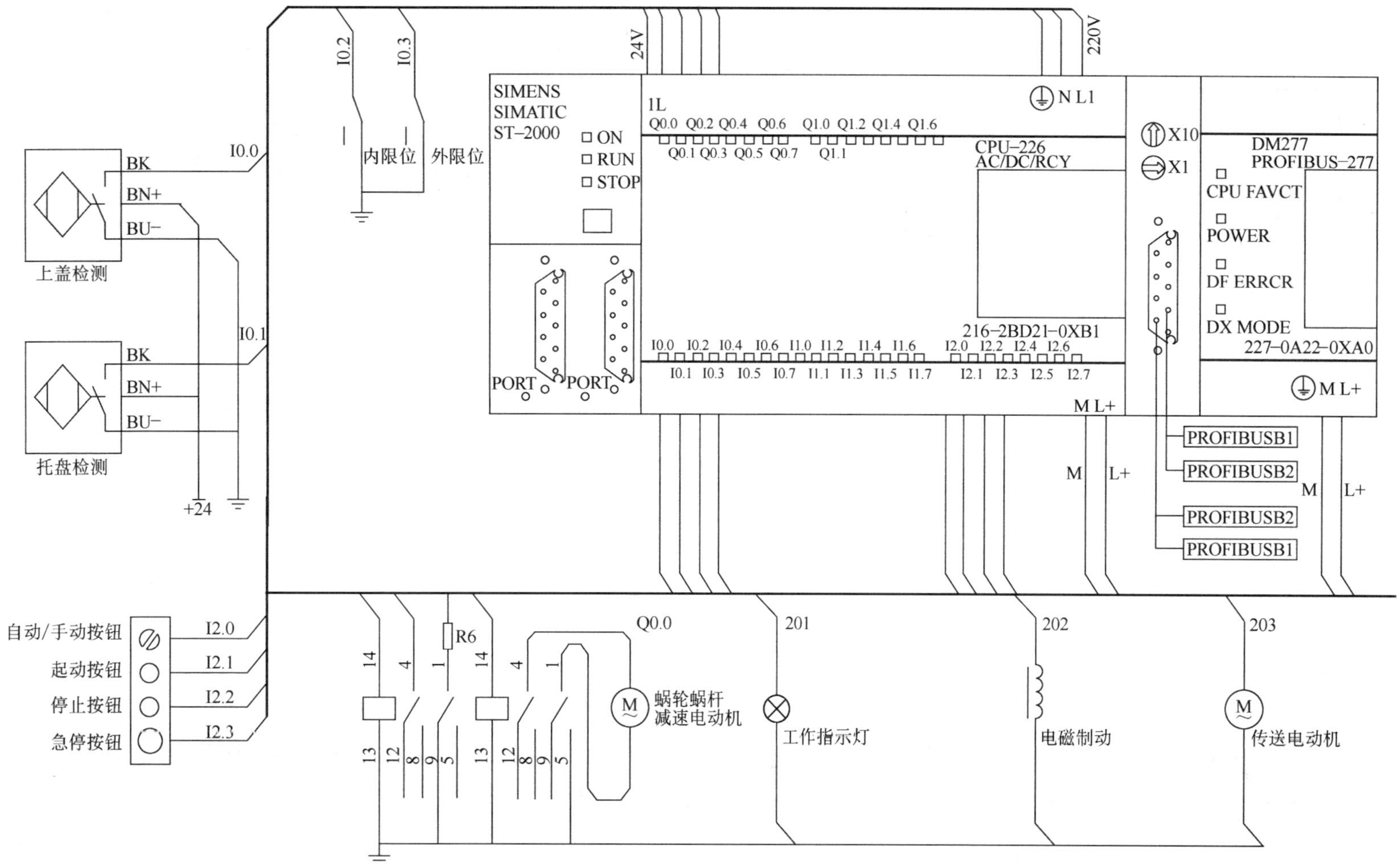

图 9-20　加盖单元输入输出设备与 PLC 端子接线图

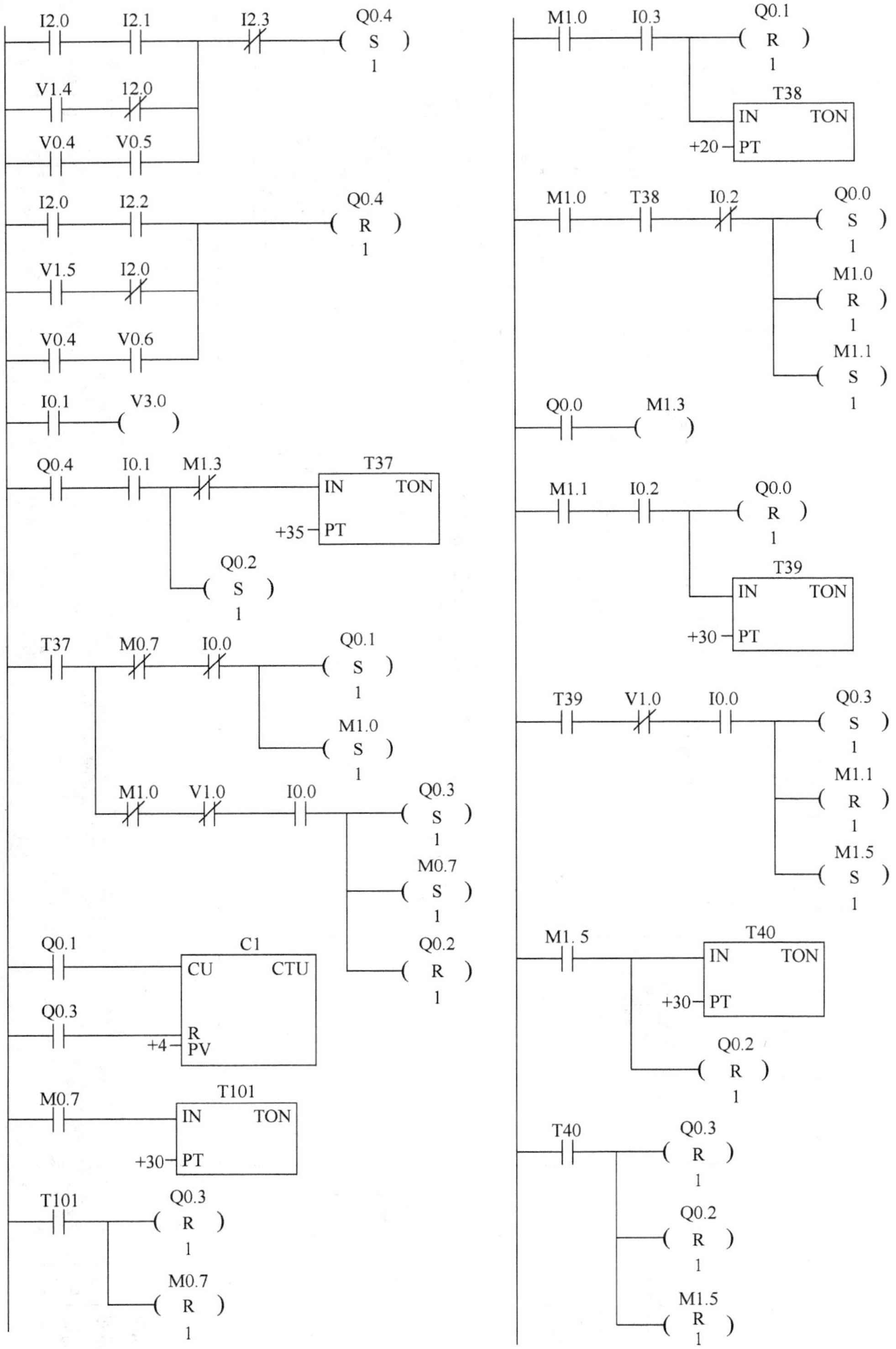
I2.0
I2.1
I2.3
Q0.4
S
1
V1.4
I2.0
V0.4
V0.5
I2.0
I2.2
Q0.4
R
1
V1.5
I2.0
V0.4
V0.6
I0.1
V3.0
Q0.4
I0.1
M1.3
T37
IN
TON
+35
PT
Q0.2
S
1
T37
M0.7
I0.0
Q0.1
S
1
M1.0
S
1
M1.0
V1.0
I0.0
Q0.3
S
1
M0.7
S
1
Q0.2
R
1
Q0.1
C1
CU
CTU
Q0.3
R
+4
PV
M0.7
T101
IN
TON
+30
PT
T101
Q0.3
R
1
M0.7
R
1
M1.0
I0.3
Q0.1
R
1
T38
IN
TON
+20
PT
M1.0
T38
I0.2
Q0.0
S
1
M1.0
R
1
M1.1
S
1
Q0.0
M1.3
M1.1
I0.2
Q0.0
R
1
T39
IN
TON
+30
PT
T39
V1.0
I0.0
Q0.3
S
1
M1.1
R
1
M1.5
S
1
M1. 5
T40
IN
TON
+30
PT
Q0.2
R
1
T40
Q0.3
R
1
Q0.2
R
1
M1.5
R
1

a)

图 9-21　加盖单

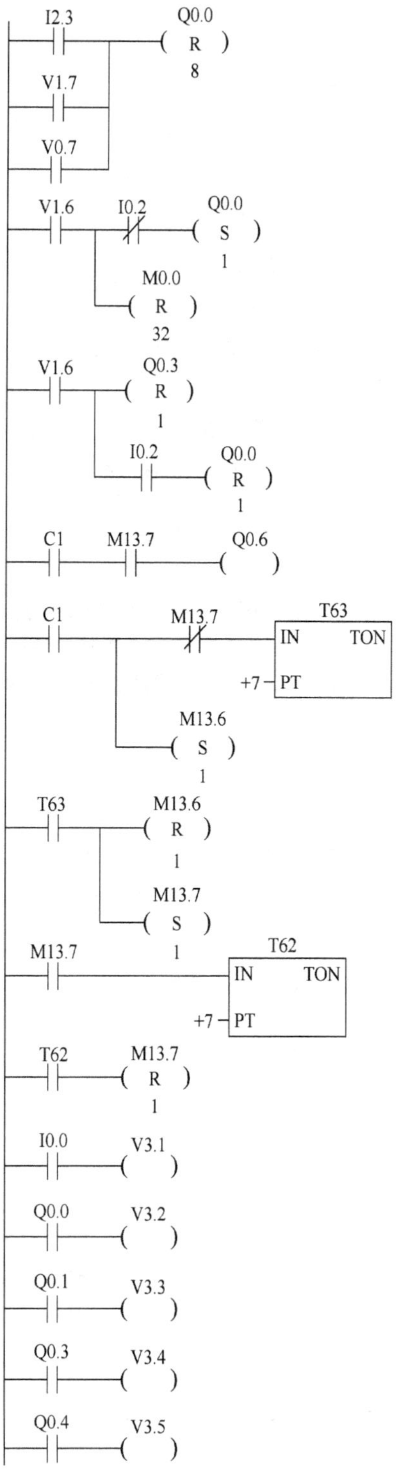
I2.3
Q0.0
R
8
V1.7
V0.7
V1.6
I0.2
Q0.0
S
1
M0.0
R
32
V1.6
Q0.3
R
1
I0.2
Q0.0
R
1
C1
M13.7
Q0.6
C1
M13.7
T63
IN
TON
+7
PT
M13.6
S
1
T63
M13.6
R
1
M13.7
S
1
M13.7
T62
IN
TON
+7
PT
T62
M13.7
R
1
I0.0
V3.1
Q0.0
V3.2
Q0.1
V3.3
Q0.3
V3.4
Q0.4
V3.5

b)

元梯形图

习　　题

9-1　简要说明 PLC 系统的设计过程。与传统的继电器系统设计过程相比，有何特点？

9-2　选择 PLC 机型的主要依据是什么？

9-3　PLC 应用控制系统的硬件和软件的设计原则和内容是什么？

9-4　开关量交流输入单元与直流输入单元各有什么特点？它们分别适用于什么场合？

9-5　PLC 输入/输出有哪几种接线方式？为什么？

9-6　某系统有两种工作方式：自动和手动。现场的输入设备有：6 个行程开关（SQ1 ~ SQ6）和两个按钮（SB1 ~ SB2）仅供自动程序使用，6 个按钮（SB3 ~ SB8）仅供手动程序使用，4 个行程开关（SQ7 ~ SQ10）为自动、手动两程序共用。现有 FX_{2N} - 20MR 型的 PLC，其输入为 12 点（X000 ~ X007、X010 ~ X013），是否可以使用？若可以，试绘出相应的外部输入硬件接线图。

9-7　用一个按钮（I0.0）来控制三个输出（Q0.0 ~ Q0.2）。当 Q0.0 ~ Q0.2 都断开时，按一下 I0.0，Q0.0 接通；再按一下 I0.0，Q0.0 断开，Q0.1 接通；再按 I0.0，Q0.1 断开，Q0.2 接通；再按 I0.0，Q0.2 断开，回到三个输出全部断开状态。再操作 I0.0，输出又按以上顺序通断。试设计其梯形图程序。

9-8　若 PLC 的输入端或输出端接有感性元件，应采取什么措施来保证 PLC 的可靠运行？

9-9　PLC 系统安装时应注意哪些问题？

9-10　设计一个十字路口交通指挥信号灯控制系统，其示意图如图 9-22a 所示。具体控制要求是：设置一个控制开关，当它闭合时，信号灯系统开始工作，先南北红灯亮、东西绿灯亮；当它断开时，信号灯全部熄灭。信号灯工作按图 9-22b 所示的时序循环进行。试绘出输入输出设备与 PLC 接线图、设计出梯形图程序并加以调试。

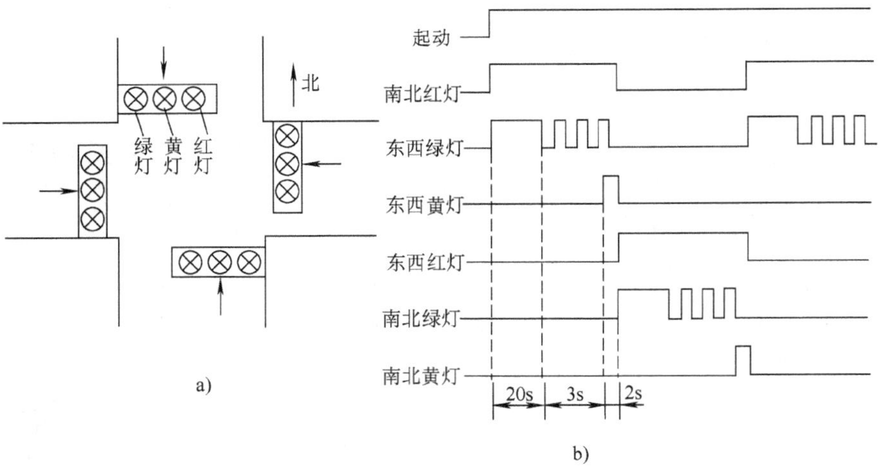

图 9-22　题 9-10 图

a）示意图　b）时序循环图

第十章　可编程序控制器联网通信

PLC通信包括PLC之间、PLC与上位计算机之间、PLC和其他智能设备之间的通信。PLC相互之间的连接，使众多相对独立的控制任务构成一个控制工程整体，形成模块控制体系；PLC与计算机的连接，将PLC应用于现场设备直接控制，计算机用于编程、显示、打印和系统管理，构成“集中管理，分散控制”的分布式控制系统（DCS），满足工厂自动化（FA）系统发展的需要。

第一节　网络概述

一、联网目的

PLC的联网就是为了提高系统的控制功能和范围，将分布在不同位置的PLC之间、PLC与计算机、PLC与智能设备通过传送介质连接起来，实现通信，以构成功能更强的控制系统。

两个PLC之间或一台PLC与一台计算机建立连接，一般叫做链接（Link），而不能称为联网。

现场控制的PLC网络系统，极大地提高了PLC的控制范围和规模，实现了多个设备之间的数据共享和协调控制，提高了控制系统的可靠性和灵活性，增加了系统监控和科学管理水平，便于用户程序的开发和应用。

21世纪的今天，信息网络已成为人类社会步入知识经济时代的标志。而PLC之间及其与计算机之间的通信网络已成为全集成自动化系统的特征。

二、网络结构和通信协议

网络结构又称为网络的拓扑结构，它主要指如何从物理上把各个节点连接起来形成网络。常用的网络结构包括链接结构、联网结构。

（一）链接结构

链接结构较简单，它主要指通过通信接口和通信介质（如电缆线等）把两个节点链接起来。链接结构按信息在设备间的传送方向可分为单工通信方式、半双工通信方式、全双工通信方式。

假设有两个节点A和B。单工通信方式是指数据传送只能由A流向B，或只能由B流向A。而半双工通信方式是指在两个方向上都能传送数据，即对某节点A或B既能接收数据，也能发送数据，但在同一时刻只能朝一个方向进行传送。全双工通信方式是指同时在两个方向上都能传送数据的通信方式。

由于半双工和全双工通信方式可实现双向数据传输，故在PLC链接及联网中较为常用。

（二）联网结构

联网结构指多个节点的连接形式，常用连接方式有三种，如图10-1所示。

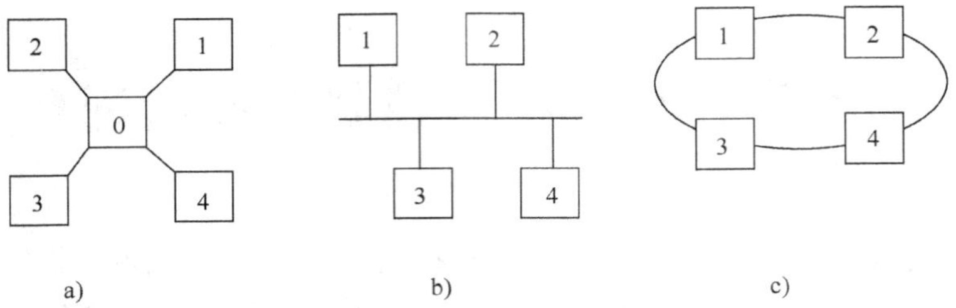

图 10-1　联网结构示意图

a）星形结构　b）总线结构　c）环形结构

1. 星形结构

只有一个中心节点，网络上其他各节点都分别与中心节点相连，通信功能由中心节点进行管理，并通过中心节点实现数据交换。

2. 总线结构

这种结构的所有节点都通过相应硬件连接到一条无源公共总线上，任何一个节点发出的信息都可沿着总线传输，并被总线上其他任意节点接收。它的传输方向是从发送节点向两端扩散传送。

3. 环形结构

环形结构中的各节点通过有源接口连接在一条闭合的环形通信线路中，是点对点式结构，即一个节点只能把数据传送到下一个节点。若下一个节点不是数据发送的目的节点，则再向下传送直到目的节点接收为止。

（三）网络通信协议

在通信网络中，各网络节点，各用户主机为了进行通信，就必须共同遵守一套事先制定的规则，称为协议。1979 年国际标准化组织（ISO）提出了开放式系统互连参考模型 OSI（Open Systems Interconnection），该模型定义了各种设备连接在一起进行通信的结构框架。所谓开放，就是指要遵守这个参考模型的有关规定，任何两个系统都可以连接并实现通信。网络通信协议共有七层，从低到高分别是物理层、数据链接层、网络层、传输层、会话层、表示层、应用层。其中 1、2、3 层称为低层组，是计算机和网络共同执行的功能；4、5、6 层称为高层组，是通信用户与计算机之间执行的通信控制功能。人们最感兴趣的是低层组。在实际中，低层组的 3 层并不是严格分开的，故不一定要受此限制。PLC 网很少完全使用这些协议，最多只是采用其中的一部分。

三、通信方式

（一）串行数据传送与并行数据传送

1. 并行数据传送

并行数据传送时所有数据位是同时进行的，以字或字节为单位传送。并行传输速度快，但通信线路多、成本高，适合近距离数据高速传送。PLC 通信系统中，并行通信方式一般发生在内部各元件之间、基本单元与扩展模块或近距离智能模板的处理器之间。

2. 串行数据传送

串行数据传送时所有数据是按位（bit）进行的。串行通信仅需要一对数据线就可以。在长距离数据传送中较为合适。PLC 网络传送数据的方式绝大多数为串行方式，而计算机或 PLC内部数据处理、存储都是并行的。若要串行发送、接收数据，则要进行相应的串行数据转换成并行数据后再处理。

（二）异步方式与同步方式

串行通信数据的传送是一位一位分时进行的。根据串行通信数据传输方式的不同可以分为异步方式和同步方式。

1. 异步方式

异步方式又称为起止方式。它在发送字符时，要先发送起始位，然后才是字符本身，最后是停止位。字符之后还可以加入奇偶校验位。

异步传送较为简单，但要增加传送位，将影响传输速率。异步传送是靠起始位和波特率来保持同步的。

2. 同步方式

同步方式要在传送数据的同时，也传递时钟同步信号，并始终按照给定的时刻采集数据。同步方式传递数据虽提高了数据的传输速率，但对通信系统要求较高。

PLC 网络多采用异步方式传送数据。

四、网络配置

网络配置与建立网络的目的、网络结构以及通信方式有关，但任何网络，其结构配置都包括硬件、软件两个方面。

（一）硬件配置

硬件配置主要考虑两个问题，一是通信接口，二是通信介质。

1. 通信接口

PLC 网络的通信接口多为串行接口，主要功能是进行数据的并行与串行转换，控制传送的波特率及字符格式，进行电平转换等。常用的通信接口有 RS-232、RS-422、RS-485。

RS-232 接口是计算机普遍配置的接口，其标准名称是：数据终端设备与数据通信设备在进行二进制数据交换时的接口。这里的数据终端设备，简称 DTE，代表计算机；数据通信设备，简称 DCE，代表调制解调器。RS-232 接口的应用既简单又方便。它采用串行的通信方式，数据传输速率低，抗干扰能力差，传输速率为 300bit/s、600bit/s、1.2kbit/s、2.4kbit/s、4.8 kbit/s、9.6 kbit/s、19.2 kbit/s。适用于传输速率和环境要求不高的场合。

RS-422 接口的传输线采用平衡驱动和差分接收的方法，电平变化范围为 12V（±6V），因而它能够允许更高的数据传输速率，而且抗干扰性更高。它克服了 RS-232 接口容易产生共模干扰的缺点。RS-422 接口属于全双工通信方式，在工业计算机上配备的较多。

RS-485 接口是 RS-422 接口的简化，它属于半双工通信方式，依靠使能控制实现双方的数据通信。即在某一时刻，只有一个节点可以发送数据，而另一节点只能接收数据，发送是由使能端控制。

计算机一般不配 RS-485 接口，但工业计算机配备 RS-485 接口较多。PLC 的不少通信模块也配用 RS-485 接口。如 SIEMENS 公司的 S7 系列 CPU 均配置了 RS-485 接口。

2. 通信介质

通信口主要靠介质实现相连，以此构成信道。常用的通信介质有：多段屏蔽电缆、双绞线、同轴电缆及光缆。此外，还可以通过电磁波实现无线通信。

RS-485 接口多用双绞线实现连接。

（二）软件配置

要实现 PLC 的联网控制，就必须遵循一些网络协议。不同公司的机型，通信软件各不相同。软件一般分为两类，一类是系统编程软件，用以实现计算机编程，并把程序下载到 PLC，且监控 PLC 工作状态。如西门子公司的 SREP7-Micro/WIN 软件。另一类为应用软件，各用户根据不同的开发环境和具体要求，用不同的语言编写的通信程序。

第二节　S7-200 系列 CPU 与计算机设备的通信

一、S7-200 系列 CPU 的通信性能

S7-200 系列 CPU 的通信功能来自它们标准的网络通信能力。

（一）SIEMENS 公司 S7 系列的网络层次结构

SIEMENS 公司 S7 系列 PLC 的网络 SIMATIC NET 是一个对外开放的通信系统，具有广泛的应用领域。西门子公司的控制网络结构由 4 层组成，从下到上依次为：执行器与传感器级、现场级、车间级、管理级，其网络层次结构如图 10-2 所示。

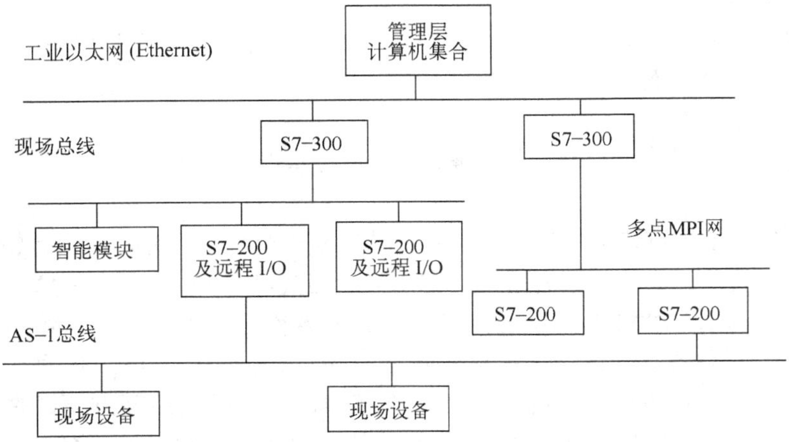

图 10-2　SIEMENS 公司 S7 系列 PLC 网络层次结构

西门子的网络层次结构由四个层次、三级总线复合而成。最底一级为 AS-1 总线，它是用于连接执行器、传感器、驱动器等现成器件实现通信的总线标准。扫描时间为 5ms，传输媒体为未屏蔽的双绞线，线路长度为 300m，最多为 31 个从站。中间一级是 PROFIBUS 总线。它是一种工业现场总线，采用数字通信协议，用于仪表和控制器的一种开放、全数字化、双向、多站的通信系统，其传输媒体为屏蔽的双绞线（最长 9. 6km）或光缆（最长 90km），最多可接 127 个从站。最高一级为工业以太网，使用通用协议，负责传送生产管理信息，网络规模可达 1 024 站，长度可达 1. 5km（电气网络）或 200km（光学网络）。

在这一网络体系中，PRORIBUS 总线是目前最成功的现场总线之一，已得到了广泛的应用。它是不依赖生产厂家的、开放的现场总线，各种各样的自动化设备均可通过同样的接口交换信息。为众多的生产厂家提供了优质的 PROFIBUS 产品，用户可以自由地选择最合适的产品。

（二）S7 系列的通信协议

SIEMENS 公司工业通信网络的通信协议包括通用协议和公司专用协议。SIEMENS 公司的协议是基于开放系统互连 OSI 7 层通信结构模型。协议定义了两类网络设备：主站与从站。主站可以对网络上任一个设备进行初始化申请，从站只能响应来自主站的申请，从站不能初始化本身。S7-200 CPU 支持多种通信协议，所使用的通信协议有以下 3 个标准和 1 个自由口协议。

1. PPI 协议

PPI（Point to point Interface）协议，即点对点接口，是一个主/从协议。协议规定主站向从站发出申请，从站进行响应。从站不能初始化信息。但当主站发出申请或查询时，从站才对其响应。

PPI 通信接口是西门子专为 S7-200 系列 PLC 开发的一个通信协议。可通过普通的两芯屏蔽双绞电缆进行联网。传输速率为 9.6 kbit/s、19.2 kbit/s 和 187.5 kbit/s。

S7-200 系列 CPU 上集成的编程口同时就是 PPI 通信接口。

主站可以是其他 CPU 主机（如 S7-200 等）、SIMATIC 程序器或 TD200 文本显示器等。网络中的所有 S7-200CPU 都默认为从站。

如果在用户程序中允许 PPI 主站模式，S7-200 系列中的一些 CPU 在 RUN 模式下可以用做主站。此时可以利用相关的通信指令来读写其他主机 CPU，同时它还可以作为从站来响应其他主站的申请或查询。

对于任何一个从站有多少个主站与它通信，PPI 协议没有限制，但在 PPI 网络中最多只能有 32 个主站。

2. MPI 协议

MPI（Multi-Point Interface）即多点接口，可以是主/主协议或主/从协议，协议如何操作有赖于设备的类型。

如果网络中有 S7-300 CPU，则可建立主/从连接。因为 S7-300 CPU 都默认为网络主站，如果设备中有 S7-200 CPU，则可建立主/从连接。因为 S7-200 CPU 都默认为网络从站。

S7-200 CPU 可以通过内置接口连接到 MPI 网络上，传输速率为 19.2 kbit/s、187.5 kbit/s。

MPI 协议总是在两个相互通信的设备之间建立连接。这种连接可以是两个设备之间的非公用连接，连接数量有一定限制。主站为了应用需要可以在短时间内建立一个连接，或是无限期地保持连接断开。运行时，另一个主站不能干涉两个设备之间已经建立的连接。

3. PROFIBUS 协议

PROFIBUS 协议用于分布式 I/O 设备（远程 I/O）的高速通信。该协议的网络使用 RS-485 标准双绞线，适合多段、远距离通信。PROFIBUS 网络常有一个主站和几个 I/O 从站。主站初始化网络并核对网络上的从站设备和配置中的匹配情况。如果网络中有第二个主站，则它只能访问第一个主站的从站。

在 S7-200 系列的 CPU 中，CPU 222、224、226 都可以通过增加 EM227 扩展模块来支持 PRO-FIBUS-DP 网络协议。最高传输速率可达 12Mbit/s。

4. 自由口协议

自由口通信方式是 S7-200 CPU 很重要的功能。在自由口模式下，S7-200 CPU 可以与任何通信协议公开的与其他设备进行通信。即 S7-200 CPU 可以由用户自己定义通信协议

（如 ASCII 协议）来提高通信范围，使控制系统配置更加灵活、方便。

任何具有串行接口的外设，例如：打印机、条形码阅读器、变频器、调制调解器和其他上位机等可与 PLC 进行数据通信。

在自由口模式下，主机只有在 RUN 方式时，用户才可以用相关的通信指令编写用户控制通信口的程序。当主机处于 STOP 方式时，自由口通信被禁止，通信口自动切换到正常的 PPI 协议操作。

（三）通信设备

能够与 S7-200 CPU 组网通信的相关网络设备主要有：

1. 通信口

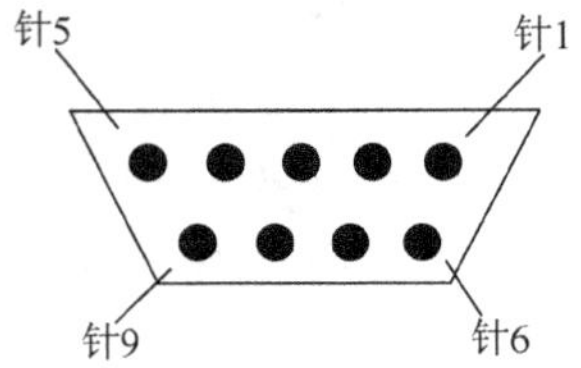

图 10-3 S7-200 通信口引脚分配

S7-200 CPU 主机上的通信口是符合欧洲标准 EN 50170 中的 PRO-FIBUS 标准的 RS-485 兼容 9 针 D 型连接器。图 10-3 是 S7-200 通信口引脚分配。S7-200 通信口引脚与 PROFIBUS 名称的对应关系见表 10-1。S7-200 CPU 的通信性能见表 10-2。

表 10-1 S7-200 通信口引脚与 PROFIBUS 名称对应关系

针	PROFIBUS 名称	端口 1/端口 0
1	屏蔽	逻辑地
2	24V 返回	逻辑地
3	RS-485 信号 B	RS-485 信号 B
4	发送申请	RTS（TTL）
5	5V 返回	逻辑地
6	+5V	+5V，100Ω 串联电阻
7	+24V	+24V
8	RS-485 信号 A	RS-485 信号 A
9	不用	10 位协议选择（输入）
连接器外壳	屏蔽	机壳接地

表 10-2 S7-200 CPU 的通信性能

CPU 类型	端口类型	从站	主站	DP 通信	自由口
CPU 221	端口 0	是	是	否	是
CPU 222	端口 0	是	是	否	是
CPU 224	端口 0	是	是	否	是
CPU 226	端口 0	是	是	否	是
	端口 1	是	是	否	是

2. 网络连接器

网络连接器可以用来把多个设备连接到网络中。网络连接器有两种类型：一种仅提供连接到主机的接口；另一种则增加了一个编程接口。两种连接器都有两组螺丝端子，可以连接网络的输入和输出，并且都有网络偏置和终端匹配的选择。其结构原理如图 10-4 所示。

3. 通信电缆

通信电缆主要有网络电缆和 PC/PPI 电缆。

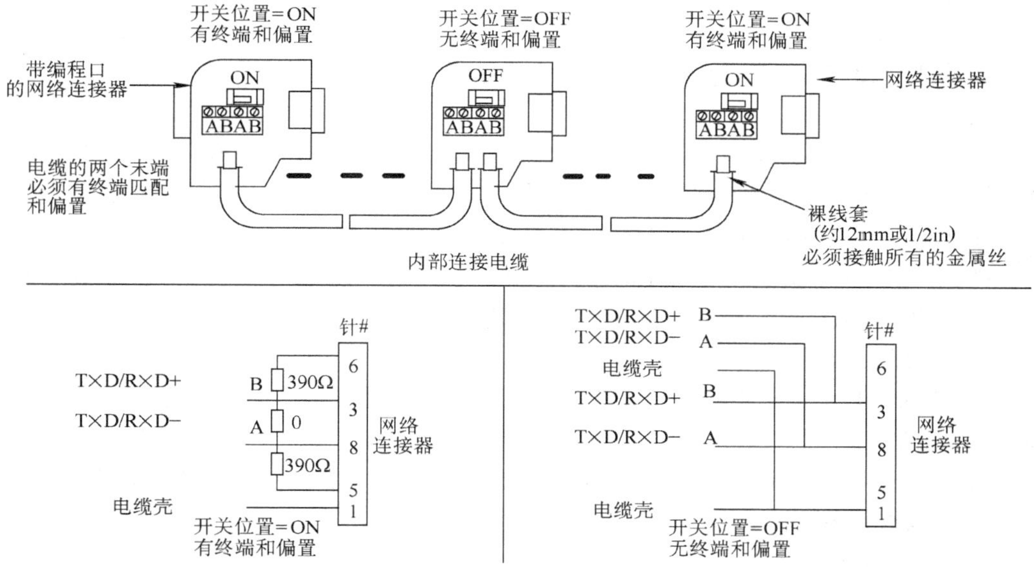

图 10-4　网络连接器内部连接电缆的偏置和终端

（1）网络电缆　现场 PROFIBUS 总线使用屏蔽双绞线电缆。网络连接时，网络段的电缆长度与电缆类型和波特率要求有很大关系。网络段的电缆越长，传输速率越低。

（2）PC/PPI 电缆　许多电子设备都配置有 RS-232 标准接口，如计算机、编程器和调制解调器等。PC/PPI 电缆可以用来借助 S7-200 CPU 的自由口功能把主机和这些设备连接起来。

PC/PPI 电缆的一端是 RS-485 端口，用来连接 PLC 主机；另一端是 RS-232 端口，用于连接计算机等设备。电缆中部有一个开关盒，上面有 4 个或 5 个 DIP 开关，用来设置波特率、传送字符数据格式和设备模式。5 个 DIP 开关与 PC/PPI 通信方式如图 10-5 所示。

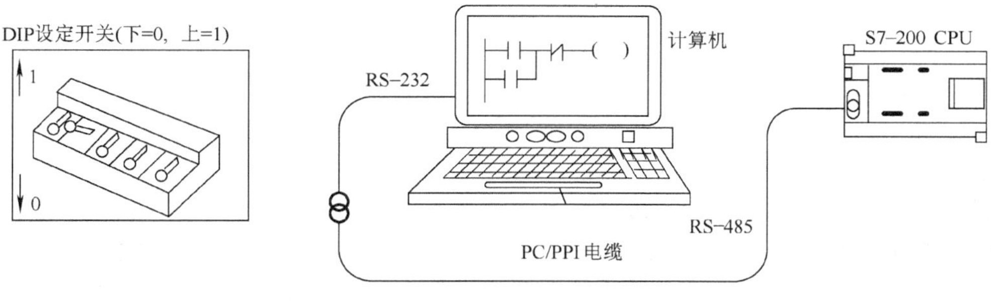

图 10-5　DIP 开关与 PC/PPI 通信方式

4. 网络中继器

网络中继器在 PROFIBUS 网络中，可以用来延长网络的距离，允许给网络加入设备，并且提供一个隔离不同网络段的方法。每个网络中最多有 9 个中继器，每个中继器最多可再增加 32 个设备。

5. 其他设备

除了以上设备之外，常用的还有通信处理器 CP、多机接口卡（MPI 卡）和 EM277 通信模块等。

二、个人计算机 PC 与 S7-200 CPU 之间的联网通信

1. 链接

S7-200 CPU 与计算机直接相连，结构简单，易于实现。如图 10-5 所示，它包括一个 CPU 模块、一台个人计算机、PC/PPI 电缆或 MPI 卡和西门子公司 STEP7-Micro/WIN 编程软件。

在 PPI 通信时，PC/PPI 电缆提供了 RS-232 到 RS-485 的接口转换，从而把个人计算机 PC 和 S7-200 CPU 连接起来，传输速率为 9.6kbit/s。此时个人计算机为主站，站地址默认为 0，S7-200 CPU 为从站，站地址范围在 2～126 之间，默认值为 2。

2. PC/PPI 网络

PC/PPI 网络是由一个主机和多个 PLC 从机组成的通信网络，如图 10-6 所示。在该网络结构中，S7-200 CPU 的个数不超过 30 个，站地址范围为 2～31。网络线长 1200m 以内，无需中继器。若使用中继器，则最多可以连接 125 台 CPU。安装有 STEP7-Micro/WIN 软件的计算机每次只能同其中一台 CPU 通信。这里个人计算机是惟一的主机，所有 S7-200 CPU 站都必须是从机。各从机的 CPU 不能使用网络指令 NETR 和 NETW 来发送信息。在网络结构中所有的 CPU 都通过自身携带的 RS-485 口和网络连接器连接到一条总线上。

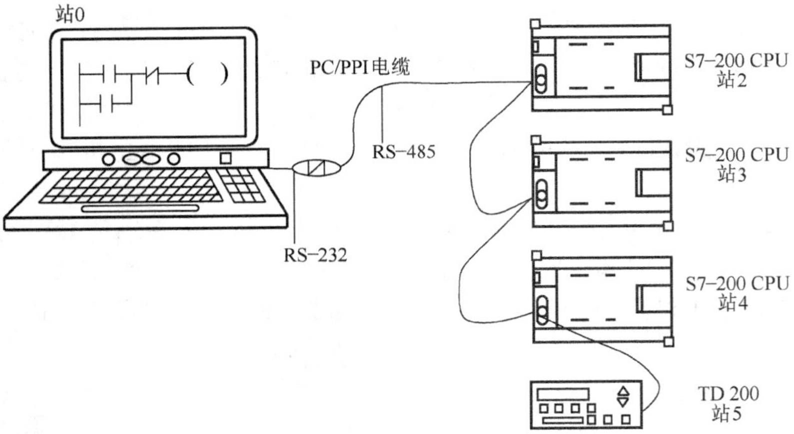

图 10-6　利用 PC/PPI 网络和几个 S7-200 CPU 通信

3. 多主机网络（MPI 网络）

当网络中主机数大于 1 时，多点接口 MPI 卡必须装到个人计算机上，PMI 卡提供的 RS-485 端口可使用直通电缆来连接组成 MPI 网络，如图 10-7 所示。在该网络图中，2 号站和 4 号站的网络连接器有终端和偏置，因为它们处于网络末端，并且站 2、3 和 4 的网络连接器必须带有编辑口。该网络系统可以实现以下通信功能。

1）STEP7-Micro/WIN32（在 0 号站）可以监视 2 号站的状态，同时 TD 200（5 号和 1 号站）和 CPU 224 模块（3 号站和 4 号站）可以实现通信。

2）两个 CPU 224 模块可以通过网络指令 NETR 和 NETW 相互发送信息。

3）3 号站可以从 2 号站（CPU 222）和 4 号站（CPU 224）读写数据。

4）4 号站可以从 2 号站（CPU 222）和 3 号站（CPU 224）读写数据。

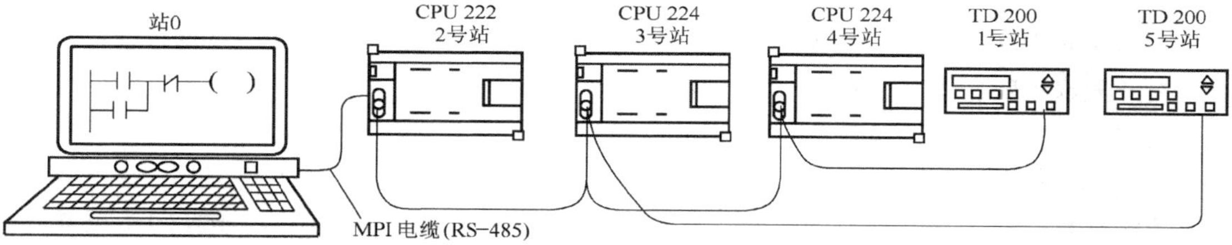

图 10-7　利用 MPI 或 CP 卡和 S7-200 CPU 通信

第三节　S7-200 系列 PLC 自由口通信

SIMATIC S7-200 系列 PLC 有广泛的应用领域，根据不同的应用要求，PLC 有不同程度的通信功能，特别是 S7-200 的通信接口 Port 0 具有的自由通信模式，为其灵活的组网通信提供了有力的支持。

自由口模式通信是指用户程序在自定义的协议下，通过端口 0 控制 PLC 主机与其他的带编程口的智能设备（如打印机、条形码阅读器、显示器等）进行通信。

自由口模式下，主机处于 RUN 方式时，用户可以用接收中断、发送中断和相关的通信指令来编写程序控制通信口的运行；当主机处于 STOP 方式时，自由口通信被终止，通信口自动切换到正常的 PPI 协议运行。

一、相关的特殊功能寄存器

（一）自由端口的初始化

用特殊功能寄存器中的 SMB30 和 SMB130 的各个位设置自由口模式，并配置自由口的通信参数，如通信协议、波特率、奇偶校验和有效数据位等。

SMB30 控制和设置通信端口 0，如果 PLC 主机上有通信端口 1，则用 SMB130 来进行控制和设置。SMB30 和 SMB130 的对应数据位功能相同，每位的含义如下：

P	P	D	B	B	B	M	M

1）PP 位：奇偶选择

00 和 10 表示无奇偶校验；01 表示奇校验；11 表示偶校验。

2）D 位：有效位数

0 表示每个字符有效数据位为 8 位；1 表示每个字符有效数据位为 7 位。

3）BBB 位：自由口波特率

000 表示 38. 4kbit/s；001 表示 19. 2 kbit/s；010 表示 9. 6 kbit/s；011 表示 4. 8 kbit/s；100 表示 2. 4 kbit/s；101 表示 1. 2 kbit/s；110 表示 600 bit/s；111 表示 300 bit/s。

4）MM 位：协议选择

00 表示点到点接口 PPI 协议从站模式；01 表示自由口协议；10 表示点到点接口 PPI 协议主站模式；11 表示保留（默认设置为 PPI 从站模式）。

（二）特殊标志位及中断事件

1. 特殊标志位

SM4. 5 和 SM4. 6 分别表示口 0 和口 1 处于发送空闲状态。

2. 中断事件

字符接收中断：中断事件8（端口0）和25（端口1）

发送完成中断：中断事件9（端口0）和26（端口1）

接收完成中断：中断事件23（端口0）和24（端口1）

（三）特殊存储器字节

接收信息时用到一系列特殊功能存储器。端口0用SMB86到SMB94；端口1用SMB186到SMB194。各字节的功能描述见表10-3。

表10-3　特殊寄存器功能

端　口	端　口	说　明
SMB86	SMB186	接收状态字节
SMB87	SMB187	接收信息控制字节
SMB88	SMB188	信息字符的开始
SMB89	SMB189	信息的终止符
SMB90	SMB190	信息间的空闲时间设定，空闲后收到的第一个字符是新信息的首字符
SMB92	SMB192	信息内定时器设定，超过这一时间则终止接收信息。
SMB94	SMB194	一条信息要接收的最大字符数（0～255）

1. 接收信息状态字节

状态字节SMB86和SMB186的位数据含义如下：

N	R	E	0	0	T	C	P

N=1表示用户通过禁止命令结束接收信息操作。

R=1表示因输入参数错误或缺少起始结束条件引起的接收信息结束。

E=1表示接收到字符。

T=1表示超时，接收信息结束。

C=1表示字符数超长，接收信息结束。

P=1表示奇偶校验错误，接收信息结束。

2. 接收信息控制字节

接收信息控制字节SMB87和SMB187主要用于定义和识别信息的判据，各数据位的含义如下：

EN	SC	EC	IL	C/M	TMR	BK	0

EN表示接收允许。=0，禁止接收信息；=1，允许接收信息。

SC表示是否使用SMB88或SMB188的值检测起始信息。=0忽略；=1，使用。

EC表示是否使用SMB89或SMB189的值检测结束信息。=0忽略；=1，使用。

IL表示是否使用SMB90或SMB190的值检测空闲信息。=0忽略；=1，使用。

C/M表示定时器定时性质。=0，内部字符定时器；=1，信息定时器。

TMR表示是否使用SMB92或SMB192的值终止接收。=0忽略；=1，使用。

BK表示是否使用中断条件来检测起始信息。=0忽略；=1，使用。

通过对接收控制字节各个位的设置，可以实现多种形式的自由口接收通信。

二、自由口发送接收指令

自由口发送接收指令的指令格式见表10-4。

表10-4　自由口发送接收指令的指令格式

LAB	STL	功能描述
RVC EN ENO ????— TBL ????— PORT	XMT TABLE，PORT	发送指令XMT，输入使能端有效时，激活发送的数据缓冲区（TABLE）中的数据。通过通信端口（PORT）将缓冲区（TABLE）的数据发送出去
XMT EN ENO ????— TBL ????— PORT	RCV TABLE，PORT	接收指令RCV，输入使能端有效时，激活初始化或结束接受信息服务。通过指定端口（PORT）接受从远程设备上传送来的数据，并放到缓冲区（TABLE）

自由口发送接收指令说明：

1）XMT、RCV指令只有在CPU处于RUN模式时，才允许进行自由端口通信。

2）操作数类型

TABLE：VB，IB，QB，MB，SMB，*VD，*AC，SB

PODRT：0，1

3）数据缓冲区TABLE的第一个数据指明了要发送/接收的字节数，从第二个数据开始是要发送/接收的内容。

4）XMT指令可以发送一个或多个字符，最多有255个字符缓冲区。通过向SMB30（端口0）或SMB130(端口1)的协议选择区置1，可以允许自由端口模式。当处于自由端口模式，不能与可编程设备通信。当CPU处于STOP模式时，自由端口模式被禁止。通信端口恢复正常PPI模式，此时可以与可编程设备通信。

5）RCV指令可以接受一个或多个字符，最多有255个字符。在接收任务完成后产生中断事件23（对端口0）或事件24（对端口1）。如果有一个中断服务程序连接到接收完成事件上，则可实现相应的操作。

三、应用举例

1. 控制要求

在自由口通信模式下，实现某一台本地PLC（CPU 224）与某一台远程PLC（CPU 224）之间的数据通信。本地PLC接收远程PLC 20个字节数据，接收完成后，信息再发回对方。

2. 硬件要求

两台CPU 224；网络连接器两个，其中一个带编程口；网络线两根（其中一根PPI电缆）。

3. 参数设置

CPU 224通信口设置为自由口通信模式。

通信协议为：传输速率为9.6kbit/s，无奇偶校验，每字符8位。

接收和发送用一个数据缓冲区，首地址为 VB100。

4. 程序

主程序如图 10-8 所示。实现的功能是初始化通信口为自由口模式，建立数据缓冲区，建立中断联系，并允许全局中断。

中断程序 INT _0，当接收完成后，启动发送命令，将信息发回对方。梯形图如图 10-9 所示。

中断程序 INT _1，当发回对方的信息结束时，显示任务完成，通信结束。自由口通信中断服务 1 如图 10-10 所示。

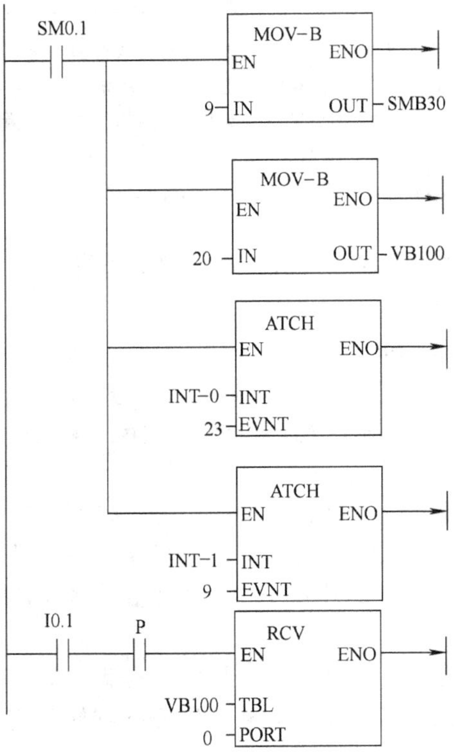

图 10-8　自由口通信主程序

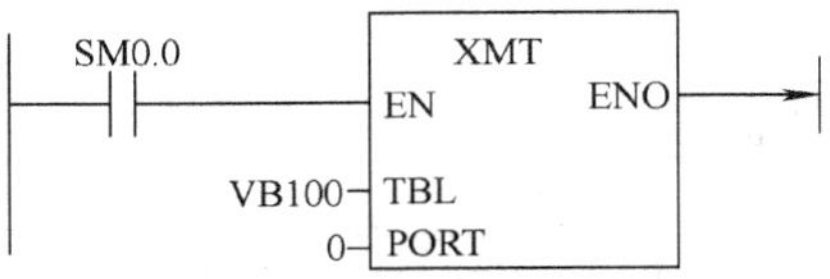

图 10-9　自由口通信中断服务 0

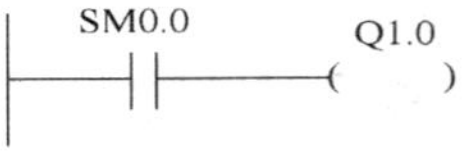

图 10-10　自由口通信中断服务 1

第四节　网络通信运行

在实际应用中，S7-200 PLC 经常采用 PPI 协议。如果一些 S7-200 CPU 在用户程序中允许做主站控制器，则这些主站可以在 RUN 模式下，利用相关的网络通信指令来读写其他 PLC 主机的数据。

一、控制寄存器和传送数据表

1. 控制寄存器

将特殊标志寄存器中的 SMB30 和 SMB130 中的内容设置为 $(2)_{16}$，则可将 S7-200 CPU 设置为点到点接口 PPI 协议主站模式。

2. 传递数据表的格式及定义

执行网络读写指令时，PPI 主站与从站之间的数据以数据表的格式传送。具体数据表的格式如图 10-11 所示。

在图 10-11 数据表的第一个字节中，D 表示操作是否完成，D = 1 表示完成，D = 0 表示末完成；A 表示操作是否排队，A = 1 表示排队有效，A = 0 表示排队无效；E 表示操作返回是否有错误，E = 1 表示有错误，E = 0 表示无误。E1、E2、E3、E4 错误编码，执行指令后 E = 1 时，则由这 4 位返回一个错误码。这 4 位组成的错误码及其含义见表 10-5。

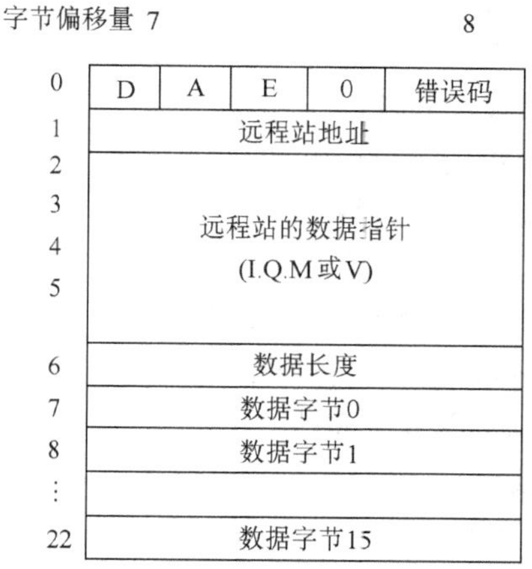

图 10-11　网络读写数据表

表 10-5　错误编码说明

E1、E2、E3、E4	错误代码	说　明
0000	0	无错误
0001	1	超时错误，远程站无响应
0010	2	接收错误
0011	3	脱机错误，重复站地址或失败，硬件引起冲突
0100	4	队列溢出错误，多于 8 个 NETR 和 NETW 方框被激活
0101	5	违反协议：末启动 AMB30 内的 PPI 而执行网络指令
0110	6	非法参数：NE/TR/NETW 表包含非法或无效数值
0111	7	无资源：远程站忙（正在进行上装或一载操作）
1000	8	第 7 层错误：违反应用协议
1001	9	信息错误：数据地址错误或数据长度不正确
1010 ~ 1111	A ~ F	未开发

二、网络运行指令

SIEMENS 公司 S7-200 系列 CPU 的网络指令有 2 条，分别是网络读指令（NETR）和网络写指令（NETW）。网络运行指令的格式见表 10-6。

表 10-6　网络运行的指令格式

LAB	STL	功能描述
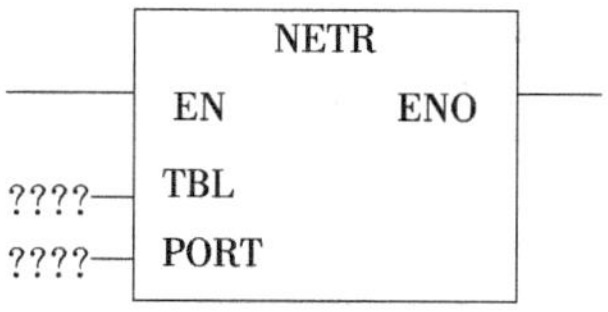	NETR TABLE，PORT	网络读取 NETR 指令，在使能端输入有效时，指令初始化操作，并通过端口 PORT 从远程设备接受数据，形成数据表 TABLE
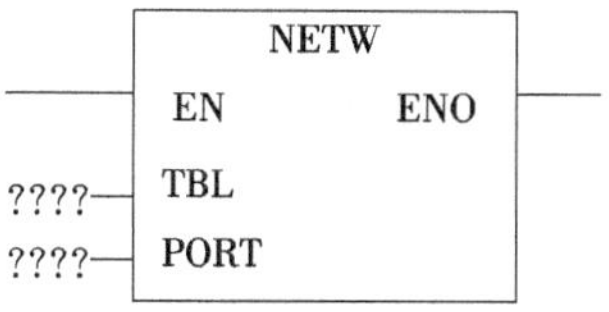	NETW TABLE，PORT	网络写入 NETW 指令，在使能端输入有效时，指令初始化通信操作，并通过指定端口 PORT 将数据表中的数据发送到远程设备

说明：

1）数据表最多可以有 16B 的信息。

2）操作数类型

TABLE：VB，MB，*VD，*AC；

PORT：0，1

3）设定 ENO＝0 的错误条件：SM4.3（运行时间），0006（间接寻址错误）。

三、网络读写举例

1. 系统功能描述

如图 10-12 所示，某产品自动装箱生产线将产品送到 4 台包装机中的某一台上，包装机把每 10 个产品装到一个纸箱中，一个分流机控制着产品流向各个包装机（4 个）。CPU 221 模块用于控制打包机。一个 CPU 222 模块安装了 TD 200 文本显示器，用来控制分流机。

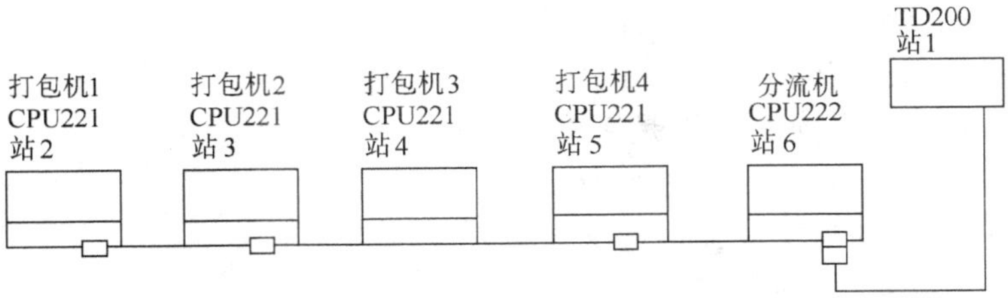

图 10-12　某产品自动装箱生产线控制结构图

2. 操作控制要求

网络站 6 要读写 4 个远程站（站 2、站 3、站 4、站 5）的状态字和计数值。CPU 222 通信端口号为 0。从 VB 200 开始设置接收和发送缓冲区。接收缓冲区从 VB 200 开始，发送缓冲区从 VB 300 开始，具体分区见表 10-7。

表 10-7　接收、发送数据缓冲区划分表

VB200	接收缓冲区（站 2）	VB300	发送缓冲区（站 2）
VB210	接收缓冲区（站 3）	VB310	发送缓冲区（站 3）
VB221	接收缓冲区（站 4）	VB320	发送缓冲区（站 4）
VB230	接收缓冲区（站 5）	VB330	发送缓冲区（站 5）

CPU 222 用 NETR 指令连续地读取每个打包机的控制和状态信息。每当某个打包机装完 100 箱，分流机（CPU 222）会注意到这个事件，并用 NETW 指令发送一条信息清除状态字。下面以站 2 打包机为例，编制其对单个打包机需要读取的控制字节、包装完的箱数和复位包装完的箱数的管理程序。

分流机 CPU 222 与站 2 打包机进行通信的接受/发送缓冲区划分见表 10-8。

表 10-8　站 2 打包机通信用数据缓冲区划分

VB200	状态字	VB300	状态字
VB201	远程站地址	VB301	远程站地址
VB202	指向远程站（&VB100）的数据区指针	VB302	指向远程站（&VB100）的数据区指针
VB203		VB303	
VB204		VB304	
VB205		VB305	
VB206	数据长度＝3B	VB306	数据长度＝2B
VB207	控制字节	VB307	0
VB208	状态（最高有效字节）	VB308	0
VB209	状态（最低有效字节）		

3. 程序清单及注释

网络站 6 通过网络读写指令管理站 2 的程序及其注释，如图 10-13 所示。

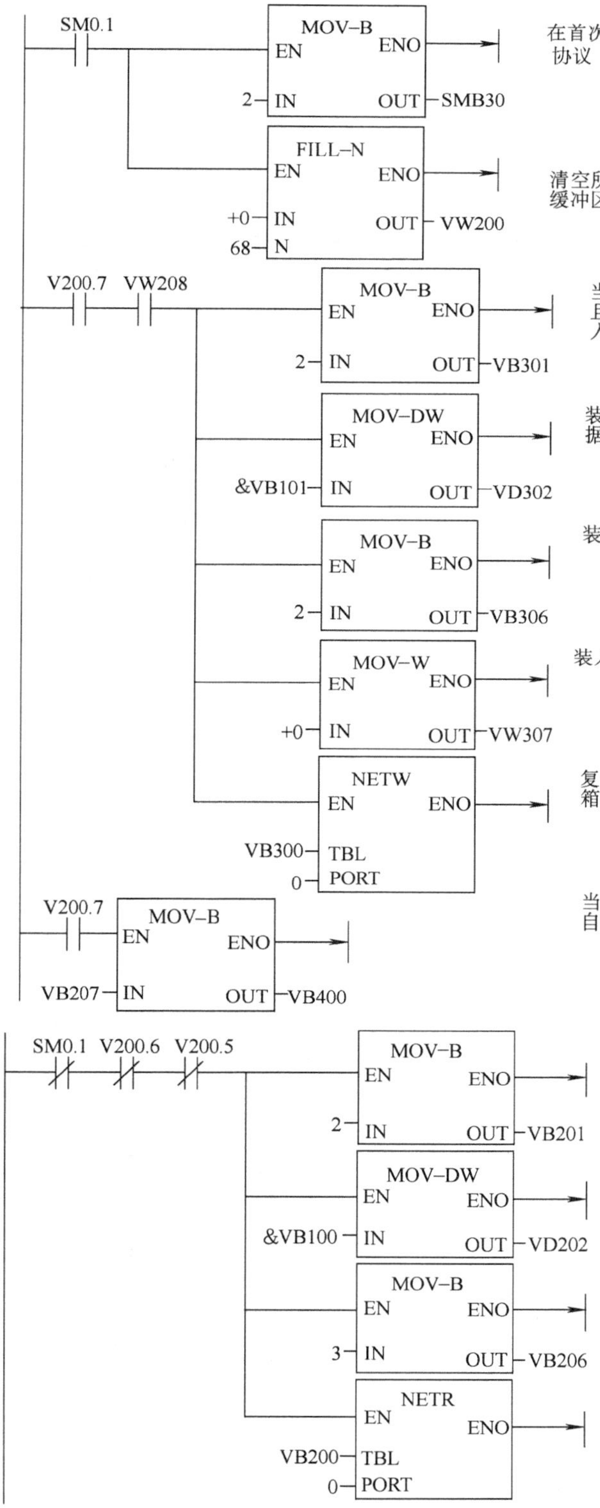

注释	指令	
在首次扫描时，允许PPI协议	NETWORK 1 LD SM0.1 MOVB 2.SMB30	
清空所有的接收和发送缓冲区	FILL +0,VW200.68	
当NERT完成位置1且打包完100箱时，装入打包机1的站地址	NEWORK 2 LD V200.7 AW–VW208.100 MOVB 2,VB301	
装入指向远程站2的数据指针	MOVD&VB101,VD302	
装入要发送的数据的长度	MOVB 2,VB306	
装入要接收的数据的长度	MOVW 0,VW307	
复位由打包机1打包的箱数；	NETW VB300,0	
当完成位被置位，保存来自打包机1的控制数据	NETWORK 3 LD V200.7 MOVB VB207,VB400	
当NETR无效，且没有错误时装入打包机1的站地址2	NETWORK 4 LDN SM0.1 AN V200.6 AN V200.5 MOVB 2,VB201	
装入指向远程站2的数据指针	MOVD&VB100,VD202	
装入要接收的数据长度	MOVB 3,VB206	
读打包机1的控制和状态数据	NETR VB200,0	

图 10-13 站 6 通过网络读写指令管理站 2 的程序及其注释

习　　题

10-1　数据通信方式有几种？它们分别有什么特点？

10-2　PLC 采用什么方式通信？其通信特点是什么？

10-3　带 RS-232C 接口的计算机怎样与带 RS-485 接口的 PLC 链接？

10-4　如何进行以下通信设置，其要求是：

从站设备地址为 4，主站地址为 0，用 PC/PPI 电缆连接到本计算机的 COM2 串行口，传送速率为 9.6kbit/s，传送字符格式为默认值。

附　　录

附录 A　低压电器产品型号编制方法

一、全型号组成型式

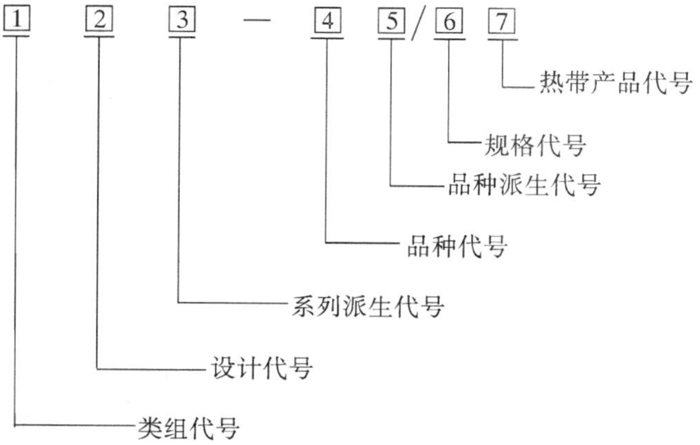

（1）类组代号　用二位或三位汉语拼音字母，第一位为类别代号，第二、三位为组别代号，代表产品名称，由型号颁发单位按表 A-1 确定。

（2）设计代号　用阿拉伯数字表示，位数不限，其中设计编号为二位及二位以上时，首位数“9”表示船用；“8”表示防爆用；“7”表示纺织用；“6”表示农业用，“5”表示化工用。由型号颁发单位按□□□□统一编排。

（3）系列派生代号　用一位或二位汉语拼音字母，表示全系列产品变化的特征，由型号颁发单位根据表 A-2 统一确定。

（4）品种代号　用阿拉伯数字表示，位数不限，根据各产品的主要参数确定，一般用电流、电压或容量参数表示。

（5）品种派生代号　用一位或二位汉语拼音字母，表示系列内个别品种的变化特征，由型号颁发单位根据表 A-2 统一确定。

（6）规格代号　用阿拉伯数字表示，位数不限，表示除品种以外的需进一步说明的产品特征，如极数、脱扣方式、用途等。

（7）热带产品代号　表示产品的环境适应性特征，由型号颁发单位根据表 A-2 确定。

二、型号含义及组成

1）产品型号代表一种类型的系列产品，但亦可包括该系列产品的若干派生系列。类组代号与设计代号的组合（含系列派生代号）表示产品的系列，类组代号的汉语拼音字母方案见表 A-1。如需要三位的类组代号，在编制具体型号时，其第三位字母以不重复为原则，临时拟定之。

表 A-1　低压电器产品型号类组代号表

代号	H	R	D	K	C	Q	J	L	Z	B	T	M	A
名称	刀开关和转换开关	熔断器	自动开关	控制器	接触器	起动器	控制继电器	主令电器	电阻器	变阻器	调整器	电磁铁	其他
A						按钮式		按钮					
B									板式元件				触电保护器
C		插入式			磁力	电磁式			冲片元件	旋臂式			插销
D	刀开关						漏电		带型元件		电压		信号灯
E												阀用	
G				鼓型	高压				管形元件				
H	封闭式负荷开关	汇流排式											接线盒
J					交流	减压		接近开关	锯齿型元件				交流接触器节电器
K	开启式负荷开关				真空			主令控制器					
L		螺旋式	照明				电流			励磁			电铃
M		封闭管式	灭磁		灭磁								
N													
P				平面	中频		频率			频敏			
Q										起动		牵引	
R	熔断器式刀开关						热		非线性电力电阻				
S	转换开关	快速	快速		时间	手动	时间	主令开关	烧结元件	石墨			
T		有填料管式		凸轮	通用		通用	脚踏开关	铸铁元件	起动调速			
U						油浸		旋钮		油浸起动			
W			万能式			无触点	温度	万能转换开关		液体起动		起重	
X		限流	限流			星三角		行程开关	电阻器	滑线式			
Y	其他	其他	其他	其他	其他	其他	其他	其他	硅碳电阻元件	其他		液压	
Z	组合开关	自复	装置式		直流	综合	中间					制动	

表 A-2　加注通用派生字母对照表

派　生　字　母	代　　表　　意　　义
A、B、C、D、…	结构设计稍有改进或变化
C	抽入式，抽屉式
D	达标验证攻关
E	电子式
J	交流，防溅式，较高通断能力型，节电型
Z	直流，自动复位，防震，重任务，正向，组合式，中性接线柱式
W	无灭弧装置，无极性，失电压，外销用
N	可逆，逆向
S	有锁住机构，手动复位，防水式，三相，三个电源，双线圈
P	电磁复位，防滴式，单相，两个电源，电压的，电动机操作
K	开启式
H	保护式，带缓冲装置
M	密封式，灭磁，母线式
Q	防尘式，手车式，柜式
L	电流的，摺板式，漏电保护，单独安装式
F	高返回，带分励脱扣，纵缝灭弧结构式，防护盖式
X	限流
G	高电感，高通断能力型
TH	湿热带型
TA	干热带型

2）产品全型号代表产品的系列、品种和规格，但亦可包括该产品的若干派生品种，即在产品型号之后附加品种代号、规格代号以及表示变化特征的其他数字或字母。

三、汉语拼音应根据下列原则之一选用

1）优先采用所代表对象名称的汉语拼音第一个音节字母。

2）其次采用所代表对象名称的汉语拼音非第一个音节字母。

3）如确有困难时，可选用与发音不相关的字母。

附录 B　电气图常用图形及文字符号一览表

名　称	GB/T4728—2000 图形符号	GB/T7159—1987 文字符号	名　称	GB/T4728—2000 图形符号	GB/T7159—1987 文字符号
直流电	⎓		正、负极	+　−	
交流电	～		三角形联结的三相绕组	△	
交直流电	≂		星形联结的三相绕组	Y	

（续）

名　称	GB/T4728—2000 图形符号	GB/T7159—1987 文字符号
导线		
三根导线	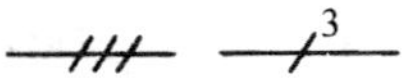	
导线联接		
端　子		
可拆卸的端子		
端子板	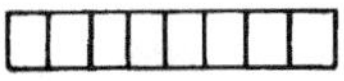	XT
接　地		E
插　座		XS
插　头		XP
滑动（滚动）连接器	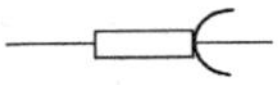	E
电阻器一般符号		R
可变（可调）电阻器		R
滑动触点电位器	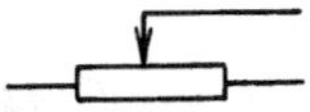	RP
电容器一般符号	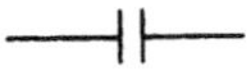	C
极性电容器	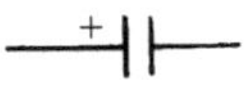	C
电感器、线圈、绕组、扼流图		L
带铁心的电感器	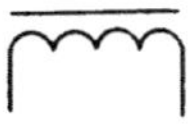	L
电抗器		L
可调压的单相自耦变压器	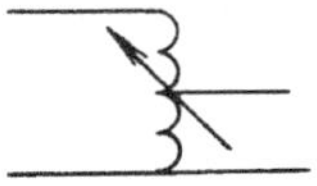	T
有铁心的双绕组变压器	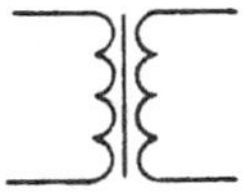	T
三相自耦变压器星形联接		T
电流互感器	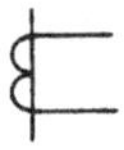	TA
电机扩大机		AG
串励直流电动机	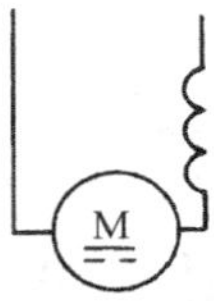	M
并励直流电动机	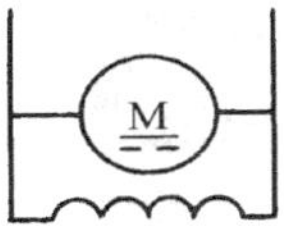	M
他励直流电动机	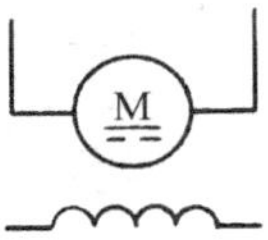	M

（续）

名　称	GB/T4728—2000 图形符号	GB/T7159—1987 文字符号
三相笼型异步电动机	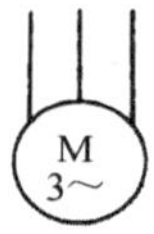	M3～
三相绕线转子异步电动机		M3～
永磁式直流测速发电机		
普通刀开关	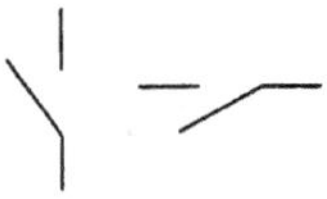	Q
普通三相刀开关	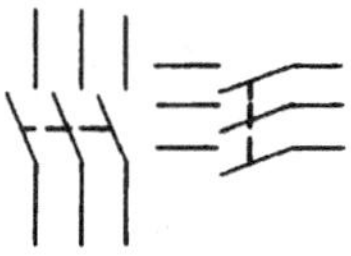	Q
按钮开关动合触点（起动按钮）	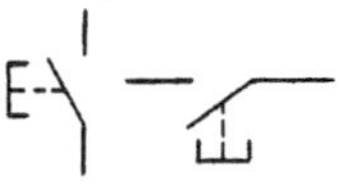	SB
按钮开关动断触点（停止按钮）	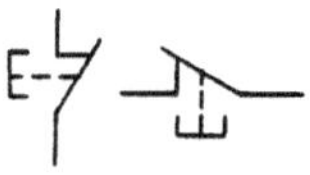	SB
位置开关动合触点		SQ
位置开关动断触点		SQ
熔断器	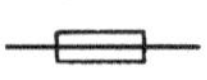	FU
接触器动合主触点		KM
接触器动合辅助触点	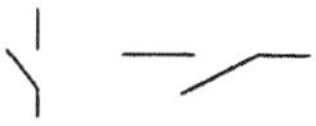	KM
接触器动断主触点		KM
接触器动断辅助触点		KM
继电器动合触点	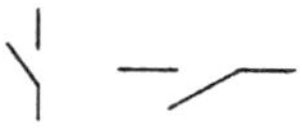	KA
继电器动断触点	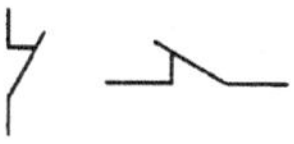	KA
热继电器动合触点	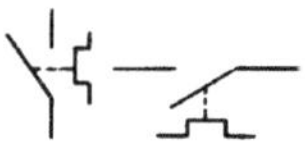	FR
热继电器动断触点	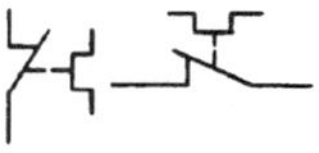	FR
延时闭合的动合触点		KT
延时断开的动合触点	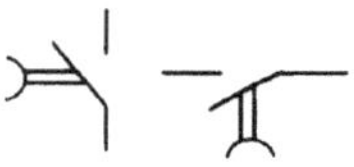	KT
延时闭合的动断触点		KT
延时断开的动断触点	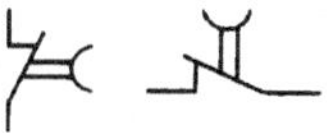	KT
接近开关的动合触点	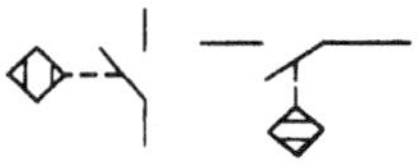	SQ

（续）

名　称	GB/T4728—2000 图形符号	GB/T7159—1987 文字符号	名　称	GB/T4728—2000 图形符号	GB/T7159—1987 文字符号
接近开关动断触点	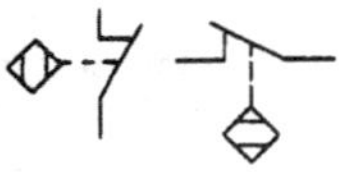	SQ	照明灯一般符号		EL
气压式液压继电器动合触点	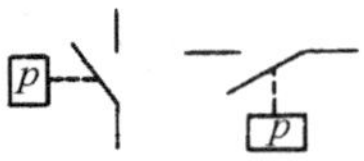	SP	指示灯、信号灯一般符号		HL
气压式液压继电器动断触点		SP	电　铃		HA
速度继电器动合触点	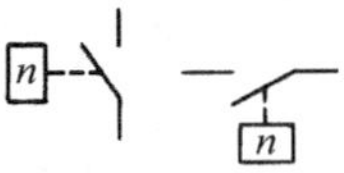	KS	电喇叭	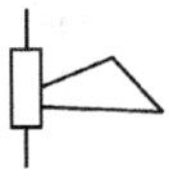	HA
速度继电器动断触点	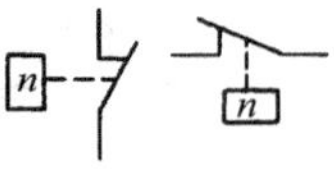	KS	蜂鸣器		HA
操作器件一般符号接触器线圈	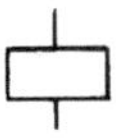	KM	电警笛、报警器		HA
缓慢释放继电器的线圈	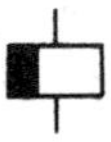	KT	二极管		VD
缓慢吸合继电器的线圈	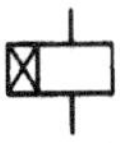	KT	晶闸管		VT
热继电器的驱动器件		FR	稳压二极管	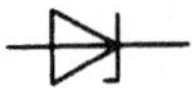	V
电磁离合器	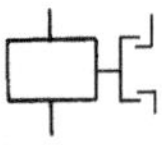	YC	PNP 晶体管	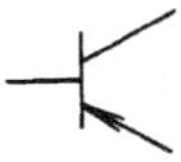	V
电磁阀	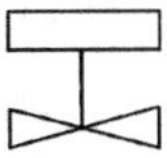	YV	NPN 三极管		V
电磁制动器		YB	单结晶体管		V
电磁铁	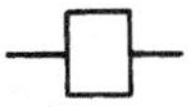	YA	运算放大器	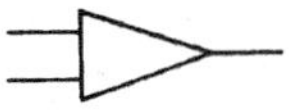	N

附录 C S7-200 可编程序控制器寻址范围及特殊标志存储器

表 C-1 操作数寻址范围

数据类型	寻 址 范 围
BYTE	IB，QB，MB，SMB，VB，SB，LB，AC，常数，* VD，* AC，* LD
INT/WORD	IW，QW，MW，SW，SMW，T，C，VW，AIW，LW，AC，常数，* VD，* AC，* LD
DINT	ID，QD，MD，SMD，VD，SD，LD，HC，AC，常数，* VD，* AC，* LD
REAL	ID，QD，MD，SMD，VD，SD，LD，AC，常数，* VD，* AC，* LD

注：输出（OUT）操作数寻址范围不含常数项，* VD 表示间接寻址。

表 C-2 特殊标志存储器 SM

SM 位	描 述
SM0.0	该位始终为 1
SM0.1	该位在首次扫描时为 1，用途之一是调用初始化子程序
SM0.2	若保持数据丢失，则该位在一个扫描周期中为 1。该位可用作错误存储器位，或用来调用特殊启动顺序功能
SM0.3	开机后进入 RUN 方式，该位将 ON 一个扫描周期。该位可用作在启动操作之前给设备提供一个预热时间
SM0.4	该位提供了一个时钟脉冲，30s 为 1，30s 为 0，周期为 1min。它提供了一个简单易用的延时，或 1min 的时钟脉冲
SM0.5	该位提供了一个时钟脉冲，0.5s 为 1，0.5s 为 0，周期为 1s。它提供了一个简单易用的延时，或 1s 的时钟脉冲
SM0.6	该位为扫描时钟，本次扫描时置 1，下次扫描置 0。可用作扫描计数器的输入
SM0.7	该位指示 CPU 工作方式开关的位置（0 为 TERM 位置，1 为 RUN 位置）。当开关在 RUN 位置时，用该位可使自由口通信方式有效，那么当切换至 TERM 位置时，同编程设备的正常通信也会有效
SM1.0	当执行某些指令，其结果为 0 时，将该位置 1
SM1.1	当执行某些指令，其结果溢出，或查出非法数值时，将该位置 1
SM1.2	当执行数学运算，其结果为负数时，将该位置 1
SM1.3	试图除以零时，将该位置 1
SM1.4	当执行 ATT（Add to Table）指令时，试图超出表范围时，将该位置 1
SM1.5	当执行 LIFO 或 FIFO 指令时，试图从空表中读数时，将该位置 1
SM 1.6	当试图把一个非 BCD 数转换为二进制数时，将该位置 1
SM1.7	当 ASCII 码不能转换为有效的十六进制数时，将该位置 1
SM2.0	在自由端口通信方式下，该字符存储从口 0 或口 1 接受到的每一个字符
SM3.0	口 0 或口 1 的奇偶校验错（0 = 无错，1 = 有错）
SM3.1 ~ SM3.7	保留
SM4.0	当通信中断队列溢出时，将该位置 1

（续）

SM 位	描　　述
SM4.1	当输入中断队列溢出时将该位置 1
SM4.2	当定时中断队列溢出时，将该位置 1
SM4.3	在运行时刻，发现编程问题时，将该位置 1
SM4.4	该位指示全局中断允许位，当允许中断时，将该位置 1
SM4.5	当（口 0）发送空闲时，将该位置 1
SM4.6	当（口 1）发送空闲时，交该位置 1
SM4.7	当发生强置时，将该位置 1
SM5.0	当有 I/O 错误时，将该位置 1
SM5.1	当 I/O 总线上连接了过多的数字量 I/O 点时，将该位置 1
SM5.2	当 I/O 总线上连接了过多的模拟量 I/O 点时，将该位置 1
SM5.3	I/O 总线上连接了过多的智能 I/O 模块时，将该位置 1
SM5.4 ~ SM5.6	保留
SM5.7	当 DP 标准总线出现错误时，将该位置 1

注：其他特殊存储器标志位可参见 S7－200 系统手册。

附录 D　FX_{2N}系列 PLC 功能指令

表 D-1　基本指令和步进指令

类型	指令	操作元件	步数
接点指令	LD	X，Y，M，S，T，C，特 M	1
	LDI		1
	AND		1
	ANI		1
	OR		1
	ORI		1
连接指令	ANB	无	1
	ORB	无	1
	MPS	无	1
	MRD	无	1
	MPP	无	1
其他指令	MC	N-Y，M	3
	MCR	N（嵌套）	2
	NOP	无	1
	END	无	1
步进	STL	S	1
	RET	无	1

类型	指令	操作元件	步数
输出指令	OUT	Y，M	1
		S	2
		特 M	2
		T-K，D	3
		C-K，D（16 位）	3
		C-K，D（32 位）	5
	SET	Y，M	1
		S	2
		特 M	2
	RST	Y，M	1
		S	2
		特 M	2
		T，C	2
		D，V，Z，特 D	3
	PLS	Y，M	2
	PLF	Y，M	2
标号	P	0 ~ 63	1
	I	0□□ ~ 8□□	1

表 D-2 功能指令

分类	FNC 编号	指令符号	名称	分类	FNC 编号	指令符号	名称
程序流向控制	00	CJ	条件跳转	旋转位移	33	RCL	带进位左旋转移位
	01	CALL	子程序调用		34	SFTR	右移位
	02	SRET	子程序返回		35	SFTL	左移位
	03	IRET	中断返回		36	WSFR	右移字
	04	EI	允许中断		37	WSFL	左移字
	05	DI	禁止中断		38	SFWR	先入先出写入
	06	FEND	主程序结束		39	SFRD	先入先出读出
	07	WDT	监视时钟	数据处理	40	ZRST	成批复位
	08	FOR	循环范围开始		41	DECO	译码
	09	NEXT	循环范围结束		42	ENCO	编码
传送、比较等	10	CMP	比较		43	SUM	位检查“1”状态的总数
	11	ZCP	区间比较		44	BON	位 ON/OFF 判定
	12	MOV	传送（S）→（D）		45	MEAN	平均值
	13	SMOV	BCD 码数位移位		46	ANS	信号报警器置位
	14	CML	取反传送（S）→（D）		47	ANR	信号报警器复位
	15	BMOV	成批传送	高速处理	50	REF	输入输出刷新
	16	FMOV	多点传送		51	REFF	调整输入滤波器的时间
	17	XCH	变换传送（D）⟷（D）		52	MTR	矩阵分时输入
	18	BCD	BIN→BCD 变换传送		53	HSCS	比较置位（高速计数器）
	19	BIN	BCD→BIN 变换传送		54	HSCR	比较复位（高速计数器）
四则逻辑运算	20	ADD	BIN 加法(S1)+(S2)→(D)	高速处理	55	HSZ	区间比较（高速计数器）
	21	SUB	BIN 减法(S1)-(S2)→(D)		56	SPD	脉冲速度检测
	22	MUL	BIN 乘法（S1）*（S2）→（D）（D）		57	PLSY	脉冲输出
					58	PWM	脉宽调制
	23	DIV	BIN 除法（S1）÷（S2）→（D）…（D）	方便指令	60	IST	起始状态（顺序步进指令）
					62	ABSD	磁鼓时序（绝对值式）
	24	INC	BIN 增量（D）+1→（D）		63	INCD	磁鼓时序（相对值式）
	25	DEC	BIN 减量（D）-1→（D）		64	TTMR	具有示教功能的定时器
	26	WAND	逻辑与(S1)∧(S2)→(D)		65	STMR	特殊定时器
	27	WOR	逻辑或(S1)+(S2)→(D)		66	ALT	交变输出（双稳态）
	28	WXOR	异或(S1)+(S2)→(D)		67	RAMP	倾斜信号
	29	NEG	取补（D）+1→（D）		68	ROTC	回转台控制
旋转位移	30	ROR	右循环移位	外部 I/O 管理	70	TKY	十进制键入
	31	ROL	左循环移位		71	HKY	十六进制键入
	32	RCR	带进位右旋转移位		72	DSW	数字开关，分时读出

（续）

分类	FNC编号	指令符号	名　　称	分类	FNC编号	指令符号	名　　称
外部I/O管理	73	SEGD	七段译码	外部单元FX	89		
	74	SEGL	七段显示器		90	MNET	F-16NP/NT
	75	ARWS	箭头开关控制		91	ANRD	F2-6A 模拟量读出
	76	ASC	ASCII 码交换		92	ANWR	F2-6A 模拟量写入
	77	PR	ASCII 码打印		93	RMST	F2-32RM RM 启动
	81	PRUN	FX2-40AP/AW 用		94	RMWR	F2-32RM RM 单元写入
	85	VRRD	FX-8AV 读出		95	RMRD	RM 单元读出
外部单元FX	86	VRSC	FX-8AV 刻度读出	外部单元F2	96	RMMN	F2-32RM RM 单元监控
	87				97	BLK	F2-30GM 指定段号
	88				98	MCDE	F2-30GMM 码读出

注：功能指令的步数：

指令部分——FNC 和紧随其后的指令编号合并为一步。

操作数——接在指令编号后的各作用软元件 16 位指令时，每个操作数为 2 步；32 位指令时，每个操作数为 4 步。

参考文献

1 赵明，许翏 编．工厂电气控制设备．第2版．北京：机械工业出版社，1995
2 方承远主编．工厂电气控制技术．第2版．北京：机械工业出版社，2000
3 张万忠，刘明芹主编．电器与PLC控制技术．北京：化学工业出版社，2003
4 王永华 主编．现代电气及可编程序控制器技术．北京：北京航空航天大学出版社，2003
5 杨宝清，宋文贵主编．实用电路手册．北京：机械工业出版社，2002
6 王仁祥编著．常用低压电器原理及其控制技术．北京：机械工业出版社，2001
7 许翏 主编．电机与电气控制技术．北京：机械工业出版社，2002
8 王炳实主编．机床电气控制．第3版．北京．机械工业出版社，2004
9 李建兴主编．可编程序控制器应用技术．北京：机械工业出版社，2004
10 孙平主编．可编程序控制器原理及应用．北京．高等教育出版社，2002
11 廖常初主编．PLC编程及应用．北京：机械工业出版社，2003
12 高勤主编．电器及PLC控制技术．北京．高等教育出版社，2002
13 田瑞庭主编．可编程序控制器应用技术．北京：机械工业出版社，1993